D1725674

HORST MELCHER
RELATIVITÄTSTHEORIE IN ELEMENTARER DARSTELLUNG

ALBERT EINSTEIN (1879–1955)

Relativitätstheorie in elementarer Darstellung

Mit Aufgaben und Lösungen

Von
Prof. Dr. rer. nat. habil. Horst Melcher

AULIS VERLAG DEUBNER & CO KG

Bestell-Nr. 2014
Copyright 1978 by VEB Deutscher Verlag der Wissenschaften,
Berlin/DDR
2. für den Aulis Verlag Deubner & Co KG Köln veranstaltete Auflage 1978
Printed in the German Democratic Republic
ISBN 3-7614-0310-0

Vorwort zur 1. Auflage

Die Ergebnisse der *speziellen* Relativitätstheorie gehören zum experimentell gesicherten Bestand der Physik. Ohne die Ergebnisse und Arbeitsmethoden der speziellen Relativitätstheorie wären die vielfältigen Entwicklungen auf dem Gebiet der Atom- und Kernphysik undenkbar. Zum Eindringen in das Verständnis der modernen Physik sind deshalb Kenntnisse der Relativitätstheorie eine notwendige Voraussetzung.

Das Buch ist für Zwecke der Aus- und Weiterbildung einschließlich des Selbststudiums insbesondere der Lehrer geschrieben und wendet sich an den Leserkreis, der die „Theoretische Physik" gar nicht oder nur in bescheidenem Umfang kennt.

Das Hauptanliegen dieses Buches soll es sein, dem Studierenden durch möglichst elementare Darstellungen der Relativitätstheorie einen Zugang zu diesem physikalisch interessanten und wichtigen Gebiet zu ermöglichen. Es werden nur einfachste mathematische Hilfsmittel verwendet; bewußt wird z.B. auf Vierervektoren, Determinanten, Matrizen und den Tensorkalkül verzichtet.

Die wichtigsten Ergebnisse werden überblicks- und gerüstartig entwickelt. In einem besonderen Teil werden „Aufgaben und Übungen" im einzelnen behandelt. Darin werden erstens eine Anzahl von Anwendungsbeispielen durchgerechnet und zweitens eine Reihe von ausführlichen Herleitungen gegeben, um einerseits den vorangestellten Überblick zu entlasten und andererseits dem Studierenden Gelegenheit zur Festigung und Anwendung seiner Kenntnisse zu geben. In der Gesamtheit der Übungen soll durch die vorgenommenen Querverbindungen die logische Geschlossenheit des Gedankensystems der speziellen Relativitätstheorie hervortreten.

Das Eindringen in die *allgemeine* Relativitätstheorie mit dem Ziel der selbständigen Anwendung der Ergebnisse und Arbeitsmethoden ist ohne die Kenntnis der Tensorrechnung, der partiellen Differentialgleichungen und der nichteuklidischen Geometrie nicht möglich. Im Hinblick auf das oben genannte Anliegen kann deshalb nur ein elementarer Überblick über die

Denkmethoden und die wichtigsten Ergebnisse — ohne Anwendungen und Übungen — gegeben werden.

Es ist der besondere Wunsch des Verfassers, daß die vorliegende elementare Darstellung den Leser zum Studium spezieller und weiterführender Literatur anregen möge.

Für Korrekturen und Diskussionen sei Herrn Dr. E. GERTH (Zentralinstitut für Astrophysik der Deutschen Akademie der Wissenschaften zu Berlin) herzlich gedankt. Den Mitarbeitern des Verlages, Herrn Cheflektor L. BOLL, Frau Dipl.-Phys. G. ZAHN und Frau H. FISCHER, sage ich für die jederzeit freundliche und verständnisvolle Zusammenarbeit meinen besten Dank.

Potsdam-Babelsberg, im Oktober 1968   HORST MELCHER

Vorwort zur 4. Auflage

Gegenüber den vorangegangenen Auflagen wurden einige zusätzliche Abschnitte aufgenommen und neuere Entwicklungen berücksichtigt.

Möge das Buch weiterhin Brücke und Hilfe für die Studenten sein, die von einfachen Physikkenntnissen rasch zu den Elementen der Relativitätstheorie gelangen möchten.

Hinweise jeder Art nimmt der Autor dankbar entgegen. Herrn Dr. MARTIN STRAUSS (Institut für reine Mathematik der Akademie der Wissenschaften der DDR) sei für eine Diskussion bestens gedankt. Besonders herzlicher Dank gebührt Herrn Dr. sc. EWALD GERTH (Zentralinstitut für Astrophysik der Akademie der Wissenschaften der DDR) für das Lesen von Korrekturen sowie für die Programmierung und Berechnung umfangreichen Tabellenmaterials zu den in diesem Buch enthaltenen Gleichungen. Für die freundliche und angenehme Zusammenarbeit bin ich den Mitarbeitern des Verlages, Herrn Cheflektor Dr. L. BOLL, Frau Dipl.-Phys. G. ZAHN und Frau H. FISCHER sehr dankbar.

Potsdam-Babelsberg, im September 1972   HORST MELCHER

Inhaltsverzeichnis

Zum Begriffssystem der Relativitätstheorie

Die Relativitätstheorie stellt die physikalischen Meßergebnisse und Sachverhalte dar, die von einem bewegten Bezugssystem aus beurteilt werden. Es ist eine Alltagserfahrung, daß solche Angaben wie „links" und „rechts", „vorwärts" und „rückwärts", „groß" und „klein" oder „Tag" und „Nacht" nur sinnvoll sind, wenn man ein geeignetes Koordinaten- oder Bezugssystem dazu angibt. Diese Angaben sind vom Standpunkt (Geschwindigkeit $v = 0$) des Beobachters abhängig. In den Maßstäben des Weltalls sind auch die Begriffe „oben" und „unten" relativ, d. h. von der Wahl des Bezugs- oder Koordinatensystems abhängig. Damit ist einleuchtend, daß für eindeutige Ortsangaben ein derartiges System erforderlich ist, wie z. B. das Gradnetz auf einem Globus. Es ist aber auch ersichtlich, daß man genausogut beliebige andere Bezugssysteme wählen kann, um die Lage eines Ortes (Raumpunktes) anzugeben. An Stelle von rechtwinkligen Koordinatensystemen[1]) kann man auch beliebig schiefwinklige Systeme oder Systeme mit Polarkoordinaten benutzen.

Die Darstellung und Analyse der physikalischen Vorgänge und Gesetzmäßigkeiten von einem *bewegten* System aus ist nicht trivial und bereitet anfänglich einige Schwierigkeiten. Es ist zu erwarten, daß die Beurteilung physikalischer Tatbestände von der Geschwindigkeit $v \neq 0$ (und von der Beschleunigung *a*) abhängt, die zwischen zwei Systemen besteht, in denen sich experimentierende Physiker befinden, die dieselben Versuche durchführen und nun gegenseitig die Ergebnisse und Gesetzmäßigkeiten fixieren und austauschen. Hierbei ist zunächst festzustellen, daß die physikalischen Gesetzmäßigkeiten in den Systemen selbst unabhängig voneinander dieselbe Form haben.

Von vornherein ist zu bemerken, daß man die Informationen aus einem anderen (bewegten) System durch das Licht erhält, das für die Beobach-

---

[1]) Koordinatensysteme sind Darstellungshilfsmittel und haben an sich mit den zu beschreibenden Gegenständen und Vorgängen nichts zu tun.

tungen und Messungen unerläßlich ist. Dabei wird die Relativgeschwindigkeit v zwischen zwei bewegten Systemen in bezug auf die Lichtgeschwindigkeit c eine wesentliche Rolle spielen, insbesondere wenn v in die Größenordnung von c kommt.

Zur Verschiedenartigkeit in der Beurteilung von Bewegungsgesetzmäßigkeiten seien zwei Beispiele genannt.

1. Ein Tischtennisspiel läuft in derselben Weise in einem mit gleichbleibender Geschwindigkeit fahrenden Eisenbahnwagen ab wie auf einem Platz an der Bahnstrecke. Wirft der Spieler im fahrenden Zug den Ball senkrecht nach unten, so stellt der Beobachter am Bahndamm allerdings keine senkrechte Bewegung, d. h. keine Gerade der Flugbahn, sondern eine Parabel fest. Die Frage, wer recht hat und wie die Bahn „wirklich" sei, ist sinnlos. Jeder hat von seinem Standpunkt (besser: Bewegungszustand) aus recht. Die Bahnkurve ist keine absolute Größe.

2. Ein Radfahrer sieht die von ihm getretenen Pedale eine Kreisbewegung ausführen, ebenso ein relativ zu ihm ruhender Beobachter, der in gleicher Höhe mit derselben gleichförmigen Geschwindigkeit mitfährt. Dem an der Fahrbahn stehenden Beobachter stellt sich die Form der Pedalbewegung allerdings als Zykloide dar.

Damit ist ersichtlich, welche Rolle bewegte Bezugssysteme bei der Darstellung physikalischer Sachverhalte spielen. Das bedeutet aber, daß man entsprechende Transformationen finden muß, um die Gesetzmäßigkeiten zwischen den einzelnen Bezugssystemen umzurechnen.

In der Newtonschen Physik spielt der Begiff des Inertialsystems eine grundlegende Rolle: Es handelt sich dabei um ein räumliches Bezugssystem, in dem für die Bewegung eines Massenpunktes (bei Verwendung rechtwinkliger kartesischer Koordinaten) das Newtonsche Bewegungsgesetz in der Form „Kraft gleich Masse mal Beschleunigung" ($F = ma$) gilt. Geht man mit Hilfe einer Umrechnungsbeziehung nach GALILEI (Galilei-Transformation) zu einem anderen, gegenüber dem ersten mit geradlinig gleichförmiger Geschwindigkeit v bewegten Bezugssystem über, so ergibt sich für das Newtonsche Bewegungsgesetz wieder die gleiche Form; es ist forminvariant (kovariant). Die Forminvarianz der Newtonschen Bewegungsgleichung bei Galilei-Transformation bezeichnet man als Galileisches Relativitätsprinzip. Beim Übergang zu beschleunigt bewegten Bezugssystemen besteht die Kovarianz nicht mehr.

Die grundlegenden Beziehungen der Elektrodynamik sind durch die Maxwellschen Gleichungen gegeben. Wendet man auf diese Gleichungen die Galilei-Transformationen an, so erweisen sie sich als nicht kovariant: Hiernach würden elektromagnetische Erscheinungen von der Relativgeschwindigkeit v gegenüber einem als (absolut) ruhend angenommenen System abhängen. Das aber steht im Widerspruch zur Erfahrung, wonach alle Inertialsysteme gleichberechtigt sind.

Die Maxwellschen Gleichungen sind jedoch kovariant gegenüber der Lorentz-Transformation.

Gemäß dem Prinzip von der Einheit der Physik, in der alle Teilgebiete miteinander verbunden sind, wäre es unbefriedigend, für zwei grundlegende Gebiete der Physik (Mechanik und Elektrodynamik) zwei verschiedene Transformationen anwenden zu müssen. ALBERT EINSTEIN zeigte durch eine tiefgründige Analyse des Newtonschen Raum- und Zeitbegriffes, daß *Denkgewohnheiten* keine *Denknotwendigkeiten* zu sein brauchen. Er fand aus der Raum-Zeit-Analyse die Lorentz-Transformation und bewies, daß die Newtonsche Mechanik so abgeändert werden muß, daß sie — wie die Elektrodynamik — gegenüber der Lorentz-Transformation kovariant ist.

Die Untersuchung des unterschiedlichen Transformationsverhaltens der mechanischen und elektrodynamischen Gesetze führte EINSTEIN zur Formulierung zweier Prinzipien, die die Grundlage der speziellen Relativitätstheorie (SRT) bilden.

1. Spezielles Relativitätsprinzip:

Alle gleichförmig geradlinig bewegten Bezugssysteme sind gleichberechtigt und gleichwertig. In diesen Systemen (Inertialsystemen) laufen alle physikalischen Erscheinungen in derselben Weise ab. Die Naturgesetze haben in diesen Systemen die gleiche mathematische Form.

Mit anderen Worten: Es gibt kein Bezugssystem, das vor anderen in irgendeiner Weise ausgezeichnet (oder unterscheidbar) wäre. Damit existiert im besonderen kein absolut ruhendes System; es gibt nur relativ zueinander in Ruhe befindliche Systeme. Jede Art von Bewegung ist nur relativ, d. h., sie ist nur hinsichtlich eines Bezugssystems darstellbar.

Ein im abgeschlossenen Kasten experimentierender Physiker ist mit keinen Mitteln imstande zu erkennen, ob sich der Kasten in Ruhe oder in geradlinig gleichförmiger Bewegung befindet.

Das spezielle Relativitätsprinzip gilt ausnahmslos für alle physikalischen Disziplinen.

2. Prinzip von der Konstanz der Vakuum-Lichtgeschwindigkeit:

Bei geradlinig gleichförmiger Bewegung zwischen Lichtquelle und Beobachter wird die Vakuum-Lichtgeschwindigkeit unabhängig von der Relativgeschwindigkeit v zum selben Wert c gemessen.

Dieses Prinzip beruht ebenfalls auf experimentellen Erfahrungstatsachen (Michelson-Versuch) und bedarf keiner Interpretation.

Das auf diesen beiden Prinzipien aufgebaute Begriffssystem und die Gesamtheit der daraus gefolgerten Resultate stellen den Inhalt der SRT dar.

Die Relativierung von Raum und Zeit führt konsequent auch zur Relativierung der „Gleichzeitigkeit": Es ist für zwei zueinander bewegte Beobachter prinzipiell nicht möglich, zwei Ereignisse als („absolut") gleichzeitig festzustellen.

Das wesentlichste Ergebnis der SRT — nach EINSTEIN — ist die Äquivalenzbeziehung $E = mc^2$.

Die tiefe Bedeutung der Lorentz-Transformation ist darin zu sehen, daß sie ein Kriterium darstellt, wonach die physikalischen Gesetze nur dann allgemeingültig sind, wenn die Beziehungen gegenüber dieser Transformation invariant sind. Um zu entscheiden, ob ein physikalisches Gesetz allgemeingültig ist, wendet man das Relativitätsprinzip als Kriterium an: Man stellt das Gesetz mit Hilfe der Lorentz-Transformation für ein anderes Inertialsystem dar. Bleibt dabei die mathematische Form des Gesetzes erhalten (forminvariant), so liegt ein allgemeingültiges Gesetz vor.

Dieses Kriterium ist offenbar häufig in seiner Aussage weitreichender als „experimentelle Bestätigungen", da es in vielen Fällen zum Auffinden neuer Naturgesetze (beispielsweise $E = mc^2$) geführt hat.

Ist die relativistische Invarianz eines physikalischen Gesetzes verletzt, so müßte dieses Gesetz in verschiedenen Bezugssystemen unterschiedlich formuliert werden; ein vor anderen ausgezeichnetes Bezugssystem steht aber im Gegensatz zum speziellen Relativitätsprinzip.

Es ist demnach wichtig, Größen aufzufinden, die in verschiedenen Systemen gleich sind, die sich also bei Transformationen nicht ändern. Derartige Größen, die nicht veränderlich gegen relativistische Transformationen sind, heißen Invarianten.

Solche Invarianten sind beispielsweise die Vakuum-Lichtgeschwindigkeit, die elektrische Ladung, der Druck eines idealen Gases, die Entropie und der raumzeitliche Abstand zweier Ereignisse (Welt-Linien-Element). Während der räumliche Abstand zweier Punkte (Länge eines Stabes) in der klassischen Physik unveränderlich ist, also unabhängig von einem rechtwinkligen oder schiefwinkligen Koordinatensystem zum selben Wert bestimmt wird, ist in der SRT der räumliche Abstand relativiert, jedoch der raumzeitliche Abstand zweier Punkte im Raum-Zeit-Kontinuum invariant.

Die SRT erweist sich als Spezialfall der allgemeinen Relativitätstheorie (ART); sie gilt exakt nur für gravitationsfreie Räume. In der SRT wird die enge Verknüpfung von Raum und Zeit nachgewiesen; in der ART wird der einheitliche Zusammenhang von Raum, Zeit und Materie hergestellt.

Die klassische Physik ist ein Spezialfall der allgemeineren Gesetze der SRT. Sie gilt allein für Geschwindigkeiten v, die klein sind im Vergleich zur Vakuum-Lichtgeschwindigkeit: $v \ll c$. Die relativistische Physik spielt sowohl im Mikrokosmos, d. h. in der Atom- und Kernphysik, als auch im Makrokosmos bei der Untersuchung des Gravitationsproblems und in der Kosmologie eine hervorragende Rolle.

In der SRT ist das Raum-Zeit-Kontinuum des physikalischen Geschehens der Minkowski-Raum, in der ART ein Riemannscher Raum, dessen Krümmung durch die gravitierenden Massen bestimmt wird.

Die glanzvollste theoretische Leistung Albert EINSTEINs ist zweifellos die Begründung der allgemeinen Relativitätstheorie. EINSTEIN stellte sich die Aufgabe zu untersuchen, wie die Transformation von physikalischen Gesetzen zu erfolgen hätte, wenn Nichtinertialsysteme vorliegen, wie man also im Falle von Bezugssystemen eines beliebigen (beschleunigten) Bewegungszustandes zu transformieren hätte. Des weiteren untersuchte er die vorzunehmende Änderung des Newtonschen Gravitationsgesetzes, das gegenüber einer Lorentz-Transformation nicht kovariant ist. In diesem Gesetz kommt zum Ausdruck, daß sich die Wirkung der Gravitationskraft mit unendlich großer Geschwindigkeit — also momentan — ausbreitet, was im Widerspruch zu der Tatsache steht, daß die Vakuum-Lichtgeschwindigkeit die größte Geschwindigkeit ist, mit der man Signale (Energie) übertragen kann.

Die ART basiert ebenfalls auf zwei Prinzipien.

1. Das allgemeine Relativitätsprinzip:

Es ist grundsätzlich kein irgendwie gearteter Bewegungszustand vor einem anderen ausgezeichnet; die Naturgesetze haben demzufolge in jedem beliebigen Bezugssystem dieselbe mathematische Form. Mit anderen Worten: Die Naturgesetze sind kovariant gegenüber beliebigen Koordinatentransformationen. Zur Erfüllung der Kovarianz müssen die Gesetze im vierdimensionalen Raum-Zeit-Kontinuum dargestellt werden.

2. Prinzip der (lokalen) Äquivalenz der Beschleunigung und der Gravitation:

Ein in einem abgeschlossenen Kasten experimentierender Physiker ist mit keinen Mitteln imstande zu unterscheiden, ob sich der Kasten in gleichförmig beschleunigter Bewegung relativ zu einem Inertialsystem befindet oder ob er sich statt dessen in Ruhe, aber in einem homogenen Gravitationsfeld befindet. Diese Ununterscheidbarkeit beruht auf der Erfahrungstatsache der Proportionalität von schwerer und träger Masse. EINSTEINs weitere Untersuchungen erbrachten das Ergebnis, daß in beschleunigten Systemen — also auch in Gravitationsräumen — die euklidische Geometrie des Raum-Zeit-Kontinuums durch die Riemannsche (nichteuklidische) Geometrie zu ersetzen ist.

Die Einsteinsche Gravitationstheorie gründet sich auf die Erfahrungstatsache der Gleichheit von träger und schwerer Masse, die durch viele Experimente mit einer bis ins Extreme gesteigerten Genauigkeit als Naturgesetz bestätigt wurde. Unter der trägen Masse versteht man die Eigenschaft von Körpern, Bewegungen einen Trägheitswiderstand entgegenzusetzen. Die schwere Masse (Gravitationsladung) ist die Eigenschaft, Schwerkraft (Gravitation) auszuüben.

Da man bei der Bewegung eines Massenpunktes nicht die Wirkungen von Trägheit und Schwerkraft unterscheiden kann, hat EINSTEIN eine Erweiterung (Verallgemeinerung) des klassischen Trägheitsprinzips von GALILEI und NEWTON vorgenommen, das nunmehr die Beschleunigung, die ein Massenpunkt durch ein Gravitationsfeld erfährt, mit berücksichtigt:

Die Bahn eines sich selbst überlassenen Massenpunktes ist eine geodätische Weltlinie. Hierbei bedeutet „sich selbst überlassen", daß er nicht durch andere Kräfte (z. B. elektrische oder magnetische) beeinflußt wird. Die Trägheitsbahnen sind Geraden, wenn das Gravitationsfeld verschwindet. Das ist in der SRT (ebener Raum) der Fall.

Die aus den Einsteinschen Feldgleichungen der Gravitation vorhergesagten Effekte wurden — in den Grenzen der derzeitigen Meßgenauigkeit — bestätigt. Mit der relativistischen Gravitationstheorie wurde zugleich der Grundstein für die Kosmologie gelegt.

Die ART steht selbst nach ihrer über 50jährigen Geschichte noch immer im Mittelpunkt des Interesses, da sie keineswegs als abgeschlossen angesehen werden darf. Diese Theorie stellt eine völlig neue Auffassung vom Wesen der Gravitation dar (Nahwirkungstheorie). In den letzten Jahren haben viele Physiker an ihrer Weiterentwicklung gearbeitet, und gegenwärtig werden neue theoretische Auffassungen und neue Experimente erörtert.

EINSTEINS Forschungen waren auf die weitere Verallgemeinerung der ART gerichtet. Bis zu seinem Tode (1955) arbeitete er an der Schaffung einer einheitlichen (geometrischen) Feldtheorie, die z. B. das Gravitationsfeld mit dem elektromagnetischen Feld vereinen sollte. Es gilt aber auch, die Felder zu berücksichtigen, die in den Mikrodimensionen der Materie eine Rolle spielen.

Durch die in den letzten Jahren erzielten Fortschritte in der Meß- und Beobachtungsgenauigkeit können nicht nur die bekannten „klassischen" Tests der ART verfeinert, sondern vor allem gänzlich neue Experimente realisiert werden. Die Weiterentwicklung der Gravitationstheorie hängt entscheidend von der möglichst genauen experimentellen Bestätigung oder Widerlegung der nach der ART zu erwartenden quantitativen Effekte ab. Eine Entscheidung zwischen den möglichen Erweiterungen der Einsteinschen Theorie durch P. JORDAN, C. BRANS und R. H. DICKE und der Einsteinschen ART kann natürlich nur durch Experimente herbeigeführt werden.

Spezielle Relativitätstheorie

1. Relativbewegungen

(klassisches Relativitätsprinzip nach GALILEI)

Im Rahmen der SRT werden — im gravitationsfreien Raum — Bewegungen betrachtet, die geradlinig und gleichförmig zueinander verlaufen. Das folgende Beispiel dient der Vorbereitung des Verständnisses des Experimentes von MICHELSON und hat zunächst mit der Einsteinschen Theorie selbst nichts zu tun. Dieser Versuch und die mathematische Form des Ergebnisses können bereits durch Anwendung des Lehrsatzes des Pythagoras[1]) erfaßt werden, so daß die Diskussion des eigentlichen Michelson-Experimentes durch häufig störende Nebenbetrachtungen nicht belastet zu werden braucht. Die folgenden Erörterungen bringen nicht nur die für die Deutung des Michelson-Versuchs notwendigen mathematischen Beziehungen, sie enthalten auch schon implizit die Relativbewegung von zwei Koordinatensystemen S und S'.

Betrachtet man in einem Gewässer die drei Punkte A, B und C, in denen sich beispielsweise Bojen oder (verankerte) Boote befinden mögen (Abb. 1.1), dann kann man die Zeiten berechnen, die benötigt werden, wenn die Entfernungen $\overline{AB} = \overline{AC} = l$ mit der Geschwindigkeit c (von Schwimmern, Booten, Flugkörpern, Schallsignalen oder Massenpunkten) zurückgelegt werden[2]):

1. Fall:

Ruhendes Gewässer, also Strömungsgeschwindigkeit $v = 0$;

$$l = 300 \text{ m}; \quad c = 10 \text{ ms}^{-1}.$$

Für die Entfernung $\overline{AB} = l$ benötigt der Massenpunkt (das Signal) $\tau_1 = l/c$ $= 30$ s; für den Rückweg von B nach A benötigt der Massenpunkt im

---

[1]) Dieser Lehrsatz findet nicht nur eine Verallgemeinerung durch den Kosinussatz bei der vektoriellen Addition von Geschwindigkeiten, sondern auch bei der Darstellung des Weltlinienelementes der SRT und der ART.
[2]) In diesem Kapitel bezeichnet c nicht die Vakuum-Lichtgeschwindigkeit.

ruhenden Gewässer dieselbe Zeit, so daß sich für den Hin- und Rückweg insgesamt $t_1 = \tau_1 + \tau_2 = 30$ s $+ 30$ s $= 60$ s ergeben.

Die Zeit t_2 für den Weg von A nach C und zurück ergibt sich unter den gleichen Bedingungen ebenfalls zu $t_2 = \tau_1^* + \tau_2^* = 60$ s; es gilt hier also $t_1 = t_2 = t$.

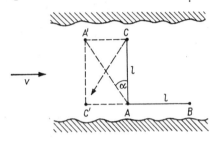

2. Fall:

Strömendes Gewässer (Abb. 1.1). Strömungsgeschwindigkeit $v = 5$ ms^{-1}; $l = 300$ m; $c = 10$ ms^{-1}. A, B, C feste Punkte gegenüber der Strömung (z. B. verankerte Boote).

Es sollen wieder die Zeiten t_1 und t_2 berechnet werden:

t_1 die Zeitdauer der Bewegung von A nach $B(\tau_1)$ und zurück nach $A(\tau_2)$;

t_2 die Zeitdauer der Bewegung von A nach $C(\tau_1^*)$ und zurück nach $A(\tau_2^*)$.

Als resultierende Geschwindigkeit ergibt sich in Richtung der Strömung $(10 + 5)$ ms^{-1} und gegen die Strömungsrichtung $(10 - 5)$ ms^{-1}. (Das ist die Aussage des klassischen Relativitätsprinzips von GALILEI für die Addition von Geschwindigkeiten.)

Es folgt somit $\tau_1 = 300$ m$/15$ ms$^{-1} = 20$ s und $\tau_2 = 300$ m$/5$ ms$^{-1} = 60$ s, also $t_1 = 20$ s $+ 60$ s $= 80$ s.

Um von A nach (dem festen Punkt) C zu gelangen, muß man einen Vorhaltewinkel α einkalkulieren, der für die Rückfahrt dieselbe Größe hat. Wegen der Gleichheit der Bedingungen dauert die Fahrt von A nach C genausolange wie von C nach A. (Die rechtwinkligen Dreiecke ACA' und $C'AA'$ sind kongruent.)

Aus den rechtwinkligen Dreiecken folgt $\overline{AA'}^2 = \overline{A'C}^2 + \overline{AC}^2$, also $(c\,\tau_1^*)^2 = (v\,\tau_1^*)^2 + l^2$. Es ist $t_2 = \tau_1^* + \tau_2^*$; wegen $\tau_1^* = \tau_2^*$ gilt hier $t_2 = 2\,\tau_2^*$, somit also

$$\left(\frac{t_2}{2} \cdot 10 \text{ ms}^{-1}\right)^2 = \left(\frac{t_2}{2} 5 \text{ ms}^{-1}\right)^2 + 300^2 \text{ m}^2\,.$$

Hieraus folgt

$$t_2 = 2 \sqrt{\frac{300^2 \text{ m}^2}{(10^2 - 5^2) \text{ m}^2\text{s}^{-2}}},$$

also

$$t_2 = 69,3 \text{ s}.$$

Es besteht also in diesem Fall ein Zeitunterschied für die beiden Bewegungen:

$$\Delta t = t_1 - t_2 = 10,7 \text{ s}.$$

3. Fall:

Strömendes Gewässer. Strömungsgeschwindigkeit $v = 5$ ms^{-1};
$l = 300$ m; $c' = 10$ ms^{-1} (Geschwindigkeit im bewegten System).
A, B, C fest miteinander verbundene Punkte (Boote), die mit der Strömung treiben.
Es sollen wieder die Zeiten für die Längs- und Querbewegung berechnet werden, wenn der Massenpunkt von A nach B (und zurück nach A) sowie von A nach C (und zurück nach A) mit der Geschwindigkeit c' bewegt wird.
Vom Standpunkt des mitbewegten Beobachters ist Fall 3 mit Fall 1 gleichwertig. Der Massenpunkt legt die Strecken $\overline{AB}$ und $\overline{AC}$ in den gleichen Zeiten zurück wie im Fall 1. Für den ruhenden Beobachter überlagert sich der Bewegung des Punktes im bewegten System noch die Geschwindigkeit v des bewegten Systems (Strömung).
Es hat keinen Sinn zu unterscheiden, welches System ruht und welches bewegt ist. Man kann nur feststellen, daß sich zwei Systeme gegeneinander mit einer gewissen Geschwindigkeit bewegen. Deshalb wird stets per definitionem festgesetzt, welches System oder welcher Beobachter als ruhend betrachtet werden soll.
Als ruhender Beobachter gilt stets derjenige, der fest mit dem betreffenden System verbunden ist.

4. Fall[1]:

Ruhendes Gewässer. Bewegung des Systems der Punkte A, B und C mit der Geschwindigkeit $v = 5$ ms^{-1}; $l = 300$ m; $c = 10$ ms^{-1}. Die Punkte

---

[1] Diese 4 Fälle wurden völlig klassisch behandelt, d. h., es wurden absichtlich nicht die Zeiten für *Lichtsignale* zwischen $\overline{AB}$ und $\overline{AC}$ betrachtet. Es stellt sich ja beim Michelson-Versuch heraus, daß die klassischen Rechnungen für das Licht keine Gültigkeit haben. Zu den in den 4 Fällen erhaltenen Ergebnissen kann man auch mit Hilfe von akustischen Signalübertragungen kommen.

A, B und C können starr miteinander verbundene Boote sein, die durch das ruhende Gewässer fahren.

Es sollen wieder die Zeiten für die Längs- und Querbewegung berechnet werden, wenn sich der Massenpunkt (bzw. das akustische Signal) von A nach B (und zurück nach A) sowie von A nach C (und zurück nach A) mit der Geschwindigkeit c bewegt (Abb. 1.2).

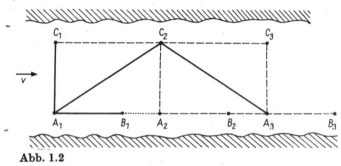

Abb. 1.2

Im Augenblick des Startes von A_1 befinden sich die in dem ruhenden Gewässer fahrenden Boote in A_1, B_1 bzw. C_1. Das Boot C wird in C_2 erreicht. Nach dieser Zeit $t_2/2$ befinden sich die Boote A und B bei A_2 und B_2. Das Boot A wird nach unmittelbarer Rückkehr von C_2 bei A_3 wieder erreicht.

$$\overline{B_1 A_2} = \overline{B_2 A_3}.$$

Es ist ersichtlich, daß die Aufgabe nur für $c > v$ lösbar ist; denn für $c < v$ würde das bewegte System der Boote dem im ruhenden System langsamer bewegten Punkt enteilen.

Die Lösung der Aufgabe führt zu demselben Ergebnis wie im Fall 2:

$$t_1 = 80 \text{ s} \quad \text{und} \quad t_2 = 69{,}3 \text{ s}.$$

Die Fälle 2 und 4 sind also gleichwertig. Das ist eine Folge des klassischen Relativitätsprinzips. Nach der SRT unterscheiden sich aber die Fälle 2 und 4 wegen des Einsteinschen Additionstheorems der Geschwindigkeiten in zwei Bezugssystemen, wenn deren Relativgeschwindigkeit v ist und gegenüber c nicht mehr vernachlässigt werden kann. Vergleiche hierzu das Beispiel eines mit $\dfrac{4}{5}$ c, d. h. mit 80% der Lichtgeschwindigkeit bewegten Zuges (vgl. 9.4., 9.5., 9.6.).

Die folgende elementare mathematische Form faßt die Ergebnisse der betrachteten vier Bewegungsaufgaben zusammen.

Für die Zeit t_1 (Bewegung parallel zur Strömung) erhält man:

$$t_1 = \tau_1 + \tau_2 = \frac{l}{c+v} + \frac{l}{c-v} = \frac{lc + lv + lc - lv}{c^2 - v^2}$$

$$t_1 = 2\,l\,c\,\frac{1}{c^2\left(1 - \dfrac{v^2}{c^2}\right)} = \frac{2\,l}{c}\,\frac{1}{1 - \dfrac{v^2}{c^2}}\,. \tag{1.1}$$

Es ist $t = 2\,l/c$ die Zeitdauer für die Bewegung, wenn keine Strömung vorhanden ist (Fall 1: $v = 0$). Führt man t und die Abkürzung $v/c = \beta$ ein, so erhält man

$$t_1 = t\,\frac{1}{1 - \beta^2}\,. \tag{1.2}$$

Für t_2 folgt allgemein aus $(c\,t_2/2)^2 = (v\,t_2/2)^2 + l^2$

$$t_2^2 = 4\,l^2\,\frac{1}{c^2 - v^2}\,, \quad \text{also} \quad t_2 = \frac{2\,l}{c}\,\frac{1}{\sqrt{1 - \dfrac{v^2}{c^2}}} \tag{1.3}$$

oder mit den Abkürzungen $2\,l/c = t$ und $v^2/c^2 = \beta^2$

$$t_2 = t\,\frac{1}{\sqrt{1 - \beta^2}}\,. \tag{1.4}$$

Als Zeitunterschied der beiden Bewegungen findet man aus (1.2) und (1.4):

$$\Delta t = t_1 - t_2 = t\left[\frac{1}{1 - \beta^2} - \frac{1}{\sqrt{1 - \beta^2}}\right]\,, \tag{1.5}$$

d. h. aber

$$\Delta t \neq 0\,, \quad \text{sofern} \quad v \neq 0\,.$$

Dieses Ergebnis $\Delta t \neq 0$ erhält man auch, wenn die Überlegungen zu Abb. 1.1 und 1.2 mit einem zwischen den Punkten A, B und C übermittelten Schallsignal angestellt werden. Es steht in Übereinstimmung mit der Erfahrung. Wählt man aber ein Lichtsignal, so würde wohl — zunächst mangels anderer Erfahrungen — das gleiche Ergebnis $\Delta t \neq 0$ zu erwarten sein. Im folgenden Abschnitt wird jedoch gezeigt, daß die Experimente für Licht $\Delta t = 0$ ergeben. Aus diesem Grunde wurden die vorbereitenden Überlegungen nicht auf Lichtsignale übertragen.

Aus den Formeln kann man unmittelbar durch Einsetzen der Werte für v und c die Werte t_1 und t_2 berechnen, wenn die Zeit t (bei $v = 0$) bekannt ist. Diese Ergebnisse sind unabhängig davon, ob die Messungen stets vom Ufer aus oder aber vom ruhenden oder gegenüber dem Ufer bewegten Boot A aus vorgenommen werden. (Bei großen Geschwindigkeiten, die mit der Lichtgeschwindigkeit vergleichbar sind, gilt das jedoch nicht mehr!) Hierin ist bereits implizit die Galilei-Transformation und insbesondere die Abstraktion der beiden Koordinatensysteme S und S' enthalten, die sich mit der Geschwindigkeit v gegeneinander bewegen.
Wäre die Geschwindigkeit der Wasserströmung — oder im Falle von Flugzeugbewegungen die Windgeschwindigkeit — unbekannt, dann könnte man sie aus der Differenz der Fahr- bzw. Flugzeiten berechnen, wenn beispielsweise die in den Abb. 1.1 und 1.2 dargestellten Fahr- oder Flugrouten gewählt werden (vgl. Aufgabe 1.1.).
Sendet man Lichtsignale einmal in Richtung der Erdbewegung und ein anderes Mal senkrecht dazu aus, so ergibt sich für gleiche Lichtwege keine Differenz der Laufzeiten dieser Signale. Diese Besonderheit für Licht bedeutet, daß es einen Einfluß eines „Ätherwindes" und damit auch den hypothetischen Träger der Lichtwellen, den sogenannten (Licht-)Äther, *nicht* gibt. Man kann somit auf diesen Ätherbegriff von vornherein verzichten.
Führt man also die vorstehenden Versuche mit Lichtsignalen durch, indem man die Entfernungen des mit der Geschwindigkeit v bewegten Systems mit Hilfe von Lichtblitzen überbrückt und deren Laufzeiten t mißt, so ergibt sich stets $\Delta t = 0$. Die Lichtsignale werden von A ausgesendet und mit Hilfe von Spiegeln in B und in C nach A reflektiert.
Dieser experimentelle Befund $\Delta t = 0$ für das Licht (im Gegensatz zu akustischen Signalen) und seine Anerkennung führen direkt zu dem geschlossenen Begriffssystem, das als SRT bezeichnet wird.

2.   Zum Michelson-Versuch

2.1.   Versuchsanordnung

Die vorstehenden Betrachtungen sollen nun zur Erläuterung eines berühmt gewordenen Experimentes herangezogen werden, das MICHELSON im Jahre 1881 in Potsdam und 1887 gemeinsam mit MORLEY in Cleveland durchgeführt hat.[1]) Dieses Experiment ist in der Folgezeit des öfteren

---

[1]) Der Grundgedanke des Michelson-Versuches geht auf eine Arbeit von J. C. MAXWELL zurück, die postum erschienen ist: On a possible mode of detecting a motion of the solar system through the luminiferous aether. Proc. Roy. Soc. **30** (1879/80), 108.

wiederholt worden, wobei die Meßgenauigkeit noch weiter gesteigert werden konnte. Sämtliche Experimente erbrachten dasselbe Ergebnis. Im Punkt A (Abb. 1.1 oder 1.2), der auf der Erde ruht, startet ein Lichtsignal mit $c = 300\,000$ kms^{-1}. Nun bewegt sich aber die Erde selbst mit einer Geschwindigkeit von $v \approx 30$ kms^{-1} um die Sonne. Es entsteht die Frage, ob sich das Licht von A nach B mit der Geschwindigkeit von $300\,030$ kms^{-1} ausbreitet.[1]) Des weiteren ist die Frage zu prüfen, ob sich

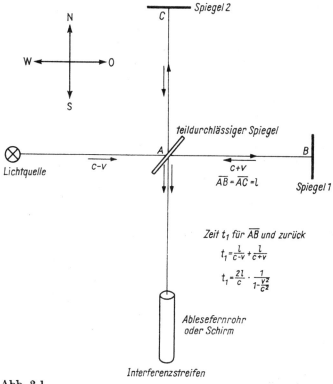

Michelson − Interferometer

Abb. 2.1

---

[1]) Arago hatte bereits die Geschwindigkeit des vom selben Stern kommenden Lichtes gemessen: einmal, wenn sich die Erde auf den Stern zu-, und einmal, wenn sie sich von ihm wegbewegt. Es ergab sich kein Unterschied der gemessenen Geschwindigkeiten. De Sitter hat gezeigt, daß auch bei den Bewegungen der Doppelsterne kein Unterschied der Lichtgeschwindigkeiten auftritt.

das Lichtsignal etwa senkrecht zur Richtung der Erdbewegung mit einer anderen (resultierenden) Geschwindigkeit ausbreitet. Mit anderen Worten: Es soll im Falle der Lichtgeschwindigkeit die Gültigkeit der obigen Formeln geprüft werden, wobei speziell untersucht werden soll, wie groß $\Delta t = t_1 - t_2$ ist.

Die Michelsonsche Versuchsanordnung, die als ein Musterbeispiel für ein Höchstmaß an Präzision gilt, ist in Abb. 2.1 vereinfacht als Schema dargestellt. Die Analogie zu den Bewegungsaufgaben des Abschnittes 1 ist durch die Punkte A, B, C in den Abb. 1.1 und 1.2 hergestellt.

Man kann annehmen, daß der Lichtstrahl, der von einer Lichtquelle kommt, bei A startet: Ein Teil des Strahles gelangt nach B und zurück nach A, ein anderer Teil kommt von A nach C und zurück nach A. Es wird die Überlagerung der Lichtwellenzüge, also die Interferenz, untersucht. Die bei B und C reflektierten Strahlen interferieren bei A; der von B reflektierte Strahl bleibt dabei hinter dem von C kommenden Strahl zurück.

Im Falle eines möglichen Gangunterschiedes zwischen den Lichtwellen kommt es zur Interferenz. Man beobachtet die Interferenzstreifen mit Hilfe eines Fernrohres. Bei Drehung des Michelson-Interferometers — wie man diese gesamte Apparatur bezeichnet — um A erwartete man eine Verschiebung der Interferenzstreifen, die jedoch zur allgemeinen Überraschung ausblieb.

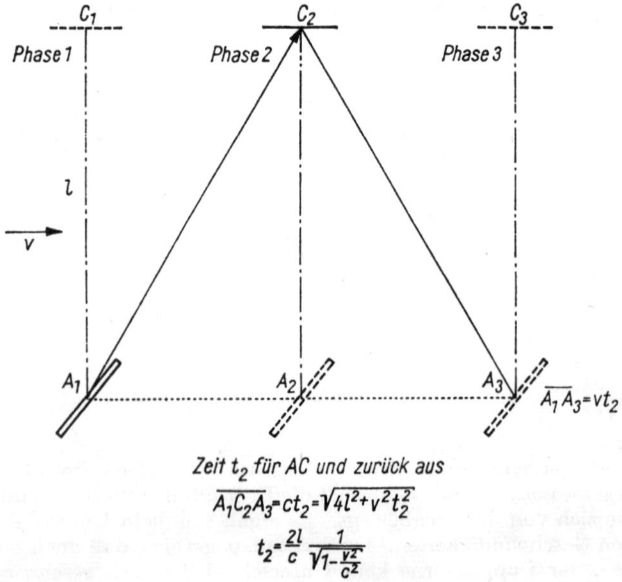
C1
C2
C3
Phase 1
Phase 2
Phase 3
l
v
A1
A2
A3
A1A3=vt2
Zeit t2 für AC und zurück aus
A1C2A3=ct2=√(4l²+v²t2²)
t2=2l/c · 1/√(1−v²/c²)

Abb. 2.2

In Abb. 2.2 ist — in Analogie zur Abb. 1.2 — der Weg des Lichtstrahles von A nach C und zurück nach A dargestellt (3 Phasen). Wenn der Lichtstrahl den Spiegel C in der Position C_2 erreicht, befindet sich A in der Position A_2. Für einen außerirdischen Beobachter hat sich nämlich die Erde mit der Apparatur um die Strecke $\overline{A_1 A_2}$ nach Osten bewegt. Nach der Laufzeit t_2 erreicht der Lichtstrahl wieder den Spiegel A in der Position A_3. Während der Lichtstrahl den Weg $\overline{A_1 C_2 A_3} = c\, t_2$ zurücklegt, bewegt sich die Erde mit dem Spiegel A um die Strecke $\overline{A_1 A_3} = v\, t_2$ weiter. Die Berechnung des Laufzeitunterschiedes Δt erfolgt gemäß Gl. (1.5). Diese Gleichung vereinfacht sich durch Reihenentwicklung[1]) für $v \ll c$ zu

$$\Delta t \approx \frac{2\,l}{c}\left(1 + \frac{v^2}{c^2} - 1 - \frac{1}{2}\frac{v^2}{c^2}\right),$$

also

$$\Delta t \approx \frac{l\,v^2}{c\,c^2}. \tag{2.1}$$

Zu diesem Zeitunterschied gehört aber der Wegunterschied

$$s = \Delta t\, c\,, \quad \text{d. h.,} \quad s \approx l\,\frac{v^2}{c^2}. \tag{2.2}$$

Dreht man die Versuchsanordnung um A entgegengesetzt zum Uhrzeigersinn,[2]) dann bleibt der Strahl von $A\,C$ hinter dem von $A\,B$ zurück, d. h., die beiden Wellenzüge haben sich um $2\,s$ gegeneinander verschoben. (Bei 45° würde sich unter den obigen Voraussetzungen für beide Wege dieselbe Geschwindigkeit ergeben.) Mißt man diese Strecke in Einheiten der verwendeten Lichtwellenlänge des monochromatischen Lichtes, so entfallen auf die Strecke $2\,s$ insgesamt $2\,s/\lambda$ Lichtwellenlängen. Beim Drehen der Versuchsanordnung müssen also $2\,\dfrac{2\,s}{\lambda} = \dfrac{4\,l}{\lambda}\dfrac{v^2}{c^2}$ Wechsel zwischen hell und dunkel im Gesichtsfeld des Interferometers auftreten. (Der Wechsel heller und dunkler Streifen ist doppelt so groß wie die Zahl der Wellenlängen, deshalb der Faktor 2.)

---

[1]) Es gilt $\dfrac{1}{1 - \beta^2} \approx 1 + \beta^2$ und $\dfrac{1}{(1 - \beta^2)^{1/2}} \approx 1 + \dfrac{1}{2}\,\beta^2$, wenn $\beta \ll 1$; $\beta = \dfrac{v}{c}$.

[2]) Es befindet sich dann die Lichtquelle an der Stelle des Interferometers, das an die Stelle von Spiegel 2 tritt. Spiegel 2 nimmt die Stelle von Spiegel 1 ein, der nunmehr in der ursprünglichen Richtung des Lichtstrahles liegt. Die Drehung der Apparatur und damit zwei Messungen sind notwendig, um einen Vergleich oder Bezug zu ermöglichen.

Mit den Werten $v = 30\,\mathrm{kms^{-1}}$, $c = 300000\,\mathrm{kms^{-1}}$, also $v^2/c^2 = 10^{-8}$, $l = 32\,\mathrm{m}$ und $\lambda = 6,4 \cdot 10^{-5}\,\mathrm{cm}$, erhält man $\dfrac{4\,l}{\lambda}\dfrac{v^2}{c^2} = 2$ Wechsel von hellen und dunklen Interferenzstreifen. Die Präzision des Michelsonschen Apparates war so groß, daß bereits 1% dieser erwarteten Interferenz-streifen-Verschiebung hätte festgestellt werden können.

2.2. Das Ergebnis des Michelson-Versuches

Das Ergebnis lautet: Die „erwartete" Verschiebung der Interferenzstreifen konnte nicht festgestellt werden; demnach ist hier $\Delta t = t_1 - t_2 = 0$ im Gegensatz zu den obigen klassischen Bewegungsaufgaben.[1])
Der Michelson-Versuch deckte einen Widerspruch zwischen dem experimentellen Ergebnis und dem „Erwartungswert" auf. Das experimentelle Ergebnis konnte vielfach bestätigt werden, es ist also sicher. Zur Lösung der Diskrepanz mußten die theoretischen Grundlagen kritisch analysiert und überprüft werden. Die Theorie mußte der experimentellen Erfahrung angepaßt werden. Diese Aufgabe mit Erfolg gelöst zu haben, ist ein großes Verdienst von EINSTEIN.
Das Experiment erbrachte im Gegensatz zu den klassischen Beispielen des Abschnitts 1 das Ergebnis, daß die Lichtgeschwindigkeit c stets gleich groß ist, in welcher Richtung zur Erdbahn sie auch gemessen wird.
EINSTEIN formulierte das experimentelle Ergebnis des Michelson-Versuches, indem er diese Tatsache zum Prinzip erhob: *Prinzip von der Konstanz der Vakuum-Lichtgeschwindigkeit.* Er erkannte, daß die Lösung dieses Widerspruches nur durch eine prinzipielle Erweiterung der klassischen Physik möglich ist. Danach gibt es grundsätzlich keinen physikalischen Vorgang, der etwas über die geradlinige und gleichförmige Bewegung eines Bezugssystems aussagen könnte. Das bedeutet aber, daß *absolute* Bewegungen grundsätzlich nicht feststellbar sind; es können nur *relative* Bewegungen beobachtet werden.

2.3. Zur Analyse des Ergebnisses des Michelson-Versuches

1. Das Versuchsergebnis $\Delta t = t \left[\dfrac{1}{1 - \dfrac{v^2}{c^2}} - \dfrac{1}{\sqrt{1 - \dfrac{v^2}{c^2}}} \right] = 0$ wäre verständ-

lich, wenn die Erde ruhte, d.h., dann wäre $v = 0$ und somit $\Delta t = 0$.

---

[1]) Die häufig zu findende Formulierung: der Michelson-Versuch erbrachte ein „negatives Ergebnis", sollte man tunlichst vermeiden, da sie falsche Vorstellungen weckt. Das Ergebnis des Michelson-Versuches lautet: Der Laufzeitunterschied Δt der beiden betrachteten Lichtstrahlen ist Null.

Es ist aber eine allgemein bewiesene Tatsache, daß die Erde nicht ruht und somit $v \neq 0$ sein muß. Die Deutung von $\Delta t = 0$ erfordert also andere Betrachtungen.

2. Aus der Elektronentheorie des holländischen Physikers H. A. LORENTZ wurde gefolgert, daß ein Körper bei der Bewegung eine Veränderung seiner Form erfährt. In der Bewegungsrichtung tritt eine Verkürzung ein.[1]) Besitzt der Körper im Ruhezustand die Länge l_0, dann berechnet sich nach LORENTZ die Länge l bei der Geschwindigkeit v zu

$$l = l_0 \sqrt{1 - \frac{v^2}{c^2}}. \tag{2.3}$$

Wendet man dieses Ergebnis (2.3) auf den Michelson-Versuch an, so muß für die Entfernung $\overline{AB} = l$, sofern die Richtungen v und c parallel zu $\overline{AB}$ verlaufen, obiger Ausdruck eingesetzt werden. Tut man das, so erhält man statt $t_1 = \dfrac{2\,l}{c} \dfrac{1}{1 - \dfrac{v^2}{c^2}}$ nunmehr

$$t_1^* = \frac{2\,l_0 \sqrt{1 - \dfrac{v^2}{c^2}}}{c\left(1 - \dfrac{v^2}{c^2}\right)} = \frac{2\,l_0}{c} \frac{1}{\sqrt{1 - \dfrac{v^2}{c^2}}}.$$

An Stelle von t_2 folgt t_2^*, wobei einfach $l = l_0$ ist, da senkrecht zur Bewegungsrichtung nach LORENTZ keine Längenkontraktion eintritt:

$$t_2^* = \frac{2\,l_0}{c} \frac{1}{\sqrt{1 - \dfrac{v^2}{c^2}}}.$$

Damit ergibt sich dann $\Delta t = t_1^* - t_2^* = 0$ in Übereinstimmung mit dem Ergebnis des Michelson-Versuches.

Die Lorentzsche Theorie ist jedoch unbefriedigend: Das Auftreten der Längenkontraktion setzt bereits voraus, daß es möglich ist, eine absolute Ruhe festzustellen. Das kann man jedoch mit dem Michelson-Versuch nicht (und auch grundsätzlich nicht). Somit kann man diese Theorie auch nicht zur Deutung des Ergebnisses des Michelson-Experimentes heranziehen.

[1]) Die Kontraktion ist vom Material eines Körpers unabhängig. Alle Körper erscheinen also in demselben Maße kontrahiert, wenn sie sich mit derselben Geschwindigkeit bewegen. Diese Kontraktion wird nicht durch irgendwelche Kräfte hervorgerufen. Es handelt sich um einen rein kinematischen Raum-Zeit-Effekt.

3. Die mit dem Resultat des Michelson-Experimentes verbundenen Fragen hat erst EINSTEIN in ihrer Gesamtheit beantwortet. Da das Experiment — und viele sorgfältige Wiederholungen bis in die jüngste Zeit — als „Frage an die Natur" eine Antwort erbrachte, die anders ausfiel, als man theoretisch erwartet hatte, mußte nach seiner Auffassung die Theorie verbessert und adäquat gestaltet werden. Nach EINSTEIN besagt das experimentelle Ergebnis: Die Lichtgeschwindigkeit ist (im Vakuum) — unabhängig von dem (gleichförmigen und geradlinigen) Bewegungszustand der Lichtquelle — konstant. Dieses physikalische Prinzip der Konstanz der Vakuum-Lichtgeschwindigkeit ist ein aus der Erfahrung gewonnener Satz, der dem tatsächlichen Naturgeschehen Rechnung trägt. Es ist also einfach ein Naturgesetz — wenn auch auf Grund der Alltagserfahrung nicht vorstellbar —, daß z. B.

Lichtgeschwindigkeit $+$ Erdgeschwindigkeit $=$ Lichtgeschwindigkeit ist. Allgemein gilt:

Lichtgeschwindigkeit $+$ beliebige Signal- oder Trägergeschwindigkeit $=$ Lichtgeschwindigkeit.[1])

Die theoretische Deutung des Michelson-Experimentes erfolgt durch die Anwendung der Lorentz-Transformationen an Stelle der in der klassischen Physik $(v \ll c)$ anwendbaren Galilei-Transformationen. Es ist das Verdienst von EINSTEIN, die Lorentz-Transformationen, die bei LORENTZ als bequemes Rechenhilfsmittel galten, aus dem allgemeinen Prinzip der Konstanz der (Vakuum-)Lichtgeschwindigkeit gefolgert zu haben.

Es muß nun die Frage beantwortet werden: Wie sind die Galilei-Transformationen zu ändern, damit sie das Ergebnis des Michelson-Versuches erklären können? Die Beantwortung dieser Frage führt zur speziellen Relativitätstheorie (Kap. 3).

2.4.   Neuere Michelson-Experimente

Das Nullresultat des 1887 von MICHELSON und MORLEY in Cleveland ausgeführten Experimentes, wonach keine Zeitdifferenz in den Laufwegen der beiden Lichtstrahlen in Richtung der Erdbewegung und senkrecht dazu festgestellt werden konnte, muß man — im Hinblick auf die unvermeidlichen Meßfehler — genauer formulieren: Anstatt der zu erwartenden Erdgeschwindigkeit von $v = 30 \text{ kms}^{-1}$ („Ätherwind") wurde $v < 5 \text{ kms}^{-1}$ gefunden.

Der Michelson-Versuch ist bis in die jüngste Zeit immer wieder in neuen Varianten, unter veränderten Bedingungen und mit verbesserten Apparaturen durchgeführt worden. Besonders sei erwähnt, daß der Versuch auch

---

[1]) Daraus ist ersichtlich, daß die Lichtgeschwindigkeit eine Grenzgeschwindigkeit repräsentiert; vgl. die Addition von Grenzwerten.

unter Verwendung außerirdischer Lichtquellen, die also nicht mit dem Labor verbunden sind, analysiert wurde: MILLER (1924) wählte als Lichtquelle die Sonne und TOMASCHEK (1924) einen Fixstern. Mit großer Meßgenauigkeit wurde der Michelson-Versuch von G. Joos[1]) in Jena (1930) wiederholt: $v < 1,5$ km/s. Mit einem Maser-Experiment[2]) konnte 1958 die Genauigkeit nochmals gesteigert werden: $v < 30$ ms^{-1}. In allen Fällen wurde das Michelson-Ergebnis $\Delta t = 0$ bestätigt, das klassisch so unbegreiflich ist.

Als wesentliche Variante wurde 1932 von KENNEDY und THORNDIKE[3]) ein Experiment durchgeführt, das sich in zwei Punkten von der Michelsonschen Anordnung unterschied: Die Lichtwege $\overline{AC}$ und $\overline{AB}$ (Abb. 2.1) wurden unterschiedlich lang gewählt ($l_1 - l_2 = 16$ cm). Schließlich war die gesamte Apparatur fest mit dem Laboratorium verbunden — die Michelsonsche Anordnung schwamm in einem Quecksilberbecken. KENNEDY und THORNDIKE beobachteten die Interferenzstreifen über viele Monate, während sich die Erde mit unterschiedlicher Geschwindigkeit auf ihrer Bahn um die Sonne bewegte. Sie fanden jedoch keine Verschiebung der Interferenzstreifen, die durch die tägliche oder jahreszeitliche Bewegungsänderung hätten bedingt sein können. Damit gilt auch in diesem Fall $\Delta t = 0$. Der Versuch zeigt deutlich, daß das Licht in allen mit geradlinig gleichförmiger Geschwindigkeit unterschiedlich rasch bewegten Bezugssystemen dieselbe Geschwindigkeit hat: Es benötigt zum Durchlaufen der doppelten Strecke $|l_1 - l_2|$ in allen Bezugssystemen dieselbe Zeit, so daß $\Delta t = 0$ bleibt.

Der Versuch widerlegt schließlich die ad-hoc-Erklärung des Michelson-Versuches mit Hilfe der Kontraktionshypothese, da diese Hypothese das Nullresultat des Michelson-Versuches nur für den Fall gleicher Ruhlängen $l_{0,1}$ und $l_{0,2}$ „erklärt" (S. 27). Im vorliegenden Fall ergibt sich für Δt mit $l_1 = l_{0,1} \sqrt{1 - v^2/c^2}$ parallel zur Bewegung und $l_2 = l_{0,2}$ senkrecht zur Bewegung

$$\Delta t = \frac{2}{c} \frac{l_{0\,1} - l_{0,2}}{\sqrt{1 - v^2/c^2}} \neq 0 \,.$$

Die Anerkennung des experimentellen Sachverhaltens $\Delta t = 0$ führt zum Prinzip der Konstanz der Vakuum-Lichtgeschwindigkeit c und zu einem neuen Theorem der Zusammensetzung von Geschwindigkeiten, das sich von der klassischen Geschwindigkeitsaddition unterscheidet, diese aber im Grenzfall enthält.

---

[1]) Joos, G.: Ann. Physik 7 (1930) 385.
[2]) CEDARHOLM, J. P., G. F. BLAND, B. L. HAVENS, and C. H. TOWNES: Physic. Rev. Letters 1 (1958) 342.
[3]) KENNEDY, R. J., and E. M. THORNDIKE: Phys. Rev. 42 (1932) 400.

In den letzten Jahren bediente man sich der neuesten experimentellen Hilfsmittel: Laserstrahlen, Mößbauer-Effekt und Koinzidenzmeßtechnik. Von JASEJA[1]) und Mitarbeitern wurde der Michelson-Versuch mit Laserstrahlen durchgeführt. An Stelle der Spiegel *1* und *2* (Abb. 2.1) treten zwei Lasergeräte. Die Differenz der Frequenzen der beiden Laser (Schwebungsfrequenz) wurde mit Photo-Sekundärelektronenvervielfachern gemessen und während der Drehung der Anordnung aufgezeichnet. Es konnte keine Änderung der Schwebungsfrequenz festgestellt werden. Damit war wiederum die Isotropie des Raumes bezüglich der Lichtausbreitung nachgewiesen.

Einen erheblichen Fortschritt der experimentellen Meßtechnik erbrachte die Entdeckung und Anwendung des Mößbauer-Effektes. Mit ihm konnte eine enorme Steigerung der Meßgenauigkeit erzielt werden; es gelingt mit ihm, relative Energie- bzw. Frequenzunterschiede von Kernzuständen meßtechnisch zu erfassen. Die gegenwärtig erreichbare Energieauflösung von $\Delta E/E = \Delta \nu/\nu = 10^{-16}$ übersteigt die bisherigen Präzisionsverfahren um viele Größenordnungen.

Mit einer auf einer Zentrifuge montierten Mößbauer-Quelle und dem zugehörigen Resonanzabsorber haben CHAMPENEY, ISAAK und KHAN[2])[3]) die Frequenzverschiebung gemessen.

Als das zur Zeit genaueste Ergebnis erhielten die Autoren $v = (1,6 \pm 2,8)$ ms^{-1}; innerhalb der Meßgenauigkeit also $v = 0$ ($v < 5$ m/s).

Das bedeutet, daß das Ergebnis von MICHELSON nunmehr mit wesentlich größerer Genauigkeit bestätigt wird: Es gibt kein Trägermedium („Äther") für elektromagnetische Wellen und kein irgendwie ausgezeichnetes Bezugssystem für die Lichtausbreitung.

Das Nullresultat des Michelson-Versuches, konnte in den letzten Jahren durch direkte Bestimmung von Laufzeiten mit Hilfe von Positronen[4])- und Mesonenexperimenten bestätigt werden.

Wenn Positronen mit Elektronen in Wechselwirkung treten, zerstrahlen sie in zwei (bzw. drei) γ-Quanten. Treten zwei γ-Quanten auf, so haben sie je eine Energie von 511 keV, wenn sie durch vollständig abgebremste Positronen ($v = 0$) entstehen; in diesem Fall werden sie auch unter 180° zueinander emittiert.

[1]) JASEJA, T. S., A. JAVAN, J. MURRAY, and C. H. TOWNES: Phys. Rev. **133** A (1964) 1221.

[2]) CHAMPENEY, D. C., G. R. ISAAK, and A. M. KHAN: Physic. Rev. Letters **7** (1963) 241.

[3]) SCHMIDT-OTT, W.-D.: „Einige neuere Messungen zur Prüfung der speziellen Relativitätstheorie". Naturwissenschaften **52** (1965) 636—639 (dort weitere Literatur).

[4]) SADEH, D.: Phys. Rev. Letters **10** (1963) 271.

Betrachtet man Positronen einer Energie von 600 keV (entsprechend $v = 0,89\ c$), so errechnet man im Schwerpunktsystem eine Geschwindigkeit von $v = 0,6\ c$. Nimmt man an, daß sich die Geschwindigkeit c des Vernichtungsquantes zur Geschwindigkeit des Schwerpunktes addiert, müßte man für dieses Quant eine Geschwindigkeit von $1,6\ c$ messen, für das andere Quant hingegen $0,6\ c$.

Man stellt im Abstand $s = 60$ cm zum Target (Auffänger) je einen Szintillationszähler auf und „erwartet" die Flugzeiten

$$t_1 = \frac{s}{v_1} = \frac{s}{0,6\ c} = 3,3_3 \cdot 10^{-9}\ \text{s}\ , \qquad t_2 = \frac{s}{1,6\ c} = 1,2_5 \cdot 10^{-9}\ \text{s}\ ,$$

also

$$t_1 - t_2 \approx 2 \cdot 10^{-9}\ \text{s}\ .$$

Innerhalb des zeitlichen Auflösungsvermögens der verwendeten Apparatur von $0,2 \cdot 10^{-9}$ s konnte jedoch mit Hilfe der verzögerten Koinzidenz-Meßtechnik kein Laufzeitunterschied festgestellt werden.

Das bedeutet, daß innerhalb der Meßgenauigkeit von 10% $\varDelta t = 0$ ist, daß also beide Quanten unabhängig vom Bezugssystem die Geschwindigkeit c besitzen. Damit ist durch direkte Laufzeitmessung die Konstanz der Lichtgeschwindigkeit bestätigt. In ähnlicher Weise wurde die Laufzeit der beim Zerfall von $\pi°$-Mesonen entstehenden Quanten gemessen,[1]) wobei ebenfalls die Tatsache der Konstanz der Lichtgeschwindigkeit in zueinander gleichförmig bewegten Systemen direkt festgestellt werden konnte.

Bis in die jüngste Zeit hat sich eine Fülle empirischen Materials zur Relativitätstheorie angesammelt. Es gibt kein Experiment, das im Widerspruch zur SRT stünde. Die Entwicklung der Kern- und insbesondere der *Elementarteilchenphysik (Hochenergiephysik)* wäre ohne die Grundlage der SRT undenkbar. Bereits vor Beginn dieser Epoche gab es eine Fülle berühmter Versuche, die allein erst im Rahmen der SRT verstanden werden konnten. Sie können als Ausgangsbasis und als Bestätigung der SRT angesehen werden.

3.   Lorentz-Transformation

3.1.   Zur Galilei-Transformation

In mit konstanter Geschwindigkeit bewegten Systemen (See-, Land-, Luft- oder Raumfahrzeug) spielen sich alle physikalischen Vorgänge genauso ab wie im Ruhezustand dieser Systeme. Für einen sich geradlinig gleichförmig bewegenden Beobachter ist es unmöglich, festzustellen, welches von zwei (oder mehr) Systemen ruht oder sich bewegt. Es ist nur

[1]) FILIPPAS, T. A., and J. G. Fox: Physic. Rev. B **135** (1964) 1071.

möglich, festzustellen, ob sich ein System *relativ* zu einem anderen in Ruhe befindet oder nicht.

Dieses Relativitätsprinzip der klassischen Mechanik, die Galilei-Transformation, hat EINSTEIN für die gesamte Physik (also nicht nur für die Mechanik) erweitert.[1])

Bewegen sich zwei Systeme S und S' mit konstanter Geschwindigkeit in Richtung der x-Achse aufeinander zu oder voneinander weg, so kann man einen beliebigen Bewegungsvorgang in dem einen System durch die (Galileischen) Transformationsgleichungen in das andere System umrechnen.[2])

In Abb. 1.2 wurde von der Tatsache der zwei zueinander in Bewegung befindlichen Koordinatensysteme bereits implizit Gebrauch gemacht: Entweder beschreibt man die Ergebnisse vom Ufer (ruhendes System) oder

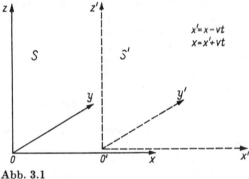

Abb. 3.1

---

[1]) Es muß betont werden, daß die Maxwellschen Gleichungen des elektromagnetischen Feldes gegen Galilei-Transformationen nicht invariant sind, wohl aber gegen Lorentz-Transformationen. Es ist das Ziel, alle physikalischen Gesetzmäßigkeiten in eine lorentzinvariante Form zu bringen, denn in dieser Form kommt das für alle Gebiete der Physik gültige Relativitätsprinzip zum Ausdruck.

[2]) Ein System, in dem die Newtonsche Mechanik in aller Strenge gilt, bezeichnet man als Inertialsystem. Es ist ein Grenzbegriff. Wenn in einem solchen System der Satz von der gleichförmigen Bewegung eines kräftefreien Teilchens in aller Strenge gilt, dann ist sofort einzusehen, daß diese Eigenschaft auch alle diejenigen Koordinatensysteme haben, die sich gegen das betrachtete Inertialsystem mit gleichförmiger Translation bewegen. Es gibt demnach nicht nur *ein* Inertialsystem, sondern eine *dreifach unendliche* Schar von Inertialsystemen; diese sind in der Newtonschen Mechanik einander völlig gleichwertig. Mit anderen Worten: Alle Bezugssysteme, die gegeneinander mit gleichförmiger Geschwindigkeit bewegt sind, weisen gleiche Trägheitserscheinungen auf; man bezeichnet sie daher als Inertialsysteme (inertia: Trägheit).

z. B. vom mittreibenden Boot A aus. Es ist ersichtlich, daß jedesmal derselbe Tatbestand beschrieben wird, und dies bedeutet, daß man schließlich dasselbe Ergebnis bekommen muß, unabhängig von dem jeweiligen System.

Abb. 1.2 wird nunmehr in zwei zueinander mit der Geschwindigkeit v bewegte Systeme S und S' aufgeteilt (Abb. 3.1). Ein Bezugssystem ist dreidimensional, die z-Koordinate kann aber für ebene Probleme vernachlässigt werden.

Das ruhende System wird mit S, das bewegte System mit S' bezeichnet. S' bewegt sich relativ zu S mit der Geschwindigkeit v in Richtung der x-Koordinate. Dann ist vom S-System aus:

$$z = z', \quad y = y' \quad \text{und} \quad x = x' + v \cdot t; \tag{3.1}$$

vom S'-System aus betrachtet ist

$$z' = z, \quad y' = y \quad \text{und} \quad x' = x - v \cdot t. \tag{3.2}$$

In diesen Transformationsformeln ist vorausgesetzt, daß die Zeit in den Systemen S und S' gleich abläuft und daß die benutzten Maßstäbe in allen Systemen die gleiche Länge behalten. Aber EINSTEIN zeigte, daß diese Voraussetzungen nicht mehr erfüllt sind, sobald v gegenüber c nicht mehr vernachlässigt werden kann.

Aus den Transformationsformeln (3.1), (3.2) folgen unmittelbar die Formeln für die Geschwindigkeitstransformation der klassischen Mechanik $(v \ll c)$.

Nach Division von $x = x' + v\, t$ durch t folgt mit $x/t = u$ und $x'/t = u'$

$$u = u' + v. \tag{3.3}$$

Hierin ist u die Geschwindigkeit eines Körpers gegenüber S und u' die Geschwindigkeit desselben Körpers in bezug auf S'; v ist die Geschwindigkeit zwischen beiden Bezugssystemen.

Aus $\quad x' = x - v\, t$ folgt auf dieselbe Weise

$$u' = u - v. \tag{3.4}$$

Mit diesen Transformationsformeln kann man Entfernungen (oder Positionen) sowie Geschwindigkeiten von einem Bezugssystem in ein anderes umrechnen. Man findet, daß bei der Galilei-Transformation die Entfernungen im S-System und im relativ dazu bewegten S'-System gleich sind. Die Strecken sind galileiinvariant (jedoch nicht lorentzinvariant, wie später gezeigt wird):

$$x_2 = x_2' + v \cdot t$$
$$x_1 = x_1' + v \cdot t.$$

Hieraus folgt $\quad x_2 - x_1 = x_2' - x_1'.$ \hfill (3.5)

Auch die Geschwindigkeitsänderung Δu ist bei einer Galilei-Transformation invariant:

$$u_2 = u_2' + v$$
$$u_1 = u_1' + v \ .$$

Hieraus folgt $u_2 - u_1 = u_2' - u_1'$ oder $\Delta u = \Delta u'$,   (3.6)

d. h., die Geschwindigkeiten bleiben gleich.

Des weiteren sind die Beschleunigungen a gegenüber der Galilei-Transformation invariant:

$$\frac{\Delta u}{\Delta t} = \frac{\Delta u'}{\Delta t} \quad \text{oder} \quad \frac{du}{dt} = \frac{du'}{dt}, \quad \text{also} \quad a = a' \ .   \tag{3.7}$$

Hier muß ausdrücklich darauf hingewiesen werden, daß in der klassischen Physik $t = t'$ ist, d. h., daß in jedem Bezugssystem dasselbe Zeitmaß gilt. Nach EINSTEIN wird aber die Zeit relativiert, so daß für jedes System ein gesondertes Zeitmaß besteht, wobei im allgemeinen $t \neq t'$ ist.

Nach GALILEI behält die Masse ihre Größe in allen gegeneinander bewegten Bezugssystemen. Damit würde dann auch gelten, daß die Kraft unabhängig von der gegenseitigen gleichförmigen und geradlinigen Bewegung konstant ist, d. h., $F = F'$.

Aus diesen Betrachtungen folgt die allgemeine Formulierung des Galileischen Relativitätsprinzips:

> Gelten die Gesetze der Mechanik in einem System S, dann gelten sie auch für alle anderen Systeme S', die sich relativ zu S gleichförmig und geradlinig bewegen.

EINSTEIN forderte die Gültigkeit eines allgemeinen Relativitätsprinzips. Er untersuchte die Frage, ob das Relativitätsprinzip für alle Gebiete der Physik (nicht nur für die Mechanik) gültig sei. Wenn die Frage nach einer absoluten gleichförmigen und geradlinigen Bewegung in der Mechanik sinnlos ist, so müßte (nach EINSTEIN) diese Feststellung für die gesamte Physik gelten. (Da die Fragen nach dem absoluten Raum und einem „Äther" als hypothetischem Medium für die Lichtausbreitung gegenstandslos geworden sind, werden diese Begriffe hier nicht weiter behandelt.)

Folgende Prinzipien bilden die Grundlage der SRT. In ihnen kommt der Genius eines der größten Physiker zum Ausdruck:

1. Prinzip von der Konstanz der (Vakuum-)Lichtgeschwindigkeit,

2. Prinzip von der vollständigen Gültigkeit der Relativität.

Die Bezeichnung „Relativitätsprinzip" bringt zum Ausdruck, daß es sinnlos ist, von einem absolut ruhenden Bezugssystem zu sprechen, weil allein Relativbewegungen experimentell feststellbar sind.
Bei Existenz eines „ausgezeichneten" Systems würden die Naturgesetze nicht allgemein gelten, sondern in einem bevorzugten System eine besonders einfache Form annehmen.
Jedes einzelne Prinzip und erst recht die gleichzeitige Gültigkeit dieser beiden Prinzipien ist gemäß den Galilei-Transformationen der Geschwindigkeiten unmöglich. EINSTEIN erkannte, daß die Galilei-Transformationen auf Voraussetzungen beruhten, die physikalisch exakter gefaßt werden mußten. Die Korrekturen dieser Voraussetzungen und die sich daraus ergebenden Folgerungen bilden den Inhalt der Einsteinschen speziellen Relativitätstheorie.

3.2. Zur Lorentz-Transformation

H. A. LORENTZ hatte bereits vor EINSTEIN Formeln angegeben, die an die Stelle der Galilei-Transformationen treten und diese klassischen Transformationsformeln als Spezialfall enthalten. Sie galten jedoch nur als bequeme Umrechnungsformeln. Erst EINSTEIN erkannte die grundsätzliche Bedeutung der Zusammenhänge, die in diesen Formeln zum Ausdruck kommen, und führte den radikalen Bruch mit den bis dahin gültigen Raum-Zeit-Vorstellungen herbei.
Die Lorentz-Transformation[1]) kann elementar am kürzesten wie folgt hergeleitet werden:
Man geht von der Galilei-Transformation $x' = x - v\,t$ aus und macht für die Lorentz-Transformation den Ansatz

$$x' = k\,(x - v\,t)\,, \qquad (3.8)$$

wobei k ein noch zu bestimmender Korrekturfaktor sein soll. Für $k = 1$ ergeben sich die Galilei-Transformationen.
Von den Systemen S und S' ist keines bevorzugt, so daß man in der Umkehrgleichung $x = x' + v\,t$ denselben Ansatz machen kann:

$$x = k\,(x' + v\,t')\,. \qquad (3.9)$$

Zur Bestimmung von k verwendet man den experimentellen Befund, daß in beiden Systemen die Lichtgeschwindigkeit denselben Wert c hat: $c \equiv c'$. Wird im Moment des Zusammenfallens beider Koordinatenursprungspunkte zur Zeit $t = t' = 0$ ein Lichtsignal ausgesandt, so erreicht das Signal in den Systemen nach der Laufzeit t bzw. t' die Orte $x = c\,t$ bzw.

---

[1]) Weitere Möglichkeiten der Herleitung der Lorentz-Transformationen siehe im Abschnitt 2. der Aufgaben.

$x' = c\, t'$. Wegen der Konstanz von c tritt in den Gln. (3.8), (3.9) t bzw. t' auf. Substitution von t und t' ergibt

$$x' = k\left(x - \frac{v}{c}\,x\right) = k\,x\,(1 - \beta)\,, \tag{3.10}$$

$$x = k\left(x' + \frac{v}{c}\,x'\right) = k\,x'\,(1 + \beta)\,, \tag{3.11}$$

wobei $\beta = v/c$ ist. Der Faktor k muß in beiden Gln. (3.8), (3.9) derselbe sein, da sich diese nach dem Relativitätsprinzip (Gleichberechtigung beider Bezugssysteme) nur durch das Vorzeichen von v unterscheiden. Durch Multiplikation von (3.10) mit (3.11) erhält man

$$x'\,x = k^2\,x\,x'\,(1 - \beta^2)\,,$$

also schließlich

$$k = \frac{1}{\sqrt{1 - \beta^2}}\,. \tag{3.12}$$

Für die Zeit t' ergibt sich dann mit $t' = x'/c$ die Umrechnungsformel

$$t' = \frac{x - v\,t}{c\,\sqrt{1 - \beta^2}} = \frac{\dfrac{x}{c} - \dfrac{v}{c^2}\,c\,t}{\sqrt{1 - \beta^2}} = \frac{t - \dfrac{v}{c^2}\cdot x}{\sqrt{1 - \beta^2}}$$

und entsprechend

$$t = \frac{t' + \dfrac{v}{c^2}\,x'}{\sqrt{1 - \beta^2}}\,.$$

Benutzt man an Stelle der Galilei-Transformationen die Lorentz-Transformationen, so läßt sich das Ergebnis des Michelson-Versuches ($\Delta t = 0$) wie folgt deuten:
Der Arm $\overline{AB}$ der Versuchsapparatur befindet sich in einem S'-System. Der dazu senkrechte Arm $\overline{AC}$ nimmt in seiner Längsrichtung an dieser Bewegung nicht teil; er befindet sich daher in einem S-System. Die Michelsonsche Versuchsapparatur vereinigt demnach zwei relativ zueinander bewegte Systeme. Die ursprüngliche klassische Rechnung benutzte gleiche (unveränderte!) Maßeinheiten für die Strecken und Zeiten in beiden Systemen. Das gilt aber in der Relativitätstheorie nicht mehr. Vom S-System aus ist der Arm $\overline{AB}$ verkürzt: $l = l_0\,\sqrt{1 - \beta^2}$. Damit erhält man statt t_1

$$t_1^* = \frac{2\,l_0}{c}\,\frac{\sqrt{1-\beta^2}}{(1-\beta^2)}\,, \qquad \text{also} \qquad t_1^* = \frac{2\,l_0}{c}\,\frac{1}{\sqrt{1-\beta^2}}\,.$$

Für t_2 erhält man mit $l = l_0$ nunmehr

$$t_2 = \frac{2\,l_0}{c}\,\frac{1}{\sqrt{1-\beta^2}}\,,$$

so daß sich tatsächlich

$$t_1^* - t_2 = \Delta t = 0$$

ergibt, womit das Ergebnis des Michelson-Versuches „erklärt" ist (siehe aber Versuch von KENNEDY und THORNDIKE).
Das Ergebnis kann aber auch für den Fall interpretiert werden, daß sich ein Beobachter im System S' mitbewegt. Hierbei hat der Beobachter die Zeitdilatation (Zeitdehnung) im S-System, das sich relativ zu S' bewegt, zu beachten. In diesem Falle ist statt t_2 nunmehr t_2^* einzusetzen,

$$t_2^* = \frac{t_2}{\sqrt{1-\beta^2}}\,,$$

denn die Uhr, die t_2 anzeigt, läuft langsamer als die Uhr, an der t_2^* ab‑ gelesen wird. (Vergleiche hierzu das Beispiel der Zeitmessung in den Ge‑ dankenversuchen Kap. 9.3.)
Damit ergibt sich

$$t_2^* = \frac{2\,l_0}{c}\,\frac{1}{\sqrt{1-\beta^2}}\,\frac{1}{\sqrt{1-\beta^2}}\,, \qquad \text{also} \qquad t_2^* = \frac{2\,l_0}{c}\,\frac{1}{1-\beta^2}\,.$$

Man erhält auch für diesen Fall

$$t_1 - t_2^* = \frac{2\,l_0}{c}\left(\frac{1}{1-\beta^2} - \frac{1}{1-\beta^2}\right) = \Delta t\,, \qquad \text{also} \qquad \Delta t = 0\,,$$

so daß ein irdischer (ruhender) Beobachter[1]) das Meßergebnis bestätigt.
Es ergeben sich demnach mit $k = 1/\sqrt{1-\beta^2}$ folgende Lorentz-Trans‑ formationen:

$$\begin{array}{c|c}
x' = \dfrac{x - vt}{\sqrt{1-\beta^2}} & x = \dfrac{x' + vt'}{\sqrt{1-\beta^2}} \\[2ex]
y' = y & y = y' \\[1ex]
z' = z & z = z' \qquad\qquad (3.13) \\[2ex]
t' = \dfrac{t - \dfrac{v}{c^2}x}{\sqrt{1-\beta^2}} & t = \dfrac{t' + \dfrac{v}{c^2}x'}{\sqrt{1-\beta^2}}\,.
\end{array}$$

---

[1]) Ein ruhender Beobachter ist mit dem betrachteten System fest verbunden.

Die gestrichenen Größen folgen aus den nichtgestrichenen (und umgekehrt) durch relativistische Vertauschung; d. h., es können S- und S'-Größen miteinander vertauscht werden, wenn gleichzeitig die Geschwindigkeit das Vorzeichen ändert.[1])
Bei den in (3.13) dargestellten Übersetzungsgleichungen handelt es sich um die speziellen Lorentz-Transformationen, da v parallel zu x angenommen ist. Man verwendet sie in dieser Form am häufigsten.
In Vektordarstellung lauten die Lorentz-Transformationen:

$$r' = r + v\left[\frac{v\,r}{v^2}(k - 1) - k\,t\right]$$

$$t' = k\left[t - \frac{1}{c^2}(v\,r)\right]. \tag{3.14}$$

Die als Lorentz-Transformation bezeichneten Zusammenhänge zeigen, daß die Zeit nicht mehr als unabhängige Koordinate auftritt. Damit wird deutlich, daß Raum und Zeit nicht selbständig existieren, sondern nur in der Einheit Raum-Zeit. Die experimentellen Erfahrungen werden exakt dargestellt, wenn der Zusammenhang zwischen Raum- und Zeitkoordinaten durch die Lorentz-Transformation gegeben ist.

3.3.   Folgerungen aus der Lorentz-Transformation

3.3.1.   Vakuum-Lichtgeschwindigkeit als Grenzgeschwindigkeit

Es gibt keine größere Signalgeschwindigkeit als die Vakuum-Lichtgeschwindigkeit c; denn für $v > c$ wird $\sqrt{1 - \beta^2}$ imaginär, und die betreffende Größe hat keinen physikalischen Sinn.

3.3.2.   Längenkontraktion

Nach der Galilei-Transformation gilt $x_2' - x_1' = x_2 - x_1$, d. h., die Länge $l = x_2' - x_1'$ eines Stabes bleibt konstant — unabhängig davon, ob er sich in Bewegung befindet oder nicht. Das gilt nach der Lorentz-Transformation nicht mehr: Die gemessenen Längen sind in S und S' verschieden. Die Längenmessung ist dadurch definiert, daß man einen Meßstab an die zu messende Strecke legt und den Abstand der Meßstabstriche abliest,

---

[1]) Mnemotechnisches Hilfsmittel: Strich auf der linken Seite bedeutet Strich (Minus) auf der rechten Seite. Dieses Verfahren bietet gegenüber der Auflösung der Gleichungen einen großen Vorteil; siehe unter: Aufgaben 2.1.

die in einem bestimmten Moment mit den Enden der Meßstrecke zusammenfallen. Das ist völlig klar, wenn Meßstab und Meßstrecke ruhen. Besteht zwischen beiden aber eine Relativgeschwindigkeit v, so ergibt sich zwar für das ruhende System die Strecke $l = x_2 - x_1$, für das bewegte System S' gilt hingegen[1])

$$l' = x_2' - x_1' = \frac{x_2 - x_1 - v\,(t_2 - t_1)}{\sqrt{1 - \beta^2}}.$$

Nun müssen die Zeiten t_1 und t_2 so bestimmt werden, daß in dem System S' Anfangs- und Endpunkte des Meßstabes im selben Moment gemessen werden; es muß demnach $t_2' = t_1'$ sein.
Es ist

$$t_2' = \frac{t_2 - \dfrac{v}{c^2} x_2}{\sqrt{1 - \beta^2}} \quad \text{und} \quad t_1' = \frac{t_1 - \dfrac{v}{c^2} x_1}{\sqrt{1 - \beta^2}}.$$

Aus der geforderten Gleichheit folgt

$$t_2 - t_1 = \frac{v}{c^2}\,(x_2 - x_1)$$

und damit

$$l' = \frac{x_2 - x_1 - v\,\dfrac{v}{c^2}\,(x_2 - x_1)}{\sqrt{1 - \beta^2}} = \frac{(x_2 - x_1)\,(1 - \beta^2)}{\sqrt{1 - \beta^2}},$$

$$l' = l\sqrt{1 - \beta^2}. \tag{3.15}$$

Vom bewegten Beobachter aus gesehen, wird demzufolge eine kleinere Länge gemessen. Diese Erscheinung wird als Längenkontraktion bezeichnet. Dasselbe Ergebnis[2]) stellt auch der im anderen System befindliche Beobachter für Längen im ersten (bewegten) System fest:

$$l = l'\sqrt{1 - \beta^2}. \tag{3.16}$$

Diese Beziehung folgt durch relativistische Vertauschung, nicht etwa durch Auflösung nach l.

---

[1]) Für einen in S' ruhenden Beobachter.
[2]) Die Frage, welche Länge denn nun *wirklich* geschrumpft sei, ist sinnlos. Alle Aussagen sind für den jeweiligen Standpunkt richtig.

Die klassische (nichtrelativistische) Längenmessung beruht auf einem Vergleich der betreffenden Länge mit einem Maßstab. Die relativistische Längenmessung fordert das *gleichzeitige* Ablesen der Maßstabenden bei einem Vergleich.

Als Konsequenz der Lorentz-Transformation erscheint eine im System S' befindliche Kugel im System S als Ellipsoid[1]). Die Längenkontraktion tritt nur in Bewegungsrichtung auf; senkrecht zu dieser Richtung tritt keine Kontraktion auf.

Hingegen erscheint eine Lichtkugel stets in allen Systemen als Kugel, wenn diese Systeme sich mit gleichförmiger Geschwindigkeit gegeneinander bewegen.

Die Gln. (3.15) und (3.16) widersprechen einander nicht, da sie verschiedene Sachverhalte zum Ausdruck bringen. Sie beziehen sich auf zwei verschiedene Ereignispaare: im System $S \{(x_1, t_1); (x_2, t_2)\}$ und im System $S' \{(x_1', t_1'); (x_2', t_2')\}$. Das erste Ereignispaar ist in S und das zweite in S' gleichzeitig:

$$x_1' - x_2' = (x_1 - x_2) \sqrt{1 - \frac{v^2}{c^2}} \quad \text{für } t_1 = t_2 \, ,$$

$$x_1 - x_2 = (x_1' - x_2') \sqrt{1 - \frac{v^2}{c^2}} \quad \text{für } t_1' = t_2' \, .$$

Die Gleichzeitigkeit hängt vom jeweiligen Bezugssystem ab; somit beschreiben die beiden Gleichungen verschiedene Sachverhalte. Ein dreidimensionaler Körper erfährt nur in der Bewegungsrichtung eine Verkürzung um $\sqrt{1 - v^2/c^2}$; seine Abmessungen senkrecht zur Bewegungsrichtung bleiben also unverändert.

Beim Prozeß des Sehens und Beobachtens spielt die endliche Laufzeit der Lichtsignale eine Rolle. Man kann die Lorentz-Kontraktion nicht sehen oder photographieren, wie das J. TERRELL zeigte. Die in populären Schriften dargestellten kontrahierten Wesen und Gegenstände in einer „Wunderwelt" sind irreführend.

---

[1]) Zur Frage der „Sichtbarkeit" und des Photographierens der Lorentz-Kontraktion schnell bewegter Gegenstände siehe:

TERRELL, J.: Physic. Rev. **116** (1959) 1041.
WEIGEL, J., und M. WEIGEL: Math. naturwiss. Unterricht **15** (1962) 244.
WEINSTEIN, R.: Amer. J. Physics **28** (1960) 607.
BOAS, M. L.: Amer. J. Physics **29** (1961) 283.
YNGSTRÖM, S.: Ark. Fysik **23** (1963) 367.
PENROSE, R.: Proc. Cambridge philos. Soc. **55** (1959) 137.
SALECKER, W., and E. WIGNER: Physic. Rev. **109** (1958) 571.
WEISSKOPF, V. F.: Physics Today Sept. 1960, 24.

3.3.3. Zeitdilatation

Eine Uhr gebe am Ort x_1' ($= x_2'$) im gestrichenen (bewegten) System Zeichen im Intervall

$$\Delta t' = t_2' - t_1' \,.$$

Vom ruhenden System aus betrachtet, ist gemäß der Lorentz-Transformation:

$$\Delta t = t_2 - t_1 = \frac{\Delta t'}{\sqrt{1 - \beta^2}} \,. \tag{3.17}$$

Das bedeutet, daß dem ruhenden Beobachter die Intervalle gedehnt erscheinen, d. h., eine mit der Geschwindigkeit v bewegte Uhr geht, vom ruhenden Standpunkt aus betrachtet, langsamer.[1])
Dieses Ergebnis für die Zeitdilatation Δt findet man folgendermaßen: Eine Standarduhr gibt im System S' die Signale (Ereignisse) t_1' und t_2' an, d. h. das Zeitintervall $\Delta t' = t_1' - t_2'$.
Wie groß ist das Zeitintervall, das im System S registriert wird? Aus der Lorentz-Transformation folgt

$$t_1 = \frac{t_1' + \frac{v}{c^2} x_1'}{\sqrt{1 - \beta^2}} \quad \text{und} \quad t_2 = \frac{t_2' + \frac{v}{c^2} x_2'}{\sqrt{1 - \beta^2}} \,.$$

Da die Signale vom selben Ort (z. B. Atom) ausgesendet werden, gilt $x_1' = x_2'$, und man erhält durch Subtraktion der beiden Ausdrücke

$$\Delta t = \frac{t_2' - t_1'}{\sqrt{1 - \beta^2}} \,, \quad \text{also} \quad \Delta t = \frac{\Delta t'}{\sqrt{1 - \beta^2}} \,.$$

Das Ergebnis zeigt, daß Zeitintervalle, die von einer gleichmäßig bewegten Uhr in S' angegeben werden, im System S gedehnt erscheinen, und zwar in Abhängigkeit von der Relativgeschwindigkeit v. Dies formuliert man häufig wie folgt: Eine bewegte Uhr geht langsamer als eine ruhende.[2])
Gemäß den Lorentz-Transformationen sind die Raum- und Zeitmessungen so eingerichtet, daß in allen Systemen S und S' die Lichtgeschwindigkeit konstant gleich c ist, was die Experimente fordern.
Experimentelle Prüfungen der Beziehung für die relativistische Zeitdilatation wurden beispielsweise an Kanalstrahlen, an Myonen der Höhen-

---

[1]) Dasselbe Resultat findet der andere Beobachter, was durch relativistische Vertauschung folgt: $\Delta t' = \Delta t / \sqrt{1 - \beta^2}$.
[2]) In der ART wird gezeigt, daß auch ein Gravitationsfeld den Gang einer Uhr verändern kann.

strahlung (9.1.1.), an π- und K-Mesonen im Labor (9.1.2.) sowie mit Hilfe des MÖßbauer-Effektes bei Zentrifugenexperimenten[1])[2]) (hier mit $\pm 1\%$ Genauigkeit) vorgenommen. Die Zeitdilatation wurde 1972 mit Hilfe von Atomuhren in Überschallflugzeugen gemessen. Der nach der relativistischen Beziehung erwartete Zeitunterschied gegenüber den Vergleichsuhren auf der Erde — ca. 10^{-7} s nach einer Umrundung — wurde bestätigt.

3.3.4. Relativität der Gleichzeitigkeit zweier Ereignisse

Wenn zwei Ereignisse im System S an den Orten x_1 und x_2 ($x_1 \neq x_2$) gleichzeitig (d. h., $t_2 = t_1$) stattfinden, ist gemäß der LORENTZ-Transformation $t_1' \neq t_2'$, was aus nachstehenden Gleichungen folgt:

$$t_1' = \frac{t_1 - \dfrac{v}{c^2}\, x_1}{\sqrt{1 - \beta^2}}\; ; \quad t_2' = \frac{t_2 - \dfrac{v}{c^2}\, x_2}{\sqrt{1 - \beta^2}}\,.$$

Das bedeutet, daß Ereignisse in x_1 und x_2 zwar für einen Beobachter in S gleichzeitig sind, nicht aber für einen mit S' verbundenen Beobachter. Allgemein gilt, wenn $t_1 \neq t_2$,

$$t_2' - t_1' = \frac{t_2 - t_1 + \dfrac{v}{c^2}\,(x_1 - x_2)}{\sqrt{1 - \beta^2}}\,. \tag{3.18}$$

Bei der Analyse des Begriffes ,,Gleichzeitigkeit'' zweier Ereignisse in zwei zueinander bewegten Systemen spielt die Lorentz-Transformation die entscheidende Rolle. Die Zeitdifferenz ist wegen des Wertes der Lichtgeschwindigkeit bei kleiner Geschwindigkeit v praktisch unmerklich. Nur für $v/c = 0$, also $v = 0$, ist tatsächlich kein Unterschied vorhanden: $t_2' - t_1'$ $= t_2 - t_1$. Eine Definition der Gleichzeitigkeit mit unendlich großen Geschwindigkeiten ist physikalisch sinnlos, da ja zur Messung als Höchstgeschwindigkeit nur die Lichtgeschwindigkeit zur Verfügung steht.[3]) Im gestrichenen System erhält man eine reelle (positive) Zeitdifferenz, solange $v < c$ und $t_2 - t_1 > (x_2 - x_1)/c$ ist. c ist die Höchstgeschwindigkeit, mit der überhaupt ein Energietransport (Signalübertragung) erfolgen

---

[1]) CHAMPENEY, D. C., G. R. ISAAK, and A. M. KHAN: Nature 198 (1963) 1186.
[2]) KÜNDIG, W.: Physic. Rev. 129 (1963) 2371.
[3]) Die Tatsache, daß die klassischen Beziehungen aus den relativistischen folgen, zeigt man, indem man $v/c \to 0$ gehen läßt. Mitunter findet man auch die Angabe, daß sich die klassischen Formeln auch aus $c \to \infty$ ergeben; c hat aber tatsächlich einen endlichen Wert.

kann. Aus diesem Grunde kann die Reihenfolge zweier kausal verknüpfter Ereignisse nie umgekehrt werden. (Hingegen ist die Umkehrung der Reihenfolge von nichtkausal verknüpften Ereignissen möglich.) Die allgemeine Nichtgleichzeitigkeit von Ereignissen, die von zwei unterschiedlich schnell bewegten Systemen aus festgestellt wird, beruht auf der Tatsache, daß die Uhren in beiden Systemen unterschiedlich schnell gehen.

3.3.5. Zum „Uhrenparadoxon"

Auf Grund der Relativität der Gleichzeitigkeit wird jedes Ereignis nicht nur durch Angabe seines Ortes, sondern auch durch den Zeitpunkt gekennzeichnet, in dem es geschieht. Ein Ereignis wird im System S durch das Wertepaar (x_1, t_1) und im System S' durch (x_1', t_1') dargestellt; ein zweites Ereignis ist in S durch (x_2, t_2) und in S' durch (x_2', t_2') gegeben.

Gemäß den Lorentz-Transformationen gilt dann für die Zeitintervalle zwischen den Ereignissen

$$t_1 - t_2 = \frac{t_1' - t_2'}{\sqrt{1 - \dfrac{v^2}{c^2}}} \qquad \text{für } x_1' = x_2' \tag{3.19}$$

und

$$t_1' - t_2' = \frac{t_1 - t_2}{\sqrt{1 - \dfrac{v^2}{c^2}}} \qquad \text{für } x_1 = x_2 . \tag{3.20}$$

Aus Gl. (3.19) folgt: Eine Uhr, welche in S' ruht ($x_1' = x_2'$) und die Zeitspanne $t_1' - t_2'$ angibt, benötigt für dieses Intervall, vom System S aus beobachtet, die längere Zeit $t_1 - t_2$, d. h., die Uhr geht langsamer.

Aus der zweiten Gl. (3.20) folgt, daß auch eine Uhr, die in S ruht ($x_1 = x_2$), vom bewegten S'-System beobachtet, nachgeht. Diesen Zusammenhang bezeichnet man als Uhrenparadoxon, da sich die beiden Gleichungen für $t_1 - t_2$ und $t_1' - t_2'$ zu widersprechen *scheinen*, wenn $v \neq 0$ ist.

Tatsächlich liegt aber kein Widerspruch vor, da das Ereignispaar $\{(x_1, t_1); (x_2, t_2)\}$ in beiden Gleichungen etwas Verschiedenes ausdrückt.

Das erste Ereignispaar findet nämlich in S' am selben Ort ($x_1' = x_2'$) und das zweite Ereignispaar in S am selben Ort ($x_1 = x_2$) statt. Die Aussage, daß zwei Ereignisse am selben Ort stattfinden, hat aber keine absolute Bedeutung; sie hat nur Sinn bei Angabe des jeweiligen Bezugssystems. Über weitere Experimente zum Uhrenparadoxon (Zeitdilatation) s. 9.1.

3.3.6. Zum „Zwillingsparadoxon"

Unter dem Zwillingsparadoxon[1]) versteht man die Anwendung des Uhrenparadoxons (vgl. Beziehungen für Zeitdilatation Gl. 3.17) auf die Fragen des Alterns während einer Weltraumreise. Während der Reise des Zwillings A, die mit einer gegen c nicht mehr vernachlässigbaren Geschwindigkeit v erfolgt, bleibt der Zwilling B auf der Erde zurück. Nach der Gesamtreisezeit t' Jahre trifft A wieder mit dem in seinem Inertialsystem verbliebenen Bruder B zusammen. Von Beschleunigungs- und Verzögerungsphasen der Reise sei abgesehen; vergleiche hierzu 9.16.

Der Bruder B ist inzwischen t Jahre älter geworden: $t = \dfrac{t'}{\sqrt{1 - v^2/c^2}}$.

Für den Altersunterschied ergibt sich also (vgl. Tab. 1)

$$\Delta t = t - t' = t' \left(\frac{1}{\sqrt{1 - v^2/c^2}} - 1 \right). \tag{3.21}$$

Ein Kosmonaut könnte z.B. das gesamte Milchstraßensystem durchfahren, ohne wesentlich zu altern, wenn nur seine Geschwindigkeit nahe c ist.[2]) Diese Schlußfolgerung scheint paradox, da man auch das Weltraumschiff als ruhend und die Erde als bewegt betrachten kann. Das ist richtig, da beide Bezugssysteme grundsätzlich gleich*berechtigt* sind. Sie sind aber nicht gleich*wertig*, denn für den Kosmonauten sind z. B. Beschleunigungsbzw. Gravitationswirkungen vorhanden, die für den Zwilling auf der Erde nicht in Betracht kommen. Der Zwilling auf der Erde befindet sich dauernd in einem Inertialsystem. Wegen der notwendigen Beschleunigungsperioden ist das Weltraumschiff (mindestens zeitweise) kein Inertialsystem. Dadurch, daß A das Inertialsystem wechselt, besteht keine Symmetrie. Ein zweiter Einwand bezieht sich darauf, daß man die „physikalische" Zeit von einer „biologischen" zu unterscheiden hätte. Hierzu ist zu bemerken, daß ein Unterschied (bei gleicher „physikalischer" Zeit) für Organismen unterschiedlicher biologischer Konstitution von Bedeutung sein mag. Schließlich beruhen aber die physiologischen Prozesse auf chemischen und physikalischen Gesetzmäßigkeiten, also auf atomaren Prozessen, so daß damit für den gesamten Organismus auch die aus der Relativitätstheorie zu ziehenden Folgerungen (z. B. „Altern") vollständig zutreffen. Ein dritter Einwand bezieht sich darauf, daß das Weltraumschiff während der Beschleunigungsperioden kein Interialsystem darstellt; deswegen sei

---

[1]) SKOBELZYN, D. W.: Das Zwillingsparadoxon in der Relativitätstheorie. Berlin 1972.

[2]) Die vollständige Berechnung der Reisezeit zu fernen kosmischen Objekten ohne Vernachlässigung der Beschleunigungs- und Abbremsperioden ist in 9.16. durchgeführt.

die SRT zur Behandlung des Problems nicht zuständig, sondern die ART. Das ist im Prinzip richtig. Da es hier aber darauf ankommt, den Verlangsamungseffekt bei Uhren zu zeigen, die sich mit gleichförmiger Geschwindigkeit bewegen — also die Interpretation der Beziehungen der SRT vorzunehmen —, kann man das ,,Paradoxon" auch ohne die Beschleunigungsperioden erörtern. Die Weltraumreise wird auf 2 sich begegnende Weltraumschiffe aufgeteilt, bei denen es sich um Inertialsysteme handelt, d. h., die beiden Schiffe haben stets gleichförmige und gleichgroße Geschwindigkeit, die $v = 0{,}995\ c$ betragen soll. In diesem Fall ist der ,,Verlangsamungs-

Tabelle 1

$\beta = \dfrac{v}{c}$	$1 - \dfrac{v}{c}$	$\dfrac{m}{m_0} = \dfrac{1}{\sqrt{1 - \dfrac{v^2}{c^2}}} = 1 + \eta$	$1 - \dfrac{v}{c}$	$\dfrac{m}{m_0} = \dfrac{1}{\sqrt{1 - \dfrac{v^2}{c^2}}} = 1 + \eta$
		Diese Werte gelten auch für t/t_0		Diese Werte gelten auch für t/t_0
$1 \cdot 10^{-5}$		$1 + 1 \cdot 10^{-10}$	$5 \cdot 10^{-3}$	$10{,}012\,523\,487$
$1 \cdot 10^{-4}$		$1 + 5 \cdot 10^{-9}$	$8 \cdot 10^{-4}$	$25{,}005\,001\,500$
$1 \cdot 10^{-3}$		$1 + 5 \cdot 10^{-7}$	$2 \cdot 10^{-4}$	$50{,}002\,500\,188$
$1 \cdot 10^{-2}$		$1 + 5 \cdot 10^{-5}$	$5 \cdot 10^{-5}$	$100{,}001\,250\,03$
$0{,}1$	$9 \cdot 10^{-1}$	$1{,}005\,037\,815\,3$	$8 \cdot 10^{-6}$	$250{,}000\,500\,00$
$0{,}2$	$8 \cdot 10^{-1}$	$1{,}020\,620\,726\,2$	$2 \cdot 10^{-6}$	$500{,}000\,250\,02$
$0{,}3$	$7 \cdot 10^{-1}$	$1{,}048\,284\,836\,7$	$5 \cdot 10^{-7}$	$1\,000{,}000\,125\,0$
$0{,}4$	$6 \cdot 10^{-1}$	$1{,}091\,089\,451\,2$	$8 \cdot 10^{-8}$	$2\,500{,}000\,050\,0$
$0{,}5$	$5 \cdot 10^{-1}$	$1{,}154\,700\,538\,4$	$2 \cdot 10^{-8}$	$5\,000{,}000\,025\,2$
$0{,}6$	$4 \cdot 10^{-1}$	$1{,}250\,000\,000\,0$	$5 \cdot 10^{-9}$	$10\,000{,}000\,013$
$0{,}7$	$3 \cdot 10^{-1}$	$1{,}400\,280\,084\,1$	$8 \cdot 10^{-10}$	$25\,000{,}000\,006$
$0{,}8$	$2 \cdot 10^{-1}$	$1{,}666\,666\,666\,7$	$2 \cdot 10^{-10}$	$50\,000{,}000\,005$
$0{,}9$	$1 \cdot 10^{-1}$	$2{,}294\,157\,338\,9$	$5 \cdot 10^{-11}$	$100\,000{,}000\,00$
$0{,}91$	$9 \cdot 10^{-2}$	$2{,}411\,915\,351\,0$	$8 \cdot 10^{-12}$	$250\,000{,}000\,01$
$0{,}92$	$8 \cdot 10^{-2}$	$2{,}551\,551\,815\,4$	$2 \cdot 10^{-12}$	$500\,000{,}000\,02$
$0{,}93$	$7 \cdot 10^{-2}$	$2{,}720\,647\,809\,0$	$5 \cdot 10^{-13}$	$1\,000\,000{,}000\,1$
$0{,}94$	$6 \cdot 10^{-2}$	$2{,}931\,051\,908\,9$	$8 \cdot 10^{-14}$	$2\,500\,000{,}000\,1$
$0{,}95$	$5 \cdot 10^{-2}$	$3{,}202\,563\,076\,2$	$2 \cdot 10^{-14}$	$5\,000\,000{,}000\,3$
$0{,}96$	$4 \cdot 10^{-2}$	$3{,}571\,428\,571\,6$	$5 \cdot 10^{-15}$	$10\,000\,000{,}001$
$0{,}97$	$3 \cdot 10^{-2}$	$4{,}113\,450\,349\,2$	$8 \cdot 10^{-16}$	$25\,000\,000{,}001$
$0{,}98$	$2 \cdot 10^{-2}$	$5{,}025\,189\,076\,4$	$2 \cdot 10^{-16}$	$50\,000\,000{,}003$
$0{,}99$	$1 \cdot 10^{-2}$	$7{,}088\,812\,050\,5$	$5 \cdot 10^{-17}$	$100\,000\,000{,}01$
$0{,}991$	$9 \cdot 10^{-3}$	$7{,}470\,387\,248\,5$	$8 \cdot 10^{-18}$	$250\,000\,000{,}01$
$0{,}992$	$8 \cdot 10^{-3}$	$7{,}921\,553\,131\,5$	$2 \cdot 10^{-18}$	$500\,000\,000{,}03$
$0{,}993$	$7 \cdot 10^{-3}$	$8{,}466\,371\,684\,6$	$5 \cdot 10^{-19}$	$1\,000\,000\,000{,}1$
$0{,}994$	$6 \cdot 10^{-3}$	$9{,}142\,433\,242\,5$	$8 \cdot 10^{-20}$	$2\,500\,000\,000{,}1$
			$2 \cdot 10^{-20}$	$5\,000\,000\,000{,}3$

Faktor" für die Zeit $1/\sqrt{1 - v^2/c^2} = 10{,}01$ (vgl. Tab. 1). Das bedeutet: 1 h im Raumschiff entspricht 10 h auf der Erde. Bei der Begegnung der beiden Raumschiffe sei ein Informationsaustausch möglich, ebenso beim Passieren der Erde zwischen Raumschiff und Erdbewohnern. In Abb. 3.2 sind die Phasen der Begegnung (Signalaustausch) dargestellt.

Der Reisende R_1 passiert die Erde (Abb. 3.2), wo ein Beobachter die Information über dessen Alter von 30 Jahren zur Kenntnis nimmt. Eines Tages passiert R_1 das Raumschiff R_2. Die Borduhr zeigt an, daß 1 Jahr vergangen ist. R_1 ist in diesem Augenblick also 31 Jahre alt. Die Ver-

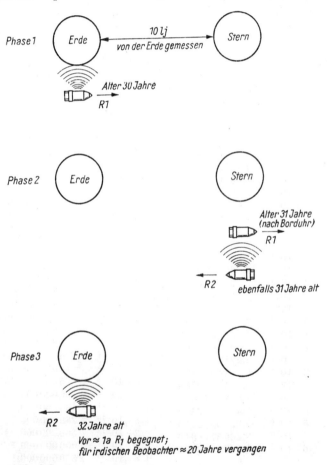

Abb. 3.2

ständigung mit R_2 ergibt, daß der Raumschiffkommandant R_2 ebenfalls genau 31 Jahre alt ist. In der Phase 3 passiert R_2 die Erde. Er informiert den irdischen Beobachter, daß er vor einem Jahr R_1 gesehen habe; d. h., R_2 ist 32 Jahre alt.

Der irdische Beobachter entnimmt daraus, daß zwischen der Phase 1 und 3 für die Kosmonauten zwei Jahre vergangen sind, für ihn selbst aber 20 Jahre. Eine genauere Rechnung zeigt übrigens, daß für den Erd-bewohner die Reisezeit von R_1 nicht 10 a — wie für das Licht — sondern $\dfrac{10}{0,995}$ a = 10,05 a beträgt. Für die Reisenden beträgt die „Zeitverlang-samung" (Faktor der Zeitdilatation) 10; sie sind demnach $\dfrac{10}{10 \cdot 0,995}$ a = 1,005 a unterwegs.

Ein genereller Einwand, wonach das Ergebnis des langsameren Alterns eines (hinreichend schnellen) Weltraumfahrers dem „gesunden Menschen-verstand" widerspreche und deshalb abzulehnen sei, ist indiskutabel. Die modernen physikalischen Auffassungen, die überdies bestens experimen-tell bestätigt sind, gehen über den sogenannten „gesunden Menschenver-stand" hinaus und sind in der Regel „unanschaulich". Das bedeutet nichts anderes, als daß üblicherweise die aus der Alltagserfahrung unmittelbar hervorgegangenen Begriffe nicht ausreichen, um Tatbestände „anschau-lich" darzustellen, die über die Alltagserfahrung hinausgehen.

3.4. Transformation der Geschwindigkeit (Additionstheorem)

3.4.1. Relativistische Additionsbeziehung

An die Stelle der Galilei-Addition der Geschwindigkeiten $u = u' + v$ bzw. $u' = u - v$ tritt für große Geschwindigkeiten die relativistische Addition. Sie läßt sich in einfacher Weise aus den Lorentz-Transformationen her-leiten:

Zwei Systeme S' und S bewegen sich parallel zu den Abszissen mit der Re-lativgeschwindigkeit v. Im System S' bewege sich ein Punkt parallel zur x'-Achse. Ein mit S' verbundener Beobachter mißt die Geschwindigkeit $u' = x'/t'$; hingegen mißt ein mit S verbundener Beobachter $u = x/t$. Man substituiert für x und t die Lorentz-Transformationsgleichungen (3.13) und findet

$$u = \frac{x' + v\,t'}{t' + \dfrac{v}{c^2}\,x'} \qquad \text{oder} \qquad u = \frac{t'\left(\dfrac{x'}{t'} + v\right)}{t'\left(1 + \dfrac{v}{c^2}\,\dfrac{x'}{t'}\right)}.$$

Wegen $x'/t' = u'$ erhält man

$$u = \frac{u' + v}{1 + \dfrac{v}{c^2}\, u'} \qquad (3.22)$$

und — durch relativistische Vertauschung —

$$u' = \frac{u - v}{1 - \dfrac{v}{c^2}\, u}. \qquad (3.23)$$

Für $v/c \to 0$ erhält man hieraus die Galilei-Transformationen (3.3), (3.4) $u = u' + v$ bzw. $u' = u - v$.
Die relativistischen Beziehungen liefern für die Summe u kleinere und für die Differenz u' größere Werte als die klassischen Gleichungen.
Die Gln. (3.22) und (3.23) beziehen sich auf den Spezialfall, in dem die Geschwindigkeit des Punktes parallel zur x-Achse gerichtet ist. In diesem Fall sind die Geschwindigkeitskomponenten in dem kartesischen Koordinatensystem $u_y = 0$, $u_z = 0$.
Des weiteren ergibt sich auch $u_{y'}' = 0$ und $u_{z'}' = 0$. Es ist üblich, an Stelle von $u_{y'}'$ und $u_{z'}'$ zu schreiben u_y' und u_z'.
Im allgemeinen Fall besitzt ein Geschwindigkeitsvektor u die drei Komponenten u_x, u_y, u_z bzw. u_x', u_y', u_z'. Aus den Lorentz-Transformationen findet man durch Quotientenbildung

$$u_x = \frac{x}{t}, \quad u_y = \frac{y}{t}, \quad u_z = \frac{z}{t}.$$

und in gleicher Weise[1]) die gestrichenen Größen

$$u_x' = \frac{x'}{t'}, \quad u_y' = \frac{y'}{t'}, \quad u_z' = \frac{z'}{t'}.$$

Es gilt

$$u_x = \frac{u_x' + v}{1 + \dfrac{v}{c^2}\, u_x'}, \quad u_y = \frac{u_y'\,\sqrt{1 - \beta^2}}{1 + \dfrac{v}{c^2}\, u_x'}, \quad u_z = \frac{u_z'\,\sqrt{1 - \beta^2}}{1 + \dfrac{v}{c^2}\, u_x'}; \quad (3.24)$$

$$u_x' = \frac{u_x - v}{1 - \dfrac{v}{c^2}\, u_x}, \quad u_y' = \frac{u_y\,\sqrt{1 - \beta^2}}{1 - \dfrac{v}{c^2}\, u_x}, \quad u_z' = \frac{u_z\,\sqrt{1 - \beta^2}}{1 - \dfrac{v}{c^2}\, u_x}. \quad (3.25)$$

----

[1]) Die Herleitung der Geschwindigkeitskomponenten mit Hilfe der Differentialrechnung ist in Aufgabe 3.2. dargestellt.

Das Gesetz vom Parallelogramm der Geschwindigkeiten[1]) gilt demnach nur in erster Näherung für kleine Geschwindigkeiten, also in der klassischen Physik. Setzt man $u^2 = u_x^2 + u_y^2 + u_z^2$, $u'^2 = u_x'^2 + u_y'^2 + u_z'^2$ und bezeichnet man mit φ den Winkel zwischen den Geschwindigkeitsvektoren v und u', so gilt

$$u = \frac{\sqrt{v^2 + u'^2 + 2 v u' \cos\varphi - \left(\frac{v u' \sin\varphi}{c^2}\right)^2}}{1 + \frac{v u' \cos\varphi}{c^2}}. \tag{3.26}$$

Die Gln. (3.24) lauten für den allgemeinen Fall in Vektorschreibweise:

$$u = \frac{1}{1 + \frac{(u'\,v)}{c^2}} \left\{ v\left[1 - \frac{(u'\,v)}{v^2}(\gamma-1)\right] + \gamma u' \right\}; \quad \gamma = \sqrt{1 - \beta^2}. \tag{3.27}$$

Die Gln. (3.24) sind dagegen einfacher zu handhaben. Man erkennt, daß keine Symmetrie zwischen u' und v besteht.

Aus (3.27) ist ersichtlich, daß nur kleine Geschwindigkeiten u' und v in der gewohnten Weise (vektoriell) addiert werden dürfen. Größere Geschwindigkeiten sind nach dem Einsteinschen Additionstheorem (3.24), (3.26), (3.27) zusammenzusetzen. Aus ihm folgt auch, daß sich ein mit Lichtgeschwindigkeit im ungestrichenen System bewegter Punkt auch im gestrichenen System mit Lichtgeschwindigkeit bewegt — sofern Gravitationsfelder vernachlässigt werden können.

Aus dem Additionstheorem für die Geschwindigkeit folgt ferner, daß u nicht größer als c werden kann.

Wäre $u > c^2/v$ möglich (s. Gl. (3.23)), dann würde sich $u' < 0$ ergeben. Das hieße aber folgendes:

Wird im System S ein Signal von P_1 nach P_2 übermittelt, so würde es — von S' aus betrachtet — in P_2 früher eintreffen als in P_1 starten.

Das aber ist wegen des Kausalitätsgesetzes ausgeschlossen. Ein Transport von Energie ist höchstens mit der Vakuum-Lichtgeschwindigkeit möglich. Für Signal- und Gruppengeschwindigkeiten ist c die Höchstgeschwindigkeit. (Überlichtgeschwindigkeiten können nur als Phasengeschwindigkeiten auftreten, z. B. bei den de-Broglie-Wellen, mit denen aber eine Signalübertragung nicht möglich ist.) Die Vakuum-Lichtgeschwindigkeit erweist sich als Grenzgeschwindigkeit aller materiellen Geschwindigkeiten.

[1]) Siehe hierzu die Aufgaben 3.

4 Melcher, Relativitätstheorie

3.4.2.   Beispiele für das Additionstheorem

1. Das Ergebnis des Michelson-Versuches läßt sich kurz wie folgt formulieren:
   Lichtgeschwindigkeit + Erdgeschwindigkeit = Lichtgeschwindigkeit.
   Dieses Ergebnis folgt nun unmittelbar aus dem relativistischen Additionstheorem der Geschwindigkeiten (3.22), wenn für $u' = c$ und für v
   die Erdgeschwindigkeit gesetzt wird:

$$u = \frac{c+v}{1+\dfrac{vc}{c^2}} = \frac{c+v}{1+\dfrac{v}{c}} = \frac{c(c+v)}{c+v} = c \ .$$

2. Die Addition zweier Unterlichtgeschwindigkeiten führt stets wieder zu
   einer Unterlichtgeschwindigkeit:

   Mit $u' = 0{,}5\,c$ und $v = 0{,}5\,c$ ergibt sich $u = \dfrac{c}{1+0{,}25} = 0{,}8\,c$.

3. Schließlich findet man, daß auch die Summe zweier Lichtgeschwindigkeiten die Lichtgeschwindigkeit ergibt

$$u = \frac{c+c}{1+\dfrac{c^2}{c^2}} = \frac{2c}{2} = c \ .$$

Hiermit ist nochmals gezeigt, daß es keine (Signal-)Geschwindigkeit gibt,
die größer als die (Vakuum-)Lichtgeschwindigkeit ist. Die Geschwindigkeit elektromagnetischer Wellen tritt als Grenzgeschwindigkeit auf, die
nicht nur bei den Gesetzmäßigkeiten des Lichtes selbst, sondern auch bei
der Struktur von Raum und Zeit als universelle Maßstabskonstante von
hervorragender Bedeutung ist.
In der SRT werden Geschwindigkeiten nichtlinear addiert.

3.4.3.   Der Versuch von FIZEAU

Der Versuch von FIZEAU erbrachte 1851 ein Ergebnis, das seinerzeit mit
den klassischen Hilfsmitteln nicht verstanden werden konnte. Es läßt sich
erst mit der Relativitätstheorie richtig deuten. Oder umgekehrt: Der Versuch von FIZEAU ist ein Beweis für die Richtigkeit der Relativitätstheorie,
für das Einsteinsche Additionstheorem der Geschwindigkeiten.
Bei diesem Versuch von FIZEAU handelt es sich um folgende auch allgemein
interessierende Problemstellung:
Die Lichtgeschwindigkeit in Wasser soll bestimmt werden, wobei die Strömungsrichtung des Wassers einmal der Ausbreitungsrichtung entgegengesetzt sein, das andere Mal mit ihr zusammenfallen soll.

Die Versuchsanordnung nach HOEK ist in Abb. 3.3 dargestellt:

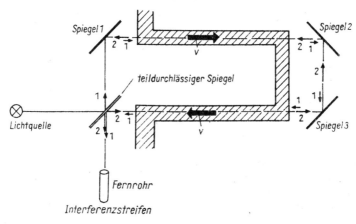

Abb. 3.3

Der teildurchlässige Spiegel zerlegt den ursprünglichen Strahl, so daß die Komponente 1 in die Richtung der Strömungsgeschwindigkeit v des Wassers fällt, während die Komponente 2 das Medium entgegengesetzt zur Strömungsgeschwindigkeit durchsetzt. Die Strahlwege werden je nach Geschwindigkeit v einen Gangunterschied erhalten, so daß mit dem Interferometer Interferenzstreifen beobachtet werden, die sich beim Umkehren der Strömungsrichtung verschieben. Man mißt jedoch nicht die Geschwindigkeit

$$c_\mathrm{W} = \frac{c}{n} + v \,, \qquad (3.28)$$

sondern einen kleineren Betrag.

$c_\mathrm{W} = c/n$ gilt für das ruhende Wasser $(v = 0; c_\mathrm{W} = \dfrac{c}{4/3} = 2{,}25 \cdot 10^8 \ \mathrm{ms}^{-1})$.

Die Ausbreitungsgeschwindigkeit des Lichtes ist im Wasser c/n, wobei n der Brechungsindex ist. Nach der klassischen Mechanik wäre als Lichtgeschwindigkeit im strömenden Wasser (Strömungsgeschwindigkeit v) zu erwarten:

$$c_\mathrm{W} = \frac{c}{n} + v \quad \text{oder} \quad c_\mathrm{W} = \frac{c}{n} - v \quad \text{(je nach Strömungsrichtung).}$$

Die Experimente — 1887 von MICHELSON und MORLEY in verbesserter Form wiederholt — ergaben aber einen Wert

$$c_{\text{W}} = \frac{c}{n} + v\left(1 - \frac{1}{n^2}\right) \qquad (3.29)$$

bzw. für die entgegengesetzte Strömungsrichtung

$$c_{\text{W}} = \frac{c}{n} - v\left(1 - \frac{1}{n^2}\right). \qquad (3.30)$$

Der Faktor $(1 - 1/n^2)$ wird als Fresnelscher Mitführungskoeffizient bezeichnet.[1]
Das Versuchsergebnis ist klassisch nicht verständlich. Es läßt sich jedoch mit Hilfe der SRT erklären: Die Röhren bilden das Ruhesystem S, das bewegte Wasser das System S'. Mit c_{W} wird die Geschwindigkeit bezeichnet, die ein relativ zur strömenden Flüssigkeit ruhender Beobachter mißt; $c_{\text{W}} = c/n$ ist die Ausbreitungsgeschwindigkeit des Lichtes in der ruhenden Flüssigkeit. Geht man von der Formel (3.22) aus, so erhält man durch Substitution von $u' = c/n$

$$c_{\text{W}} = \frac{\dfrac{c}{n} + v}{1 + \dfrac{\dfrac{c}{n}v}{c^2}}.$$

Für $v \ll c$ gilt näherungsweise

$$c_{\text{W}} = \frac{\dfrac{c}{n} + v}{1 + \dfrac{v}{c\,n}} \approx \left(v + \frac{c}{n}\right)\left(1 - \frac{v}{c\,n}\right).$$

Daraus ergibt sich — bei Vernachlässigung von $v^2/c\,n$ —

$$c_{\text{W}} = \frac{c}{n} + v\left(1 - \frac{1}{n^2}\right),$$

was mit dem Experiment übereinstimmt.[2]

---

[1] Herleitung des Fresnelschen Mitführungskoeffizienten s. Aufgaben 1.3.
[2] Fußnote s. S. 53.

Es muß bei dieser Formel noch auf folgendes hingewiesen werden: Ist $n = 1$ (Vakuum, näherungsweise auch für Luft), so erhält man als Vakuum-Lichtgeschwindigkeit stets $\frac{c}{1} + v\left(1 - \frac{1}{1^2}\right) = c$. Diesen Sachverhalt belegt aber der Michelson-Versuch. Daraus ist ersichtlich, daß die (Vakuum-)Lichtgeschwindigkeit unabhängig vom Bewegungszustand zweier Systeme stets gleich groß ist. Nach den von EINSTEIN angegebenen Vorschriften für Raum- und Zeitmessungen ist es grundsätzlich unmöglich, unbeschleunigte Translationsbewegungen relativ zu einem „Ruhesystem" festzustellen.

Die relativistische (nichtlineare) Additionsformel wird also durch den Fizeau-Versuch einwandfrei bestätigt. Für die Nichtanwendbarkeit der „gewöhnlichen Regel" (nach GALILEI) zur linearen Addition von Geschwindigkeiten gibt es eine einfache Analogie: Die Winkelsumme in einem ebenen Dreieck ist 180°. Das gilt für alle relativ kleinen Dreiecke auf der Erdoberfläche. Betrachtet man ein hinreichend großes Dreieck auf der Erdoberfläche, so erhält man eine größere Winkelsumme, so daß hier die „gewöhnlichen Regeln" der Planimetrie nicht mehr gelten.

3.4.4. Additionstheorem und Lorentz-Faktor

Besitzt ein Körper im bewegten System S' noch eine Eigenbewegung u'_x in bezug auf dieses System (in Richtung der x-Achse), so hat ein im System S ruhender Beobachter eine zusammengesetzte Geschwindigkeit u zu berücksichtigen, die sich nach dem Additionstheorem aus u'_x und der Systemgeschwindigkeit v ergibt. Man hat demzufolge in dem Lorentz-Faktor

$$\gamma = \sqrt{1 - \frac{v^2}{c^2}} = \frac{1}{k}$$

---

[1]) Berücksichtigt man die Dispersion, so wird der Mitführungskoeffizient etwas komplizierter. P. ZEEMAN konnte aber 1915 bei Wiederholung des Fizeau-Versuches die genauere Formel exakt bestätigen. Die genauere Beziehung mit dem Dispersionsterm lautet

$$c_W = \frac{c}{n} + v\left(1 - \frac{1}{n^2} - \frac{\lambda}{n}\frac{dn}{d\lambda}\right).$$

In der Arbeit von O. KNOPF: „Die Versuche von F. HARRESS über die Geschwindigkeit des Lichtes in bewegten Körpern", Naturwissenschaften 8(1920) 815—821, werden drei Fälle des Mitführungskoeffizienten unterschieden:

1. $\left(1 - \frac{1}{n^2}\right)$;   2. $\left(1 - \frac{1}{n^2} - \frac{\lambda}{n^2}\frac{dn}{d\lambda}\right)$;   3. $\left(1 - \frac{1}{n^2} - \frac{\lambda}{n}\frac{dn}{d\lambda}\right)$.

an Stelle von v nunmehr

$$u_x = \frac{u_x' + v}{1 + \dfrac{u_x' v}{c^2}}$$

zu substituieren. Damit erhält man als Lorentz-Faktor, wenn zwei parallele Geschwindigkeiten in Richtung der x-Achse vorhanden sind,

$$\sqrt{1 - \frac{u_x^2}{c^2}} = \sqrt{1 - \frac{1}{c^2}\left(\frac{u_x' + v}{1 + \dfrac{u_x' v}{c^2}}\right)^2} = \frac{\sqrt{c^2\left(1 + \dfrac{u_x' v}{c^2}\right)^2 - (u_x' + v)^2}}{c\left(1 + \dfrac{u_x' v}{c^2}\right)}$$

$$= \frac{\sqrt{1 - \dfrac{u_x'^2}{c^2} - \dfrac{v^2}{c^2} + \dfrac{u_x'^2 v^2}{c^4}}}{1 + \dfrac{u_x' v}{c^2}},$$

also

$$\sqrt{1 - \frac{u_x^2}{c^2}} = \frac{\sqrt{\left(1 - \dfrac{u_x'^2}{c^2}\right)\left(1 - \dfrac{v^2}{c^2}\right)}}{1 + \dfrac{u_x' v}{c^2}}. \tag{3.31}$$

Für

$$u_x = \frac{-u_x' + v}{1 - \dfrac{u_x' v}{c^2}}$$

ergibt sich

$$\sqrt{1 - \frac{u_x^2}{c^2}} = \frac{\sqrt{\left(1 - \dfrac{u_x'^2}{c^2}\right)\left(1 - \dfrac{v^2}{c^2}\right)}}{1 - \dfrac{u_x' v}{c^2}}. \tag{3.32}$$

Beide Gleichungen unterscheiden sich bezüglich des Vorzeichens von u_x'. Für $u_x' = 0$ folgt $u_x = v$.

3.5.   Relativistische Beschleunigung

Unter der Beschleunigung versteht man die Geschwindigkeitsänderung in der Zeiteinheit, genauer $a = du/dt$. Es werden zwei Fälle unterschieden:

die Beschleunigung in der Richtung (parallel) der Bewegung: a_x bzw. a'_x, und senkrecht zu dieser Richtung: a_y bzw. a'_y.
Der betrachtete Körper im bewegten System S' habe zur Zeit $t' = 0$ die Geschwindigkeit $u'_x = 0$ und nach der Zeit $\Delta t'$ die Geschwindigkeit $\Delta u'_x$.
Vom Bezugssystem S', das gegenüber dem System S mit der Relativgeschwindigkeit v bewegt ist, stellt man die Geschwindigkeiten $u_x = v$ und $u_x + \Delta u_x$ fest. Das ist aber nach dem Einsteinschen Additionstheorem

$$u_x + \Delta u_x = \frac{v + \Delta u'_x}{1 + \dfrac{\Delta u'_x \, v}{c^2}} \, . \tag{3.33}$$

Betrachtet man $\Delta u'_x$ als kleine Größe, so gilt (vgl. Anhang)

$$u_x + \Delta u_x = (v + \Delta u'_x)\left(1 - \frac{\Delta u'_x \, v}{c^2}\right)$$

$$= v + \Delta u'_x - \frac{\Delta u'_x \, v^2}{c^2} \, ;$$

hierin ist die Größe $(\Delta u'_x)^2$ als klein von zweiter Ordnung vernachlässigt.
Wegen $u_x = v$ erhält man

$$\Delta u_x = \Delta u'_x \left(1 - \frac{v^2}{c^2}\right).$$

Mit $\Delta t = \dfrac{\Delta t'}{\sqrt{1 - \dfrac{v^2}{c^2}}}$ (s. 3.3.3.) erhält man durch Division

$$\frac{\Delta u_x}{\Delta t} = \frac{\Delta u'_x}{\Delta t'} \sqrt{\left(1 - \frac{v^2}{c^2}\right)^3} \, .$$

Durch Grenzübergang $\lim\limits_{\Delta t \to 0} \dfrac{\Delta u_x}{\Delta t} = \dfrac{du_x}{dt} = a_x$ findet man schließlich

$$a_x = a'_x \sqrt{\left(1 - \frac{v^2}{c^2}\right)^3} \, . \tag{3.34}$$

Für die y'-Komponente folgt zunächst die Geschwindigkeit u'_y:

Aus $y' = y$ bzw. $\Delta y' = \Delta y$ und $\Delta t' = \Delta t \sqrt{1 - \dfrac{v^2}{c^2}}$ ergibt sich

$$\frac{\Delta y'}{\Delta t'} = \frac{\Delta y}{\Delta t} \frac{1}{\sqrt{1 - \dfrac{v^2}{c^2}}}$$

und durch Grenzübergang

$$u'_y = u_y \frac{1}{\sqrt{1 - \dfrac{v^2}{c^2}}} \cdot$$

Die nochmalige Bildung des Differenzenquotienten liefert

$$\frac{\Delta u'_y}{\Delta t'} = \frac{\Delta u_y}{\Delta t} \frac{1}{1 - \dfrac{v^2}{c^2}} \cdot$$

Schließlich erhält man nach dem Grenzübergang den Differentialquotienten und damit die Beschleunigung in der y-Richtung bzw. z-Richtung

$$a_y = a'_y \left(1 - \frac{v^2}{c^2}\right) \quad \text{bzw.} \quad a_z = a'_z \left(1 - \frac{v^2}{c^2}\right). \tag{3.35}$$

Unter Aufgaben 7.1. wird mit Hilfe der Differentialrechnung der Ausdruck für die relativistische Beschleunigung allgemein hergeleitet.

4.   Zur Masse-Energie-Äquivalenz

4.1.   Die relativistische Massenveränderlichkeit

Im folgenden werden unter Verwendung der Lorentz-Transformationsformeln zwei Herleitungen für die relativistische Massenveränderlichkeit $m = m_0/\sqrt{1 - v^2/c^2}$ angegeben. Diese Beziehung gehört zu den experimentell bestfundierten Gesetzen. Sie bildet u. a. die Gundlage für das Funktionieren der Teilchenbeschleuniger und der experimentellen Anordnungen in der Kern- und Elementarteilchenphysik.

4.1.1.   Impulserhaltungssatz und Massenveränderlichkeit

Es ist evident, daß der Erhaltungssatz des Impulses $p = m\,v$ bei der Galilei-Transformation invariant ist, wenn man die absolute Erhaltung der Masse annimmt. In der Lorentz-Transformation ist die Gültigkeit dieses Erhaltungssatzes nicht so offensichtlich, da für die Geschwindigkeiten keine direkte Addition bei der Transformation gilt wie in der klassischen Mechanik. Es zeigt sich, daß mit

$$m = m_0/\sqrt{1 - v^2/c^2}$$

der Impuls die gewohnte Form $p = m\,v$ behält und demzufolge $p' = p$, also $m'\,v' = m\,v$ für die Lorentz-Transformation gilt.

Mit dem System $S(x, y)$ sei eine Meßvorrichtung (Target oder Platte mit Feder) fest verbunden. In diesem System wird ein Körper auf das Target geschossen. Die Eindringtiefe Δy ist ein Maß für den Impuls $m\,u_y$ dieses Körpers. Eine an einer Feder befestigte Platte würde eine Auslenkung Δy erfahren, die als Maß für den Impuls $m\,u_y$ gilt (Abb. 4.1).

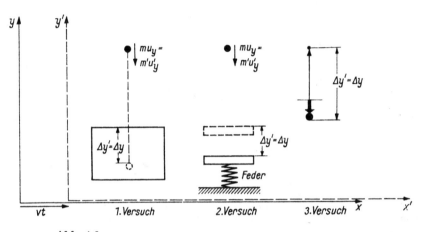

Abb. 4.1

Parallel zur x-Achse bewege sich ein System $S'(x', y')$ mit der Geschwindigkeit v. Der gegenüber der Platte bewegte Beobachter mißt dieselbe Eindringtiefe des Geschosses: Senkrecht zur Bewegungsrichtung v tritt — gemäß der Lorentz-Transformation — keine Längenänderung auf, also $y' = y$. Da beide Beobachter dieselbe Eindringtiefe $\Delta y' = \Delta y$ feststellen, kommen sie zu der Schlußfolgerung, daß die Impulse in beiden Systemen gleich sein müssen:

$$m'\,u_y' = m\,u_y\,. \tag{4.1}$$

Auf Grund der Zeitdilatation bei der Umrechnung von einem System in das andere ergeben sich allerdings unterschiedliche Geschwindigkeitswerte für u_y' und u_y — gemäß der Transformationsbeziehung (3.25) —:

$$u_y' = \frac{u_y\sqrt{1 - \dfrac{v^2}{c^2}}}{1 - \dfrac{v}{c^2}\,u_x}\,.$$

Aus der Gleichheit der Impulse (4.1) folgt mit u_y'

$$m' \frac{u_y \sqrt{1 - \dfrac{v^2}{c^2}}}{1 - \dfrac{v}{c^2} u_x} = m \, u_y \; ;$$

also gilt für die Transformation der Masse allgemein

$$m' = \frac{m \left(1 - \dfrac{v}{c^2} u_x\right)}{\sqrt{1 - \dfrac{v^2}{c^2}}} \quad \text{bzw.} \quad m = \frac{m' \left(1 + \dfrac{v}{c^2} u_x'\right)}{\sqrt{1 - \dfrac{v^2}{c^2}}} . \tag{4.2}$$

Im vorliegenden Fall ist $u_x = 0$ (bzw. auch $u_x' = 0$), so daß man dafür schreibt — unter Weglassung des Striches —

$$m = \frac{m_0}{\sqrt{1 - \dfrac{v^2}{c^2}}} . \tag{4.3}$$

Versteht man unter Masse allgemein diesen Ausdruck $m(v)$, so spricht man von der Impulsmasse, und es gilt für den Impuls generell

$$p = m \, v = \frac{m_0 \, v}{\sqrt{1 - \dfrac{v^2}{c^2}}} . \tag{4.4}$$

Nur für kleine Geschwindigkeiten v gegenüber der Vakuum-Lichtgeschwindigkeit c ist man berechtigt, $p = m_0 \, v$ als Näherung zu verwenden; hierin bezeichnet m_0 die Ruhmasse.

Es sei bemerkt, daß ein Ansatz für die Gleichheit der Impulse $m \, u_y' = m \, u_y$, d. h., $u_y' = u_y$, auf $v = 0$ führt, also für das betrachtete Problem ausscheidet. Die Tatsache, daß allgemein $m' \neq m$ für $v \neq 0$ gilt, ist experimentell bestens belegt.

Unter Masse versteht man einen Trägheitswiderstand, der allgemein mit zunehmender Geschwindigkeit anwächst.

Die Auffassung einer Masse als einer Größe, die einer bestimmten Menge von Atomen oder Molekülen proportional ist, gilt nicht allgemein. Sie beschränkt sich nur auf die Proportionalität zwischen Atomanzahl und Ruhmasse, da sich die Menge der Atome mit der Geschwindigkeit nicht ändert, wohl aber die (träge) Masse.

Weiter unten wird gezeigt, daß in der speziell relativistischen Physik bei der Erfüllung des Impulserhaltungssatzes stets zugleich auch der Energieerhaltungssatz erfüllt sein muß.

Vorstehend ist gezeigt worden, daß andere bewegte Beobachter (v_1, v_2, ..., v) für ein und denselben Impuls $m'\, u'_y$ andere Werte $m\, u_y$ messen. Bei Einführung der Massenveränderlichkeit bleibt der Impuls in beiden Systemen S und S' erhalten: $m'\, u'_y = m\, u_y$.

4.1.2. Folgerung der Massenveränderlichkeit aus dem unelastischen Stoß

Im System $S'(x', y')$ bewegen sich längs der x'-Achse zwei vollkommen plastische Kugeln mit der Geschwindigkeit u' bzw. $-u'$ aufeinander zu. Sie führen einen ideal unelastischen Stoß aus, derart, daß sie beide nach dem Zusammenstoß im System S' völlig in Ruhe sind, d. h., sie besitzen nach dem Zusammenstoß die Geschwindigkeiten $u'_n = 0$. Die Beobachtungen werden mit dem Erhaltungssatz des Impulses für die beiden Systeme wie folgt formuliert:
Im System S' gilt:

$$m'_1\, u' + m'_2\, (-u') = (m'_1 + m'_2) \cdot 0\,. \tag{4.5}$$

Hieraus folgt für den mit diesem System verbundenen Beobachter: $(m'_1 - m'_2)\, u' = 0$ und damit die Massengleichheit $m'_1 = m'_2$. Speziell gilt diese Massengleichheit auch für im System S' ruhende Kugeln, d. h., die Ruhmassen sind ebenfalls gleich: $m'_{1,0} = m'_{2,0}$.
Im System S, das sich parallel der x'-Achse mit der Geschwindigkeit v bewegt, gilt für die Geschwindigkeiten der beiden Kugeln vor dem Stoß:

$$u_1 = \frac{u' + v}{1 + \dfrac{v}{c^2}\, u'} \quad \text{und} \quad u_2 = \frac{-u' + v}{1 - \dfrac{v}{c^2}\, u'}\,. \tag{4.6}$$

Nach dem ideal unelastischen Stoß ist für beide Kugeln $u_n = v$. Damit gilt für den Impulserhaltungssatz

$$m_1\, \frac{u' + v}{1 + \dfrac{v}{c^2}\, u'} + m_2\, \frac{-u' + v}{1 - \dfrac{v}{c^2}\, u'} = (m_1 + m_2)\, v\,. \tag{4.7}$$

Hieraus findet man

$$m_1 \left(\frac{u' + v}{1 + \dfrac{v}{c^2}\, u'} - v \right) + m_2 \left(\frac{-u' + v}{1 - \dfrac{v}{c^2}\, u'} - v \right) = 0\,,$$

also

$$m_1 \frac{u'\left(1 - \frac{v^2}{c^2}\right)}{1 + \frac{v}{c^2}\,u'} - m_2 \frac{u'\left(1 - \frac{v^2}{c^2}\right)}{1 - \frac{v}{c^2}\,u'} = 0$$

und nach Division

$$\frac{m_2}{m_1} = \frac{1 - \frac{v}{c^2}\,u'}{1 + \frac{v}{c^2}\,u'} \cdot \tag{4.8}$$

Dies aber bedeutet, daß die beiden Kugeln im System S verschiedene Massen haben: $m_1 > m_2$. Wenn $u' = 0$ und daher $u_1 = u_2 = v$ ist, gilt $m_2/m_1 = 1$. Beide Kugeln haben in S gleiche Masse $m_1 = m_2$, wenn sie gleiche Geschwindigkeit v haben. Das gilt speziell auch für $v = 0$ (Ruhmasse): $m_{1,0} = m_{2,0}$.

Wählt man nun für die Relativgeschwindigkeit $v = u'$, so findet man nach Gl. (4.6) für die Geschwindigkeiten der Kugeln vor dem Stoß (in S):

$$u_1 = \frac{2\,v}{1 + \frac{v^2}{c^2}} \quad \text{und} \quad u_2 = 0\,. \tag{4.9}$$

Die zweite Kugel ist also vor dem Stoß in S in Ruhe; demnach ist ihre Masse gleich der Ruhmasse $m_{2,0}$. Damit erhält man aus Gl. (4.8)

$$\frac{m_{2,0}}{m_1} = \frac{1 - \frac{v^2}{c^2}}{1 + \frac{v^2}{c^2}} \cdot$$

Da die Ruhmassen der beiden Kugeln in S gleich sind: $m_{2,0} = m_{1,0}$, folgt aus Gl. (4.8) nach Quadrieren

$$\frac{m_{1,0}^2}{m_1^2} = \frac{\left(1 - \frac{v^2}{c^2}\right)^2}{\left(1 + \frac{v^2}{c^2}\right)^2} = \frac{\left(1 + \frac{v^2}{c^2}\right)^2 - 4\frac{v^2}{c^2}}{\left(1 + \frac{v^2}{c^2}\right)^2} = 1 - \frac{1}{c^2}\frac{4\,v^2}{\left(1 + \frac{v^2}{c^2}\right)^2} \cdot \tag{4.10}$$

Aus Gl. (4.6) findet man

$$u_1^2 = \frac{4\,v^2}{\left(1 + \dfrac{v^2}{c^2}\right)^2} \; ;$$

damit ergibt sich weiter aus (4.10)

$$\frac{m_{1,0}^2}{m_1^2} = 1 - \frac{u_1^2}{c^2} \quad \text{bzw.} \quad m_1 = \frac{m_{1,0}}{\sqrt{1 - \dfrac{u_1^2}{c^2}}} \; .$$

Das bedeutet allgemein: Bewegt sich ein Körper der Ruhmasse m_0 gegenüber einem Bezugssystem mit der Geschwindigkeit v, so mißt man die Masse $m(v)$

$$m = \frac{m_0}{\sqrt{1 - \dfrac{v^2}{c^2}}} \; . \tag{4.3}$$

Eine Übersicht über Experimente zur Messung der relativistischen Massenveränderlichkeit geben FARAGÓ und JÁNOSSY[1]). Von MEYER und Mitarbeitern[2]) wurden an Elektronen im Bereich von 2,6 bis 3,1 MeV Präzisionsmessungen zur Geschwindigkeitsabhängigkeit der Masse durchgeführt, wobei innerhalb von 0,05% Übereinstimmung mit der relativistischen Beziehung gefunden wurde.

4.2. Massenzuwachs und kinetische Energie

Die Gleichung für die relativistische Massenveränderlichkeit (4.3)

$$m = \frac{m_0}{\sqrt{1 - \dfrac{v^2}{c^2}}} = m_0\left(1 - \frac{v^2}{c^2}\right)^{-1/2}$$

läßt sich durch Reihenentwicklung näherungsweise $(v/c \ll 1)$ folgendermaßen schreiben:

$$m \approx m_0\left(1 + \frac{1}{2}\,\frac{v^2}{c^2}\right)\,.$$

[1]) FARAGÓ, P. S., und L. JÁNOSSY: Nuovo Cimento 5 (1957) 1411.
[2]) MEYER, V., W. REICHART, H. H. STAUB, H. WINKLER, F. ZAMBONI und W. ZYCH: Helv. physica Acta 36 (1963) 981.

Daraus folgt

$$m - m_0 \approx \frac{1}{2} m_0 v^2 \frac{1}{c^2},$$

worin $m_0 v^2/2 = E_{kin}$ die klassische kinetische Energie der Masse m_0 ist. Das bedeutet, daß die kinetische Energie einem Massenzuwachs proportional ist (und umgekehrt). Da jede Energie durch entsprechende Umwandlungsprozesse in kinetische Energie überführt werden kann, kann man allgemein folgern:
Jeder Energiezuwachs — gleichgültig, in welcher Form die Energie auftritt — bedingt einen Massenzuwachs. Das aber heißt: Masse und Energie sind äquivalent.
Setzt man $m - m_0 = \Delta m$, so kann man schließen, daß einer Massenänderung eine Energieänderung entspricht:

$$\Delta m \, c^2 = E_{kin} . \tag{4.11}$$

Diese Beziehung, die EINSTEIN als das wichtigste Resultat seiner Relativitätstheorie bezeichnet hat, wird nachstehend exakt hergeleitet.

4.3. $E = m \, c^2$

Der Ausgangspunkt ist das allgemeine Kraftgesetz, das hier nicht in der einfachen klassischen Form $F = m \, a$ verwendet wird, wo man m stets als konstant ansieht, sondern in der Form

$$F = \frac{d}{dt} (m \, v) , \tag{4.12}$$

d. h., die Kraft F wird als die zeitliche Ableitung des Impulses verstanden. Das Gesetz von der Erhaltung des Impulses gilt auch in der Relativitätstheorie: Wirkt keine Kraft auf die gleichförmig bewegte Masse ein, also $F = 0$, d. h., $\frac{d}{dt} (m \, v) = 0$, so folgt $m \, v = $ const; hierbei ist $m = \dfrac{m_0}{\sqrt{1 - v^2/c^2}}$ die Impulsmasse.
Zur Berechnung der Arbeit $dA = F \, ds$ wird zunächst deren zeitliche Änderung $dA/dt = F \, ds/dt$ betrachtet:

$$\frac{dA}{dt} = \frac{d}{dt} \left(\frac{m_0}{\sqrt{1 - \beta^2}} \frac{ds}{dt} \right) \frac{ds}{dt} ,$$

also

$$\frac{dA}{dt} = \left[\frac{m_0}{\sqrt{(1 - \beta^2)^3}} \beta \frac{d\beta}{dt} \frac{ds}{dt} + \frac{m_0}{\sqrt{1 - \beta^2}} \frac{d^2 s}{dt^2} \right] \frac{ds}{dt} ,$$

wobei

$$\frac{\mathrm{d}s}{\mathrm{d}t} = v = c\,\beta \quad \text{und} \quad \frac{\mathrm{d}^2 s}{\mathrm{d}t^2} = c\,\frac{\mathrm{d}\beta}{\mathrm{d}t}\,.$$

Damit ergibt sich

$$\frac{\mathrm{d}A}{\mathrm{d}t} = \frac{m_0}{\sqrt{1-\beta^2}}\left(\frac{\beta\,c\,\beta}{1-\beta^2}\,\frac{\mathrm{d}\beta}{\mathrm{d}t} + c\,\frac{\mathrm{d}\beta}{\mathrm{d}t}\right)c\,\beta$$

oder

$$\frac{\mathrm{d}A}{\mathrm{d}t} = \frac{m_0\,c^2\,\beta}{\sqrt{1-\beta^2}}\left(\frac{\beta^2}{1-\beta^2} + 1\right)\frac{\mathrm{d}\beta}{\mathrm{d}t}$$

und weiter

$$\frac{\mathrm{d}A}{\mathrm{d}t} = \frac{m_0\,c^2\,\beta}{\sqrt{1-\beta^2}}\,\frac{1}{1-\beta^2}\,\frac{\mathrm{d}\beta}{\mathrm{d}t}\,,$$

also

$$\frac{\mathrm{d}A}{\mathrm{d}t} = m_0\,c^2\,\frac{\beta}{(\sqrt{1-\beta^2})^3}\,\frac{\mathrm{d}\beta}{\mathrm{d}t}\,.$$

Um die Integration

$$A = m_0\,c^2 \int \frac{\beta}{(\sqrt{1-\beta^2})^3}\,\mathrm{d}\beta$$

durchzuführen, wird

$$z = \sqrt{1-\beta^2}$$

eingeführt. Es ist

$$\beta\,\mathrm{d}\beta = -z\,\mathrm{d}z\,,$$

$$\frac{\mathrm{d}z}{\mathrm{d}\beta} = -\frac{2\,\beta}{2\,\sqrt{1-\beta^2}} = -\frac{\beta}{z}\,,$$

also

$$-\int \frac{z\,\mathrm{d}z}{z^3} = -\int \frac{1}{z^2}\,\mathrm{d}z = \frac{1}{z} + C\,.$$

$$A = m_0\,c^2\,\frac{1}{\sqrt{1-\beta^2}} + C\,.$$

Die Integrationskonstante wird so bestimmt, daß sich für $v = 0$ bzw. $\beta = 0$ der Wert $A = 0$ ergibt.

$$0 = m_0\, c^2\, \frac{1}{\sqrt{1 - 0}} + C\,,$$

$$C = -\, m_0\, c^2\,.$$

Somit erhält man schließlich

$$A = m_0\, c^2 \left(\frac{1}{\sqrt{1 - \beta^2}} - 1 \right).$$

Das ist die *kinetische Energie*[1]) in relativistischer Form. Diese kann man demnach auch schreiben

$$E_{\text{kin}} = (m - m_0)\, c^2\,, \quad \text{also} \quad E_{\text{kin}} = \Delta m\, c^2\,; \tag{4.13}$$

in Worten: kinetische Energie (E_{kin}) = Gesamtenergie $(m\, c^2)$ — Ruhenergie $(m_0\, c^2)$. Der Satz von der Unveränderlichkeit (Konstanz) der Masse gilt demnach nicht wie in der Newtonschen Mechanik. Nur wenn die Energieänderungen verhältnismäßig klein sind, kann man die Massenänderungen vernachlässigen.

Diese wichtige Beziehung ist experimentell völlig gesichert. Sie spielt in der Atom- und Kernphysik eine hervorragende Rolle. $m = E/c^2$ ist der allgemeinste Ausdruck für die Trägheit der Energie. (Über die Trägheit der Energie vgl. 4.5.)

Die Formel für die klassische kinetische Energie ergibt sich als Spezialfall der relativistischen Formel für E_{kin}, indem man eine Reihenentwicklung durchführt:

$$E_{\text{kin}} = (m - m_0)\, c^2 = m_0\, c^2 \left[\left(1 - \frac{v^2}{c^2} \right)^{-1/2} - 1 \right],$$

$$E_{\text{kin}} = m_0\, c^2 \left[1 + \frac{1}{2} \frac{v^2}{c^2} + \frac{3}{8} \frac{v^4}{c^4} + \cdots - 1 \right].$$

Für $v \ll c$ folgt $E_{\text{kin}} \approx \frac{1}{2}\, m_0\, v^2$. (Vgl. hierzu Aufgabe 4.11.)

Aus den Beziehungen für E_{kin} berechnet man z. B. auch die Geschwindigkeiten geladener Teilchen, deren kinetische Energie gleich eU ist.

---

[1]) Die Differenz zweier kinetischer Energien entspricht der verrichteten Arbeit: $A = E_{\text{kin}}^{(1)} - E_{\text{kin}}^{(2)}$; im vorliegenden Fall ist wegen $v = 0$ auch $E_{\text{kin}}^{(2)} = 0$.

Aus der klassischen Formel

$$\frac{1}{2} m_0 v^2 = e\, U \qquad (4.14)$$

würde man

$$v = \sqrt{\frac{2\,e}{m_0}\, U} \qquad (4.15)$$

erhalten, die aber nur für $v \ll c$ Gültigkeit hat, da ja hier $m = m_0 = \text{const}$ gilt.

Man zeigt leicht, daß diese Formel z. B. bei Elektronen zu sinnlosen Resultaten führt: Als Zahlenwertgleichung schreibt man (4.15)

$$\frac{v}{\text{ms}^{-1}} = 5{,}932 \cdot 10^5 \sqrt{\frac{U}{\text{Volt}}} \qquad (4.16)$$

und würde für $U \geq 10^6$ Volt Geschwindigkeiten für die bewegten elektrischen Ladungsträger erhalten, die größer als die Vakuum-Lichtgeschwindigkeit wären. Das aber widerspricht der physikalischen Erfahrung.[1]
Für Elektronengeschwindigkeiten, die gegenüber der Lichtgeschwindigkeit nicht mehr zu vernachlässigen sind, führt nur die allgemeingültige relativistische Beziehung zu Resultaten, die mit der Erfahrung übereinstimmen: Aus

$$e\, U = m\, c^2 - m_0\, c^2 = m_0\, c^2 \left[\frac{1}{\sqrt{1 - \dfrac{v^2}{c^2}}} - 1 \right] \qquad (4.17)$$

berechnet man für Elektronen mit $v = \beta\, c$

$$v = c \sqrt{1 - \frac{1}{\left(1 + 1{,}9577 \cdot 10^{-6} \cdot \dfrac{U}{\text{Volt}}\right)^2}} \, . \qquad (4.18)$$

Zur Berechnung von v dient allgemein die Gleichung

$$v = c \sqrt{1 - \left(\frac{m_0\, c^2}{m\, c^2}\right)^2} \, , \qquad (4.19)$$

die aus (4.3) folgt.

---

[1] Siehe Aufgabe 7.5.

Man findet für beliebige Teilchenarten:

$$v = c \sqrt{1 - \left(\frac{m_0\, c^2}{m_0\, c^2 + E_{\text{kin}}}\right)^2} \tag{4.20}$$

oder

$$v = c \sqrt{1 - \frac{1}{\left(1 + \dfrac{E_{\text{kin}}}{m_0\, c^2}\right)^2}}. \tag{4.21}$$

Einerseits gilt mit (4.3)

$$\frac{m}{m_0} = \frac{1}{\sqrt{1 - \dfrac{v^2}{c^2}}} \tag{4.22}$$

und andererseits

$$\frac{E_{\text{kin}} + E_0}{E_0} = \frac{1}{\sqrt{1 - \dfrac{v^2}{c^2}}} \tag{4.23}$$

und somit auch

$$\frac{m}{m_0} = 1 + \eta\,; \tag{4.24}$$

hierin ist $\eta = E_{\text{kin}}/E_0$.

In der *Tabelle 1* (s. S. 45) ist die Abhängigkeit der relativen Masse von der Geschwindigkeit v/c bzw. von $1 - v/c$ angegeben. Diese Angaben gelten also für beliebige Teilchenarten. Die Werte sind in Abb. 4.2 in linearen und in Abb. 4.3 in doppelt-logarithmischen Koordinaten graphisch dargestellt.

Für Berechnungen im extrem-relativistischen Bereich verwendet man Gl. (4.22), indem man nicht $\beta = v/c$, sondern vorteilhaft $\delta = 1 - v/c$ als Variable betrachtet: $0 \leqq \delta \leqq 1$. Damit erhält man aus (4.22)

$$\frac{m}{m_0} = \frac{1}{\sqrt{\left(1 + \dfrac{v}{c}\right)\left(1 - \dfrac{v}{c}\right)}} = \frac{1}{\sqrt{(2 - \delta)\,\delta}}. \tag{4.25}$$

Diese Gleichung vereinfacht sich, wenn δ gegenüber 2 vernachlässigt werden kann:

$$\frac{m}{m_0} \approx \frac{1}{\sqrt{2\,\delta}} = \frac{1}{\sqrt{2}\,\sqrt{1 - \dfrac{v}{c}}} \tag{4.26}$$

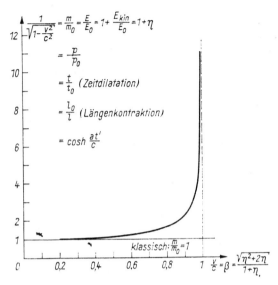

Abb. 4.2

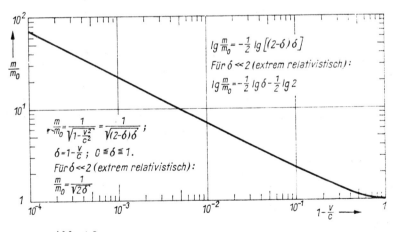

Abb. 4.3

und damit auch

$$1 - \frac{v}{c} \approx \frac{1}{2 \left(\dfrac{m}{m_0}\right)^2} \, . \qquad (4.27)$$

Da $E = E_{kin} + E_0$ gilt, ist im extrem-relativistischen Bereich wegen $E_{kin} \gg E_0$, also

$$1 - \frac{v}{c} \approx \frac{1}{2 \left(\dfrac{E_{kin}}{E_0}\right)^2} \, . \qquad (4.28)$$

Tabelle 2

$\dfrac{E_{kin}}{eV}$	m/m_0 für Elektronen	$\dfrac{E_{kin}}{eV}$	m/m_0 für Elektronen
1	1,000 001 96	10^8	196,691 798
10^1	1,000 019 57	$2 \cdot 10^8$	392,383 596
10^2	1,000 195 69	$5 \cdot 10^8$	979,458 989
10^3	1,001 956 92	10^9	1 957,917 98
10^4	1,019 569 28	$2 \cdot 10^9$	3 914,835 96
10^5	1,195 691 80	$5 \cdot 10^9$	9 785,589 89
$2 \cdot 10^5$	1,391 383 60	10^{10}	19 570,179 8
$5 \cdot 10^5$	1,978 458 99	10^{11}	195 692,798
10^6	2,956 917 98	10^{12}	1 956 918,98
$2 \cdot 10^6$	4,913 835 96	10^{13}	19 569 180,8
$5 \cdot 10^6$	10,784 589 9	10^{14}	195 691 799
10^7	20,569 179 8	10^{15}	195 691 798 $\cdot$ 10
$2 \cdot 10^7$	40,138 359 6	10^{16}	195 691 798 $\cdot$ 100
$5 \cdot 10^7$	98,845 898 9		

Für Elektronen ist $m/m_0 = f(E_{kin})$ in *Tabelle 2* berechnet und in Abb. 4.4 in doppelt-logarithmischen Koordinaten dargestellt. Führt man Berechnungen mit den am häufigsten auftretenden Teilchenarten durch, so sind folgende Werte nützlich:

Teilchenart	Ruhmasse m_0 kg	Ruhenergie E_0 Ws	Ruhenergie E_0 MeV
Elektron	0,910 91 $\cdot$ 10^{-31}	8,186 85 $\cdot$ 10^{-14}	0,511 076
Proton	1,672 52 $\cdot$ 10^{-27}	1,503 19 $\cdot$ 10^{-10}	938,260
Deuteron	3,334 43 $\cdot$ 10^{-27}	3,005 69 $\cdot$ 10^{-10}	1 876,096
α-Teilchen	6,664 61 $\cdot$ 10^{-27}	5,973 18 $\cdot$ 10^{-10}	3 728,346

Vakuum-Lichtgeschwindigkeit $c = (299\,792\,456{,}2 \pm 1{,}1)\,\text{ms}^{-1}$

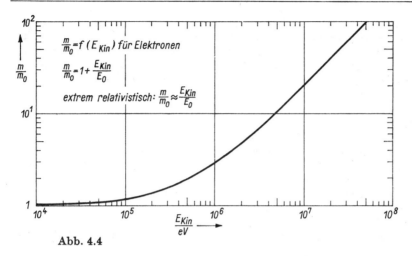

Abb. 4.4

4.4. Die Trägheit der Energie

Man denke sich ein geschlossenes Gefäß der Masse M. Von einer Stelle A der Innenwand des Gefäßes (Abb. 4.5) gehe ein Lichtblitz aus, der an der gegenüberliegenden Wand bei B absorbiert wird.[1])

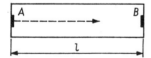

Abb. 4.5

Das Licht kann einen experimentell nachweisbaren Druck ausüben; es besitzt demnach einen Impuls. Während des Emissionsaktes müßte nun das gesamte Gefäß der Masse M einen Rückstoß erhalten und sich infolgedessen mit der Geschwindigkeit v entgegengesetzt zum Impuls p fortbewegen. Die Geschwindigkeit v des Schwerpunktes ist gemäß dem Impulssatz

$$v = \frac{p}{M} = \frac{E}{c\,M}. \tag{4.29}$$

Der Impuls des Lichtes[2]) wird zu $p = E/c$ bestimmt.

---

[1]) Dieser Gedankenversuch geht auf Hasenöhrl (1904) zurück.
[2]) Der Strahlungsdruck läßt sich auch aus der Wellentheorie berechnen. Der Lichtdruck der Sonne wurde − vor der Quantentheorie − bereits von P. Lebedew 1890 gemessen und von Nichols und Hull 1901 mit größerer Genauigkeit bestimmt: etwa 1 mp/m² = 9,81 · 10⁻⁶ N/m² = 9,81 · 10⁻¹¹ bar.

Die Bewegung wird durch den Absorptionsakt gestoppt. Bei diesem Vorgang sind jedoch nur innere Kräfte beteiligt, so daß diese Schwerpunktverschiebung im Widerspruch steht mit dem Prinzip von der Erhaltung des Schwerpunktes, falls nicht der Lichtblitz selbst, d. h. die in ihm enthaltene Energie E eine träge Masse m besitzt.

Durch die Bewegung dieser Masse m bleibt der Schwerpunkt des gesamten Systems (Gefäß + Lichtblitz) in Ruhe. Man gelangt also zu der Annahme, daß Strahlungsenergie eine träge Masse besitzen müsse. (Allgemein ist heute gesichert: Jede Energieform besitzt träge Masse.)

Es soll nun die Größe m aus dem Gedankenexperiment bestimmt werden. Man setzt einen sehr kurzen Lichtblitz voraus bzw. ein so großes Gefäß, daß man annehmen kann, das Gefäß werde in Bewegung gesetzt bzw. wieder abgebremst innerhalb von Zeiten, die vernachlässigbar klein sind gegenüber der zwischen Emission und Absorption liegenden Flugzeit der Lichtblitzenergie.

Innerhalb der Flugzeit $t = l/c$ beträgt die Verschiebung der Gefäßmasse

$$x_M = t\, v = \frac{t\,E}{c\,M}\left(= \frac{E\,l}{M\,c^2}\right);$$

die Verschiebung der Lichtblitzmasse m beträgt

$$x_m = t\, c\left(= \frac{l}{c}\, c\right).$$

Der Schwerpunkt beider Massen bleibt in Ruhe, wenn $x_M\, M = x_m\, m$ ist:

$$\frac{t\,E}{c\,M}\, M = t\, c\, m\,, \quad \text{also} \quad \frac{E}{c} = c\, m\,,$$

d. h.,

$$E = m\, c^2\,. \tag{4.30}$$

Dieses Ergebnis erhält man sehr einfach auch auf andere Weise: Aus dem Schwerpunktsatz (bzw. aus Lichtdruckmessungen) folgt, daß die Strahlungsenergie einen Impuls $p = E/c$ besitzt. Der Impuls ist andererseits mit der Masse m verknüpft: $p = m\, c$; hieraus erhält man $E/c = m\, c$, also $E = m\, c^2$.

Die Einsteinsche Beziehung bedeutet, daß auch eine elektromagnetische Energie (wie jede beliebige andere Energie) die Trägheit einer Masse E/c^2 besitzt.

Die zwei grundlegenden Gesetze — Erhaltung der Masse und Erhaltung der Energie — sind nicht mehr unabhängig voneinander; sie sind durch die SRT zu einem einzigen verschmolzen.

4.5.   EINSTEINS elementare Herleitung von $E = m\,c^2$

Die nachfolgende Herleitung des Masse-Energie-Äquivalenz-Gesetzes hat EINSTEIN 1946 gegeben und in seinem Buch „Aus meinen späten Jahren" publiziert. Daß sie in ganz anderer Weise als andere Herleitungen zu dem Ergebnis $E = m\,c^2$ gelangt, zeigt wiederum die großartige Geschlossenheit des physikalischen Begriffssystems.

Sie geht im wesentlichen nur vom Gesetz der Erhaltung des Impulses aus, wobei sich der Impuls auf eine Strahlung bezieht, die sich mit der Lichtgeschwindigkeit c ausbreitet: $p = E/c$.

Schließlich wird nur noch die Beziehung für die Aberration des Lichtes vorausgesetzt: $\sin\alpha = v/c$ (vgl. 6.5.).

Es wird ein im System S ruhender Körper der Masse m_0 betrachtet, der Strahlungsenergie absorbieren soll. Die Energie E wird ihm zur Hälfte in Richtung der positiven und der negativen x-Achse zugeführt (Abb. 4.6).

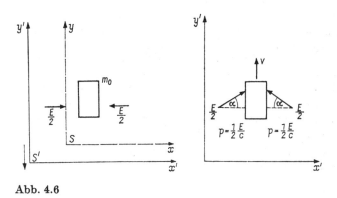

Abb. 4.6

Der Körper bleibt in Ruhe, da er von jeder Seite den Impuls $\dfrac{1}{2}\dfrac{E}{c}$ aufnimmt, wobei sich allerdings auf Grund der Energiezufuhr die Masse von m_0 auf m vergrößert. Dieser Prozeß wird nun in bezug auf das bewegte System S', das sich gegenüber S mit der Geschwindigkeit v in der negativen y-Richtung bewegt, erörtert. Damit kommt man zu der Aussage, daß sich die Masse m_0 in der positiven y-Richtung mit der Geschwindigkeit v bewegt. In bezug auf den Körper erscheinen nunmehr die Strahlungsrichtungen unter einem Winkel α zur x-Achse.

Für diesen Winkel gilt dem Aberrationsgesetz zufolge $\sin\alpha = v/c$ bzw. für kleine Winkel $\alpha = v/c$.

Vor der Absorption ist m_0 die Masse des Körpers mit dem Impuls $m_0\,v$.

Von dem Impuls der Strahlung wird nur die y-Komponente $\dfrac{1}{2}\dfrac{E}{c}\sin\alpha$ wirksam, für die hier $\dfrac{1}{2}\dfrac{E}{c}\dfrac{v}{c}$ gilt; der aufzunehmende Gesamtimpuls ist also $\dfrac{E\,v}{c^2}$.

Vor der Absorption ist der Gesamtimpuls des Systems $m_0\,v + \dfrac{E}{c^2}\,v$.

Nach der Absorption hat sich die Masse vergrößert, so daß der Impuls dann $m\,v$ beträgt. Aus dem Impulserhaltungssatz folgt somit

$$m_0\,v + \frac{E}{c^2}\,v = m\,v\,,$$

d. h.,

$$m - m_0 = \frac{E}{c^2}\,.$$

Damit ist die Äquivalenzbeziehung für Masse und Energie auf einem einfachen Weg hergeleitet worden, der unabhängig von dem formalen Mechanismus der SRT ist. Besonders sei darauf hingewiesen, daß die Beziehung $p = E/c$ vor der Quanten- und der Relativitätstheorie bekannt war, da sie bereits aus der Maxwellschen Theorie des Elektromagnetismus gefolgert wurde.

Die Masse-Energie-Äquivalenz sagt aus, daß Energie- und Massenänderung untrennbar zusammenhängen: $dE = c^2\,dm$.

Setzt man die bei der Integration auftretende Konstante gleich Null als Anfangspunkt der Energieskala, so erhält man (4.30)

$$E = m\,c^2\,.$$

Diese berühmte Einsteinsche Formel eröffnete z. B. die Möglichkeit, die Energie zu bestimmen, mit der die Bausteine des Atomkerns zusammenhalten. Mit der Bestimmung dieser Bindungsenergien konnten wesentliche Fortschritte in der Kernphysik erzielt werden.

Die Interpretation der Masse-Energie-Relation $E = m\,c^2$ als „Umwandlung von Masse in Energie" (und umgekehrt) ist abzulehnen, da keine Masse ohne Energie (und umgekehrt) existiert. Die Relation ist demnach allein im Sinne einer gegenseitigen Zuordnung von Masse und Energie zu verstehen.

Auf Grund der Wechselwirkung zwischen Feld und Stoff verringert sich die Eigenenergie eines Teilehens $E = m\,c^2 = k\,m_0\,c^2$ bei Anwesenheit eines elektrischen Feldes[1]) der Feldstärke $|E|$:

$$E = \frac{m_0\, c^2}{\sqrt{1 - \beta^2}} \left(1 - \frac{q^3\, |E|\, v}{6\,\pi\, m_0^2\, c^5}\right)$$

bzw.

$$E = k\, E_0 \left(1 - \frac{q^3\, |E|}{6\,\pi\, E_0^2}\, \beta\right).$$

4.6. Der relativistische Energie-Impuls-Satz

Der Zusammenhang zwischen dem Impuls p und der kinetischen Energie E_{kin} ist in der klassischen Physik ($v \ll c$, $m \approx m_0$) wegen $p = m\, v$ und $E_{\text{kin}} = m\, v^2/2$ durch folgende Beziehung gegeben:

$$E_{\text{kin}} = \frac{p^2}{2\,m} \quad \text{oder} \quad p = \sqrt{2\, m\, E_{\text{kin}}}\,. \tag{4.31}$$

Nach der Relativitätstheorie sind die (Gesamt-)Energie E, die Ruhenergie E_0 und der Impuls $p = m_0\, v/\sqrt{1 - \beta^2}$ durch die Gleichung $E^2 = E_0^2 + p^2\, c^2$ miteinander verknüpft. Diesen Zusammenhang erhält man z.B. folgendermaßen (vgl. auch Aufgaben 8.):

Durch Erweitern von $m = \dfrac{m_0}{\sqrt{1 - \beta^2}}$ mit c^2 und Quadrieren folgt zunächst

$$\left(\frac{m\,c^2}{c^2}\right)^2 = \left(\frac{m_0\, c^2}{c^2\,\sqrt{1 - \beta^2}}\right)^2 \quad \text{bzw.} \quad \frac{m^2\, c^4}{c^4} = \frac{m_0^2\, c^4}{c^4\,(1 - v^2/c^2)}$$

und nach beiderseitiger Multiplikation mit $(1 - v^2/c^2)$

$$\frac{m^2\, c^4}{c^4}\left(1 - \frac{v^2}{c^2}\right) = \frac{m_0^2\, c^4}{c^4} \quad \text{oder} \quad \frac{m^2\, c^4}{c^4} - \frac{m^2\, c^4\, v^2}{c^4\, c^2} = \frac{m_0^2\, c^4}{c^4}\,.$$

Multipliziert man nun beide Seiten der Gleichung mit c^4 und faßt links im zweiten Glied die Faktoren m und v zusammen, so erhält man

$$(m\, c^2)^2 - (m\, v)^2\, c^2 = (m_0\, c^2)^2\,.$$

Führt man hier die Bezeichnungen E, E_0 und $p = m\, v$ ein, so ergibt sich

$$E^2 = p^2\, c^2 + E_0^2\,. \tag{4.32}$$

---

[1]) Näheres hierzu s. Schmutzer [1.61, S. 778].

Das ist die obige Beziehung, die sich graphisch nach dem Satz des Pythagoras als Dreieck darstellen läßt (Abb. 4.7). Dieser Abbildung ist zu entnehmen, daß

$$\sin \varphi = \frac{p\,c}{E} = \frac{m\,v\,c}{m\,c^2} = \frac{v}{c},$$

also

$$\sin \varphi = \beta .\qquad\qquad(4.33)$$

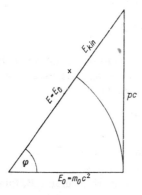

Abb. 4.7

Aus $p\,c = E\,\beta$ erhält man für Licht mit $\beta = 1$ $(v = c)$, daß $p\,c$ die Energie des Lichtes ist. Für Licht gilt demnach speziell

$$E = p\,c \quad \text{oder} \quad p = \frac{E}{c}.\qquad\qquad(4.34)$$

Diese Beziehung folgt auch aus der Gleichung $E^2 = p^2\,c^2 + m_0^2\,c^4$ für $m_0 \to 0$ (Licht) (vgl. auch Aufgaben 8).

Das rechtwinklige Dreieck wird um so spitzer, je mehr man sich dem extrem relativistischen Gebiet $(v \to c)$ nähert. Dieses Dreieck dient u. a. dazu, die Geschwindigkeit relativistischer Elektronen (oder anderer Elementarteilchen) aus Energie- und Impulsmessungen zu ermitteln.

Zur Vereinfachung der Rechnungen ist es zweckmäßig, die „relative kinetische Energie" η einzuführen; das ist der Quotient aus $E_{\text{kin}} = E - E_0$ und E_0, also $\eta = E_{\text{kin}}/E_0$. Für den Quotienten E/E_0 erhält man dann $1 + \eta$; andererseits ist

$$\frac{E}{E_0} = \frac{m}{m_0} = \frac{1}{\sqrt{1 - \beta^2}}.$$

Aus $1 + \eta = 1/\sqrt{1 - \beta^2}$ folgen durch Auflösen nach β die Beziehungen zwischen β und η bzw. zwischen v und η oder p und η:

$$\beta = \frac{\sqrt{\eta^2 + 2\,\eta}}{1 + \eta}\,; \tag{4.35}$$

$$v = c\,\frac{\sqrt{\eta^2 + 2\,\eta}}{1 + \eta}\,; \tag{4.36}$$

$$p = m_0\,c\,\sqrt{\eta^2 + 2\,\eta}\,. \tag{4.37}$$

Diese Gleichungen gelten für alle Teilchenarten. Für $\eta = 1$ (also $E_{\text{kin}} = E_0$) findet man aus dem graphischen Verlauf von $m/m_0 = f(\eta)$ die Massenverdopplung $m/m_0 = 2$ (vgl. Aufgaben 4.2. und 4.3.).
Wenn man im Gebiet $\beta \approx 1$ ein Teilchen weiter „beschleunigt", ändert sich sein Impuls praktisch nicht mehr durch Geschwindigkeitszunahme, sondern nur noch durch Massenzunahme. Im extrem relativistischen Gebiet ($E_{\text{kin}} \gg E_0$) sind alle Arten von Teilchen gleicher Energie E_{kin} praktisch auch massengleich. Dafür sei folgender experimenteller Befund angeführt: Protonen und Elektronen einer $E_{\text{kin}} > 10^{10}$ eV erzeugen in einer Nebelkammer Spuren gleicher Tropfendichte; in einem Magnetfeld zeigen sie die gleiche Bahnkrümmung.

4.7.   Invarianz und Transformation von Energie und Impuls

Bildet man aus $p = m(u)\,u$ und $E = m(u)\,c^2$ den Ausdruck $E^2 = p^2\,c^2 + m_0^2\,c^4$, so erkennt man, daß diese relativistische Energie-Impuls-Beziehung invariant ist: Sie ist unabhängig von speziellen Koordinaten, in denen Impuls und Energie gemessen werden.
Vergleicht man diese Invariante mit $s^2 = x_1^2 + x_4^2 = \text{const}$, so liegt der Gedanke nahe, daß sich Impuls und Energie (bzw. Masse) von einem System S in ein anderes System S' in analoger Weise transformieren wie x und t (vgl. Lorentz-Transformation (3.13)). Beim Übergang von einem System S in ein zweites S', das sich parallel der x-Achse mit der Relativgeschwindigkeit v bewegen soll, hat man in den Beziehungen

$$p \to p', \text{ also } m(u)\,u \to m'(u')\,u'\,;$$
$$E \to E', \text{ also } m(u)\,c^2 \to m'(u')\,c^2$$

das Additionstheorem

$$u = \frac{u' + v}{1 + \dfrac{u'\,v}{c^2}}$$

anzuwenden. (Die Rechnung ist im einzelnen unter Aufgaben 8. durchgeführt.) Es ergibt sich

$$p_x' = \frac{p_x - v\dfrac{E}{c^2}}{\sqrt{1 - \dfrac{v^2}{c^2}}} \quad \text{oder} \quad p_x' = k\left(p_x - \frac{\beta E}{c}\right),$$

$$p_y' = p_y,$$
$$p_z' = p_z;$$

$$\frac{E'}{c^2} = \frac{\dfrac{E}{c^2} - \dfrac{v}{c^2}\,p_x}{\sqrt{1 - \dfrac{v^2}{c^2}}} \quad \text{oder} \quad E' = k\,(E - v\,p_x). \tag{4.39}$$

Dieses Gleichungssystem läßt sich auf eine beliebige Anzahl von Teilchen sowie auf Impuls- und Energieunterschiede (Δp, ΔE) verallgemeinern. Aus der Aussage der Impulserhaltung $\Delta p = 0$ oder der Energieerhaltung $\Delta E = 0$ für einen Beobachter im S-System folgt unmittelbar für einen Beobachter im S'-System:

$$\Delta p' = 0, \quad \Delta E' = 0.$$

Das bedeutet aber: Wenn Impuls- und Energieerhaltung für das System S gelten, dann gilt diese Tatsache auch für das System S'. Schließlich folgt aus der Invarianz offensichtlich: Es ist unmöglich, daß es eine Impulserhaltung ohne Energieerhaltung (und umgekehrt) gibt. Energie und Impuls bilden gemäß der relativistischen Definition eine geschlossene Einheit.

4.8.   Transformation der Kraft

Die Definition der Kraft F beruht auf einer Konvention.
In der Newtonschen Mechanik sind die folgenden Formen äquivalent:

$$F = m_0\,a = m_0\,\frac{dv}{dt} = \frac{d}{dt}(m_0\,v) = \frac{dp}{dt}. \tag{4.40}$$

Für relativistische Geschwindigkeiten gilt aber

$$p = \frac{m_0}{\sqrt{1 - \dfrac{v^2}{c^2}}}\,v,$$

so daß hierfür die 4 Formen (4.40) nicht mehr äquivalent sind.

Die gebräuchlichste Definition — nicht aber die ausschließlich mögliche und in der Literatur verwendete — ist

$$F = \frac{dp}{dt} = \frac{d}{dt}(m_0\, k\, v) = \frac{d}{dt}(m\, v)\ . \tag{4.41}$$

Ausführlicher geschrieben, ergibt sich

$$F = \frac{d}{dt}\left(m_0 \frac{1}{\sqrt{1 - \dfrac{v^2}{c^2}}}\, v\right) = m_0 \frac{1}{\sqrt{1 - \dfrac{v^2}{c^2}}}\, a + m_0\, v\, \frac{d}{dt}\left(1 - \frac{v^2}{c^2}\right)^{-1/2},$$

$$F = m_0\, k\, a + m_0\, v\, \frac{(a\, v)/c^2}{\sqrt{\left(1 - \dfrac{v^2}{c^2}\right)^3}}\ , \tag{4.42}$$

$$F = m\, a + \frac{1}{c^2}\, m\, v\, k^2\, (a\, v) \quad \text{oder} \quad F = m_0\, k\, a + \frac{1}{c^2}\, m_0\, v\, k^3\, (a\, v)\ . \tag{4.43}$$

Man erkennt, daß die Beschleunigung a nicht unbedingt die Richtung der Kraft F haben muß (und umgekehrt).

Weiterhin ist zu bemerken, daß es bei relativistischen Teilchen eine Rolle spielt, ob eine Kraft in der Bewegungsrichtung (longitudinal, F_x) oder senkrecht dazu (transversal, F_y oder F_z) wirkt. Für diese Komponenten folgt aus der Gl. (4.42)

$$F_x = m_0\, k\, a_x + \frac{1}{c^2}\, m_0\, k^3\, v^2\, a_x = m_0\, k\, a_x\left(1 + k^2\frac{v^2}{c^2}\right) = m_0\, k\, a_x\left(\frac{1}{1 - \dfrac{v^2}{c^2}}\right),$$

$$F_x = m_0\, k^3\, a_x\ . \tag{4.44}$$

Hingegen ergibt sich

$$F_y = m_0\, k\, a_y \quad \text{und} \quad F_z = m_0\, k\, a_z\ . \tag{4.45}$$

Diese unterschiedliche Trägheit eines relativistischen Teilchens ist experimentell bestens gesichert. Die frühere Unterscheidung „longitudinale Masse" ($m_0\, k^3$) und „transversale Masse" ($m_0\, k$) ist durch die Relativitätstheorie gegenstandslos geworden. Diese „Massen-Begriffe" waren Ausdruck der Newtonschen Mechanik, indem man an der (speziellen) Form $F = m\, a$ festhielt, anstatt die (richtige) allgemeingültige Gleichung $F = \frac{d}{dt}(m\, v)$ zu verwenden.

Die Transformationsformel für die Kraft (4.42) ist relativ kompliziert:

$$F' = \frac{F \sqrt{1 - \dfrac{v^2}{c^2}} + v \left[\dfrac{F\,v}{v^2}\left(1 - \sqrt{1 - \dfrac{v^2}{c^2}}\right) - \dfrac{F \cdot u}{c^2} \right]}{1 - \dfrac{u\,v}{c^2}}. \tag{4.46}$$

Im folgenden sei eine einfache Herleitung für die Transformationsformeln angegeben, die sich auf den speziellen Fall bezieht, daß sich das betreffende Teilchen in Ruhe befindet ($u = 0$). Es werden die Gleichungen für einen Beobachter in S aufgestellt, der in x-Richtung eine Geschwindigkeit v des Teilchens feststellt. In die Beziehungen für $F' = \mathrm{d}p'/\mathrm{d}t'$ und $F = \mathrm{d}p/\mathrm{d}t$ setzt man die Ausdrücke für $\mathrm{d}p'$, $\mathrm{d}t'$ bzw. für $\mathrm{d}p$ und $\mathrm{d}t$ ein. Es gilt (3.17) $\mathrm{d}t = k\,\mathrm{d}t'$.

Aus der Beziehung (4.38) findet man

$$p_x = k\left(p_x' + \frac{v}{c^2}\,E'\right)$$

bzw. durch Differenzieren

$$\mathrm{d}p_x = k\left(\mathrm{d}p_x' + \frac{v}{c^2}\,\mathrm{d}E'\right) = k\left(1 + \frac{v}{c^2}\frac{\mathrm{d}E'}{\mathrm{d}p_x'}\right)\mathrm{d}p_x'. \tag{4.47}$$

Die Ableitung der Energie-Impuls-Beziehung $E = \sqrt{p^2\,c^2 + E_0^2}$ liefert

$$\frac{\mathrm{d}E}{\mathrm{d}p} = \frac{p\,c^2}{\sqrt{p^2\,c^2 + E_0^2}} = \frac{m\,u\,c^2}{E} = \frac{m\,u}{m} = u\,, \quad \text{also} \quad \frac{\mathrm{d}E}{\mathrm{d}p_x} = u_x$$

und entsprechend

$$\frac{\mathrm{d}E'}{\mathrm{d}p_x'} = u_x'\,. \tag{4.48}$$

Wenn die Komponenten der Teilchengeschwindigkeit in beiden Bezugssystemen verschwinden ($u_x = 0$, $u_x' = 0$), so folgt einfach aus (4.47) $\mathrm{d}p_x = k\,\mathrm{d}p_x'$ und damit

$$\frac{\mathrm{d}p_x}{\mathrm{d}t} = \frac{\mathrm{d}p_x'}{\mathrm{d}t'}\,, \quad \text{also} \quad F_x = F_x'; \tag{4.49}$$

weiter gilt

$$\frac{\mathrm{d}p_y}{\mathrm{d}t} = k^{-1}\frac{\mathrm{d}p_y'}{\mathrm{d}t'}\,, \quad \text{also} \quad F_y = k^{-1}\,F_y' \tag{4.50}$$

und

$$\frac{\mathrm{d}p_z}{\mathrm{d}t} = k^{-1}\frac{\mathrm{d}p_z'}{\mathrm{d}t'}, \quad \text{also} \quad F_z = k^{-1}F_z'. \tag{4.51}$$

Damit erhält man — unter speziellen Annahmen — relativ einfache Transformationsbeziehungen für die Kraftkomponenten in Richtung der Relativgeschwindigkeit v und senkrecht dazu.

5. Das euklidische Raum-Zeit-Kontinuum

5.1. Das Linienelement (Minkowski-Welt)

Im folgenden wird gezeigt, daß die Minkowskische vierdimensionale Interpretation der speziellen Relativitätstheorie eine Verallgemeinerung der Lorentz-Transformationen darstellt und zu ihrer geometrischen Deutung führt.

EINSTEIN schreibt: „... keine Aussage ist banaler als die, daß unsere gewohnte Welt ein vierdimensionales zeiträumliches Kontinuum ist."
Der Raum ist ein dreidimensionales Kontinuum. Diese Tatsache besagt, daß die Lage eines Punktes (Ortes) durch die Angabe von drei Zahlen (Koordinaten), nämlich x, y, z, angegeben werden kann und daß es zu jedem Punkt beliebig dicht benachbarte Punkte gibt, die ebenfalls durch x-, y- und z-Koordinaten gekennzeichnet werden können. Wegen dieser Eigenschaft spricht man vom „Kontinuum", wegen der Zahl der Koordinaten von dreidimensional.

Analog spricht man bei vier Koordinaten von vier Dimensionen. Nach MINKOWSKI ist die Welt des physikalischen Geschehens (kurz „Welt") vierdimensional im raumzeitlichen Sinne. Da sich das (vierdimensionale) Geschehen aus Einzelereignissen zusammensetzt, die beliebig dicht aufeinanderfolgen, spricht man vom Kontinuum. Die vierte Koordinate repräsentiert den Zeitwert t.

In der klassischen Physik verkörpert die Zeit eine absolute Größe, d. h., sie ist von der Lage und dem Bewegungszustand des Bezugssystems unabhängig. Das kommt in der Galilei-Transformation durch $t = t'$ zum Ausdruck. Nach der speziellen Relativitätstheorie ist die Zeit keine absolute Größe; das wird durch die Lorentz-Transformation dargestellt, in der die Zeit mit dem Ort verknüpft ist:

$$t' = \frac{t - \dfrac{v}{c^2}x}{\sqrt{1 - \beta^2}}.$$

Gemäß dieser Gleichung verschwindet nämlich die Zeitdifferenz $\Delta t'$ zweier Ereignisse in bezug auf S' nicht, auch wenn Δt in bezug auf S verschwindet.

Eine rein räumliche Distanz zweier Ereignisse in bezug auf S ist demnach mit einer zeitlichen Differenz dieser Ereignisse in bezug auf S verknüpft.

MINKOWSKIS wichtige Entdeckung liegt nun in der Erkenntnis, daß ein vierdimensionales Raum-Zeit-Kontinuum in maßgebenden formalen Eigenschaften wie das dreidimensionale Kontinuum des (euklidischen) Raumes dargestellt werden kann. Zu diesem Zweck wird an Stelle von t die proportionale Größe $\sqrt{-1}\,c\,t$, d. h. $x_4 = i\,c\,t$, eine imaginäre Größe also, eingeführt. Sie soll als vierte Koordinate bezeichnet werden. Durch diese rein formale Bezeichnung ist eine vierdimensionale geometrische Interpretation der speziellen Relativitätstheorie möglich, wodurch die Theorie an Geschlossenheit und Übersichtlichkeit gewinnt. Diese Form der Darstellung war insbesondere für die Entwicklung der allgemeinen Relativitätstheorie wichtig. (Dort muß man zwischen euklidischem und nichteuklidischem Kontinuum unterscheiden.)

Aus der elementaren analytischen Geometrie ist bekannt, daß man den gegenseitigen Abstand zweier Punkte (also eine Strecke s) im x, y-Koordinatensystem durch Anwendung des Lehrsatzes des Pythagoras bestimmen kann (Abb. 5.1).

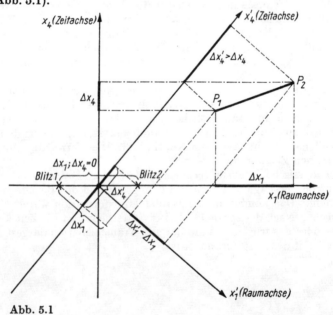

Abb. 5.1

In Abb. 5.1 sind zwei um einen Winkel φ gegeneinander verdrehte Koordinatensysteme dargestellt, wobei x_1, x_1' die Raum- und x_4, x_4' die Zeitachsen bedeuten.

Die Punkte P_1 und P_2 stellen im Raum-Zeit-Kontinuum (x_1, x_2, x_3, x_4) „Ereignisse" (Weltpunkte) dar. Die Verbindung

$$\overline{P_1 P_2} = \sqrt{\Delta x_1^2 + \Delta x_2^2 + \Delta x_3^2 + \Delta x_4^2}$$

wird als „Weltlinie" bezeichnet; in der Darstellung ist $\Delta x_2 = \Delta x_3 = 0$.

Die Horizontal- sowie die Vertikalabstände der beiden raumzeitlichen Ereignisse sind in beiden Systemen $S(x_1, x_4)$ und $S'(x_1', x_4')$ verschieden. Dies bedeutet, daß die Ereignisse von zwei mit der Geschwindigkeit v relativ zueinander bewegten Beobachtern zu verschiedenen Zeiten und an verschiedenen Orten beobachtet werden.

Der raumzeitliche Abstand $\overline{P_1 P_2} = \Delta s = \sqrt{\Delta x_1^2 + \Delta x_4^2}$ wird jedoch in beiden Systemen gleich beurteilt, d. h., er ist für beide Beobachter derselbe (invariant):

$$\Delta s = \sqrt{\Delta x_1^2 + \Delta x_4^2} = \sqrt{\Delta x_1'^2 + \Delta x_4'^2} = \text{inv.}$$

Diese Beziehung läßt sich einfach mit Hilfe des pythagoreischen Lehrsatzes, den man hier auf vier Dimensionen anwendet, folgern. Das Quadrat des Weltlinienelementes ist demnach eine Invariante:

$$\mathrm{d}s^2 = \mathrm{d}x_1^2 + \mathrm{d}x_2^2 + \mathrm{d}x_3^2 + \mathrm{d}x_4^2 = \mathrm{d}x_1'^2 + \mathrm{d}x_2'^2 + \mathrm{d}x_3'^2 + \mathrm{d}x_4'^2 = \text{inv.}$$

$$(5.1)$$

Die vierdimensionale Minkowski-Welt stellt eine „Union von Raum und Zeit" her. Wegen der im Linienelement $\mathrm{d}s$ auftretenden imaginären Größe $\mathrm{d}x_4 = i\,c\,\mathrm{d}t$ handelt es sich nicht um eine euklidische, sondern um eine pseudoeuklidische Raum-Zeit-Welt; man spricht deshalb auch von einer $(3 + 1)$-dimensionalen Welt. In der ART wird das durch (5.1) dargestellte Linienelement verallgemeinert, indem es für ein nichteuklidisches Raum-Zeit-Kontinuum formuliert wird.

Die Tatsache der Lorentz-Kontraktion und der Zeitdilatation kann man unmittelbar aus Abb. 5.1 entnehmen: $\Delta x_1' < \Delta x_1$ und $\Delta x_4' > \Delta x_4$. Des weiteren folgt aus der Darstellung auch die Relativität der Gleichzeitigkeit: Wenn ein Beobachter im Nullpunkt des S-Systems das Einschlagen zweier von ihm gleichweit entfernter Blitze gleichzeitig wahrnimmt, d. h., wenn $\Delta x_4 = 0$ ist, so sieht der bewegte (gestrichene) Beobachter die Blitze nacheinander einschlagen: $\Delta x_4' \neq 0$. Zuerst wird der Blitz 1, dann der Blitz 2 registriert. Schließlich mißt der bewegte Beobachter zwischen den Einschlägen der Blitze einen kleineren Abstand als der ruhende Beobachter: $\Delta x_1' < \Delta x_1$.

Zusammenfassend sei besonders darauf hingewiesen, daß es in der Relativitätstheorie durchaus „absolute Größen" (Invarianten) gibt, so daß man auch von einer „Invariantentheorie" sprechen könnte. Vorstehend wurde das Weltlinienelement als Invariante gefunden. Bestimmte Unterschiede zwischen der klassischen und der relativistischen Auffassung sind nachfolgend gegenübergestellt.

		Klassische Physik	Relativistische Physik
		Raum, Zeit	Raum-Zeit (Welt)
		Drehung des Koordinatensystems (s. 5.1.)	Lorentz-Transformation
absolute Größen		räumlicher Abstand zweier Punkte	Weltlinienelement (Abstand zweier Weltpunkte)
relative Größen		Horizontal- und Vertikalabstand zweier Punkte von Bezugslinie	räumlicher und zeitlicher Abstand (getrennt!) zweier Punktereignisse

Durch die vier Koordinaten wird ein *Geschehen* im dreidimensionalen Raum gewissermaßen zu einem *Sein* in der vierdimensionalen „Welt". Ein durch vier Koordinaten gekennzeichneter Punkt (Weltpunkt) ist im Raum-Zeit-Kontinuum ein „Ereignis". Ein Ereignis ist auch der Schnittpunkt zweier „Weltlinien", wobei jede Weltlinie eine Aneinanderreihung von Weltpunkten darstellt. Die Minkowskische geometrische Interpretation der speziellen Relativitätstheorie zeigt, daß der Weltabstand zweier Punktereignisse Lorentz-invariant ist. Das bedeutet: Für relativ zueinander gleichförmig-geradlinig bewegte Systeme ist der raumzeitliche Abstand zweier Ereignisse vom Bewegungszustand des Bezugssystems unabhängig; Eigenzeit, Ruhlänge und Ruhmasse sind invariante Größen.

Die spezielle Relativitätstheorie ist vielfach durch die Erfahrung bestätigt; es gibt heute keinen Zweifel mehr an ihrer Gültigkeit. Das bedeutet aber auch, daß eine *widerspruchsfreie Beschreibung* des physikalischen Geschehens nur möglich ist, wenn man die Welt als ein raumzeitliches Kontinuum auffaßt, in dem Raum und Zeit nach bestimmten physikalischen Vorschriften gemessen werden.

Das Verständnis für die Relativität von Raum und Zeit sowie für das Raum-Zeit-Kontinuum fällt deshalb oft schwer, weil der Mensch durch eine subjektive (auch psychologisch bedingte) Betrachtungsweise dieses Raum-Zeit-Kontinuum immer wieder in selbständige Einheiten von Raum und Zeit aufspaltet, die aber ihre selbständige Existenz im Bewußtsein längst verloren haben sollten.

Das Wesen des Raum-Zeit-Kontinuums wurde von MINKOWSKI[1]) treffend charakterisiert. Hermann MINKOWSKI, der Lehrer A. EINSTEINS, sagte auf der 80. Versammlung Deutscher Naturforscher und Ärzte in Köln am 21. 9. 1908:

„Die Anschauungen über Raum und Zeit, die ich Ihnen entwickeln möchte, sind auf experimentell-physikalischem Boden erwachsen. Darin liegt ihre Stärke. Ihre Tendenz ist eine radikale. Von Stund an sollen Raum für sich und Zeit für sich völlig zu Schatten herabsinken, und nur noch eine Art Union von beiden soll Selbständigkeit bewahren."

5.2. Verallgemeinerung der Lorentz-Transformation

Die Invarianzbeziehung für das Quadrat des Weltlinienelements (5.1) stellt man mit

$$dx_4^2 = (i\,c\,dt)^2 = -\,c^2\,dt^2 \quad \text{und} \quad dx_4'^2 = -\,c^2\,dt'^2$$

in der Form

$$dx_1^2 + dx_2^2 + dx_3^2 - c^2\,dt^2 = dx_1'^2 + dx_2'^2 + dx_3'^2 - c^2\,dt'^2 \qquad (5.2)$$

dar. Diese Beziehung wird auch als Lorentz-Transformation bezeichnet. Die beiden Seiten der Gleichung stellen Lichtkugeln mit den Radien $c\,t$ bzw. $c\,t'$ dar, deren Mittelpunkte im Koordinatenursprung liegen, so daß man schreiben kann:

$$x_1^2 + x_2^2 + x_3^2 = c^2\,t^2 \quad \text{und} \quad x_1'^2 + x_2'^2 + x_3'^2 = c^2\,t'^2 \;. \qquad (5.3)$$

Das geht aus folgender Überlegung hervor: Im Moment, wenn die Koordinaten-Ursprungspunkte der Systeme S und S' (Relativgeschwindigkeit v) zusammenfallen, soll ein Lichtsignal ausgesandt werden. Beobachter in den Nullpunkten von S und S' stellen — wegen der Konstanz von c — fest, daß sich das Licht um beide Ursprungspunkte auf einer Kugelfläche ausbreitet, die für S und S' die obigen Gleichungen erfüllt. Es muß demnach möglich sein, die erste Gleichung durch entsprechende Transformationsformeln in die zweite zu überführen (bzw. umgekehrt). Das soll nun gezeigt werden, wobei die Betrachtungen auf die x-Achse beschränkt werden können; der Einfachheit halber entfallen die Indizes. Demnach bleibt zu zeigen, daß $x^2 - c^2\,t^2 = x'^2 - c^2\,t'^2$ gilt, d. h., daß die linke Seite in die rechte Seite der Gleichung übergeht.

Mit den Transformationsformeln (3.13)

$$x = \frac{x' + v\,t'}{\sqrt{1 - \beta^2}} \quad \text{und} \quad t = \frac{t' + \dfrac{x'\,v}{c^2}}{\sqrt{1 - \beta^2}}$$

[1]) MINKOWSKI, H.: Physik. Z. 10 (1909) 104.

erhält man für die linke Seite

$$x^2 - c^2 t^2 = \frac{(x' + v\, t')^2}{1 - \beta^2} - \frac{c^2}{1 - \beta^2}\left(t' + \frac{x'\, v}{c^2}\right)^2,$$

also

$$x^2 - c^2 t^2 = \frac{1}{1 - \beta^2}\left(x'^2 + 2\,x'\, v\, t' + v^2\, t'^2 - c^2\, t'^2 - 2\, v\, t'\, x' - \frac{x'^2\, v^2}{c^2}\right)$$

$$= \frac{1}{1 - \beta^2}\left(x'^2 + v^2\, t'^2 - \frac{x'^2\, v^2}{c^2} - c^2\, t'^2\right)$$

$$= \frac{1}{1 - \beta^2}\left[x'^2\left(1 - \frac{v^2}{c^2}\right) - c^2\, t'^2\left(1 - \frac{v^2}{c^2}\right)\right].$$

Da $1 - v^2/c^2 = 1 - \beta^2$ ist, folgt unmittelbar

$$x^2 - c^2 t^2 = x'^2 - c^2 t'^2. \tag{5.4}$$

Damit ist gezeigt, daß die Transformationsformeln (3.13) die Gln. (5.3) ineinander überführen: ds^2 ist eine Invariante der Lorentz-Transformation. Die Metrik (Maßbestimmung) der Welt ist durch dieses invariante Linienelement gegeben. In der ART wird das Linienelement verallgemeinert. Beim Übergang vom ungestrichenen zum gestrichenen System ist nicht nur die Lichtgeschwindigkeit, sondern auch die kugelförmige Ausbreitung der Lichtwellen invariant. Das bedeutet, daß die Lichtkugel durch die Lorentz-Transformation nicht etwa in ein Lichtellipsoid verwandelt wird, sondern erhalten bleibt. Allerdings ist die Wellenlänge des Lichtes keine Invariante; sie hängt vom Standpunkt des Beobachters ab (s. weiter unten „Doppler-Effekt").
Die speziellen Lorentz-Transformationen (3.13) können durch den Kunstgriff von MINKOWSKI auf einander entsprechende Formen gebracht werden, die eine Symmetrie aufweisen.
Wegen

$$x_4 = \mathrm{i}\, c\, t \quad \text{und} \quad x_4' = \mathrm{i}\, c\, t'$$

substituiert man

$$t = \frac{x_4}{\mathrm{i}\, c} \quad \text{und} \quad t' = \frac{x_4'}{\mathrm{i}\, c}.$$

Damit erhält man

$$x_1 = \frac{x_1' - \mathrm{i}\,\beta\, x_4'}{\sqrt{1 - \beta^2}} \quad \text{und} \quad x_4 = \frac{x_4' + \mathrm{i}\,\beta\, x_1'}{\sqrt{1 - \beta^2}}; \quad x_2 = x_2'; \quad x_3 = x_3' \tag{5.5}$$

bzw.

$$x_1' = \frac{x_1 + i\,\beta\,x_4}{\sqrt{1 - \beta^2}} \quad \text{und} \quad x_4' = \frac{x_4 - i\,\beta\,x_1}{\sqrt{1 - \beta^2}} \; ; \; x_2' = x_2; \; x_3' = x_3 \; . \quad (5.6)$$

Die allgemeine Transformation, die die Forderung (5.3) des Relativitäts-prinzips erfüllt, heißt allgemeine Lorentz-Transformation:

$$\left.\begin{aligned}
x_1' &= a_{11}\,x_1 + a_{12}\,x_2 + a_{13}\,x_3 + a_{14}\,x_4 \\
x_2' &= a_{21}\,x_1 + a_{22}\,x_2 + a_{23}\,x_3 + a_{24}\,x_4 \\
x_3' &= a_{31}\,x_1 + a_{32}\,x_2 + a_{33}\,x_3 + a_{34}\,x_4 \\
x_4' &= a_{41}\,x_1 + a_{42}\,x_2 + a_{43}\,x_3 + a_{44}\,x_4 \; .
\end{aligned}\right\} \quad (5.7)$$

Die Koeffizienten a_{ik} sind die Richtungskosinusse des Systems S' gegen die Achsen des Systems S. Sie sind nicht alle reell; die einen Index 4 auf-weisenden a_{ik} sind imaginär. Reell sind a_{44} und die a_{ik} ohne den Index 4. Zwischen den 16 Koeffizienten bestehen Beziehungen: 10 Orthogonalitäts-bedingungen

$$\sum_{\nu=1}^{4} a_{i\nu}\,a_{\nu k} = \begin{cases} 0 & \text{für } i \neq k; \\ 1 & \text{für } i = k; \end{cases} \quad i, k = 1, 2, 3, 4 \; .$$

In Kurzdarstellung lautet das obige System

$$x_k' = a_{ki}\,x_i \quad \text{bzw.} \quad x_k = a_{ki}\,x_i' \; , \quad (5.8)$$

wobei das Koeffizientenschema durch eine Matrix dargestellt wird:

$$a_{ik} = \begin{pmatrix} a_{11} & a_{12} & a_{13} & a_{14} \\ a_{21} & a_{22} & a_{23} & a_{24} \\ a_{31} & a_{32} & a_{33} & a_{34} \\ a_{41} & a_{42} & a_{43} & a_{44} \end{pmatrix} \; . \quad (5.9)$$

In der speziellen Lorentz-Transformation verschwinden 10 a_{ik}-Koeffizien-ten, so daß sie lautet

$$\left.\begin{aligned}
x_1 &= \frac{1}{\sqrt{1-\beta^2}}\,x_1' + 0 \cdot x_2' + 0 \cdot x_3' - \frac{i\,\beta}{\sqrt{1-\beta^2}}\,x_4' \, , \\
x_2 &= 0 \cdot x_1' \qquad\quad + 1 \cdot x_2' + 0 \cdot x_3' + 0 \cdot x_4' \, , \\
x_3 &= 0 \cdot x_1' \qquad\quad + 0 \cdot x_2' + 1 \cdot x_3' + 0 \cdot x_4' \, , \\
x_4 &= \frac{i\,\beta}{\sqrt{1-\beta^2}}\,x_1' + 0 \cdot x_2' + 0 \cdot x_3' + \frac{1}{\sqrt{1-\beta^2}}\,x_4' \, .
\end{aligned}\right\} \quad (5.10)$$

Dafür schreibt man kurz $x_i = a_{ik}\, x_k'$ mit der Koeffizientenmatrix

$$a_{ik} = \begin{pmatrix} \dfrac{1}{\sqrt{1-\beta^2}} & 0 & 0 & \dfrac{-i\beta}{\sqrt{1-\beta^2}} \\[2ex] 0 & 1 & 0 & 0 \\[1ex] 0 & 0 & 1 & 0 \\[1ex] \dfrac{i\beta}{\sqrt{1-\beta^2}} & 0 & 0 & \dfrac{1}{\sqrt{1-\beta^2}} \end{pmatrix}. \tag{5.11}$$

Außer den Gliedern in der Hauptdiagonale und den Koeffizienten a_{14} und a_{41} verschwinden in der speziellen Lorentz-Transformation alle übrigen: $a_{12} = a_{21} = a_{13} = a_{31} = a_{23} = a_{32} = a_{24} = a_{42} = a_{34} = a_{43} = 0$.
Die Matrix a_{ki} für $x_k' = a_{ki}\, x_i$ lautet

$$a_{ki} = \begin{pmatrix} \dfrac{1}{\sqrt{1-\beta^2}} & 0 & 0 & \dfrac{i\beta}{\sqrt{1-\beta^2}} \\[2ex] 0 & 1 & 0 & 0 \\[1ex] 0 & 0 & 1 & 0 \\[1ex] \dfrac{-i\beta}{\sqrt{1-\beta^2}} & 0 & 0 & \dfrac{1}{\sqrt{1-\beta^2}} \end{pmatrix}. \tag{5.12}$$

Es sind also hierbei die Vorzeichen der Elemente a_{14} und a_{41} gegenüber a_{ik} vertauscht (hermitische Matrizen).
In Matrix-Schreibweise erhält man für die (spezielle) Lorentz-Transformation (3.13)

$$\begin{pmatrix} x_1' \\ x_2' \\ x_3' \\ x_4' \end{pmatrix} = \begin{pmatrix} \dfrac{1}{\sqrt{1-\beta^2}} & 0 & 0 & \dfrac{-v/c}{\sqrt{1-\beta^2}} \\[2ex] 0 & 1 & 0 & 0 \\[1ex] 0 & 0 & 1 & 0 \\[1ex] \dfrac{-v/c}{\sqrt{1-\beta^2}} & 0 & 0 & \dfrac{1}{\sqrt{1-\beta^2}} \end{pmatrix} \begin{pmatrix} x_1 \\ x_2 \\ x_3 \\ x_4 \end{pmatrix}. \tag{5.13}$$

5.3.   Geometrische Interpretation der Lorentz-Transformation

Die in Abb. 5.1 dargestellten Koordinatensysteme, die um den Winkel φ gegeneinander gedreht sind, können gleichberechtigt zur Berechnung des Abstandes $\Delta s = \overline{P_1 P_2}$ verwendet werden.

Man benutzt dazu die aus der elementaren analytischen Geometrie bekannten Transformationsformeln für die Drehung zweier Koordinatensysteme

oder

$$\left.\begin{array}{l} x_1' = x_1 \cos \varphi + x_4 \sin \varphi \,, \\[4pt] x_4' = - x_1 \sin \varphi + x_4 \cos \varphi \\[4pt] x_1 = x_1' \cos \varphi - x_4' \sin \varphi \,, \\[4pt] x_4 = x_1' \sin \varphi + x_4' \cos \varphi \,. \end{array}\right\} \qquad (5.14)$$

Aus diesen Gleichungen errechnet man

$$s^2 = x_1^2 + x_4^2 = x_1'^2 + x_4'^2 = \text{const.}$$

Überträgt man diese Überlegung auf die vierdimensionale Kugel (allgemeine Lorentz-Transformation),

$$x_1^2 + x_2^2 + x_3^2 + x_4^2 = x_1'^2 + x_2'^2 + x_3'^2 + x_4'^2 \,,$$

dann erhält man — wenn allein x_1 und x_4 betrachtet werden — die obigen Gleichungssysteme, in denen

$$\cos \varphi = \frac{1}{\sqrt{1 - \beta^2}} \qquad (5.15)$$

und

$$\sin \varphi = \frac{i\,\beta}{\sqrt{1 - \beta^2}} \qquad (5.16)$$

zu schreiben sind (vgl. die Beziehungen in 5.2.).
Der Winkel zwischen den Abszissen x und x' der beiden Systeme folgt aus

$$\tan \varphi = i\,\beta = i\,\frac{v}{c}\,. \qquad (5.17)$$

Damit kann man die Lorentz-Transformation geometrisch als die Drehung eines Koordinatensystems um einen imaginären Winkel

$$\varphi = \text{arc tan}\,(i\,\beta) \qquad (5.18)$$

auffassen (Abb. 5.2).
Die Drehung eines dreidimensionalen Systems wird in drei aufeinanderfolgenden Einzeldrehungen von je einem imaginären Winkel vorgenommen. Setzt man für den imaginären Winkel $\varphi = i\,\psi$, so gelten für den reellen

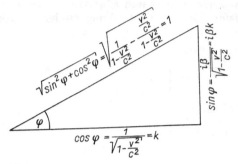

Abb. 5.2

Winkel ψ an Stelle von (5.15), (5.16) und (5.17) die Beziehungen

$$\cosh \psi = \frac{1}{\sqrt{1 - \beta^2}}, \quad \sinh \psi = \frac{\beta}{\sqrt{1 - \beta^2}}, \quad \tanh \psi = \beta. \quad (5.19)$$

An Stelle von (5.15) findet man

$$\begin{aligned} x_1' &= x_1 \cosh \psi - x_4 \sinh \psi, \\ x_4' &= - x_1 \sinh \psi + x_4 \cosh \psi. \end{aligned} \quad (5.20)$$

Aus der Tatsache, daß die Lorentz-Transformation geometrisch als Drehung eines Koordinatensystems um den imaginären Winkel φ aufgefaßt werden kann, folgt sofort auch das Additionstheorem für die Geschwindigkeiten, da φ mit v bzw. v/c im Zusammenhang steht. Man bestimmt die resultierende Drehung aus zwei Einzeldrehungen $\varphi = \varphi_1 + \varphi_2$ und erhält damit die Zusammensetzung der Geschwindigkeiten v_1 und v_2 zu v. Aus (5.17) folgt unmittelbar

$$v = \frac{c}{i} \tan \varphi = \frac{c}{i} \tan(\varphi_1 + \varphi_2) = \frac{c}{i} \frac{\tan \varphi_1 + \tan \varphi_2}{1 - \tan \varphi_1 \tan \varphi_2}. \quad (5.21)$$

Das ist das Additionstheorem für die Tangensfunktion.

Substituiert man $\tan \varphi_1 = \dfrac{i}{c} v_1$ und $\tan \varphi_2 = \dfrac{i}{c} v_2$, so erhält man das Additionstheorem für die Geschwindigkeiten — vgl. (3.22) —

$$v = \frac{v_1 + v_2}{1 + \dfrac{v_1 v_2}{c^2}}.$$

Anstelle von (5.21) gilt mit $\cos(i\,\psi) = \cosh\psi$ und $-\sin(i\,\psi) = \sinh\psi$ auch

$$\tanh(\psi_1 \pm \psi_2) = \frac{\tanh\psi_1 \pm \tanh\psi_2}{1 \pm \tanh\psi_1 \tanh\psi_2}.\qquad(5.22)$$

Die Verknüpfung von Raum und Zeit, wie sie durch die Lorentz-Transformation bestimmt wird, soll im folgenden graphisch veranschaulicht und geometrisch interpretiert werden.

Die x_2- und x_3-Koordinaten können außer Betracht bleiben, da die Relativbewegung der beiden Systeme längs der x-Achsen erfolgt.
Im folgenden wird zur Vereinfachung gesetzt

$$x_1 \equiv x \quad \text{und} \quad x_4 \equiv c\,t\,.$$

Die Bewegung eines Punktes im (vierdimensionalen) Raum-Zeit-Kontinuum wird durch eine Weltlinie dargestellt, z. B. in der x,ct-Ebene (Abb. 5.3).

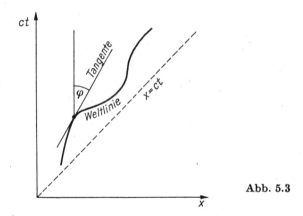

Abb. 5.3

Die Geschwindigkeit v des Punktes ist durch den Winkel φ gegeben:

$$\varphi = \arctan\frac{\mathrm{d}x}{\mathrm{d}(c\,t)} = \arctan\frac{v}{c}\,.$$

Da für die Geschwindigkeit $v \leqq c$ gilt, muß der Neigungswinkel φ der Tangente mit der $c\,t$-Achse stets kleiner als 45° sein; $x = c\,t$ ist die Weltlinie für einen Lichtstrahl.

Den Übergang zwischen dem rechtwinkligen $(x, c\,t)$- und dem schiefwinkligen x', $c\,t'$-System vermitteln in der Tat die Lorentz-Transformationen (3.13) in der Form

$$\left.\begin{array}{ll} x' = \dfrac{x - \beta\,c\,t}{\sqrt{1 - \beta^2}}\,; & x = \dfrac{x' + \beta\,c\,t'}{\sqrt{1 - \beta^2}}\,; \\[3mm] c\,t' = \dfrac{c\,t - \beta\,x}{\sqrt{1 - \beta^2}}\,; & c\,t = \dfrac{c\,t' + \beta\,x'}{\sqrt{1 - \beta^2}}\,. \end{array}\right\} \tag{5.23}$$

Nach Voraussetzung fallen die Koordinaten-Ursprungspunkte zusammen: $x_1 = 0$, $c\,t = 0$ und $x' = 0$, $c\,t' = 0$. Der Punkt $x' = 0$ bewegt sich mit der Geschwindigkeit v. Man erhält aus $x = \beta\,c\,t$ den Winkel $\varphi = \arctan \beta$, den diese Gerade mit der Zeitachse bildet.

Sie verläuft durch den Koordinatenursprung und schließt mit $c\,t$ den Winkel $\varphi = \arctan \beta$ ein. Für $c\,t' = 0$ erhält man die Raumachse $c\,t = \beta\,x$. Diese Gerade schließt mit der x-Achse den Winkel $\varphi = \arctan \beta$ ein.

Auf diese Weise wird ein rechtwinkliges in ein schiefwinkliges Koordinatensystem transformiert. Die neuen Achsen liegen symmetrisch zur Winkelhalbierenden $x = c\,t$.

Nunmehr muß man noch die Einheiten auf den Achsen festlegen. Die Maßeinheiten auf den neuen Achsen sind durch die Schnittpunkte mit den Hyperbeln

$$x^2 - c^2\,t^2 = \pm\,1 \quad \text{bzw.} \quad x'^2 - c^2\,t'^2 = \pm\,1 \tag{5.24}$$

definiert. Die Fundamental-Invariante Δs^2 wird also gleich Eins gesetzt, so daß gilt $\Delta s = \pm\,1$.

In Abb. 5.4 sind die beiden gleichseitigen Hyperbeln

$$x^2 - c^2\,t^2 = 1 \quad \text{und} \quad c^2\,t^2 - x^2 = 1 \tag{5.25}$$

eingezeichnet. Die Hyperbeln schneiden die $c\,t$- und x-Achse des S-Systems in $c\,t = 1$, $x = 0$ und $x = 1$, $c\,t = 0$.

Die Schnittpunkte der Hyperbeln (5.25) mit den gestrichenen Achsen sind $c\,t' = 1$, $x' = 0$ und $c\,t' = 0$, $x' = 1$. Diese Hyperbeln bestimmen also auch auf den gestrichenen Achsen die Maßeinheiten.

Zum Wertepaar $x' = 0$, $c\,t' = 1$ gehört im ungestrichenen System gemäß der Lorentz-Transformation das Paar

$$x = \frac{\beta}{\sqrt{1 - \beta^2}}\,, \qquad c\,t = \frac{1}{\sqrt{1 - \beta^2}}\,,$$

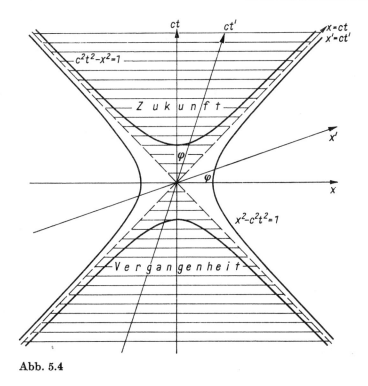

Abb. 5.4

das die zweite Hyperbelgleichung (5.25) befriedigt. Der ersten Hyperbelgleichung (5.25) genügt ein weiteres Paar

$$x = \frac{1}{\sqrt{1 - \beta^2}}, \qquad c\,t = \frac{\beta}{\sqrt{1 - \beta^2}},$$

das den Punkten $x' = 1$, $c\,t' = 0$ zugeordnet ist.

Zur geometrischen Veranschaulichung der Längenkontraktion: Ein Maßstab der Längeneinheit $l = 1$ ruhe im S-System. Die Weltlinie ist in
Abb. 5.5 gestrichelt angegeben: Sie verläuft parallel zur $c\,t$-Achse.

Einem im S'-System ruhenden Beobachter ist die Länge des Stabes (zur
Zeit $t' = 0$) durch den Abschnitt $\overline{OP'}$ auf der x'-Achse gegeben. Man ent-
nimmt unmittelbar, daß der Beobachter im S'-System eine verkürzte
Länge beobachtet: $l' < l$ $(\overline{OP'} < \overline{OP})$.

Betrachtet man umgekehrt einen im S-System ruhenden Stab $\overline{OP}$ vom S-System, so ergibt sich für den S-Beobachter eine Verkürzung: Die Weltlinie ist die durch P zur $c\,t'$-Achse gezeichnete Parallele, die die x-Achse in B schneidet. Somit ist nunmehr $\overline{OB} < \overline{OP}$.

Zur geometrischen Veranschaulichung der Zeitdilatation: Die wechselseitige Beobachtung der Zeitdilatation läßt sich in analoger Weise wie die wechselseitige Feststellung der Längenkontraktion veranschaulichen. Eine im System S an der Stelle $x = 0$ ruhende Uhr markiere ein Zeitintervall $\overline{OA}$, das gleich der Zeiteinheit in diesem System ist. Dieses Zeitintervall ist in Abb. 5.6 dargestellt.

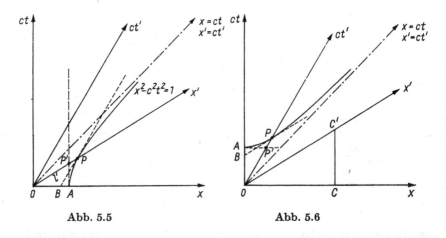

Abb. 5.5   Abb. 5.6

Die Uhr des zweiten (gestrichenen) Systems zeigt die Zeiteinheit bereits in $\overline{OB}$. Es ist also $\overline{OA} > \overline{OB}$ bzw. $t > t'$.

Hingegen zeigt eine (gestrichene) Uhr im Punkt P ($c\,t' = 1$) gerade die Zeiteinheit, während eine mit ihr räumlich ($c\,t = 1$) zusammenfallende Uhr bereits in P' die Zeiteinheit markiert: $\overline{OP} > \overline{OP'}$, also $t' > t$.

Die Aussagen $t' > t$ und $t > t'$ sind nicht paradox. Das ist anschaulich, da es keine absolute Gleichzeitigkeit gibt. Die Relativität der Gleichzeitigkeit ist durch die zeitliche Differenz $\overline{CC'}$ in Abb. 5.6 dargestellt: Für einen Beobachter in S' sind alle auf der x'-Achse liegenden Ereignisse gleichzeitig. Hingegen finden diese für einen Beobachter in S nacheinander statt.

Ein Ereignis in C' tritt für S um $t = \dfrac{1}{c}\,\overline{CC'}$ später ein als das Ereignis im Ursprung 0.

Raum-, zeit- und lichtartige Größen

Der vierdimensionale Abstand zweier Ereignisse ist durch das Weltlinienelement ds gegeben:

$$ds = \pm \sqrt{dx_1^2 + dx_2^2 + dx_3^2 + dx_4^2} \, .$$

Unter der Weltlinie versteht man demnach die Länge

$$s = \int_0^s ds = \int_0^s \sqrt{dx_1^2 + dx_2^2 + dx_3^2 + dx_4^2} \, . \tag{5.26}$$

Da die vierte Komponente $x_4 = i\,c\,t$ imaginär ist, braucht s^2 nicht positiv zu sein.

Es kann $s^2 = \sum\limits_{i=1}^{4} x_i^2$ größer, kleiner oder gleich Null sein; je nachdem spricht man von raum-, zeit- oder lichtartigen Größen:

$ds^2 > 0$: raumartig, ds gibt die räumliche Entfernung an. Zwei Punktereignisse finden in diesem Fall zur gleichen Zeit statt: $dx_4 = 0$.

$ds^2 < 0$: zeitartig. Die Weltpunkte haben keinen Unterschied bezüglich der Raumkoordinaten. Die Ereignisse finden am selben Ort mit der Zeitdifferenz dx_4 statt.

$ds^2 = 0$: lichtartig. Die Bewegung erfolgt mit Lichtgeschwindigkeit: Lichtkegel in Abb. 5.4. Durch diesen Lichtkegel sind Vergangenheit, Gegenwart ($x = 0$) und Zukunft definiert.

Raum- und Zeitartigkeit von Abständen ds^2 sind Lorentz-invariant; sie ändern sich also nicht bei Transformationen. Das bedeutet: Der Abstand zwischen zwei Ereignissen ist entweder in allen Systemen raumartig oder in allen Systemen zeitartig.

Kausalverknüpfungen können nur zwischen Ereignissen bestehen, die zeitartig zueinander liegen; für raumartige Abstände ist dies nicht möglich.

In der Abb. 5.4 befinden sich alle zum Ursprung zeitartig liegenden Punkte im schraffierten Gebiet; außerhalb des schraffierten Gebietes liegen die zum Ursprung raumartigen Punkte, die mit 0 in keinem Kausalzusammenhang stehen.

In Abb. 5.4 kann man 4 Bereiche unterscheiden, in denen ein Ereignis $(x_1, x_2, x_3, c\,t)$ relativ zu $(0, 0, 0, 0)$ stattfinden kann:

Vergangenheit: $x_1^2 + x_2^2 + x_3^2 < c^2\,t^2$, $t < 0$

Zukunft   : $x_1^2 + x_2^2 + x_3^2 < c^2\,t^2$, $t > 0$

Lichtkegel : $x_1^2 + x_2^2 + x_3^2 = c^2\,t^2$
(Nullkegel)

Gegenwart   : $x_1^2 + x_2^2 + x_3^2 > c^2\,t^2$.

Abschließend sei noch bemerkt, daß sich aus der Invarianten ds^2, die unabhängig von einem Koordinatensystem ist, ein weiterer invarianter Ausdruck gewinnen läßt: $ds^2/c^2 = d\tau^2$, also

$$\tau = \int\limits_0^t \sqrt{dt^2 - \frac{1}{c^2}(dx_1^2 + dx_2^2 + dx_3^2)} = \int\limits_0^t dt \sqrt{1 - \frac{v^2}{c^2}}. \tag{5.27}$$

Diese Invariante τ stellt die Eigenzeit eines Systems dar.

6.   Relativität in der Optik

6.1.   Doppler-Effekt in Akustik und Optik

Der von Christian DOPPLER 1843 bei der Schallausbreitung untersuchte Effekt besagt, daß man bei bewegter Schallquelle und/oder bewegtem Schallempfänger Tonfrequenzänderungen mißt. Als Bezugssystem dient in der Akustik das (ruhende) Medium.

Beim Licht entfällt im Vakuum ein spezielles Medium („Äther"), so daß gemäß der Relativitätstheorie ein beliebiges Inertialsystem gewählt werden kann, da sich für die Vakuum-Lichtgeschwindigkeit in jedem System, das gegenüber einem anderen gleichförmig bewegt ist, derselbe Wert c ergibt. Somit hängt in der Optik der Doppler-Effekt — im Gegensatz zur Akustik — nur von der Relativgeschwindigkeit zwischen Quelle und Empfänger ab.

Bei der klassischen Behandlung des Doppler-Effektes, z. B. in der Akustik, unterscheidet man zwei prinzipielle Fälle:

1. Ein Empfänger (Beobachter) bewegt sich mit der Geschwindigkeit v_B auf einen ruhenden Sender (Schallquelle) zu (oder weg).

2. Ein Empfänger (Beobachter) ruht, und es bewegt sich ein Sender, eine Quelle, mit der Geschwindigkeit v_Q auf ihn zu (oder von ihm weg).

In diesen Fällen mißt der Empfänger eine andere Frequenz, als der Sender selbst ausstrahlt. Von der Betrachtung des allgemeineren Falles, daß sich der Beobachter an der ruhenden Quelle vorbeibewegt (oder umgekehrt), wird hier abgesehen. Für den ersten Fall der direkten Bewegungen ergibt sich

$$\nu = \nu_0 \left(1 \pm \frac{v_B}{c_S}\right), \tag{6.1}$$

wobei c_S die Schallgeschwindigkeit ist. Für den zweiten Fall erhält man:

$$\nu = \frac{\nu_0}{1 \mp \dfrac{v_Q}{c_S}} = \nu_0 \left(1 \pm \frac{v_Q}{c_S} + \frac{v_Q^2}{c_S^2} \pm \cdots \right). \tag{6.2}$$

Dabei gelten die oberen Vorzeichen für Abstandsverminderung.
Betrachtet man (klassisch) den Fall, daß sich sowohl der Empfänger als auch die Schallquelle (Schallgeschwindigkeit c_S) aufeinander,zu- bzw. voneinander wegbewegen, so stellt der Beobachter folgende Schwingungszahl fest:

$$\nu = \nu_0 \frac{1 \pm \dfrac{v_B}{c_S}}{1 \mp \dfrac{v_Q}{c_S}}. \tag{6.3}$$

Die oberen Vorzeichen gelten bei Abstandsverminderung. In diesem Fall sind v_B und v_Q positiv. Wenn $v_B = - v_Q$, ist $\nu = \nu_0$.
In der Optik kann man wegen der Lorentz-Transformation die beiden Fälle des Doppler-Effektes[1] (bewegte Lichtquelle oder bewegter Beobachter) nicht unterscheiden. Beide Fälle gehen ineinander über, da es nur auf die Relativgeschwindigkeit zwischen Quelle und Beobachter ankommt.
Die allgemeinste Formulierung des Dopplerschen Prinzips[2] für die Ausbreitung elektromagnetischer Wellen im Vakuum liefert die (spezielle) Relativitätstheorie. Der bewegte Beobachter stellt folgende Frequenz fest:

$$\nu' = \nu \frac{1 - \dfrac{v}{c} \cos \alpha}{\sqrt{1 - \dfrac{v^2}{c^2}}}. \tag{6.4}$$

Der Winkel α ist durch die Wellennormale und die (Relativ-)Geschwindigkeit v gegeben und wird im System der Lichtquelle gemessen (s. (6.19)). Vernachlässigt man die Glieder 2. Ordnung, so erhält man

$$\nu' = \nu \left(1 - \frac{v}{c} \cos \alpha \right), \tag{6.5}$$

was mit der ersten oben angegebenen Formel übereinstimmt, wenn man für $\cos \alpha$ den Wert ∓ 1 wählt; das bedeutet: Richtung der Wellennormale und Bewegungsrichtung sind antiparallel oder parallel.

---

[1] Er findet Anwendung bei der Bestimmung von Radialgeschwindigkeiten astrophysikalischer Objekte mit Linienspektren. In der Radartechnik dient er zur Feststellung der Geschwindigkeitskomponenten in Richtung auf den Beobachter.
[2] Herleitung in Kap. 6.4.

Mit $\cos\alpha = \mp 1$ bzw. $\cos\alpha' = \mp 1$ erhält man — das obere Vorzeichen gilt wieder für Abstandsverminderung, v ist die Relativgeschwindigkeit —

$$v' = v\,\frac{1 \pm \dfrac{v}{c}}{\sqrt{1 - \dfrac{v^2}{c^2}}}. \tag{6.6}$$

Zerlegt man den Nenner in zwei Faktoren, $\sqrt{1 + v/c}\,\sqrt{1 - v/c}$, so findet man für den „longitudinalen" Doppler-Effekt

$$v' = v\,\sqrt{\frac{1 \pm \dfrac{v}{c}}{1 \mp \dfrac{v}{c}}} \tag{6.7}$$

im Unterschied zu der klassischen Formel (6.3), wo die Wurzel nicht auftritt (vgl. Beispiele 9.10. und 9.11.).

Die Beziehung (6.7) bzw. (6.6) ergibt sich sowohl aus (6.4) für $\cos\alpha = \mp 1$ als auch aus (6.19) für $\cos\alpha' = \mp 1$.

Die relativistische Formel ist symmetrisch im Gegensatz zu derjenigen für die Schallausbreitung. In der Akustik bedeutet das schalltragende Medium nämlich die Auszeichnung eines Bezugssystems. Für die elektromagnetischen Wellen existiert jedoch kein Trägermedium („Äther").

6.2.   Der transversale Doppler-Effekt

Aus der allgemeinen Doppler-Beziehung (6.4) folgt für $\alpha = \pi$ oder $\alpha = 0$ der „longitudinale" Doppler-Effekt, d. h., v liegt in der Sichtlinie. Für $v \ll c$ und damit $1 \gg v^2/c^2$ wird dann

$$v' = v\,\frac{1 \pm \dfrac{v}{c}}{\sqrt{1 - \dfrac{v^2}{c^2}}} \approx v\left(1 \pm \frac{v}{c}\right)\left(1 + \frac{1}{2}\frac{v^2}{c^2}\right) \approx v\left(1 \pm \frac{v}{c}\right).$$

Die Frequenzänderung $|v' - v|$ wird bei dieser Näherung der Geschwindigkeit v proportional: Dies ist der „lineare" Doppler-Effekt.

Für $\alpha = \pi/2$, also $\cos \alpha = 0$, folgt der „transversale" oder „quadratische"
Doppler-Effekt, der aus der klassischen Formel nicht gefolgert werden
kann und somit ein typisch relativistischer Effekt[1]) ist:

Es ist sinnvoll, statt des Winkels α den im Bezugssystem des Beobachters
zu messenden Winkel α' einzuführen. Wegen der *Aberration* ist gemäß
(6.19) eine Transformation vorzunehmen und $\cos \alpha'$ in (6.4) zu substituieren, womit diese Gleichung übergeht in

$$\nu' = \nu \frac{\sqrt{1 - \beta^2}}{1 + \beta \cos \alpha'} . \tag{6.8}$$

Hieraus folgt mit $\alpha' = \pi/2$ der Transversaleffekt

$$\nu' = \nu \sqrt{1 - \beta^2} . \tag{6.9}$$

Mit der Näherung $\beta^2 \ll 1$ erhält man die zu β^2 proportionale relative
Frequenzänderung, man spricht deshalb auch vom *quadratischen Doppler-
Effekt*:

$$\frac{|\nu' - \nu|}{\nu} = \frac{1}{2} \beta^2 .$$

Die experimentelle Prüfung dieses Effektes ist schwierig, da er an der
Grenze der Nachweisbarkeit liegt.

Von H. E. Ives und G. R. Stilwell[2]) sowie von G. Otting[3]) wurde allerdings die Genauigkeit bei der Untersuchung des longitudinalen Effektes
bis zur 2. Ordnung gesteigert: Sie beobachteten das Licht von Kanalstrahlen (Abb. 6.1) sowohl parallel als auch antiparallel zu deren Richtung.
Die klassische Physik liefert für die beobachtete Frequenz

$$\nu' = \nu \left(1 - \frac{v}{c} \cos \alpha \right) ,$$

wobei α der Winkel zwischen der Richtung der Quellenbewegung und der
Blickrichtung ist. Die relativistische Beziehung hingegen ist durch (6.4)
gegeben.

---

[1]) Dieser Effekt wurde mit Hilfe einer Mößbauer-Anordnung nachgewiesen:
HAY, H., J. SCHIFFER, T. CRANSHER, and P. EGELSTAFF: Physic. Rev. Letters **4** (1960) 165.

[2]) IVES, H. E., und R. G. STILWELL: J. opt. Soc. **28** (1938) 215. IVES, H. E.:
J. opt. Soc. **29** (1939) 183, 294.

[3]) OTTING, G.: Physik. Z. **40** (1939) 681.

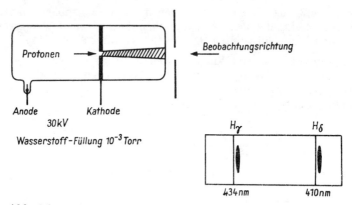

Abb. 6.1

Es wird also außer einer von v/c abhängigen Verschiebung noch ein Effekt erwartet, der auch von v^2/c^2 abhängt und unabhängig von α ist. Für $v/c \ll 1$ liefert die Reihenentwicklung von (6.4)

$$\nu' = \nu\left[1 - \frac{v}{c}\cos\alpha + \frac{1}{2}\left(\frac{v}{c}\right)^2 + \cdots\right]. \tag{6.10}$$

Der relativistische Effekt, der von $(v/c)^2$ abhängt, ist kleiner als der Effekt erster Ordnung, der von v/c abhängt. Er ist deshalb schwierig festzustellen.

Wenn die Beobachtung an (lichtemittierenden) Kanalstrahlen vorgenommen wird, kann man nach IVES den linearen Effekt wie folgt eliminieren: Man beobachtet bzw. photographiert das Spektrum in Richtung der Kanalstrahlen ($\alpha = 0$) und ein zweites Mal in entgegengesetzter Richtung ($\alpha = 180°$). Es ergibt sich demnach aus (6.10)

$$\nu'_1 = \nu\left[1 - \frac{v}{c} + \frac{1}{2}\left(\frac{v}{c}\right)^2 + \cdots\right],$$

$$\nu'_2 = \nu\left[1 + \frac{v}{c} + \frac{1}{2}\left(\frac{v}{c}\right)^2 + \cdots\right],$$

also als Mittelwert

$$\frac{\nu'_1 + \nu'_2}{2} = \nu'_m = \nu + \frac{\nu}{2}\frac{v^2}{c^2}$$

und als absolute Frequenzverschiebung

$$|v'_m - v| = \Delta v = \frac{v}{2} \frac{v^2}{c^2}$$

bzw. als relative Frequenzverschiebung

$$\frac{\Delta v}{v} = \frac{1}{2} \frac{v^2}{c^2}. \tag{6.11}$$

Die Versuche fielen zugunsten der relativistischen Beziehung aus.

Hiermit ist gewissermaßen noch einmal gezeigt, daß das Ergebnis des Michelson-Versuches einen objektiven Tatbestand darstellt, der nicht „gedeutet" zu werden braucht, sondern der als naturgegeben anerkannt werden muß:

Das Licht breitet sich mit gleicher Geschwindigkeit — und in allen Richtungen gleichmäßig — in zueinander geradlinig und gleichförmig bewegten Bezugssystemen aus.

Der quadratische Doppler-Effekt, der allein in der relativistischen Beziehung, nicht jedoch in der klassischen auftritt, kann durch Präzisionsmessungen von Frequenzverschiebungen mit Hilfe des Mößbauer-Effekts experimentell bestätigt werden. In der klassischen Gleichung für die Frequenzänderung tritt nur das lineare Glied v/c auf; das Glied v^2/c^2 hingegen ist typisch für die relativistische Beziehung.

R. V. POUND und G. A. REBKA[1]) haben den quadratischen Doppler-Effekt dadurch nachgewiesen, daß sie Sender und Empfänger auf unterschiedliche Temperaturen brachten und damit die Resonanz aufhoben. Als Sender diente eine γ-Quelle und als Empfänger ein Resonanzabsorber. Die Wärmebewegung der in den Metallgittern enthaltenen Atome bzw. Atomkerne ist der Temperatur T proportional. Andererseits ist die Temperatur dem (mittleren) Quadrat der Geschwindigkeit von Partikeln proportional:

$$\overline{v^2} \sim T.$$

Die Emissionslinie ist bei einem Temperaturunterschied gegenüber der Absorptionslinie gemäß der Relation für den quadratischen Doppler-Effekt verschoben. Die Größe der Verschiebung $\Delta v/v$ konnte bestimmt werden, indem bei gleicher Temperatur von Quelle und Absorber der Quelle mit mechanischen Mitteln eine geringe Geschwindigkeit erteilt wurde, so daß sich dieselbe Verschiebung ergab.

Dieser Versuch von POUND und REBKA ist zugleich eine experimentelle Bestätigung des Uhrenparadoxons: Zwei Uhren, die zur gleichen Zeit einen bestimmten Raumpunkt mit unterschiedlichen Geschwindigkeiten ver-

---

[1]) POUND, R. V., und G. A. REBKA: Physic. Rev. Letters 4 (1960) 274, 337.

lassen, weisen bei einem Zusammentreffen eine Zeitdifferenz auf. Die schneller bewegte Uhr zeigt den langsameren Gang. Im vorliegenden Experiment sind die beiden Uhren die Mößbauer-Quelle und der Absorber.

6.3.   Doppler-Effekt und Hubble-Koeffizient

Der Doppler-Effekt spielt in der Kosmologie (s. weiter unten ART, Abschn. 10.6.8.) im Zusammenhang mit der Expansion des Weltalls eine gewisse Rolle. In den Spektren von Fixsternen oder Sternsystemen stellt man die Linien bekannter Elemente fest. Diese Linien sind oft zu längeren oder kürzeren Wellen hin verschoben (Rot- bzw. Violettverschiebung). Diese Verschiebungen werden (meistens) einwandfrei als Doppler-Effekt gedeutet. Aus diesen Verschiebungen der Spektrallinien berechnet man die Radialgeschwindigkeiten in bezug auf die Erde. Diese Tatsache deutet man — nach dem heutigen Wissensstand — am einfachsten als Doppler-Effekt, der durch eine Expansion eines sphärischen Weltalls zustande kommt.
Die Beobachtungen — hauptsächlich die des Astronomen E. Hubble — haben ergeben, daß die Rotverschiebungen $\Delta\lambda/\lambda$ in guter Näherung der Entfernung r der extragalaktischen Nebel proportional sind:

$$\frac{\Delta\lambda}{\lambda} = H\frac{r}{c}. \tag{6.12}$$

Setzt man diese Gleichung in Beziehung[1]) zum Doppler-Effekt nach (6.1) oder (6.5), so gilt

$$\Delta\lambda/\lambda = v/c. \tag{6.13}$$

Hieraus folgt also für die „Fluchtgeschwindigkeit"

$$v = H\,r; \tag{6.14}$$

$H \approx 0{,}26 \cdot 10^{-17}\ \mathrm{s}^{-1}$ ist der Expansions- oder Hubble-Koeffizient[2]). Die Beobachtungen ergeben — gemäß Deutung durch Doppler-Effekt —, daß die Fluchtgeschwindigkeit mit zunehmendem r immer größer wird.
Von Humason wurden für $r = 3{,}6 \cdot 10^8$ Lichtjahre Geschwindigkeiten bis $v = 60\,900\ \mathrm{km\ s^{-1}}$ festgestellt (siehe 9.13).
Es muß noch bemerkt werden, daß sich diese Expansion nicht nur in bezug auf die Erde ergibt. Bei dieser Ausdehnung scheinen alle Himmelskörper voneinander wegzustreben, so daß sich r in bezug auf einen beliebigen Himmelskörper ebenfalls vergrößern würde.

---

[1]) Relativistische Beziehung s. Abschnitt 9.13.

[2]) $H = 0{,}26 \cdot 10^{-17}\ \mathrm{s}^{-1} = 0{,}82 \cdot 10^{-10}\ a^{-1} = 79\ \dfrac{\mathrm{km\ s^{-1}}}{10^6\ \mathrm{pc}}$; als Hubble-Größe wird auch $H^* = 0{,}86 \cdot 10^{-28}\ \mathrm{cm^{-1}} = H/c$ angegeben.

6.4. Herleitung der allgemeinen Beziehung für den Doppler-Effekt

Für die Ausbreitung einer (ungedämpften) ebenen Welle gilt die Beziehung

$$E(x, t) = E_0\, e^{\,i\,\omega\left(t - \frac{x}{v}\right)}. \tag{6.15}$$

Bei einer elektromagnetischen Welle ist $v = c$. Ist bei einer ebenen Welle die Normale n — das ist die Senkrechte auf den Ebenen gleicher Phase — beliebig zu den Koordinatenachsen orientiert, so genügen die Ebenen gleicher Phase der Gleichung $r\,n = $ const. Die ebene Welle wird also wie folgt dargestellt:

$$E = E_0\, e^{\,i\,\omega\left(t - \frac{r\,n}{c}\right)} = E_0\, e^{\,i\,2\pi\nu\left(t - \frac{x\cos\alpha + y\cos\beta + z\cos\gamma}{c}\right)}. \tag{6.16}$$

Eine solche Welle gehe von einem Fixstern aus, der sich in dem Ruhesystem $S(x, y, z, t)$ befinden möge. Diese Welle soll von der bewegten Erde aus betrachtet werden [System $S'(x', y', z', t')$]. Man muß also — mit Hilfe der Lorentz-Transformation — von den ungestrichenen Größen t, x, y, z zu den gestrichenen Größen übergehen.[1]
Zur Abkürzung schreibt man die letzte Gleichung $E = E_0\, e^{\,i\,\Psi}$ und bestimmt die gestrichene Größe Ψ':

$$\Psi' = 2\,\pi\,\nu \left[\frac{t' + \dfrac{v}{c^2}\,x'}{\sqrt{1 - \dfrac{v^2}{c^2}}} - \frac{\cos\alpha\,(x' + v\,t')}{c\,\sqrt{1 - \dfrac{v^2}{c^2}}} - \frac{\cos\beta \cdot y'}{c} - \frac{\cos\gamma \cdot z'}{c} \right].$$

Ordnet man nach t', x', y', z', so ergibt sich $\qquad\qquad$ (6.17)

$$\Psi' = \frac{2\,\pi\,\nu\left(1 - \dfrac{v}{c}\cos\alpha\right)}{\sqrt{1 - \dfrac{v^2}{c^2}}} \left[t' - \frac{x'}{c}\,\frac{\cos\alpha - \dfrac{v}{c}}{1 - \dfrac{v}{c}\cos\alpha} \right.$$

$$\left. - \frac{y'}{c}\,\frac{\cos\beta\,\sqrt{1 - \dfrac{v^2}{c^2}}}{1 - \dfrac{v}{c}\cos\alpha} - \frac{z'}{c}\,\frac{\cos\gamma\,\sqrt{1 - \dfrac{v^2}{c^2}}}{1 - \dfrac{v}{c}\cos\alpha} \right]. \tag{6.18}$$

---

[1] Sofern hier β als Argument von cos auftritt, bedeutet β stets einen Winkel gegen die Koordinatenachse und nicht v/c.

Ein Vergleich dieser gestrichenen Größe mit der ungestrichenen (6.16) zeigt, daß auch $E_0\, e^{i\,\Psi'}$ wegen derselben Bauart der Gleichung wieder eine ebene Welle darstellt:

$$\Psi' = 2\,\pi\,\nu'\left[t' - \frac{x'}{c}\cos\alpha' - \frac{y'}{c}\cos\beta' - \frac{z'}{c}\cos\gamma'\right].$$

Es gilt allgemein: Eine ebene Welle' bleibt bei Lorentz-Transformation eine ebene Welle. Hierbei ändert sich erstens die Schwingungszahl (6.4):

$$\nu' = \nu\,\frac{1 - \dfrac{v}{c}\cos\alpha}{\sqrt{1 - \dfrac{v^2}{c^2}}},$$

was gezeigt werden sollte; zweitens ändert sich aber auch die Richtung der Wellennormale, also die Strahlrichtung, für die die nun folgenden Richtungskosinus gelten:

$$\left.\begin{array}{l} \cos\alpha' = \dfrac{\cos\alpha - \dfrac{v}{c}}{1 - \dfrac{v}{c}\cos\alpha}\;;\quad \cos\beta' = \dfrac{\cos\beta\cdot\sqrt{1 - \dfrac{v^2}{c^2}}}{1 - \dfrac{v}{c}\cos\alpha}\;;\\[4ex] \cos\gamma' = \dfrac{\cos\gamma\cdot\sqrt{1 - \dfrac{v^2}{c^2}}}{1 - \dfrac{v}{c}\cos\alpha}. \end{array}\right\} \tag{6.19}$$

Erfolgt die Lichtausbreitung in der x-Achse ($\alpha = 0$ oder π), so ergibt sich (6.6) bzw. (6.7).

Hierin ist v die Relativgeschwindigkeit des Beobachters gegenüber der Lichtquelle.

Vergrößert sich der Abstand zwischen Beobachter und Lichtquelle mit gleichbleibender Geschwindigkeit, so mißt der Beobachter eine Verschiebung der Spektrallinien gegen das rote Ende des Spektrums. Bei gleichförmiger Verringerung des Abstandes wird eine „Violettverschiebung" gemessen. Auf diese Weise kann man mit Hilfe des Doppler-Effektes die (radiale) Geschwindigkeit von Fixsternen feststellen. Der optische Doppler-Effekt ist in voller Allgemeinheit in der SRT enthalten.

6.5.   Aberration des Fixsternlichtes

Unter der Aberration des Fixsternlichtes, entdeckt von J. BRADLEY 1728, versteht man die Änderung der Richtung des Lichtstrahles. Der Aberrationswinkel ist der Winkel zwischen der ursprünglichen und der neuen

Richtung des Strahles, den man wie folgt berechnet:

$$\cos\vartheta = \cos\alpha\cdot\cos\alpha' + \cos\beta\cdot\cos\beta' + \cos\gamma\cdot\cos\gamma'\,,$$

$$\cos\vartheta = \frac{\cos\alpha\left(\cos\alpha - \dfrac{v}{c}\right) + (\cos^2\beta + \cos^2\gamma)\cdot\sqrt{1 - \dfrac{v^2}{c^2}}}{1 - \dfrac{v}{c}\cos\alpha}\,. \qquad (6.20)$$

In der astronomischen Beobachtung hat man es mit der Richtung $\cos\alpha = 0$ zu tun, d.h., Lichtstrahl und Bewegungsrichtung bilden den Winkel $\pi/2$. In diesem Fall ist auch $\cos^2\beta + \cos^2\gamma = 1$, und es folgt

$$\cos\vartheta = \sqrt{1 - \frac{v^2}{c^2}} = \sqrt{1 - \sin^2\vartheta}\,. \qquad (6.21)$$

Da nun $\sin\vartheta = v/c$, ergibt sich — in Übereinstimmung mit der Beobachtung — der exakte Wert wegen $\tan\vartheta = \sin\vartheta/\cos\vartheta$, also

$$\tan\vartheta = \frac{\dfrac{v}{c}}{\sqrt{1 - \dfrac{v^2}{c^2}}}\,. \qquad (6.22)$$

Der klassische Wert

$$(\tan\vartheta)_{\text{klass}} = \frac{v}{c} \qquad (6.23)$$

ergibt sich durch Näherung (für $v \ll c$).

Das Verhältnis $\tan\vartheta \approx v/c$ von Erdbahn- zu Lichtgeschwindigkeit heißt Aberrationskonstante.

Bei der klassischen — also nicht strengen — Herleitung der Aberration[1]) verfährt man etwa folgendermaßen:

Von einem Fixstern A gelange ein Lichtstrahl in ein Fernrohr (Abb. 6.2). Bei ruhendem Fernrohr wird das Bild des Sternes im Punkt B des Rohres erscheinen. Bewegt sich das Fernrohr senkrecht zur Beobachtungsrichtung mit der Geschwindigkeit v (Erdgeschwindigkeit), so legt es die Strecke BB' zurück, während das Licht die Strecke OB' durchläuft. Das Bild des Sternes wird nun in der Richtung $\overline{B'OA'}$ gesehen. Setzt man $\overline{OB} = l$ und

---

[1]) Daß die klassische Betrachtung der Aberration auch zu dem richtigen Ergebnis führt, liegt darin begründet, daß es sich um einen Effekt 1. Ordnung handelt, d. h., der nur von v/c und nicht von $(v/c)^2$ abhängt.

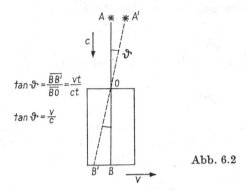

Abb. 6.2

$\overline{BB'} = b$, so ergibt sich aus Abb. 6.2 folgende Relation:

$$b : l = v : c \quad \text{oder} \quad \tan \vartheta = \frac{v}{c}.$$

Die Beobachtung dieser Aberration erfolgt nun in der Weise, daß man von zwei diametral gegenüberliegenden Stellen der Erdbahn aus jeweils die Winkel mißt, unter denen ein und derselbe Fixstern erscheint. Diese beiden Punkte der Erdbahn haben einen zeitlichen Abstand von $1/_2$ Jahr, und die Erdgeschwindigkeit hat in ihnen jeweils das entgegengesetzte Vorzeichen. Man findet, daß der Unterschied in den Winkelabständen ein- und desselben Sternes 41 Bogensekunden beträgt.

Infolge dieser Winkeländerungen beschreiben alle Fixsterne im Laufe des Jahres eine Kurve (Kreis, Ellipse oder Gerade) unter dem Öffnungswinkel von 41''. Der Winkelabstand schwankt also im Jahr um $\pm \vartheta = 20,5''$. Auf Grund dieser Aberration beschreiben die Fixsterne in der Nähe des Poles der Ekliptik etwa ein um 90° verschobenes Abbild der Erdbahn. In der Nähe der Ekliptik beobachtet man eine lineare Oszillation. Zwischen diesen beiden Extremen (Pol und Ekliptik) beobachtet man Ellipsen, deren große Achse parallel zur Ekliptik liegt und einen Wert von 20,5'' hat. (Außer dieser jährlichen Aberration tritt noch eine tägliche Aberration wegen der Rotation der Erde auf; sie ist am Pol Null und am Äquator 0,3''. Schließlich existiert noch eine konstante säkulare Aberration wegen der Bewegung des gesamten Sonnensystems.)

Aus $v/c = \tan 20,5'' = 10^{-4}$ folgt für die Geschwindigkeit der Erde $v = 30$ km s^{-1}. Nach neueren Messungen ist $\vartheta = 20,511''$.

Der Unterschied zwischen der klassischen und der relativistischen Theorie wird durch folgende Überlegung noch einmal verdeutlicht:

Nach der klassischen Theorie sollte man einen anderen Aberrationswinkel $\vartheta' > \vartheta$ erwarten, wenn man das Beobachtungsfernrohr mit einem (durchsichtigen) Medium, z. B. mit Wasser füllt. Man hätte dann — mit dem Brechungsindex n — folgende Beziehung: $\tan \vartheta' = v\,n/c$, was sich aber nicht bestätigt. Zur Erklärung der Aberration kann nur die relativistische Theorie herangezogen werden. Es handelt sich eben nicht um einen Vorgang im Fernrohr. Die Aberration wird allein durch den Bewegungszustand des Beobachters relativ zur Lichtquelle verursacht. In der relativistischen Theorie ist nur die Bewegung zwischen zwei Systemen entscheidend, ein Medium (evtl. mit dem Brechungsindex $n \neq 1$) ist für die Ausbreitung des Lichtes nicht erforderlich. Wenn man die Rechnung für die allgemeine Formulierung des Doppler-Prinzips durchführt, die ja auch die Aberrationsformel erbrachte, wobei $c' < c$ angesetzt wird, erhält man schließlich mit $\cos \alpha = 0$ wieder dasselbe Ergebnis $\tan \vartheta \approx v/c$.

6.6. Zum Begriff des Äthers

Die Äthervorstellung geht auf FRESNEL zurück. Wie beispielsweise die Luft als Träger von Schallwellen fungiert, so sollte ein hypothetisches Medium, der (stofflich zu denkende) Äther, als Träger der Lichtquellen dienen. Diese Methode des Analogieschlusses versagte aber, da dieser Äther nun sonderbare und widerspruchsvolle Eigenschaften besitzen müßte:

a. Der Äther müßte masselos sein (unwägbar). Im entgegengesetzten Fall würde er, der ja den Weltraum ausfüllen müßte, auch Gravitationswirkungen ausüben, die sich in der Bewegung der Planeten und Monde bemerkbar machen müßten. Solche Wirkungen wurden niemals festgestellt.

2. Der Äther darf die Bewegungen der Himmelskörper nicht beeinflussen, etwa infolge eines Reibungswiderstandes. Es wären sonst Veränderungen in der Bewegung der kosmischen Objekte die Folge, was aber nicht festgestellt werden konnte.

3. Der Äther müßte ein fester Körper sein (Widerspruch zu 1.). Die Lichtwellen, die z. B. aus dem Kosmos auf die Erde gelangen, sind transversale Wellen, und solche Wellen gibt es nur in festen Stoffen.

Diese mechanisch-anschauliche Vorstellung von der Existenz eines stoffartigen Äthers ist mit dem Prinzip der Konstanz der Lichtgeschwindigkeit, das vielfach experimentell bestätigt ist, nicht vereinbar und mußte aufgegeben werden.

Einsteins Ätherbegriff

„Nach der allgemeinen Relativitätstheorie ist der Raum mit physikalischen Qualitäten ausgestattet; es existiert also in diesem Sinne ein Äther.

Gemäß der allgemeinen Relativitätstheorie ist ein Raum ohne Äther undenkbar. . . . . Dieser Äther darf aber nicht mit der für ponderable Medien
charakteristischen Eigenschaft ausgestattet werden, aus durch die Zeit
verfolgbaren Teilen zu bestehen; der Bewegungsbegriff darf auf ihn nicht
angewendet werden" (EINSTEIN: ,,Relativität und Äther").

Worin besteht der ,,neue Ätherbegriff"? Der ursprüngliche stoffliche
Äther ist nicht existent, wohl aber elektromagnetische Erscheinungen
(Lichtwellen), die sich offenbar im ,,leeren" Raum ausbreiten. Da im
Raum kein Äther (im Sinne von FRESNEL) enthalten ist, bleibt also nur
die ,,Leere" des Raumes selbst übrig. Das bedeutet aber, daß er die dem
Äther zugedachte Rolle selbst spielen muß und zum Träger und Vermitt-
ler elektromagnetischer Vorgänge (Licht!) wird. Mit anderen Worten: Der
Raum selbst ist Träger und Vermittler elektromagnetischer Kraftfelder.[1]
Der gemeinhin als leer bezeichnete Raum besitzt eine Reihe bestimmter
Eigenschaften, die in den letzten Jahren zum intensiven Forschungs-
gegenstand geworden sind. Die Physik schreibt dem Raum nicht a priori
gewisse Eigenschaften zu, sondern erforscht diese erst mit spezifischen
Methoden. So besitzt der Raum z. B. die Dielektrizitätskonstante (des
Vakuums)

$$\varepsilon_0 = 8,8542 \cdot 10^{-12} \text{ As V}^{-1} \text{ m}^{-1}$$

und die magnetische Permeabilität

$$\mu_0 = 4\,\pi \cdot 10^{-7} \text{ Vs A}^{-1} \text{ m}^{-1}.$$

Beide Eigenschaften sind mit der Vakuum-Lichtgeschwindigkeit durch
die Webersche Beziehung verknüpft

$$c = \frac{1}{\sqrt{\varepsilon_0\,\mu_0}} = 2,99793 \cdot 10^8 \text{ ms}^{-1}.$$

Der Raum selbst hat physikalische Eigenschaften; auf Grund dieser Tatsache wird mitunter von ,,Äther" gesprochen.

In der modernen Physik werden die Begriffe ,,Äther" — ohne mechanische
Eigenschaften — und ,,Raum" oft in gleicher Bedeutung verwendet.

In diesem Sinne ist der Ätherbegriff physikalisch berechtigt. Einer an-
schaulichen Vorstellung ist er nicht mehr zugänglich. Man kann die
physikalischen Zustände des Raumes aber durch Gleichungen beschreiben.

---

[1] Das Licht ist ein elektromagnetischer Wellenvorgang. Das, was in der Licht-
welle ,,schwingt", sind elektrische und magnetische Kraftfelder.

7.   Relativität in der Elektrodynamik

7.1.   Maxwellsche Gleichungen und Lorentz-Transformation

Für eine mathematisch geschlossene Darstellung und insbesondere für die Lorentz-invariante Formulierung der Elektrodynamik ist vor allem der Tensorbegriff erforderlich. Gemäß der eingangs genannten Zielstellung soll aber nur auf die einfachsten mathematischen Hilfsmittel zurückgegriffen werden. Da das bereits einen weitgehenden Verzicht beispielsweise auch hinsichtlich der Vektoranalysis bedeutet, die man im allgemeinen auch nicht in den Hochschulbüchern der Experimentalphysik findet, ist die Behandlung der Elektrodynamik einer sehr großen Beschränkung unterworfen. Somit erfolgt nur die Darstellung einiger wesentlicher Tatsachen, die zum weiteren Studium anregen sollen.

Der Gebrauch von Hilfsmitteln der höheren Mathematik, z. B. der Vierertensoren, zeigt, daß sich offenbar zunächst nicht zusammenhängend erscheinende physikalische Begriffe zu neuen Grundbegriffen vereinheitlichen.

So umfaßt der Feldstärketensor die Spannungs-, Energiestrom-, Impuls- und Energiedichte. Impuls und Energie verschmelzen im „Viererimpuls"; Strom- und Ladungsdichte in der „Viererstromdichte".

Die Maxwellschen Gleichungen sind für die gesamte Elektrodynamik von fundamentaler Bedeutung. Die *1. Maxwellsche Gleichung* bezieht sich auf folgende Tatsache: Ein sich (zeitlich) änderndes elektrisches Feld eines Kondensators ist von geschlossenen magnetischen Feldlinien umgeben.

Dieses zeitlich veränderliche elektrische Feld wird als Verschiebungsstrom bezeichnet, da es ein Magnetfeld besitzt, das ja ein Hauptkennzeichen des elektrischen Stromes ist. Dieser Verschiebungsstrom wird — wie jeder Strom — z. B. in Ampere gemessen. Die Stromdichte ist definiert als Strom/Fläche. Man bezeichnet mit D die Verschiebungsdichte des elektrischen Feldes E.

Wenn I_v den Verschiebungsstrom bedeutet, der die Fläche A durchsetzt, dann gilt $I_v = \dot{D} A$. Mit $D = \varepsilon_0 E$ ist

$$I_v = \varepsilon_0 \dot{E} A \; . \tag{7.1}$$

Durch Experimente mit dem vom Leitungsstrom I erzeugten Magnetfeld H_s läßt sich folgende Grundgleichung[1] feststellen:

$$I = \int H_s \, ds \; . \tag{7.2}$$

---

[1] Diese Gleichung besagt in elementarer (spezieller) Form: $|H| = n \, I/l$, l = Spulenlänge, n = Windungszahl der Spule; oben ist $n = 1$.

Die *1. Maxwellsche Gleichung* lautet nun:

$$\int H_s \, \mathrm{d}s = \varepsilon_0 \, |\dot{E}| \, A \, ; \qquad (7.3)$$

sie verknüpft die Liniensumme der magnetischen Feldstärke H mit der zeitlichen Änderung der elektrischen Feldstärke E.
In Differentialform lautet die 1. Maxwellsche Gleichung

$$\mathrm{rot} \, H = \dot{D} + J \, , \qquad (7.4)$$

wobei $J = I/A$ eine Leitungsstromdichte bedeutet, die auch gleich Null sein kann. In J ist auch die Elektronengeschwindigkeit enthalten.
Diese Verknüpfung zwischen H und D besagt:
Die Änderungsgeschwindigkeit $\partial D/\partial t = \dot{D}$ der Verschiebungsdichte erzeugt eine „Rotation" der magnetischen Feldstärke (das ist ein magnetisches Wirbelfeld). Es entsteht also ein magnetisches Feld auf Grund einer zeitlichen Änderung der Verschiebungsdichte.
Die *2. Maxwellsche Gleichung* bezieht sich auf folgende Tatsache: Ein sich zeitlich änderndes magnetisches Feld ist von geschlossenen elektrischen Feldlinien umgeben (Induktion[1])).
Es ist experimentell leicht zu bestätigen, daß ein sich zeitlich änderndes magnetisches Feld $\partial H/\partial t = \dot{H}$ eine Spannung induziert: $U_{\mathrm{ind}} = \cdots$
$- \mu_0 \, |\dot{H}| \, n \, A$, wobei n die Windungszahl der Induktionsspule ist. Besitzt die Spule nur eine Windung, die das Magnetfeld vom Querschnitt A umfaßt, so gilt $U_{\mathrm{ind}} = - \mu_0 \, |\dot{H}| \, A$. Dieser Vorgang der Entstehung von geschlossenen elektrischen Feldlinien ist von der Anwesenheit dieser Induktionsschleife völlig unabhängig, d. h., er ist auch vorhanden, wenn keine Spule da ist.
Die Induktionsschleife mißt längs ihres Weges die Summe der elektrischen Feldstärke E, also die Spannung

$$U_{\mathrm{ind}} = \int E_s \, \mathrm{d}s \, . \qquad (7.5)$$

---

[1]) Die zweite Maxwellsche Gleichung gibt eine vertiefte Auffassung des Induktionsvorganges. Das Induktionsgesetz lautet:
$$\int U \, \mathrm{d}t = \mu_0 \, |H| \, n \, A = |B| \, n \, A \, , \qquad (\mu_0 \, H = B) \, .$$
Der Spannungsstoß $\int U \, \mathrm{d}t$, der z. B. beim Ein- oder Ausschalten eines Stromes einer Spule gemessen wird, ist proportional der magnetischen Feldstärke H, der Windungszahl n und dem Querschnitt A des von der Induktionsspule umfaßten Bündels magnetischer Feldlinien. Induktionskonstante $\mu_0 = 1{,}256\,02 \cdot 10^{-6}$ Vs A^{-1} m^{-1}. Für $n = 1$ definiert man den Kraftfluß $\Phi = \mu_0 \, |H| \, A = |B| \, A$ bzw. die Kraftflußdichte $\Phi^* = \Phi/A = |B|$.
In vielen Fällen interessiert nun beim Induktionsgesetz nicht der gesamte Spannungsstoß $\int U \, \mathrm{d}t$, sondern die während des Vorganges induzierte Spannung U_{ind}.

Damit erhält man die 2. Maxwellsche Gleichung $\int E_s\,ds = -\mu_0\,|\dot{H}|\,A$; sie verknüpft die Liniensumme der elektrischen Feldstärke E mit der zeitlichen Änderung der magnetischen Feldstärke H.
In Differentialform lautet die 2. Maxwellsche Gleichung

$$\mathrm{rot}\,E = -\dot{B}\,. \tag{7.6}$$

Diese Verknüpfung zwischen E und B besagt: Die Änderungsgeschwindigkeit $\partial B/\partial t = \dot{B}$ der magnetischen Kraftflußdichte ist entgegengesetzt gleich der „Rotation der elektrischen Feldstärke" (d. h. dem elektrischen Wirbelfeld). Es entsteht also ein elektrisches Feld auf Grund einer zeitlichen Änderung der magnetischen Kraftflußdichte.

Aus Experimenten ist bekannt, daß es bei allen Ergebnissen von Induktionsversuchen nur auf die Relativbewegungen zwischen der Feld- und der Induktionsspule ankommt, d. h., es ist keine Vorzugsrichtung bei irgendwelchen Bewegungen erkennbar. Auch alle übrigen elektrischen Versuche verlaufen ohne Unterschiede im ruhenden Laboratorium wie im bewegten. Die Meßergebnisse hängen nicht von irgendwelchen Orientierungen der Apparate ab.

Man kann einwenden, daß die Geschwindigkeiten bewegter Systeme zu klein gegenüber der Lichtgeschwindigkeit sind, um merkliche Unterschiede festzustellen. Als bewegtes System wird schließlich wieder die Erde betrachtet $v = 30\ \mathrm{kms}^{-1}$, das ist $0{,}1^0/_{00}$ der Lichtgeschwindigkeit. Von Fr. T. Trouton und H. R. Noble wurde ein Versuch mit höchster Präzision durchgeführt, um die Abhängigkeit der Energie eines elektrischen Feldes eines Kondensators von der Orientierung (Erdbahn) festzustellen. Falls sich die elektrische Energie $W = q\,U/2$ eines drehbar aufgehängten Kondensators ändert, müßte auf Grund der Energieänderung ein Drehmoment entstehen, was sich im Verdrillen des Aufhängefadens zeigen sollte; das sollte mit Spiegel und Lichtzeiger gemessen werden. Eine solche Verdrillung des Fadens konnte zu keiner Jahreszeit festgestellt werden, obwohl die Meßgenauigkeit noch die 10. Dezimale erfassen konnte. Nicht nur die Energie des Kondensators erwies sich als unabhängig von der Orientierung des Feldes zur Erdbahn; auch die Kapazität $C = q/U$ zeigt diese Unabhängigkeit auf mindestens 9 Dezimalen (G. Bürger). Schließlich sind auch die Messungen des elektrischen Widerstandes $R = U/I$ in einem geradlinigen Leiter von seiner Orientierung zur Erdbahn unabhängig. Aus der Erfahrung folgt demnach: Die Bewegung der Erde hat auf elektrische Messungen keinerlei Einfluß; diese Bewegung ist in elektrischen Messungen durch keine Vorzugsrichtung erkennbar.

Die Maxwellschen Gleichungen gelten demnach für jede Orientierung der Felder zur Erdbahn. Die in den Gleichungen auftretenden Faktoren ε_0 und μ_0 hängen nun mit der Vakuum-Lichtgeschwindigkeit durch folgende wichtige Beziehung zusammen (WEBER):

$$c = \frac{1}{\sqrt{\varepsilon_0\,\mu_0}}.$$

Demnach darf sich auch bei der Messung von c keine Abhängigkeit von der Orientierung der Lichtwege zur Erdbahn ergeben. Das wurde durch den Versuch von MICHELSON und MORLEY (s. Abschn. 2.) — also durch optische Messungen — ebenfalls bestätigt.

Es gibt also im Gebiet der elektrischen und optischen Erscheinungen keine irgendwie ausgezeichnete Vorzugsrichtung. Alle relativ zueinander geradlinig und gleichförmig bewegten Bezugssysteme sind in ihrer Wirkung gleichwertig.

Betrachtet man einen kugelsymmetrischen Vorgang im ruhenden System und im bewegten System und wendet auf ihn die Galilei-Transformation an, so erscheint der symmetrische Vorgang z. B. der kugelförmigen Ausbreitung der Wellen unsymmetrisch, d. h., es ergibt sich eine Vorzugsrichtung. Da eine solche aber experimentell nicht feststellbar ist, dürfen die Galilei-Transformationen nicht angewendet werden. Es kommen nur die Lorentz-Transformationen in Frage, deren ursprünglicher Anwendungsbereich die Maxwellschen Gleichungen ja waren. Die Maxwellschen Gleichungen sind lorentzinvariant; sie haben in allen Systemen die gleiche Gestalt.[1]) Von der Brauchbarkeit der Lorentz-Transformation überzeugt man sich, wenn man in die Maxwellschen Gleichungen an Stelle der ungestrichenen Koordinaten die gestrichenen Koordinaten einführt. Für die Feldgrößen[2]) E und H ergeben sich folgende Beziehungen:

$$
\left.
\begin{array}{ll}
E'_{x'} = E_x; \quad H'_{x'} = H_x & E_x = E'_{x'}; \quad H_x = H'_{x'} \\[2mm]
E'_{y'} = \dfrac{1}{\sqrt{1-\beta^2}}\,(E_y - v\,B_z) & E_y = \dfrac{1}{\sqrt{1-\beta^2}}\,(E'_{y'} + v\,B'_{z'}) \\[2mm]
E'_{z'} = \dfrac{1}{\sqrt{1-\beta^2}}\,(E_z + v\,B_y) & E_z = \dfrac{1}{\sqrt{1-\beta^2}}\,(E'_{z'} - v\,B'_{y'}) \\[2mm]
H'_{y'} = \dfrac{1}{\sqrt{1-\beta^2}}\,(H_y + v\,D_z) & H_y = \dfrac{1}{\sqrt{1-\beta^2}}\,(H'_{y'} - v\,D'_{z'}) \\[2mm]
H'_{z'} = \dfrac{1}{\sqrt{1-\beta^2}}\,(H_z - v\,D_y) & H_z = \dfrac{1}{\sqrt{1-\beta^2}}\,(H'_{z'} + v\,D'_{y'}).
\end{array}
\right\} \quad (7.7)
$$

---

[1]) Die Untersuchung der Lorentz-Invarianz der elektromagnetischen Grundgleichungen hatte wesentlichen Anteil bei der Aufstellung der SRT.

[2]) Bei den Formeln ist folgendes zu beachten: Ein elektrisches Feld E, das sich mit der Geschwindigkeit v bewegt, erzeugt senkrecht zu E und v die magnetische Feldstärke

$$|H| = \varepsilon_0\,|E|\,|v| \quad \text{oder} \quad |H| = |D|\,|v|.$$

Die elektrische Ladung q ist Lorentz-invariant[1]):

$$q' = q.$$

Für die Energie W gilt

$$W' = \frac{W}{\sqrt{1 - \beta^2}} \; ; \quad W = \frac{W'}{\sqrt{1 - \beta^2}} .$$

Bei Anwendung der Lorentz-Transformationen verschwindet u. a. auch folgende Unsymmetrie bei der klassischen Deutung der Induktionserscheinungen:

In einer ruhenden Induktionsspule erzeugt ein sich zeitlich änderndes Magnetfeld in seiner Umgebung ein elektrisches Feld. Dieses Feld übt auf die Elektronen in der ruhenden Spule die Kraft $\boldsymbol{F} = q\,\boldsymbol{E}$ aus. Bei der Induktion in bewegten Leitern verhält es sich anders: Bewegen sich Elektronen — oder elektrische Leiter — im Magnetfeld, so übt dieses Feld eine Kraft (Lorentz-Kraft) $\boldsymbol{F} = q\,[\boldsymbol{v}\,\boldsymbol{B}]$ aus. Für den Ursprung dieser Kraft kann kein elektrisches Feld aufgezeigt werden. In beiden Fällen wird dasselbe Ergebnis beobachtet, z.B. ein Spannungsstoß, aber die Deutung ist verschieden.

Diese Unsymmetrie entfällt nun in Anbetracht der Lorentz-Transformationen: Der bewegte Leiter stellt ein gegenüber dem ruhenden System (Feldspule) bewegtes Bezugssystem dar. In ihm tritt ein elektrisches Feld auf, das im ruhenden System fehlt: $\boldsymbol{E}_{z'}' \neq 0$. Denkt man sich die Geschwindigkeit der Elektronen in Richtung der x-Achse, das magnetische Feld in Richtung der y-Achse, dann hat die Lorentz-Kraft die Richtung der z-Achse. Das elektrische Feld ist dann

$$E_{z'}' = \frac{v\,B_y}{\sqrt{1 - \beta^2}} .$$

Dieses Feld wirkt auf die — freien oder im Leiter befindlichen — Elektronen mit der Kraft $\boldsymbol{F} = q\,\boldsymbol{E}$. Somit ergibt sich zwanglos dieselbe Deutung der Induktionsvorgänge in ruhenden und in bewegten Leitern.

Eine im System S ruhende elektrische Ladung erzeugt (relativ zu S) ein elektrisches Feld. Ein gegenüber diesem System bewegter Beobachter S' mißt aber auch magnetische Kräfte, also existiert gegenüber dem bewegten System ein magnetisches Feld. Das Feld selbst ist eine physikalische Realität, aber seine Beschreibung ist relativ zu einem ruhenden bzw. bewegten System verschieden.

---

[1]) Sieh. Aufgabe 4.21.

7.2.   Die Lorentz-Invarianz der Maxwellschen Gleichungen

Die Maxwellschen Gleichungen für das Vakuum lauten, wenn keine Quellen[1] vorhanden sind ($\varrho = q/V = 0$), in Vektordarstellung

$$\dot{E} = \text{rot } H \tag{7.8a}$$

$$\dot{H} = -\text{rot } E \tag{7.8b}$$

$$\text{div } E = 0 \tag{7.8c}$$

$$\text{div } H = 0 \; . \tag{7.8d}$$

In der ausführlichen Koordinatendarstellung ergeben sich daraus folgende acht Gleichungen im ungestrichenen System

$$\left. \begin{aligned} \frac{\partial E_x}{\partial t} &= \frac{\partial H_z}{\partial y} - \frac{\partial H_y}{\partial z} \\[2mm] \frac{\partial E_y}{\partial t} &= \frac{\partial H_x}{\partial z} - \frac{\partial H_z}{\partial x} \\[2mm] \frac{\partial E_z}{\partial t} &= \frac{\partial H_y}{\partial x} - \frac{\partial H_x}{\partial y} \end{aligned} \right\} \tag{7.9}$$

$$\left. \begin{aligned} -\frac{\partial H_x}{\partial t} &= \frac{\partial E_z}{\partial y} - \frac{\partial E_y}{\partial z} \\[2mm] -\frac{\partial H_y}{\partial t} &= \frac{\partial E_x}{\partial z} - \frac{\partial E_z}{\partial x} \\[2mm] -\frac{\partial H_z}{\partial t} &= \frac{\partial E_y}{\partial x} - \frac{\partial E_x}{\partial y} \end{aligned} \right\} \tag{7.10}$$

$$\frac{\partial E_x}{\partial x} + \frac{\partial E_y}{\partial y} + \frac{\partial E_z}{\partial z} = 0 \tag{7.11}$$

$$\frac{\partial H_x}{\partial x} + \frac{\partial H_y}{\partial y} + \frac{\partial H_z}{\partial z} = 0 \; . \tag{7.12}$$

Auf Grund der Lorentz-Transformationen (3.13)

$$x' = \frac{x - v\,t}{\sqrt{1 - \dfrac{v^2}{c^2}}}; \quad y' = y; \quad z' = z; \quad t' = \frac{t - \dfrac{v}{c^2}\,x}{\sqrt{1 - \dfrac{v^2}{c^2}}}$$

---

[1] Im Falle fehlender Quellen verschwindet die „Divergenz" (Ergiebigkeit).

können nun die Maxwellschen Gleichungen auf das bewegte System um-
gerechnet werden:
Man bildet zunächst für die linke Seite von (7.9)

$$\frac{\partial E_x}{\partial t} = \frac{\partial E_x}{\partial x'}\frac{\partial x'}{\partial t} + \frac{\partial E_x}{\partial y'}\frac{\partial y'}{\partial t} + \frac{\partial E_x}{\partial z'}\frac{\partial z'}{\partial t} + \frac{\partial E_x}{\partial t'}\frac{\partial t'}{\partial t}. \tag{7.13}$$

Aus (3.13) bildet man $\partial x'/\partial t$, $\partial y'/\partial t$, $\partial z'/\partial t$ und $\partial t'/\partial t$.
Substitution führt (7.13) über in

$$\frac{\partial E_x}{\partial t} = \frac{-v}{\sqrt{1-\frac{v^2}{c^2}}}\frac{\partial E_x}{\partial x'} + \frac{1}{\sqrt{1-\frac{v^2}{c^2}}}\frac{\partial E_x}{\partial t'},$$

d. h., die linke Seite von (7.9) wird

$$\frac{\partial E_x}{\partial t} = \frac{1}{\sqrt{1-\frac{v^2}{c^2}}}\left(\frac{\partial E_x}{\partial t'} - v\frac{\partial E_x}{\partial x'}\right). \tag{7.14}$$

Für die rechte Seite von (7.9) findet man in gleicher Weise

$$\frac{\partial H_z}{\partial y} = \frac{\partial H_z}{\partial y'} \quad \text{und} \quad \frac{\partial H_y}{\partial z} = \frac{\partial H_y}{\partial z'}. \tag{7.15}$$

Mit (7.14) und (7.15) erhält man somit für die 1. Maxwellsche (Kompo-
nenten-)Gleichung

$$\frac{1}{\sqrt{1-\frac{v^2}{c^2}}}\frac{\partial E_x}{\partial t'} = \frac{\partial H_z}{\partial y'} - \frac{\partial H_y}{\partial z'} + \frac{v}{\sqrt{1-\frac{v^2}{c^2}}}\frac{\partial E_x}{\partial x'}. \tag{7.16}$$

Mit Hilfe von (7.11) wird noch das Glied $\partial E_x/\partial x'$ ersetzt:

$$\frac{\partial E_x}{\partial x} = \frac{\partial E_x}{\partial x'}\frac{\partial x'}{\partial x} + \frac{\partial E_x}{\partial t'}\frac{\partial t'}{\partial x};$$

hierin ist $\big($mit (3.13)$\big)$

$$\frac{\partial x'}{\partial x} = \frac{1}{\sqrt{1-\frac{v^2}{c^2}}} \quad \text{und} \quad \frac{\partial t'}{\partial x} = \frac{-\frac{v}{c^2}}{\sqrt{1-\frac{v^2}{c^2}}},$$

so daß schließlich

$$\frac{\partial E_x}{\partial x} = \frac{1}{\sqrt{1 - \dfrac{v^2}{c^2}}} \frac{\partial E_x}{\partial x'} - \frac{v}{c^2 \sqrt{1 - \dfrac{v^2}{c^2}}} \frac{\partial E_x}{\partial t'}$$

gilt. Hierzu ist noch

$$\frac{\partial E_y}{\partial y} = \frac{\partial E_y}{\partial y'} \quad \text{und} \quad \frac{\partial E_z}{\partial z} = \frac{\partial E_z}{\partial z'}$$

zu addieren; dann folgt:

$$0 = \frac{1}{\sqrt{1 - \dfrac{v^2}{c^2}}} \frac{\partial E_x}{\partial x'} - \frac{v}{c^2} \frac{1}{\sqrt{1 - \dfrac{v^2}{c^2}}} \frac{\partial E_x}{\partial t'} + \frac{\partial E_y}{\partial y'} + \frac{\partial E_z}{\partial z'}$$

bzw.

$$\frac{1}{\sqrt{1 - \dfrac{v^2}{c^2}}} \frac{\partial E_x}{\partial x'} = \frac{v}{c^2} \frac{1}{\sqrt{1 - \dfrac{v^2}{c^2}}} \frac{\partial E_x}{\partial t'} - \frac{\partial E_y}{\partial y'} - \frac{\partial E_z}{\partial z'}.$$

Substituiert man diesen Wert in (7.16), so findet man die neuen, gestrichenen Koordinaten für (7.9).

$$\left. \begin{aligned} \frac{\partial E_x}{\partial t'} &= \frac{\partial}{\partial y'}\left[\frac{1}{\sqrt{1 - \dfrac{v^2}{c^2}}}(H_z - v\,E_y)\right] - \frac{\partial}{\partial z'}\left[\frac{1}{\sqrt{1 - \dfrac{v^2}{c^2}}}(H_y + v\,E_z)\right] \\[2ex] \frac{\partial}{\partial t'}&\left[\frac{1}{\sqrt{1 - \dfrac{v^2}{c^2}}}(E_y - v\,H_z)\right] = \frac{\partial H_z}{\partial z'} - \frac{\partial}{\partial x}\left[\frac{1}{\sqrt{1 - \dfrac{v^2}{c^2}}}(H_z - v\,E_y)\right] \\[2ex] \frac{\partial}{\partial t'}&\left[\frac{1}{\sqrt{1 - \dfrac{v^2}{c^2}}}(E_z + v\,H_y)\right] = \frac{\partial}{\partial x'}\left[\frac{1}{\sqrt{1 - \dfrac{v^2}{c^2}}}(H_y + v\,E_z)\right] - \frac{\partial H_x}{\partial y'}. \end{aligned} \right\} \quad (7.17)$$

Für die Gl. (7.10) erhält man

$$
\left.
\begin{aligned}
-\frac{\partial H_x}{\partial t'} &= \frac{\partial}{\partial y'}\left[\frac{1}{\sqrt{1-\dfrac{v^2}{c^2}}}(E_z+v\,H_y)\right] - \frac{\partial}{\partial z'}\left[\frac{1}{\sqrt{1-\dfrac{v^2}{c^2}}}(E_y-v\,H_z)\right] \\[2mm]
-\frac{\partial}{\partial t'}&\left[\frac{1}{\sqrt{1-\dfrac{v^2}{c^2}}}(H_y+v\,E_z)\right] = \frac{\partial E_x}{\partial z'} - \frac{\partial}{\partial x'}\left[\frac{1}{\sqrt{1-\dfrac{v^2}{c^2}}}(E_z+v\,H_y)\right] \\[2mm]
-\frac{\partial}{\partial t}&\left[\frac{1}{\sqrt{1-\dfrac{v^2}{c^2}}}(H_z-v\,E_y)\right] = \frac{\partial}{\partial x'}\left[\frac{1}{\sqrt{1-\dfrac{v^2}{c^2}}}(E_y-v\,H_z)\right] - \frac{\partial E_x}{\partial y'}.
\end{aligned}
\right\} \quad (7.18)
$$

An Stelle von (7.11) findet man

$$
\frac{\partial E_x}{\partial x'} + \frac{\partial}{\partial y'}\left[\frac{1}{\sqrt{1-\dfrac{v^2}{c^2}}}(E_y-v\,H_z)\right] + \frac{\partial}{\partial z'}\left[\frac{1}{\sqrt{1-\dfrac{v^2}{c^2}}}(E_z+v\,H_y)\right] = 0 ; \quad (7.19)
$$

und für Gl. (7.12) folgt

$$
\frac{\partial H_x}{\partial x'} + \frac{\partial}{\partial y'}\left[\frac{1}{\sqrt{1-\dfrac{v^2}{c^2}}}(H_y+v\,E_z)\right] + \frac{\partial}{\partial z'}\left[\frac{1}{\sqrt{1-\dfrac{v^2}{c^2}}}(H_z-v\,E_y)\right] = 0. \quad (7.20)
$$

Die Gln. (7.17), (7.18), (7.19) und (7.20) im gestrichenen System entsprechen genau den Maxwellschen Gleichungen (7.9), (7.10), (7.11) und (7.12) im ungestrichenen System. Das erkennt man besonders deutlich, wenn man folgende Abkürzungen einführt:

$$
\left.
\begin{aligned}
E'_{x'} &= E_x & H'_{x'} &= H_x \\[3mm]
E'_{y'} &= \frac{E_y - v\,H_z}{\sqrt{1-\dfrac{v^2}{c^2}}} & H'_{y'} &= \frac{H_y + v\,E_z}{\sqrt{1-\dfrac{v^2}{c^2}}} \\[4mm]
E'_{z'} &= \frac{E_z + v\,H_y}{\sqrt{1-\dfrac{v^2}{c^2}}} & H'_{z'} &= \frac{H_z - v\,E_y}{\sqrt{1-\dfrac{v^2}{c^2}}}.
\end{aligned}
\right\} \quad (7.21)
$$

Die in (7.21) dargestellten sechs Komponenten der elektrischen und magnetischen Feldstärke gelten für das bewegte System. Mit diesen Beziehungen haben die Komponentendarstellungen (7.17), (7.18), (7.19) und (7.20) dieselbe Form der Maxwellschen Gleichung wie in (7.9), (7.10), (7.11) und (7.12).

Daraus ist die Invarianz der Maxwellschen Gleichungen gegenüber einer Lorentz-Transformation ersichtlich.

In der Kurzdarstellung der Vektorform $\big($Gl. (7.8a) bis (7.8d)$\big)$ lautet die Invarianz der Maxwellschen Gleichungen gegenüber einer Lorentz-Transformation

$$\left. \begin{aligned} \dot{E}' &= \operatorname{rot} H' \\ \dot{H}' &= -\operatorname{rot} E'; \quad \operatorname{div} E' = 0, \quad \operatorname{div} H' = 0. \end{aligned} \right\} \tag{7.22}$$

In der erweiterten Lorentzschen Form der Elektronentheorie lauten die Gleichungen

$$\left. \begin{aligned} \dot{E} + 4\pi\varrho\, u &= \operatorname{rot} H \\ \dot{H} &= -\operatorname{rot} E \\ \operatorname{div} E &= 4\pi\varrho \\ \operatorname{div} H &= 0. \end{aligned} \right\} \tag{7.23}$$

Führt man die Untersuchung auf Invarianz gegenüber der Lorentz-Transformation in analoger Weise wie oben durch, so findet man

$$\left. \begin{aligned} \dot{E}' + 4\pi\varrho'\, u' &= \operatorname{rot} H' \\ \dot{H}' &= -\operatorname{rot} E' \\ \operatorname{div} E' &= 4\pi\varrho' \\ \operatorname{div} H' &= 0. \end{aligned} \right\} \tag{7.24}$$

Unter Berücksichtigung des Additionstheorems der Geschwindigkeiten (3.24) erhält man für die Transformation der elektrischen Ladungsdichte $\varrho = q/V$

$$\varrho' = \varrho\, \frac{\sqrt{1 - \dfrac{v^2}{c^2}}}{1 + \dfrac{v}{c^2} u_x'} = \varrho\, \frac{1 - \dfrac{v}{c^2} u_x}{\sqrt{1 - \dfrac{v^2}{c^2}}} \tag{7.25}$$

und daraus mit $u_x = 0$

$$\varrho = \frac{\varrho_0}{\sqrt{1 - \dfrac{v^2}{c^2}}}. \tag{7.26}$$

Aus den Gln. (7.21) ist ersichtlich, daß einer elektrischen bzw. magnetischen Feldstärke an und für sich keine selbständige Existenz zukommt; es kann nämlich von der Wahl des Koordinatensystems abhängen, ob eine elektrische oder magnetische Feldstärke vorhanden ist. Die Charakterisierung eines Feldes als elektrisch oder magnetisch hängt von der Relativbewegung zwischen elektrischer Ladung und Beobachter ab. Eine Aussage, wonach ein gegebenes Feld eine elektrische *oder* magnetische Feldstärke habe, kann keine Absolutaussage sein, sie ist relativiert. Die Tatsache, daß elektrisches und magnetisches Feld vereinheitlicht darstellbar sind, beschreibt man mit dem mathematischen Kalkül eines Tensors, worauf im vorliegenden Rahmen verzichtet wird.

7.3. Der Magnetismus als relativistischer Effekt elektrischer Vorgänge

Im folgenden wird gezeigt, daß es keinen selbständigen („wahren") Magnetismus gibt.[1]) Die magnetischen Erscheinungen existieren nicht losgelöst von elektrischen Vorgängen. Das Zustandekommen des Magnetismus ist nur im Zusammenhang mit der Bewegung elektrischer Ladungen (also einer relativen Bewegung zum Beobachter) zu sehen und zu deuten. Auf Grund der bei Bewegungsvorgängen elektrischer Ladungen vorzunehmenden relativistischen Transformation ergibt sich eine zur Coulomb-Kraft F_C zusätzlich auftretende Kraft ΔF, die — wie sich bei näherer Untersuchung zeigt — durch das Gesetz von BIOT und SAVART[2]) erfaßt ist.
Es werden zwei in bezug auf einen Beobachter zueinander bewegte elektrische Ladungen $q_1 = n_1 e$ und $q_2 = n_2 e$ betrachtet und die Kräfte berechnet. Im Augenblick der Messung sei die Verbindungslinie zwischen den Ladungen senkrecht zu den (parallelen) Geschwindigkeiten der Ladungen v_1 und v_2. Nach dem Coulombschen Gesetz ist die Kraft zwischen den Ladungen gegeben durch

$$F_C = \frac{1}{4\,\pi\,\varepsilon_0}\,\frac{q_1\,q_2}{r^2}\,. \tag{7.27}$$

---

[1]) KRANZER, W.: Wiss. Nachrichten (Wien) Nr. 16 (1967) 36—38;
LÜSCHER, E.: Experimentalphysik II. Mannheim 1966, S. 74—81.
[2]) Nach W. H. WESTPHAL: Physik. 4. Aufl. Berlin 1937, S. 341, handelt es sich

bei $dH = \dfrac{i\,dl}{r^2}\sin{(i,\,r)}$ um das Gesetz von LAPLACE, das fälschlich als

Biot-Savartsches Gesetz bezeichnet wurde. Eine spezielle Form (für den Kreisstrom) sei das Biot-Savartsche Gesetz:

$$H = \frac{2\,\pi\,i}{r}\,.$$

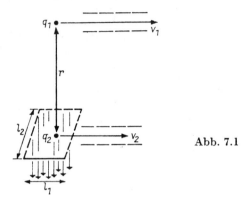

Abb. 7.1

Im Bereich der Ladung q_2 sei das elektrostatische Feld als homogen zu betrachten, d. h., daß in unmittelbarer Nähe dieser Quelle die Feldlinien
ein gedachtes Flächenelement $l_1 l_2$ gleichmäßig durchsetzen (Abb. 7.1).
Die elektrische Feldstärke ist dann am Ort von q_2

$$|E| = \frac{1}{4 \pi \varepsilon_0} \frac{q_1}{r^2}. \tag{7.28}$$

Andererseits ist die Feldstärke auch definiert durch die Kraftliniendichte,
d. h. durch die Zahl N der Kraftlinien, die die Flächeneinheit senkrecht
durchsetzen:

$$|E| = \frac{N}{l_1 l_2}. \tag{7.29}$$

Für (7.27) erhält man mit (7.28) und (7.29)

$$F_C = \frac{N q_2}{l_1 l_2}. \tag{7.30}$$

Einem mit q_2 mitbewegten Beobachter erscheint die Länge l_1 verkürzt
im Vergleich zu einem bei q_1 ruhenden Beobachter. Während die Länge l_1
sich für den bewegten Beobachter auf l_1' verkürzt, bleibt die Strecke l_2
senkrecht zu seiner Bewegungsrichtung unverändert. Die betrachtete
Zahl der Kraftlinien ist für jeden Beobachter stets dieselbe. Allerdings erhöht sich wegen $l_1' = l_1 \sqrt{1 - \beta^2}$ die Kraftliniendichte und damit auch die
elektrische Feldstärke sowie die Coulomb-Kraft

$$F_C' = \frac{N q_2}{l_1 l_2 \sqrt{1 - \dfrac{v^2}{c^2}}}. \tag{7.31}$$

Für den ruhenden Beobachter spielt die Relativgeschwindigkeit v der beiden Ladungsgeschwindigkeiten v_1 und v_2 eine Rolle. Demzufolge ist v aus v_1 und v_2 gemäß dem Additionstheorem der Geschwindigkeiten — vgl. (3.23) — zu berechnen

$$v = \frac{v_1 - v_2}{1 - \frac{v_1 v_2}{c^2}}.$$

Diese Geschwindigkeit v substituiert man in (7.31):

$$1 - \frac{v^2}{c^2} = \left(1 + \frac{v}{c}\right)\left(1 - \frac{v}{c}\right)$$

und findet nach Umformung

$$1 - \frac{v^2}{c^2} = \frac{(c^2 - v_1^2)(c^2 - v_2^2)}{(c^2 - v_1 v_2)^2}. \tag{7.32}$$

Für (7.31) erhält man damit

$$F'_C = \frac{q_1 q_2}{4\pi\varepsilon_0 r^2} \frac{1 - \frac{v_1 v_2}{c^2}}{\sqrt{\left(1 - \frac{v_1^2}{c^2}\right)\left(1 - \frac{v_2^2}{c^2}\right)}}. \tag{7.33}$$

Dieser allgemeingültige Ausdruck vereinfacht sich, wenn man die Elektronenbewegung in metallischen Leitern betrachtet.

Infolge der Wechselwirkung mit den positiven Gitterionen durchfallen die Elektronen die Wegstrecken nicht frei, so daß sie sich insgesamt nur langsam voranbewegen ($v \ll c$).

Unter dieser Bedingung führt man als Näherung für die Wurzelausdrücke ein:

$$\frac{1}{\sqrt{1 - \frac{v^2}{c^2}}} \approx 1 + \frac{1}{2}\frac{v^2}{c^2}$$

und erhält damit für (7.33)

$$F'_C = \frac{q_1 q_2}{4\pi\varepsilon_0 r^2}\left(1 + \frac{1}{2}\frac{v_1^2}{c^2}\right)\left(1 + \frac{1}{2}\frac{v_2^2}{c^2}\right)\left(1 - \frac{v_1 v_2}{c^2}\right).$$

Nach dem Ausmultiplizieren und Vernachlässigen aller Glieder, in denen v_1 und v_2 von höherer als zweiter Ordnung vorkommen, findet man schließlich

$$F'_C = \frac{q_1\, q_2}{4\,\pi\,\varepsilon_0\, r^2}\left[1 + \frac{(v_1 - v_2)^2}{2\,c^2}\right].$$ (7.34)

Das bedeutet, daß man gegenüber der reinen Coulomb-Kraft F_C folgenden zusätzlichen Betrag erhält:

$$\Delta F_C = F'_C - F_C = \frac{q_1\, q_2}{4\,\pi\,\varepsilon_0\, r^2}\,\frac{(v_1 - v_2)^2}{2\,c^2}.$$ (7.35)

Dieser zusätzliche Betrag setzt sich aus vier Einzelanteilen zusammen. Die Elektronen ($- q_1$, $- q_2$) mögen sich durch je einen Leiter bewegen, in dem die (ruhenden) positiven Ladungen $+ q_1$, $+ q_2$ als Gitterionen vorhanden sind. Demzufolge sind vier Zusatzkräfte $\Delta F_C'^{(i)}$ mit $i = 1, 2, 3, 4$ zu betrachten und zu summieren.[1])

Wechsel- wirkung	Ladungen	Zusatzkraft
1	$- q_1$ und $- q_2$	$\Delta F_C^{(1)} = + \dfrac{q_1\, q_2}{4\,\pi\,\varepsilon_0\, r^2 \cdot 2\,c^2}\,(v_1 - v_2)^2 \,,$
2	$- q_1$ und $+ q_2$	$\Delta F_C^{(2)} = - \dfrac{q_1\, q_2}{4\,\pi\,\varepsilon_0\, r^2 \cdot 2\,c^2}\,(v_1 - 0)^2 \,,$
3	$+ q_1$ und $- q_2$	$\Delta F_C^{(3)} = - \dfrac{q_1\, q_2}{4\,\pi\,\varepsilon_0\, r^2 \cdot 2\,c^2}\,(0 - v_2)^2 \,,$
4	$+ q_1$ und $+ q_2$	$\Delta F_C^{(4)} = + \dfrac{q_1\, q_2}{4\,\pi\,\varepsilon_0\, r^2 \cdot 2\,c^2}\,(0 - 0)^2 \,.$

Bildet man die Summe, so ergibt sich die Gesamtzusatzkraft

$$\Delta F_C^{(G)} = \sum_{i=1}^{4} \Delta F_C^{(i)} = \frac{q_1\, q_2}{4\,\pi\,\varepsilon_0\, r^2 \cdot 2\,c^2}\,(v_1^2 - 2\,v_1 v_2 + v_2^2 - v_1^2 - v_2^2)\,,$$

$$\Delta F_C^{(G)} = - \frac{q_1\, q_2}{4\,\pi\,\varepsilon_0\, r^2}\,\frac{v_1 v_2}{c^2}.$$ (7.36)

---

[1]) MESSEL, H. (Herausgeber): Senior Science for High School Students, Part 1: Physics. Sydney (Australien) 1966, Kap. 14, S. 9—15.

Diese gesamte Zusatzkraft ist im vorliegenden Fall negativ, d. h., es handelt sich um eine Anziehungskraft, da die Geschwindigkeiten v_1 und v_2 parallel gerichtet sind. Es sei besonders darauf hingewiesen, daß $\Delta F_C^{(1)}$ verschwindet, wenn $v_1 = v_2$. Das bedeutet, daß freie Elektronen keine magnetische Wechselwirkung zeigen und sich demzufolge ein Elektronenstrahl auch nicht „auffächert".

Aus der errechneten Gesamtzusatzkraft läßt sich nun das Biot-Savartsche Gesetz folgern, das die magnetische Kraftwirkung von Stromleitern beschreibt.

In einem Leiterstück der Länge l seien $q = n\,e$ Ladungen enthalten, die das Leiterstück in der Zeit t durchlaufen; dann gilt für den Strom $I = q/t$; mit $v = l/t$ folgt die Äquivalenz von Stromelement und bewegter Ladung:

$$I\,l = q\,v\,. \tag{7.37}$$

Substituiert man diese Beziehung für q_1 und q_2, so erhält man als gesamte Zusatzkraft

$$\Delta F_C^{(G)} = -\frac{(I_1\,l_1)\,(I_2\,l_2)}{4\,\pi\,\varepsilon_0\,r^2\,c^2}\,. \tag{7.38}$$

Mißt man die Kraftwirkung nicht unter 90° zur Richtung des fließenden Stromes, so ergibt sich ein kleinerer Wert, der vom Sinus des Winkels zwischen dem Stromelement und der Abstandsrichtung abhängt:

$$\Delta F_C^{(G)} = -\frac{(I_1\,l_1)\,(I_2\,l_2)}{4\,\pi\,\varepsilon_0\,c^2}\,\frac{\sin\alpha}{r^2}\,. \tag{7.39}$$

Mit Hilfe der Beziehungen $B = F/I\,l^1)$ und (für den materiefreien Raum) $B = \mu_0\,H$ folgt mit $I_1\,l_1 = I_2\,l_2 = I\,i$

$$B = -\frac{I\,l}{4\,\pi\,\varepsilon_0\,c^2}\,\frac{\sin\alpha}{r^2} \tag{7.40}$$

und schließlich, da $\mu_0\,\varepsilon_0 = 1/c^2$, die Beziehung von BIOT und SAVART für die magnetische Feldstärke

$$H = -\frac{I\,l}{4\,\pi}\,\frac{\sin\alpha}{r^2}\,. \tag{7.41}$$

Damit ist gezeigt, daß sich auch auf dem Gebiet der elektrisch-magnetischen Erscheinungen Effekte ergeben, die allein vom Standpunkt oder Bewegungszustand des Beobachters abhängig sind.

---

1) Allgemein: $F = I\,l\,B\,\sin\,(l,\,B)$.

Allgemein muß festgestellt werden, daß Einzelfelder (E, H) keine selbständige Bedeutung haben. Beide Komponenten (E, H) hängen vom Bezugssystem ab. Wenn also in einem System S allein ein magnetisches Feld gemessen wird, so mißt man im System S' auch ein elektrisches und umgekehrt. Bewegt sich beispielsweise ein Draht in einem Magnetfeld, so mißt ein mitbewegter Beobachter auch ein elektrisches Feld, das einen Stromfluß im eléktrischen Leiter verursacht oder auf einem Isolator Oberflächenladungen influenziert.

Elektronengeschwindigkeiten von Bruchteilen eines Millimeters je Sekunde in Metalldrähten erzeugen bereits starke Magnetfelder, die sich als relativistischer Effekt elektrischer Vorgänge erweisen. Es ist demzufolge nicht allgemein richtig, davon zu sprechen, daß relativistische Effekte erst bei Geschwindigkeiten auftreten, die man gegenüber c nicht mehr als klein bezeichnen kann.

8.   Relativität in der Thermodynamik und Statistik

Das spezielle Relativitätsprinzip gilt ausnahmslos für alle physikalischen Erscheinungen und Gesetze in zueinander gleichförmig bewegten Bezugssystemen. Es ist deshalb zu erwarten, daß auch für das Gebiet der Thermodynamik und Statistik bestimmte Umrechnungsbeziehungen und Invarianten aufgefunden werden.

Die Teilchenzahl N sowie die Entropie S und die Entropieänderungen ΔS sind Lorentz-Invarianten. Es ist offensichtlich, daß eine Anzahl von Teilchen und die Zahl der Mikrozustände nicht von der Bewegung abhängen können. Die Entropie $S = k \ln W$ ist proportional dem Logarithmus der thermodynamischen Wahrscheinlichkeit W, die stets durch eine ganze Zahl gegeben ist.

In der älteren Literatur wird sowohl für die Wärmemenge Q als auch für die Temperatur eine Transformationsbeziehung angegeben[1]: $Q' = Q \sqrt{1 - \beta^2}$ und $T' = T \sqrt{1 - \beta^2}$. Die Beziehung für T' folgt z.B. aus der idealen Gasgleichung $p\,V = n\,R\,T$; hierin ist $p = $ inv., was aus den Transformationen für Kraft F und Fläche A folgt: $p = F/A$. Geht man von der thermischen Zustandsgleichung $E = \dfrac{3}{2}\,n\,R\,T$ aus,[2] so transformiert sich T wie E, nämlich $T' = \dfrac{T}{\sqrt{1 - \beta^2}}$.

---

[1] Zur Herleitung siehe z.B. PAPAPETROU, A. [1.51], PAULI, I.W. [1.52] oder TOLMAN, R.C. [1.76].

[2] OTT, H.: Z. Physik **175** (1963) 70.

Nach neueren Untersuchungen[1]) ist die Temperatur jedoch eine Lorentz-Invariante. Wenn man die Thermodynamik auf den sogenannten Potentialen begründet, ist es sinnvoll, von einem relativistisch invarianten Potential auszugehen; das ist die Enthalpie H. Die Temperatur ist dann durch $T = \left(\dfrac{\partial H}{\partial S}\right)_{p,N}$ definiert; damit gilt $T = $ inv.

Zur Rolle, die die relativistische Thermodynamik im Universum spielt, siehe TREDER, H.-J.: Relativität und Kosmos. Berlin 1968.

9.   Beispiele und Anwendungen

9.1.   Zeitdilatation beim Myonenzerfall

9.1.1.   Myonen in der Höhenstrahlung

Im bewegten System S' sei $\Delta t' = t_2' - t_1'$ die Eigenzeit eines Vorganges, z. B. Lebensdauer bzw. Halbwertszeit von μ-Mesonen[2]). Ein ruhender Beobachter mißt gemäß den Transformationsgleichungen (3.17) ein größeres Δt:

$$\Delta t = t_2 - t_1 = \frac{t_2' + \dfrac{v}{c^2}x'}{\sqrt{1-\beta^2}} - \frac{t_1' + \dfrac{v}{c^2}x'}{\sqrt{1-\beta^2}} = \frac{\Delta t'}{\sqrt{1-\beta^2}}.$$

Myonen einer Energie von $E = 5\ \text{GeV} = 5 \cdot 10^9\ \text{eV}$ besitzen Geschwindigkeiten, die nur wenig kleiner sind als die Vakuum-Lichtgeschwindigkeit.

Mit Gl. (4.28) findet man $1 - v/c = (E_0/E_{\text{kin}})^2/2$ und mit $E_{\text{kin}} = 5\ \text{GeV}$ sowie $E_0 = 207\ m_0\ c^2 \approx 207 \cdot 0{,}511\ \text{MeV} \approx 10^8\ \text{eV}$

$$1 - \frac{v}{c} = \frac{1}{5000} = 2 \cdot 10^{-4}.$$

Diese geringe Abweichung von der Lichtgeschwindigkeit entspricht einem Faktor der Zeitdehnung von $(1 - \beta^2)^{-1/2} \approx 50$; vgl. Tab. 1, S. 45. Die Ruhmasse der Myonen ist etwa 207mal so groß wie die der Elektronen.

---

[1]) SCHMUTZER, E. [1.61]; LANDSBERG, P. T., und K. A. JOHNS: Nuovo Cimento **52 B** (1967) 28; VAN KAMPEN, H. G.: Physic. Rev. **173** (1969) 295; BALESCU, R.: J. physic. Soc. Japan **26** (1969) Suppl. 313; CALLEN, H., und G. HORWITZ: Amer. J. Physics **39** (1971) 938.

[2]) Besser Myonen, da diese Teilchen zur Familie der Leptonen und nicht zu den Mesonen gehören — im Unterschied zu den π-Mesonen.

Innerhalb einer mittleren Lebensdauer[1]) von $\tau_m = 2{,}2\ \mu$s würden — ohne Berücksichtigung der Zeitdilatation — die Myonen einen (mittleren) Weg von $s \approx c\,\tau_m = 3 \cdot 10^{10}$ cms$^{-1} \cdot 2{,}2 \cdot 10^{-6}$ s, $s \approx 6 \cdot 10^4$ cm $= 600$ m zurücklegen. Die Myonen entstehen durch Höhenstrahlprozesse in der Erdatmosphäre, und zwar in einer Höhe bei etwa 20 km. Bei dem errechneten Weg von 600 m würden sie aber — entgegen der experimentellen Erfahrung — nicht mehr auf der Erdoberfläche beobachtet werden können. Die Schwierigkeit ist sofort behoben, wenn man statt der Eigenzeit $\Delta t'$ des bewegten Systems die Zeit Δt des ruhenden Beobachters zur Berechnung des zurückgelegten Weges s verwendet:

$$ s = v\,\Delta t = \frac{v\,\Delta t'}{\sqrt{1 - \dfrac{v^2}{c^2}}} \approx \frac{v\,\Delta t'}{\sqrt{2}\,\sqrt{1 - \dfrac{v}{c}}} \approx \frac{c\,\Delta t'}{\sqrt{2}\,\sqrt{2 \cdot 10^{-4}}} \approx 33\ \text{km}\ . $$

Nach neueren Messungen beträgt der mittlere Weg der Myonen tatsächlich 38 km, was eine eindrucksvolle Bestätigung der relativistischen Zeitdilatation bedeutet.

Ohne Berücksichtigung der Zeitdilatation müßte die Intensität der Myonen in ca. 20 km Höhe 10^9mal so groß sein wie auf der Erdoberfläche. Tatsächlich aber unterscheiden sich die Intensitäten nur um den Faktor fünf.

9.1.2. Mesonenzerfall im Labor

Im Laboratorium bestimmt man die mittlere Lebensdauer τ der Mesonen[2]) entweder an ruhenden (τ) oder an bewegten (τ_L) Mesonen. Der sich ergebende Unterschied $\tau_L - \tau$ zwischen den Lebensdauern stimmt mit dem aus der relativistischen Beziehung für die Zeitdilatation

$$ \tau_L = \frac{\tau}{\sqrt{1 - \dfrac{v^2}{c^2}}} $$

folgenden Ergebnis überein. Die Mesonen zerfallen während ihres Fluges mit der charakteristischen mittleren Lebensdauer in andere Elementar-

---

[1]) Die Lebensdauer wird z. B. mit Photoemulsionen bestimmt.

[2]) An Stelle der mittleren Lebensdauer τ kann man auch die Halbwertszeit T verwenden: Für das Zerfallsgesetz gilt $N = N_0 \cdot e^{-\lambda t}$. Daraus folgt für die Halbwertszeit T $\left(\text{Bedingung } N = \dfrac{1}{2}\,N_0\right)$ $T = \dfrac{\ln 2}{\lambda}$. Für τ folgt aus $N = \dfrac{1}{e}\,N_0$ die Beziehung $\tau = \dfrac{1}{\lambda}$. Damit ist dann $T = 0{,}693\,\tau$ bzw. $\tau = 1{,}44\,T$.

teilchen. Bei bekannter Energie (Geschwindigkeit) läßt sich die Zahl N der Mesonen berechnen, die nach einer Laufzeit t im Labor noch vorhanden sind, wenn der Weg x zurückgelegt wird. Aus dem Zerfallsgesetz

$$N(t) = N_0 \, e^{-\frac{t}{\tau_L}}$$

folgt mit $v = x/t$

$$N(x) = N_0 \, e^{-\frac{x}{v \, \tau_L}} .$$

Die Geschwindigkeit v wird z.B. mit Szintillationszählern aus Weg-Zeit-Messungen oder aus dem Impuls $p = q \, B \, R$ gemäß (A.35) bestimmt. Aus dieser Beziehung wird τ_L bestimmt, wenn die Meßstrecke x vorgegeben und die Geschwindigkeit v (Energie) der Mesonen bekannt ist. Man mißt zu Beginn der Meßstrecke die Zahl der hindurchtretenden Teilchen N_0 und am Ende der Strecke die noch nicht zerfallenen Teilchen $N(x)$.
Man findet für π^+-Mesonen[1]) der Geschwindigkeit $v = 0{,}75 \, c$ ein Verhältnis der Teilchen $N(x)/N_0 = 1/e$, wenn der (mittlere) Zerfallsweg 8,5 m beträgt. Aus 8,5 m $= 0{,}75 \, c \cdot \tau_L$ folgt dann $\tau_L = 3{,}8 \cdot 10^{-8}$ s.
Diese an bewegten π^+-Mesonen bestimmte mittlere Lebensdauer ist etwa 1,64mal so groß wie die an ruhenden π^+-Mesonen ermittelte Zeit τ. Wenn man mit der Zeit τ rechnete, würde sich ein kürzerer Flugweg ergeben, als tatsächlich beobachtet wird; der mittlere Flugweg wäre unter diesen Bedingungen nur $\dfrac{8{,}5}{1{,}64}$ m $\approx 5{,}2$ m.
Dieser scheinbare Widerspruch löst sich, wenn man die für gleichförmig bewegte Bezugssysteme unterschiedlichen Zeitmaßstäbe τ und τ_L im Sinne der relativistischen Zeittransformation berücksichtigt. Die anzugebende mittlere Lebensdauer wird stets auf das Ruhesystem bezogen. Damit ergibt sich für π^+-Mesonen[2]):

$$\tau = \frac{3{,}8}{1{,}64} \cdot 10^{-8} \text{ s} \approx 2{,}3 \cdot 10^{-8} \text{ s}, \text{ d. h. 23 ns} .$$

In ähnlicher Weise wurde die mittlere Lebensdauer von K-Mesonen experimentell bestimmt und die relativistische Zeitdilatation mit einer Genauigkeit von 5% bestätigt.[3])

---

[1]) DURBIN, R. P., H. H. LOAR and W. W. HAVENS jr.: Physic. Rev. 88 (1952) 179.

[2]) GREENBERG, A. J., und Mitarbeiter: Physic. Rev. Letters 23 (1969) 1267. Die Autoren fanden für π^-- und π^+-Mesonen $\tau = (26{,}04 \pm 0{,}04)$ Nanosekunden.

[3]) BURROWES, H. C., D. O. CALDWELL, D. H. FRISCH, D. A. HILL, D. M. RITSON and R. A. SCHLUTER: Physic. Rev. Letters 2 (1959) 117.

9.2.   Gedankenversuche zur Relativität der Bewegung und zur Gleichzeitigkeit

Im folgenden wird anschaulich gezeigt, daß — wegen der Konstanz von c — für einen ruhenden Beobachter das Zeitgeschehen anders abläuft als für den relativ zu ihm bewegten („Uhren im bewegten System gehen langsamer").

So beschreibt z.B. ein aus einem Flugzeug abgeworfener Gegenstand, auf die Erde bezogen, eine Parabel. Auf das Flugzeug bezogen, ist die Fallkurve eine Gerade. Die Frage: Wie bewegt sich der Gegenstand nun „wirklich", ist — wie man sieht — sinnlos.

Die Relativität der Bewegung soll durch folgendes Beispiel ausführlicher dargelegt werden.

Im Prinzip liegt dieser Betrachtung wieder die Anordnung des Michelson-Versuches zugrunde. Hierbei werden zur „Veranschaulichung" außergewöhnliche Maßstäbe angenommen.

Ein Zug soll sich mit $v = 0,8\,c = 240\,000$ kms^{-1} bewegen.[1]) Ein mitbewegter Beobachter befindet sich an der Spitze des Zuges und beobachtet ein Lichtsignal, das vom Ende des Zuges nach vorn ausgesendet wird. Man könnte die Lichtgeschwindigkeit im ruhenden Zug messen: c_0. Führte man die Messung c in bezug auf den bewegten Zug aus, so würde das Licht offenbar die Geschwindigkeit $300\,000$ kms^{-1} — $240\,000$ kms^{-1} = $60\,000$ kms^{-1} besitzen (in Fahrtrichtung). Gäbe man das Lichtsignal dagegen von der Zugspitze zum Zugende, also entgegengesetzt zur Fahrtrichtung, so würde man in bezug auf den Zug $240\,000$ kms^{-1} + $300\,000$ kms^{-1} = $540\,000$ kms^{-1} „erwarten".

Hieraus wäre zu folgern, daß im ruhenden Zug (System) die Lichtgeschwindigkeit in beiden Richtungen gleich groß wäre, im bewegten Zug (System) aber verschieden groß.

(Mißt man die Geschwindigkeit eines Geschosses *im* Zug, so findet man, daß die Fluggeschwindigkeit in bezug auf den Zug stets gleich ist, gleichgültig ob der Zug ruht oder sich bewegt und in welche Richtung *innerhalb* des Zuges geschossen wird.)

Der Michelson-Versuch bestätigt aber die Relativität der Bewegung auch für die Lichtausbreitung, d. h., c ist konstant und unabhängig von der Richtung und vom Bewegungszustand der Quelle und/oder des Beob-

---

[1]) Der Einfachheit und Übersichtlichkeit wegen wählt man pythagoreische Zahlentripel, z. B. 3, 4, 5; 5, 12, 13; 9, 12, 15.

Damit erhält man für $\gamma = \sqrt{1 - \dfrac{v^2}{c^2}}$ echte Brüche: $v = \dfrac{4}{5}\,c$ ergibt $\gamma = \dfrac{3}{5}$.
Mit $v = \dfrac{\sqrt{3}}{2}\,c$ folgt $\gamma = \dfrac{1}{2}$.

achters. Die Lichtgeschwindigkeit ist für alle Versuchsstationen (Systeme) gleich groß. Man mißt im ruhenden wie im bewegten Zug auch *vom ruhenden Bahnsteig* aus stets den gleichen Wert für die Lichtgeschwindigkeit. *Beispiel für die Relativität der Gleichzeitigkeit*: Ein Zug von der Länge 5400000 km bewege sich geradlinig und gleichförmig mit $v = 240000\,\text{kms}^{-1}$. Es werden Lichtsignale vom mitbewegten Beobachter und vom ruhenden Beobachter (am Bahndamm) analysiert (Abb. 9.1).

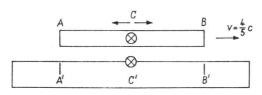

Abb. 9.1

Von der Mitte des Zuges C gehe ein Lichtsignal aus. Ein Beobachter in C stellt fest, daß dieses Signal gleichzeitig in A und B, und zwar nach $t = 9$ s eintrifft:

$$\overline{AC} = \overline{CB} = 2700000\,\text{km}\,, \qquad t = \frac{2700000\,\text{km}}{300000\,\text{kms}^{-1}} = 9\ \text{s}\,.$$

Befände sich der Zug in Ruhe, so wären auch für C' die Ereignisse in A und B gleichzeitig.

Es ist nun zu untersuchen, was C' über das Eintreffen der Lichtsignale in A bzw. B aussagt, wenn sich der Zug ihm gegenüber bewegt. Das Licht breitet sich in bezug auf C' auch bei bewegtem Zug mit $c = 300000\,\text{kms}^{-1}$ aus.

Der Empfänger A bewegt sich mit $v = 240000\ \text{kms}^{-1}$ auf das Lichtsignal zu, so daß C' feststellt, daß das Lichtsignal von C nach A insgesamt

$$t_A' = \frac{2700000\,\text{km}}{(300000 + 240000)\,\text{kms}^{-1}} = 5\ \text{s}$$

benötigte.
Von C nach B hingegen ist das Signal

$$t_B' = \frac{2700000\,\text{km}}{(300000 - 240000)\,\text{kms}^{-1}} = 45\ \text{s}$$

unterwegs. Während der mitbewegte Beobachter C für das Eintreffen der Signale in A und B keinen Zeitunterschied feststellt, bemerkt der Beobacher C' eine Zeitdifferenz von $45\ \text{s} - 5\ \text{s} = 40\ \text{s}$. Es ist also ersichtlich, daß zwei für einen Beobachter C gleichzeitige Ereignisse für den Beobachter C' nicht gleichzeitig sind. Der Begriff der Gleichzeitigkeit ist also relativ. Er hat nur Sinn, wenn angegeben wird, wie sich das System bewegt und wo diese Ereignisse beobachtet werden.

Die errechnete Zeit von 40 s muß noch korrigiert werden, da sich — wie oben bereits vermerkt — ein schnell bewegter Gegenstand in Richtung seiner Bewegung verkürzt. Diese Verkürzung würde ein nichtmitbewegter Beobachter messen. Für den Beobachter auf dem Bahnsteig würde die Länge des Zuges nur 6/10 der Zuglänge des mitbewegten Beobachters betragen. Somit liegen nicht 40 s als Differenz zwischen beiden Signalen, sondern nur 40 s · 6/10 = 24 s.

Die Relativität der Gleichzeitigkeit hängt damit zusammen, daß es eine Grenzgeschwindigkeit gibt. Die Existenz dieser Grenzgeschwindigkeit liegt in der Natur der Dinge selbst; es wird niemals eine größere Signalgeschwindigkeit als die Vakuum-Lichtgeschwindigkeit gefunden werden. Die Längenkontraktion ist als Folge der Relativität der Gleichzeitigkeit zu verstehen.

Das Beispiel des von C ausgehenden Lichtsignals, das in A und B etwa Kontakte betätigen kann, führt nun noch zu folgender Illustration der Relativität der Gleichzeitigkeit. Angenommen, bei A sei der Anzeigekontakt beschädigt, so daß das Eintreffen des Lichtsignals mit Verzögerung, erst 24 s nach dem Start bei C, angezeigt wird. C stellt jetzt fest, daß die Signale nicht mehr gleichzeitig in A und B eintreffen, sondern daß das Signal bei B um 24 s − 9 s = 15 s früher erscheint.

Für den Beobachter C' erscheint jedoch das Signal von A früher als das von B, und zwar stellt er fest, daß es bei A um 40 s − 15 s = 25 s früher als bei B eingetroffen ist. Hierin kommt die Relativität der „Gleichzeitigkeit" zum Ausdruck: Dasselbe Ereignis, das für den einen Beobachter früher ist, erscheint für einen anderen später. Wenn von C' zwei Lichtsignale in A' und B' ausgelöst werden, wobei $\overline{A'C'} = \overline{B'C'}$ ist, sieht der Beobachter C zuerst A' aufblitzen und etwas später B'. Es sei ihm aber bekannt, daß beide Signale gleichzeitig gegeben werden. Dann muß er zu dem Schluß kommen, daß die Strecke $\overline{A'B'}$ etwas kürzer ist als die Strecke $\overline{AB}$. Das aber kann nur die Folge der Bewegung sein; also verkürzen sich bewegte Körper in Bewegungsrichtung. (Für C ist ja die Strecke $\overline{A'B'}$ bewegt.)

Wie man sieht, stellt C eine Kontraktion der Länge $\overline{A'B'}$ fest, während C' die gleiche Kontraktion für die Länge $\overline{AB}$ findet. Die Frage, wer denn nun recht hat und wie die Vorgänge in den einzelnen Systemen nun „wirklich" ablaufen — vom anderen aus beurteilt —, ist genauso sinnlos wie die Frage nach der „wirklichen Bahn" eines vom Flugzeug abgeworfenen Gegenstandes.

Nicht in der Tatsache der Beschreibung der Ereignisse liegt somit das Dilemma, sondern in der Tatsache, daß die Frage, wer von beiden (C oder C') denn nun im Besitz der ,,wahren Gleichzeitigkeit`` sei, sinnlos ist. Beide Beobachter haben ihre eigenen physikalischen Ausdrucksweisen. Sie können einander nur verstehen, wenn sie ein geeignetes ,,Wörterbuch`` besitzen, das sind geeignete Umrechnungsformeln, eben die Lorentz-Transformationen.

9.3. Gedankenversuche zur Relativität von Zeit und Länge (Raum)

Es soll der Gang der Uhren im ruhenden und im bewegten System untersucht werden. Zu diesem Zweck wird ein Zug betrachtet, der mit der Geschwindigkeit $v = 240\,000$ kms^{-1} = 0,8 c von der Station x_1 zur Station x_2 fährt. Der Zug benötigt für diese Strecke von $864\,000\,000$ km die Zeit $t_2 - t_1 = 1$ h. Dieses Zeitintervall ergibt sich durch die auf beiden Stationen angebrachten Uhren.

Der Reisende (mitbewegte Beobachter) stellt hingegen fest, daß seine Uhr, die beim Start in x_1 noch mit der Anzeige der Stationsuhr übereinstimmte, in x_2 aber nur $t_2 - t_1 = 1$ h $\cdot$ 3/5 = 36 min anzeigt, daß seine Uhr also langsamer geworden ist. (Im ruhenden System hätte diese Uhr hingegen einen solchen Gang, daß auch sie $t_2 - t_1 = 1$ h anzeigen würde.)

Die Erklärung dieses Sachverhaltes hängt auch wieder mit der Tatsache zusammen, daß $c =$ const ist. Es wird nun gezeigt, daß ein Lichtstrahl, der im Abteil des bewegten Zuges 6 s unterwegs ist, von der ruhenden Station betrachtet dagegen 10 s unterwegs ist. (Die Lichtgeschwindigkeit ist aber für beide Beobachter gleich.) Zu diesem Zweck wird ein Lichtstrahl betrachtet der zwischen Boden und Dach des Zuges hin- und herreflektiert wird. Dieser Reflexionsweg ist für den Außenbeobachter auf einer ruhenden Station größer als für den mitbewegten Beobachter (vgl. Abb. 9.2).

$\overline{AA'A}$ ist der Weg des Lichtsstrahls für den mitbewegten Beobachter; ABC ist der Lichtweg für den Beobachter vom Bahndamm aus, für den

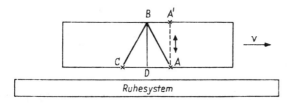

Abb. 9.2

das Licht z.B. 10 s benötige. Der Weg $\overline{ABC}$ hat also die Länge von 300000 kms⁻¹ · 10 s = 3000000 km; das bedeutet: $\overline{AB} = \overline{BC} = c\,t =$ = 1500000 km. Die Seite $\overline{AC}$ des gleichschenkligen Dreiecks ergibt sich aus der Geschwindigkeit des Zuges und dem Ablauf der 10 s: $\overline{AC} =$ = 240000 kms⁻¹ · 10 s = 2400000 km. Die Höhe $\overline{BD}$ dieses überdimensionalen Zuges erhält man gemäß dem pythagoreischen Lehrsatz: $\overline{BD} =$ = $\sqrt{\overline{AB}^2 - \overline{AD}^2}$ = 900000 km. Die zweite Kathete im Dreieck ABD hat die Länge $\overline{AD} = v\,t$.

Der mitbewegte Beobachter mißt also für den Weg der Hin- und Herreflexion 2 · 900000 km. Dafür benötigt das Licht $t = \dfrac{1\,800\,000 \text{ km}}{300\,000 \text{ kms}^{-1}} = 6$ s.
Seine „Uhr" geht also langsamer, denn auf dem Bahndamm sind zwischen dem Start und der Rückkehr des Lichtsignals 10 s verflossen. Dieses Beispiel ist gut geeignet, um die Formel für die Zeitdilatation auf einfache Weise herzuleiten:

$$\overline{AB}^2 = \overline{AD}^2 + \overline{BD}^2\,,$$

$$c^2\,\Delta t^2 = v^2\,\Delta t^2 + c^2\,\Delta t'^2\,,$$

$$\Delta t^2 = \frac{c^2\,\Delta t'^2}{c^2 - v^2} = \frac{\Delta t'^2}{1 - \dfrac{v^2}{c^2}}\,,$$

$$\Delta t = \frac{\Delta t'}{\sqrt{1 - \beta^2}} \qquad \text{(Zeitgeber im bewegten System, Messung im ruhenden System).}$$

Während also nach Stationszeit 1 h vergangen ist, blieb die Uhr des Reisenden um 24 min nach, sie zeigte erst 36 min an: Auf Grund der Beziehung $t = \dfrac{t'}{\sqrt{1 - \dfrac{v^2}{c^2}}}$ erhält man

$$t' = 60 \text{ min } \sqrt{1 - \frac{v^2}{c^2}} = 60 \text{ min } \sqrt{1 - \frac{\left(\dfrac{4}{5}c\right)^2}{c^2}}\,,$$

$$t' = 60 \text{ min} \cdot 3/5 = 36 \text{ min}\,.$$

Man erkennt, daß die bewegte Uhr um so mehr nachbleibt, je größer die Geschwindigkeit v gegenüber c wird. Für $v \to c$ würde $t' \to 0$ folgen, so daß die Zeit für einen mit c bewegten Beobachter stillsteht. Bewegt sich der Zug mit einer Geschwindigkeit, die nur 0,1 % unterhalb von c liegt, so wäre für den Reisenden die Fahrtdauer nur $t' = 1$ min, während die Stations-Fahrtzeit 1 h beträgt, innerhalb der der Zug eine Entfernung von 0,999 · 300 000 km · 3 600 zurückgelegt hätte.

9.4. Zur Relativität der Längenmessung (Lorentz-Kontraktion)

Die Maße eines Körpers sind vom Beobachtungsort (System) abhängig. Die Vorstellung einer „absoluten Länge" muß aufgegeben werden. Sie trifft zwar mit einer gewissen Näherung zu, wenn die Relativgeschwindigkeit zweier Systeme im Vergleich zur Lichtgeschwindigkeit klein ist. Bei großen Geschwindigkeiten (im Vergleich zu c) tritt dagegen die Relativität der Längenauffassung sehr deutlich hervor.

Das folgende Beispiel zeigt, daß die gemessenen Längen (Wege) vom Bewegungszustand abhängig sind. Es wird wieder der überdimensionale Zug und ein Bahnsteig, der 2 400 000 km lang sei, betrachtet. Diese Länge ist von einem Beobachter auf dem Bahnsteig gemessen worden. Es erhebt sich die Frage, da ja die Zeit für den mitbewegten Beobachter (Reisenden) langsamer abläuft, ob er dieselbe Länge für diesen Bahnsteig mißt.

Der Zug passiert den Bahnsteig nach Messung des ruhenden Beobachters mit seiner Stationsuhr in der Zeit $t = \dfrac{2\,400\,000 \text{ km}}{240\,000 \text{ kms}^{-1}} = 10 \text{ s}$.

Der bewegte Beobachter mißt nicht 10 s, sondern — wie gezeigt wurde — nur 6 s. Daraus folgert der bewegte Beobachter, daß der Bahnsteig kürzer als 2 400 000 km ist, nämlich daß er nur eine Länge von 240 000 kms^{-1} · 6 s = 1 440 000 km besitze. Der Bahnsteig ist also für den Reisenden im Verhältnis 6:10 kürzer geworden. Umgekehrt mißt der ruhende Beobachter, daß sich der Zug im Verhältnis 6:10 verkürzt habe. Die Frage, welche von beiden Messungen denn nun der Wirklichkeit entspreche, ist genauso sinnlos wie die oben erwähnte Frage nach der „wirklichen Bewegung" eines aus dem Flugzeug abgeworfenen Gegenstandes.

Nach der Lorentz-Kontraktion würde einem bewegten Beobachter eine ruhende Kugel als Ellipsoid erscheinen, also in Bewegungsrichtung zusammengedrückt. Für die kugelförmige Ausbreitung von Lichtwellen gilt — auf Grund der Lorentz-Transformation — diese Feststellung nicht.

Eine Gegenüberstellung der Beziehungen für die Längenkontraktion zeigt, warum dem Reisenden der Bahnsteig verkürzt und dem Bahnsteigbeobachter der Zug verkürzt erscheint:

1. Fall :

Ortsfester Signalgeber, Messung der Zeiten im bewegten System

$$t_1' = \frac{t_1 - \frac{v}{c^2} x_1}{\sqrt{1 - \beta^2}}, \quad t_2' = \frac{t_2 - \frac{v}{c^2} x_2}{\sqrt{1 - \beta^2}}$$

$$t_2' - t_1' = \frac{t_2 - t_1 - \frac{v}{c^2}(x_2 - x_1)}{\sqrt{1 - \beta^2}} \quad \text{mit} \quad x_1 = x_2$$

$$\Delta t' = \frac{\Delta t}{\sqrt{1 - \beta^2}}.$$

2. Fall:

Bewegter Signalgeber, Messung der Zeiten im ruhenden System

$$t_1 = \frac{t_1' + \frac{v}{c^2} x_1'}{\sqrt{1 - \beta^2}}, \quad t_2 = \frac{t_2' + \frac{v}{c^2} x_2'}{\sqrt{1 - \beta^2}}$$

$$t_2 - t_1 = \frac{t_2' - t_1' + \frac{v}{c^2}(\dot{x}_2' - x_1')}{\sqrt{1 - \beta^2}} \quad \text{mit} \quad x_1' = x_2'$$

$$\Delta t = \frac{\Delta t'}{\sqrt{1 - \beta^2}}.$$

Die beiden Formeln sind also nicht identisch („Uhrenparadoxon").
So ist es zu erklären, daß dem ruhenden Beobachter der bewegte Zug und
dem bewegten Beobachter der ruhende Bahnsteig verkürzt erscheint.

9.5.   Gedankenversuch zum Grundprinzip c = const

An einem Ort im Weltraum mögen sich zwei Beobachter A und B sowie
eine Lichtquelle befinden, die ein Signal aussendet.
In dem Augenblick, da das Signal von A aus startet, verläßt B ebenfalls
seinen Platz und eilt (mit 2/3 c) dem Signal hinterher. Nach $t = 4$ s liege
folgender Zustand vor (Abb. 9.3):

Abb. 9.3

Von A aus beurteilt, befindet sich die Wellenfront (das Signal) in C, also insgesamt 1 200 000 km entfernt. Von A aus beurteilt, befindet sich B 400 000 km von C entfernt. A ermittelt demnach eine Lichtgeschwindigkeit von

$$\frac{1\,200\,000 \text{ km}}{4 \text{ s}} = 300\,000 \text{ kms}^{-1}.$$

Eine solche Rechnung soll nun auch B vornehmen: B findet als Geschwindigkeit nur

$$\frac{400\,000 \text{ km}}{4 \text{ s}} = 100\,000 \text{ kms}^{-1}.$$

(B macht über A keine Aussagen; B weiß nicht, wie schnell er ist. Nach der Relativitätstheorie gilt für den bewegten Beobachter ein anderes Zeitmaß!)
Es ist aber eben grundsätzlich nicht feststellbar, wer „in Ruhe bleibt" und wer sich bewegt. Es könnte bei diesem Gedankenversuch genausogut doch B in Ruhe bleiben, während A und C sich von ihm wegbewegen! Dann ergibt sich folgendes, von B aus beurteilt: Nach 3 s bestimmt B die Entfernung zu C und findet 900 000 km und damit als Lichtgeschwindigkeit

$$\frac{900\,000 \text{ km}}{3 \text{ s}} = 300\,000 \text{ kms}^{-1} \text{ (Abb. 9.4)}.$$

A   B   C

Abb. 9.4

Der Beobachter A, der sich nun „nach der anderen Seite" bewegt habe, stellt fest, daß sich C von ihm 1 500 000 km entfernt befindet ($\overline{AB} = 600\,000$ km, $\overline{AC} = 1\,500\,000$ km). Er ermittelt demnach als Lichtgeschwindigkeit

$$\frac{1\,500\,000 \text{ km}}{3 \text{ s}} = 500\,000 \text{ kms}^{-1},$$

was mit dem Ergebnis von B nicht übereinstimmt. Hier tritt die Schwierigkeit anschaulich auf, die EINSTEIN löste:
Was heißt es denn eigentlich, wenn man sagt, A und B ermitteln *zu gleicher Zeit* die Entfernung zwischen ihren Standorten und C; und was heißt *gleichzeitig*, wenn die beiden Beobachter, für die „die gleiche Zeit" gemeint ist, weit voneinander entfernt sind.

Einfacher ausgedrückt, man hat zu fordern, daß sich für A und B durch ihre Messungen immer derselbe Wert $c = 300000\ \text{kms}^{-1}$ ergibt, d. h., die Zeiten für A und B müssen eben so ablaufen, daß sich stets dieses Ergebnis einstellt. (Damit gibt man den alten Begriff der Gleichzeitigkeit auf, der eine unendlich hohe Geschwindigkeit voraussetzt, die es ja nicht gibt.) Für A muß demzufolge die Zeit anders ablaufen als für B. Der Ablauf der Zeit hängt für jeden Beobachter von der relativen Geschwindigkeit zwischen den Systemen (A und B) sowie von der Lichtgeschwindigkeit ab. Die obigen Divisionen, die $c \neq 300000\ \text{kms}^{-1}$ ergaben, sind also im Sinne der Relativitätstheorie falsch.

9.6. Die Verbindung der Relativitätstheorie mit der Quantentheorie durch DE BROGLIE

Im S'-System ruhe ein Korpuskel der Masse m_0. Ein im System S befindlicher Beobachter mißt — wenn die Relativgeschwindigkeit zwischen beiden Systemen v ist — die Masse

$$m = \frac{m_0}{\sqrt{1 - \dfrac{v^2}{c^2}}} \,.$$

Dem (in S') ruhenden Korpuskel sei eine (stationäre) Welle der Frequenz ν' zugeordnet, die in jedem Punkt x' die gleiche Phase hat (ebene Welle). Gemäß der Quantentheorie kommt dem Schwingungsvorgang eine Energie $h\,\nu'$ zu und dieser Energie — wegen der Äquivalenzbeziehung $E = m_0\,c^2$ — auch eine Masse. Es ist

$$h\,\nu' = m_0\,c^2 \,. \tag{9.1}$$

Für die Schwingungsamplitude im gestrichenen System gilt

$$\Psi = \Psi_0 \sin 2\,\pi\,\nu'\,t' \,. \tag{9.2}$$

Der Beobachter im ungestrichenen System findet

$$\Psi = \Psi_0 \sin 2\,\pi \frac{\nu'}{\sqrt{1 - \dfrac{v^2}{c^2}}} \left(t - \frac{v}{c^2}x\right), \tag{9.3}$$

d. h., er mißt eine veränderte Frequenz

$$\nu = \frac{\nu'}{\sqrt{1 - \dfrac{v^2}{c^2}}} = \frac{m_0\,c^2}{h\,\sqrt{1 - \dfrac{v^2}{c^2}}} \,; \tag{9.4}$$

die Phasengeschwindigkeit ergibt sich gemäß (9.3) zu

$$u = \frac{c^2}{v}.$$ (9.5)

Die Wellenlänge ist

$$\lambda = \frac{u}{\nu} = \frac{c^2}{v} \frac{h \sqrt{1 - \frac{v^2}{c^2}}}{m_0 c^2} = \frac{h}{m v}.$$ (9.6)

Das ist die de-Brogliesche „Materiewellenlänge".
Auf diese Weise folgerte DE BROGLIE aus der Relativitätstheorie die nach ihm benannte Beziehung, die experimentell exakt bestätigt ist, z. B. bei Beugungsversuchen mit Elektronen oder Neutronen.

9.7. Phasen- und Gruppengeschwindigkeit einer Welle als Folgerung aus der Lorentz-Transformation

Für einen ruhenden Beobachter im gestrichenen System sollen an den Punkten x_1' und x_2' zwei Schwingungen mit gleicher Phase auftreten; gleichzeitig sei die Amplitude Null, wenn $t_2' = t_1'$.
Für einen im ungestrichenen System ruhenden Beobachter sind die Zeiten $t_2 \neq t_1$, d. h. $\Delta t = t_2 - t_1 \neq 0$.
Das ergibt sich aus den Transformationsformeln:

$$t_1 = \frac{t_1' + \frac{v}{c^2} x_1'}{\sqrt{1 - \beta^2}} \quad \text{und} \quad t_2 = \frac{t_2' + \frac{v}{c^2} x_2'}{\sqrt{1 - \beta^2}},$$

wonach

$$\Delta t = t_2 - t_1 = \frac{\frac{v}{c^2} (x_2' - x_1')}{\sqrt{1 - \beta^2}} = \frac{v}{c^2} (x_2 - x_1) = \frac{v}{c^2} \Delta x$$

ist.
Die Schwingungen, die in jedem Punkt x' (des gestrichenen Systems) mit gleicher Phase erfolgen, erscheinen dem ruhenden Beobachter (in S) als eine Welle, in der jeder Punkt mit einer Phasenverschiebung gegen seinen Nachbarn schwingt. In der Zeit $\Delta t = T$ schreitet diese Welle um $\Delta x = \lambda$ fort: T ist die Schwingungsdauer und λ der Abstand zwischen den Punkten der Welle, die in gleicher Phase schwingen; λ ist also die Wellenlänge und

$1/T = \nu$ die Frequenz. Man erhält somit

$$\Delta t = T = \frac{1}{\nu} = \frac{v}{c^2}\lambda$$

und daraus

$$\lambda\,\nu = \frac{c^2}{v}\,.$$

Dabei ist $\lambda\,\nu = u$ die Phasengeschwindigkeit der Welle.
Damit folgt die wichtige Beziehung (9.5)

$$u = \frac{c^2}{v} \quad \text{oder} \quad u\,v = c^2\,.$$

Die Phasengeschwindigkeit u kann größer als c werden; hingegen kann v niemals größer als c werden.
Die Phasengeschwindigkeit u findet man auch aus der Verknüpfung der quantenphysikalischen und relativistischen Beziehungen für Energie E und Impuls p

$$E = \frac{m_0\,c^2}{\sqrt{1 - \dfrac{v^2}{c^2}}} = h\,\nu \; ; \tag{9.7}$$

$$p = \frac{m_0\,v}{\sqrt{1 - \dfrac{v^2}{c^2}}} = \frac{h}{\lambda} \; ; \tag{9.8}$$

$$u = \frac{E}{p} = \frac{h\,\nu}{h/\lambda} = \frac{c^2}{v}\,. \tag{9.9}$$

Für Licht ist $u = E/p = c$, also auch $v = c$. In diesem Fall sind Phasen- und Gruppen- bzw. Signalgeschwindigkeit gleich.
Wenn $u > c$ ist, so liegt durchaus kein Widerspruch zur SRT vor; denn diese sagt aus, daß nur eine mit Energietransport verbundene Geschwindigkeit v (Gruppen- oder Signalgeschwindigkeit) höchstens gleich c sein kann. Mit der Phasengeschwindigkeit u kann keine Energie übertragen werden; nur für Photonen im Vakuum ist $u = c$.

9.8. Überlichtgeschwindigkeit und Tachyonen

Im vorstehenden ist wiederholt darauf hingewiesen worden, daß die größtmögliche Korpuskulargeschwindigkeit, Gruppen- und Signalgeschwindigkeit die Vakuum-Lichtgeschwindigkeit c ist. Es kann also keine Energie- oder Signalgeschwindigkeit mit $v > c$ geben.

Zu den Überlichtgeschwindigkeiten, die in der Physik auftreten, muß zunächst folgendes festgestellt werden:

1. Es ist möglich, daß in einem Medium mit dem Brechungsindex $n > 1$ z. B. Elektronen eine größere Geschwindigkeit haben können als die Lichtgeschwindigkeit c_M in diesem Medium: $v > c_M$. Allerdings ist im Vakuum ($n = 1$) stets $v < c$ erfüllt, was dem Inhalt des „Prinzips von der Konstanz der Lichtgeschwindigkeit" entspricht; hierbei ist stets die Vakuum-Lichtgeschwindigkeit gemeint.

Dringt ein energiereiches, elektrisch geladenes Teilchen mit der Geschwindigkeit $v > c_M$ in ein Medium ein, in dem die Phasengeschwindigkeit des Lichtes $c_M = c/n$ beträgt, so tritt die Tscherenkow-Strahlung auf, die innerhalb des Winkelbereiches α zu beobachten ist: $\cos\alpha = c/n\,v$; hierin ist α der Winkel zwischen der Flugrichtung des Teilchens und der Richtung des Tscherenkow-Lichtes. Die in diesem Sinne zu verstehende „Überlichtgeschwindigkeit eines Teilchens" ist also kleiner als die Vakuum-Lichtgeschwindigkeit.

2. In der Optik sind Medien bekannt, die für einen bestimmten Wellenlängenbereich einen Brechungsindex $n < 1$ besitzen. In diesem Fall treten Phasengeschwindigkeiten u auf, die größer als die Vakuum-Lichtgeschwindigkeit sind.

Allerdings lassen sich mit Phasengeschwindigkeiten keine Signale übermitteln. Die Signalgeschwindigkeit bleibt — in Übereinstimmung mit der Relativitätstheorie — für alle Medien (incl. Vakuum) $\leqq c$. Für Röntgenstrahlen ist ebenfalls $n < 1$.

3. Überlichtgeschwindigkeiten treten als frequenzabhängige Phasengeschwindigkeiten von Materiewellen auf. Zwischen der korpuskularen Geschwindigkeit v eines Teilchens und der Phasengeschwindigkeit u seiner de-Broglie-Welle gilt die Beziehung $v\,u = c^2$.

Da die Bahngeschwindigkeit v des Teilchens stets kleiner als c ist, folgt $u > c$. Aus dem allgemeinen Zusammenhang zwischen der Gruppen- und der Phasengeschwindigkeit (u_g und u)

$$\frac{1}{u_g} = \frac{1}{u} - \frac{v}{u^2}\frac{du}{dv} = \frac{d}{dv}\left(\frac{1}{\lambda}\right)$$

läßt sich zeigen (Aufgabe 10.4.), daß $u_g = v$ ist. Es ist stets $u_g < c$ und $v < c$. Nur im Falle von Licht gilt $u = c = v$.

4. Gäbe es einen *ideal starren Körper*, so könnten sich Wirkungen mit Überlichtgeschwindigkeit ausbreiten. Wegen der Tatsache, daß stets $v < c$ ist, und wegen der Massenveränderlichkeit existiert nach den Erkenntnissen der SRT kein ideal starrer Körper. Betrachtet man einen um ein Drehzentrum rotierenden materiellen (sehr langen) Stab, so

würde für einen Punkt dieses Stabes im Abstand $r > 1$ km $= 10^3$ m
bei einer Kreisfrequenz $\omega = 3 \cdot 10^5$ s^{-1} eine Kreisbahngeschwindigkeit
$v = \omega\, r$, also $v > c$ folgen, was aber ausgeschlossen ist.
Ein bewegtes materielles Dreieck hat im System S andere Winkel als
im System S'; siehe hierzu die Transformationen der Winkelfunk-
tionen Gl. (6.19). Damit ist gezeigt, daß es keinen ideal starren Körper
gibt und die Signalgeschwindigkeiten stets $v \leqq c$ bleiben.

5. Überlichtgeschwindigkeiten sind als (geometrische) Schnittpunktge-
schwindigkeiten $v_S > c$ denkbar. Als Versuchsanordnung wähle man
einen in der x,y-Ebene um $x = -a$, $y = 0$ rotierenden Zeiger. Dieser
Zeiger überstreiche die y-Achse.
Der Schnittpunkt mit der y-Achse wandert mit zunehmender Geschwin-
digkeit zu höheren y-Werten und kann — bei durchaus endlicher Länge
— für Winkel nahe $\pi/2$ Überlichtgeschwindigkeit erreichen.
Auch in diesem Fall wird das Gesetz der Lichtgeschwindigkeit im
Vakuum als Grenzgesetz für die Signalübermittlung nicht verletzt. Je
zwei aufeinander folgende Schnittpunkte stehen in keinem kausalen
Zusammenhang. Die Höchstgeschwindigkeit für die Ausbreitung einer
Ursache-Wirkung-Kette bleibt die Vakuum-Lichtgeschwindigkeit.
Ein rotierender Laserstrahl mit einer Umdrehung je Sekunde überstreiche
den Mond in einer Entfernung von 400 000 km. Der Lichtfleck „wandert"
dann über je zwei Orte auf dem Mond mit $v = r\,\omega = 400\,000$ kms^{-1}, also
mit $v > c$. Eine Signalübertragung von einem Mondort zu einem zweiten
mit Überlichtgeschwindigkeit ist aber dadurch nicht gegeben. Die Signalgeschwindigkeit bleibt stets $v \leqq c$.

In einer Arbeit von G. FEINBERG[1]) wurde untersucht, ob sich Widersprüche
zur Relativitätstheorie und damit zu den gültigen Naturgesetzen ergeben
könnten, wenn es „Teilchen" gäbe, die eine größere Geschwindigkeit als c
hätten. Diese hypothetischen „Teilchen" mit $v/c > 1$, Tachyonen[1]) genannt,
sind zunächst reine Gedankengebilde.
Diese hypothetischen Gebilde stehen nicht im Widerspruch zur SRT. Nach
wie vor gilt für alle Massen und Signale $v < c$. Es wird keinen Austausch
von Tachyonen-Signalen, etwa einen Tachyonen-Funk, geben.

---

[1]) FEINBERG, G.: „Possibility of Faster-Than-Light Particles." Physic. Rev.
Letters (1967) 1089. — Sci. American 222 (1970), H. 2, 68.
Weitere Literatur über Tachyonen:
BILANIUK, O. M., V. K. DESHPANDE, and E. C. G. SUDARSHAN: „Meta"
Relativity. Amer. J. Physics 30 (1962) 718.
THOOLESS, D. J.: Causality and Tachyons. Nature 224 (1969) 506.
BANFORD, G. A., D. L. BOOK, and W. A. NEWCOMB: The Tachyonic Anti-
telephone. Physic. Rev. 2 (1970) 263.
GLÜCK, M.: On the Existence of Tachyons. Nuovo Cimento 1 A (1971) 467.

Die Schranke $v = c$ ist sowohl für Teilchen mit Unterlichtgeschwindigkeit als auch für Tachyonen mit $V > c$ unüberschreitbar.[1]) Jede Abbremsung der Tachyonen auf $v = V \leqq c$ würde der SRT widersprechen. Diese hypothetischen Gebilde sollen — wenn sie überhaupt existieren — nur im Bereich $V > c$ vorkommen.

Für Photonen, die nur mit $v = c$ existieren, ist die Ruhmasse $m_0 = 0$; für Tachyonen hingegen ergibt sich eine imaginäre Ruhmasse $m_0 = i\,\mu_0$ (μ ist reell). Diese Tatsache ist wie $m_0 = 0$ physikalisch bedeutungslos, da in beiden Fällen der Ruhezustand nicht realisierbar ist.

Die relativistischen Beziehungen für Energie und Impuls

$$E = \frac{m_0\,c^2}{\sqrt{1 - \beta^2}}, \quad p = \frac{m_0\,v}{\sqrt{1 - \beta^2}}$$

bleiben für $B = \beta > 1$ — wenn man imaginäre Ruhmassen zuläßt — reell:

$$E = \frac{\mu_0\,c^2}{\sqrt{B^2 - 1}}, \quad p = \frac{\mu_0\,c\,B}{\sqrt{B^2 - 1}}.$$

Für die Tachyonen wird statt β das Symbol B und statt v das Symbol V verwendet.

Aus diesen Gleichungen folgt, daß E und p mit wachsender Geschwindigkeit der Tachyonen abnehmen und für $v \to \infty$ gilt: $E \to 0$ und $p \to \mu_0\,c$.

Beim relativistischen Additionstheorem der Geschwindigkeiten finden zwei Beobachter, die sich mit der Relativgeschwindigkeit $v < c$ bewegen, keinen Widerspruch zur SRT, denn beide finden für ein und dasselbe Tachyon $V > c$ bzw. $V' > c$ (vgl. Aufgabe 3.10.).

Die Diskussion des Zeitablaufes der Tachyonenbewegung führt im Zusammenhang mit dem Kausalgesetz zu der Hypothese von Antitachyonen.

Wendet man die Lorentz-Transformation auf ein Zeitintervall an, in dem ein Tachyon beobachtet wird, so gilt

$$\Delta t' = \left(\Delta t - \frac{v}{c^2}\,\Delta x\right) k$$

und wegen $x = V\,\Delta t$; $\Delta x = x_2 - x_1$; $\Delta t = t_2 - t_1$

$$\Delta t' = \Delta t\left(1 - \frac{v\,V}{c^2}\right) k\,.$$

Wegen $V > c$ kann man auch $v\,V > c^2$ erreichen.

---

[1]) Bezüglich der Lichtbarriere unterscheidet man: $v < c$ Tardyonen, $v = c$ Luxonen (Photon, Neutrino), $v > c$ Tachyonen.

Damit aber erhält $\Delta t'$ das entgegengesetzte Vorzeichen wie Δt. Für den S'-Beobachter erweist sich demnach der Zeitablauf umgekehrt wie für den S-Beobachter.

Aus der Beziehung $\Delta t'/\Delta t = E'/E = (1 - v\,V/c^2)\,k$ erkennt man, daß der Beobachter S eine positive Energie mißt, der Beobachter S' eine negative Energie messen kann — falls $v\,V/c^2 > 1$.

Das bedeutet gemäß der Diracschen Löchertheorie, daß es sich bei Teilchen mit negativer Energie um Antiteilchen handelt. Somit ist auch die vermeintliche Zeitumkehr aufgeklärt: Wenn S am Ort x_1 zur Zeit $t_1 < t_2$ die Emission eines Tachyons mit positiver Energie E und am Ort x_2 zur Zeit t_2 die Absorption feststellt, so findet S' in einem für *ihn* früheren Zeitpunkt $t_2' < t_1'$ die Emission eines Antitachyons und in dem für *ihn* späteren Zeitpunkt t_1' dessen Absorption.

Danach ist die Absorption eines Tachyons gleichwertig der Emission eines Antitachyons.

Die Signalübertragung mit $V = v > c$ bleibt grundsätzlich unmöglich, da die Beobachter nicht mehr durch die Lorentz-Transformation verbunden sein können. Die Lorentz-Invarianz des Naturgeschehens wäre in Frage gestellt; die Lichtgeschwindigkeiten wären für relativ bewegte Beobachter verschieden. Das aber widerspricht der experimentellen Erfahrung.

Die Tachyonenhypothese widerspricht nicht dem speziellen Relativitätsprinzip, aus dem folgt, daß die Lichtgeschwindigkeit für $v \to V$ und für $V \to v$ eine Barriere darstellt: Ein Teilchen kann nicht auf Überlichtgeschwindigkeit beschleunigt werden; ein Tachyon kann nicht auf Unterlichtgeschwindigkeit gebracht werden.

Allerdings würden Tachyonen dem Einsteinschen Kausalitätsprinzip widersprechen: Von zwei wirkungsmäßig verbundenen Ereignissen E_1 und E_2 muß E_1 die Ursache von E_2 sein und zeitlich früher stattfinden.

Diese zeitliche Reihenfolge von Ursache und Wirkung besteht aber nur dann, wenn die Ereignisse „zeitartig" oder „lichtartig" zueinander liegen (Abb. 5.4).

Verbindungen zweier Ereignisse durch Überlichtteilchen (Tachyonen) liegen „raumartig" zueinander.

Zwischen „raumartig" gelegenen Ereignissen kann es nach Einstein keinen Wirkungs- oder Signalaustausch geben, da in diesem Fall das Kausalitätsprinzip verletzt wird.

Die bisherige experimentelle Suche nach Tachyonen[1]) ist ergebnislos verlaufen. Man suchte z. B. nach einer Tscherenkow-Strahlung von Tachyonen, die bei der Absorption von Gamma-Quanten entstehen sollten.[2]) Hierbei bleibt die Frage offen, ob es möglicherweise ungeladene Tachyonen gibt, die demzufolge keinen Tscherenkow-Effekt zeigen.

[1]) Physic. Rev. Letters Febr. 1970 S, 69.
[2]) ALVÄGER, T., and M. N. KREISLER: Phys. Rev. **171** (1968) 1357.

Es wurde u. a. auch eine Fülle experimenteller Daten von Reaktionen bei Elementarteilchen geprüft, ob die Energie-Masse-Bilanzen bzw. Energie-Impuls-Bilanzen stimmen. Da Tachyonen eine imaginäre Ruhmasse besitzen, ist das Quadrat dieser Teilchenmasse negativ, was sich bei Anwendung des Energie-Impuls-Satzes bemerkbar machen müßte.
Die Existenz von Tachyonen konnte damit experimentell nicht bewiesen werden, aber sie ist auch nicht völlig widerlegt, jedoch sehr in Frage gestellt.
Die moderne Physik kennt weitere hypothetische Teilchen: Quarks (als ,,Bestandteile" der Mesonen und Baryonen), intermediäre W-Bosonen (als Träger des Feldes der schwachen Wechselwirkung beim Beta-Zerfall) und die magnetischen Monopole, deren Existenz ebenfalls experimentell nicht erwiesen ist. Die Nichtexistenz hypothetischer-Teilchen kann durch Experimente nicht bewiesen werden, sondern einzig und allein durch logisch begründete Untersuchungen.

9.9.   Kernphysikalische Prozesse im Labor- und Schwerpunktsystem

Betrachtungen im Labor- und Schwerpunkt-System haben in der Kernphysik und vor allem in der Hochenergiephysik große Bedeutung. Für Kernreaktionen ist der im Schwerpunktsystem auftretende Energiewert maßgeblich, der sich auf die umzuwandelnde Energie bezieht. Die Messungen der hochenergetischen Prozesse erfolgen im allgemeinen im Laborsystem. Deshalb spielt die Kenntnis des Zusammenhangs beider Systeme, die Inertialsysteme darstellen, eine große Rolle.
Das Schwerpunktsystem ist ein Inertialsystem, in dem der Schwerpunkt der gemeinsamen Bewegung in Ruhe bleibt.
Das Laborsystem ist ein Inertialsystem, in dem das gestoßene Teilchen (z. B. ein Target), das vor dem Stoß ruht, als Ruhesystem betrachtet wird.
Physikalische Vorgänge können völlig gleichberechtigt sowohl im Labor- als auch im Schwerpunktsystem dargestellt werden. In vielen Fällen erweist sich die Berechnung der Energiebilanz, z.B. bei unelastischen Stößen, im Schwerpunktsystem als einfacher und übersichtlicher.
Insbesondere ist es in der Hochenergiephysik zweckmäßig, sich bei der Betrachtung von Stoßvorgängen des Schwerpunktsystems zu bedienen. Für die naturgemäß auftretenden hohen Teilchengeschwindigkeiten ist bei den Berechnungen im Schwerpunktsystem die nichtlineare Addition der Geschwindigkeiten zu beachten.
Das wesentliche Ziel der nachstehenden Betrachtungen ist es zu zeigen, daß bei der Erzeugung eines Antiteilchens aus einer unelastischen Stoß-reaktion die kinetische Energie der auf ein Target geschossenen Teilchen z. T. beträchtlich höher liegen muß, als es die Ruhenergie des erzeugten

Antiteilchens erfordert. Das erklärt z. B. die Frage, warum man zur Erzeugung von Antiprotonen etwa 5,6 GeV benötigt, obwohl die Ruhenergie nur 0,938 GeV beträgt.

Speziell wird im folgenden eine zu kernphysikalischen Zwecken für Berechnungen im Schwerpunkt- und Laborsystem wichtige Energiebeziehung hergeleitet und diskutiert.

Bei wachsenden Teilchenenergien wird die Ausnutzung dieser Energien immer unökonomischer. Für Energieumsetzungen ist nur der im Schwerpunktsystem vorhandene Teil der Energie reagierender Teilchen verfügbar.

Werden Teilchen auf ein ruhendes Target geschossen, so steigt bei kleinen Energien ($E_{\text{kin}} \ll E_0$) die für Kernreaktionen verfügbare Energie proportional zur Energie des betreffenden Beschleunigers an, bei großen Energien ($E_{\text{kin}} \gg E_0$) hingegen nur noch proportional zur Quadratwurzel der Beschleunigungsenergie.

Es wird der einfachste Fall des zentralen Stoßes eines beschleunigten Teilchens auf ein zweites betrachtet, das im Laborsystem ruht. Für relativistische Teilchen gilt das Einsteinsche Additionstheorem der Geschwindigkeiten in der Form — vgl. (3.22) —

$$v = \frac{2\,v'}{1 + \left(\dfrac{v'}{c}\right)^2} \,. \tag{9.10}$$

Hierin ist v die Geschwindigkeit des Teilchens im Laborsystem und v' die Geschwindigkeit im Schwerpunktsystem.

Aus der relativistischen Beziehung (4.17) für die kinetische Energie

$$E_{\text{kin}} = e\,U = E_0 \left(\frac{1}{\sqrt{1 - \dfrac{v^2}{c^2}}} - 1 \right) \quad \text{mit} \quad E_0 = m_0\,c^2$$

folgt für das Schwerpunktsystem

$$\frac{v'}{c} = \frac{\sqrt{\left(\dfrac{e\,U'}{E_0}\right)^2 + 2\,\dfrac{e\,U'}{E_0}}}{1 + \dfrac{e\,U'}{E_0}} \tag{9.11}$$

und für das Laborsystem

$$\frac{v}{c} = \frac{\sqrt{\left(\dfrac{e\,U}{E_0}\right)^2 + 2\,\dfrac{e\,U}{E_0}}}{1 + \dfrac{e\,U}{E_0}} \,. \tag{9.12}$$

Wenn mit Hilfe der Gleichungen (9.11) und (9.12) v' und v aus Gl. (9.10) eliminiert werden, erhält man schließlich die im Schwerpunktsystem verfügbare Energie

$$E_\mathrm{S} = 2\,E_0\left(\sqrt{1 + \frac{e\,U}{E_0}} - 1\right).$$

Im einzelnen sind folgende Rechenschritte erforderlich: Aus Gl. (9.10) folgt

$$\left(\frac{v'}{c}\right)^2 - 2\left(\frac{v'}{c}\right)\frac{c}{v} + 1 = 0,$$

also

$$\frac{v'}{c} = \frac{c}{v} \pm \sqrt{\left(\frac{c}{v}\right)^2 - 1}\;.$$

Hierin ist nur die negative Wurzel physikalisch sinnvoll, da wegen $c/v > 1$ andernfalls $v'/c > 1$ wäre.
In

$$\frac{v'}{c} = \frac{c}{v}\left(1 - \sqrt{1 - \frac{v^2}{c^2}}\right)$$

substituiert man für c/v den Ausdruck von Gl. (9.12) und für die Wurzel $\sqrt{1 - v^2/c^2}$ den Bruch $1\Big/\left(1 + \dfrac{e\,U}{E_0}\right)$. Dann erhält man

$$\left(\frac{v'}{c}\right)^2 = \frac{\left(1 + \dfrac{e\,U'}{E_0}\right)^2}{\left(\dfrac{e\,U}{E_0}\right)^2 + 2\,\dfrac{e\,U}{E_0}}\left(1 - \frac{1}{1 + \dfrac{e\,U}{E_0}}\right)^2$$

$$\left(\frac{v'}{c}\right)^2 = \frac{\left(\dfrac{e\,U}{E_0}\right)^2}{\left(\dfrac{e\,U}{E_0}\right)^2 + 2\,\dfrac{e\,U}{E_0}} = \frac{1}{1 + 2\,\dfrac{E_0}{e\,U}}\,.$$

Kombiniert man diesen Ausdruck mit Gl. (9.11), so folgt:

$$\left(\frac{v'}{c}\right)^2 = \frac{1}{1 + 2\,\dfrac{E_0}{e\,U}} = \frac{\left(\dfrac{e\,U'}{E_0}\right)^2 + 2\,\dfrac{e\,U'}{E_0}}{\left(1 + \dfrac{e\,U'}{E_0}\right)^2}\,.$$

Hieraus erhält man die quadratische Gleichung

$$\left(\frac{e\,U'}{E_0}\right)^2 + 2\,\frac{e\,U'}{E_0} - \frac{e\,U}{2\,E_0} = 0\,,$$

also

$$\frac{e\,U'}{E_0} = -1 \pm \sqrt{1 + \frac{e\,U}{2\,E_0}}\,.$$

Hier ist nur die positive Wurzel physikalisch sinnvoll, da andernfalls die Energie stets negativ wäre.
Es folgt also schließlich

$$e\,U' = E_0\left(\sqrt{1 + \frac{e\,U}{2\,E_0}} - 1\right).$$

Wenn zwei Teilchen mit einer im Schwerpunktsystem verfügbaren Energie von je $e\,U'$ betrachtet werden, ist $E_S = 2\,e\,U'$, also

$$E_S = 2\,e\,U' = 2\,E_0\left(\sqrt{1 + \frac{e\,U}{2\,E_0}} - 1\right). \tag{9.13}$$

In allgemeinerer Form lautet diese Beziehung für die verfügbare Energie

$$E_S = (m_T + m_K)\,c^2\left(\sqrt{1 + \frac{2\,m_K\,E_L}{(m_T + m_K)^2\,c^2}} - 1\right). \tag{9.14}$$

In Gl. (9.14) bedeuten E_L die im Laborsystem gemessene kinetische Energie der Teilchen mit der Ruhmasse m_T und m_K die Ruhmasse der Targetkerne.
Gl. (9.13) folgt für $m_T = m_K$ aus Gl. (9.14).
Die verfügbare Energie E_S als Funktion der „Laborenergie" E_L ist gemäß Gl. (9.13) für den Zusammenstoß zwischen Protonen in Abb. 9.5 dargestellt.
Aus Gl. (9.13) bzw. aus der graphischen Darstellung entnimmt man, daß z. B. bei der Erzeugung von Antiprotonen eine höhere Energie als die Protonenruhenergie aufgebracht werden muß.
Um diese Ruhmasse von 938 MeV $\approx$ 1 GeV zu erzeugen, muß man im Laborsystem einen Protonenbeschleuniger von mindestens 5,6 MeV zur Verfügung haben. Während bei nichtrelativistischen Protonen, die auf ruhende Protonen geschossen werden, die Hälfte der Protonenenergie als Reaktionsenergie im Schwerpunktsystem umgesetzt werden kann, verschlechtert sich diese Ausbeute mit wachsender Energie.
Bei 25 GeV würde die Ausbeute nur noch 20%, bei 1000 GeV nur noch 4% betragen.

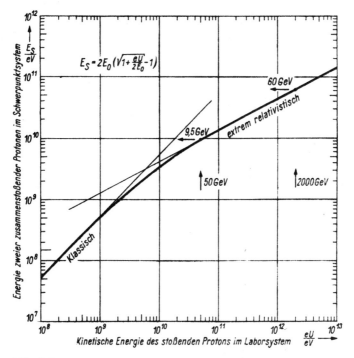

Abb. 9.5

Könnte man hingegen zwei Protonenströme von je 25 GeV aufeinander-
schießen, so stünden als Reaktionsenergie 50 GeV zur Verfügung. Zur
Erzeugung von 50 GeV mit einem feststehenden Target müßte man —
vgl. graphische Darstellung — die Protonen auf 1440 GeV beschleunigen.
Auf 2000 GeV müßten Protonen beschleunigt werden, damit eine Reaktionsenergie von 60 GeV verfügbar wird.

Diese „Laborenergien" findet man durch Umstellen der Gl. (9.13)

$$2\,e\,U = 2\,e\,U'\left(\frac{e\,U'}{E_0} + 2\right) \tag{9.15}$$

und der Protonen-Ruhenergie $E_0 = 0{,}938$ GeV.

Wie man erkennt, würde es große Vorteile mit sich bringen, wenn man
Protonen gleicher Energie aus entgegengesetzter Richtung aufeinander-
schießen könnte.

10   Melcher, Relativitätstheorie

Hierbei bleibt der Schwerpunkt in Ruhe. Diesem Zweck dienen die Speicherringe. Das Prinzip der Speicherringe ist in Abb. 9.6 dargestellt.

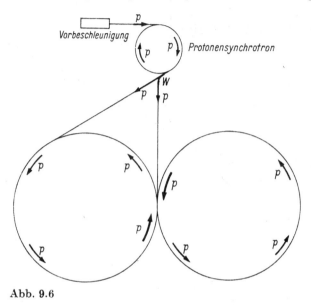

Abb. 9.6

Die Strahlenweiche W pulst Protonenströme abwechselnd in den linken und den rechten Ring.

Aus Gl. (9.13) ergibt sich durch Näherungsbetrachtung (Reihenentwicklung) die klassische Gleichung für $E_0 \gg e\,U$; $e\,U = m\,v^2/2$

$$E_\mathrm{S} = 2\,E_0\left(1 + \frac{1}{2}\,\frac{e\,U}{2\,E_0} + \cdots - 1\right)$$

$$E_\mathrm{S} = \frac{1}{4}\,m\,v^2 = \frac{1}{2}\,E_\mathrm{kin}$$

oder

$$E_\mathrm{kin} = 2\,E_\mathrm{S}\,,$$

was man auch aus Gl. (9.15) berechnen kann.

Mit Hilfe des Protonensynchrotrons erzeugt man hochenergetische Protonen. Die Strahlenweiche bringt abwechselnd Protonenströme in die eine oder andere Richtung, so daß sie gegeneinander gelenkt werden können. Der eine Strahl stellt dann das bewegte Target des anderen dar. Um eine hinreichende Ausbeute der Stoßprozesse zu erzielen, müssen Teilchenstrahlen hoher Dichte, also möglichst große Teilchenströme, zur Verfügung stehen. Das ist die Aufgabe der Speicherringe, die bei extremem Vakuum diese Teilchenzahlen ansammeln.

Trotz einer Speicherung von Protonenströmen der Größenordnung von etwa 20 A über 24 Stunden ist die Ereignisrate noch etwa 10^6 mal so klein wie beim Beschuß eines ruhenden Targets, das eine viel größere Dichte hat. Ohne Speicherung wären die Stoßausbeuten aber praktisch gleich Null.

In Nowosibirsk ist ein Protonen-Antiprotonen-Speicher im Bau, so daß Beschleuniger und Speicher in einem Gerät untergebracht werden können. Mit Elektronen-Positronen-Speicherringen wird dort bereits gearbeitet.

9.10. Doppler-Verschiebung der Spektrallinien

Beim Auftreten des Doppler-Effektes in der Akustik spielt das Medium (als Bezugssystem) zwischen Schallquelle und Schallempfänger eine bevorzugte Rolle. Ein entsprechendes tragendes Medium („Äther") gibt es im Falle der Lichtausbreitung nicht. Für die Lichtausbreitung im Vakuum sind alle Bezugssysteme gleichberechtigt; in jedem System mißt man denselben Wert von c unabhängig vom Bewegungszustand der Lichtquelle. Es spielt allein die Relativbewegung zwischen den beiden Systemen Lichtemitter und Lichtempfänger eine Rolle.

Die Geschwindigkeit zwischen Erde (Empfänger) und Fixstern (Sender) sei v. Die Schwingungsdauer des ausgesandten Lichtes sei auf dem Stern T'; auf der Erde mißt man T. Es wird ein Punkt auf der Wellenfläche des Lichtes zur Zeit t betrachtet, der die Abszisse x im ruhenden Koordinatensystem besitzt. Die Transformation ist dann durch die Beziehung (3.13)

$$t' = \frac{t - \dfrac{v}{c^2}x}{\sqrt{1 - \dfrac{v^2}{c^2}}}$$

gegeben. Nach Ablauf einer Schwingungsperiode T hat t' um T' zugenommen. Überdies hat sich die Abszisse x um die Wellenlänge $\lambda = cT$ verkleinert. Für diesen Zeitpunkt lautet die Transformationsformel somit

$$t' + T' = \frac{t + T - \dfrac{v}{c^2}x + \dfrac{vcT}{c^2}}{\sqrt{1 - \dfrac{v^2}{c^2}}}.$$

Die Differenz der beiden Gleichungen führt zu

$$T' = T \cdot \frac{1 + \dfrac{v}{c}}{\sqrt{1 - \dfrac{v^2}{c^2}}} \quad \text{oder} \quad T' = T \sqrt{\frac{1 + \dfrac{v}{c}}{1 - \dfrac{v}{c}}} \, .$$

Mit $1/T = v$ und $1/T' = v'$ folgt

$$v' = v \sqrt{\frac{1 - \dfrac{v}{c}}{1 + \dfrac{v}{c}}} \, ,$$

also eine Verkleinerung von v, d. h., es handelt sich um eine Rotverschiebung.

Im umgekehrten Fall, wenn sich Empfänger und Sender einander nähern, liegt eine Violettverschiebung vor.

Bewegte und ruhende Quellen sind völlig gleichwertig, was durch die Symmetrie in der Gleichung

$$v' \sqrt{1 + \frac{v}{c}} = v \sqrt{1 - \frac{v}{c}}$$

zum Ausdruck kommt. Der Doppler-Effekt beruht einerseits auf dem Größerwerden des Abstandes zwischen Quelle und Empfänger während einer Schwingungsperiode des Lichtes, andererseits aber auf der relativistischen Zeitdilatation beim Übergang zwischen zwei bewegten Systemen. Obige Beziehung für v' ist ein Spezialfall der Beziehung (6.4).

$$v' = v \frac{1 - \dfrac{v}{c} \cos \alpha}{\sqrt{1 - \dfrac{v^2}{c^2}}} \quad \text{bzw.} \quad v' = v \frac{\sqrt{1 - \dfrac{v^2}{c^2}}}{1 + \dfrac{v}{c} \cos \alpha'} \, ,$$

wenn $\alpha = 0$ bzw. $\alpha' = 0$ ist.

9.11.   Aberration, Doppler-Effekt und relativistisches Raumfahrzeug

Relativistische Effekte werden um so größer und damit deutlicher, je weniger sich die Geschwindigkeit v eines bewegten Systems (bzw. die Relativgeschwindigkeit v zweier bewegter Systeme) von der Vakuum-Lichtgeschwindigkeit unterscheidet.

Für einen mit $v = \dfrac{4}{5} c$ bewegten Kosmonauten[1]) verändert sich das Bild des Sternhimmels, und zwar sowohl bezüglich der Sternverteilung als auch bezüglich der zu beobachtenden Wellenlängen oder Frequenzen der Spektren.

Angenommen, ein ruhender Beobachter nehme eine gleichmäßige Verteilung der Sterne im Raum wahr. Für einen bewegten Beobachter fällt das Licht eines Sterns aber unter einem anderen Winkel ein (Aberration). Ihm erscheinen die Sterne daher in einer anderen Anordnung. Blickt er in Fahrtrichtung, so scheinen die Sterne dichter zu liegen; blickt er zurück, so stellt er den entgegengesetzten Effekt fest: die Sterne rücken zum Blickfeldrand auseinander.

Der Halbraum 2π schrumpft zu einem Kegel zusammen, dessen Winkel an der Spitze von v/c abhängt. Nimmt man eine Reisegeschwindigkeit von $v = \dfrac{4}{5} c$ an, so ergibt sich als (relativistische) Aberration (6.22):

$$\tan\alpha = \frac{\dfrac{v}{c}}{\sqrt{1 - \dfrac{v^2}{c^2}}} = \frac{4/5}{\sqrt{9/25}} = \frac{4}{3}.$$

Daraus folgt $\alpha = 53{,}1°$.

Der Gesichtskreis von $180°$ im Meridian erscheint nunmehr unter $136{,}9°$. Bei größeren Geschwindigkeiten schrumpft dieser Gesichtswinkel weiter zusammen: Für $v = \dfrac{c}{2}\sqrt{3} = 0{,}866\,c$ ergibt sich $30°$, für $v = 0{,}95\,v$ folgt $18{,}2°$. Bei $v = c$ schrumpft dieser Winkel auf Null zusammen.

Betrachtet man nunmehr einen Fixstern, den das relativistische Raumschiff passiert, so erscheinen dem bewegten Beobachter auch die Frequenzen der Spektrallinien gemäß der Doppler-Beziehung (6.4) geändert:

$$\nu' = \nu\,\frac{1 - \dfrac{v}{c}\cos\alpha}{\sqrt{1 - \dfrac{v^2}{c^2}}} \qquad \text{oder} \qquad \nu' = \nu\,\frac{\sqrt{1 - \dfrac{v^2}{c^2}}}{1 + \dfrac{v}{c}\cos\alpha'}.$$

Für eine bestimmte Geschwindigkeit existiert allerdings ein Winkel, unter dem der ruhende und der bewegte Beobachter dieselbe Frequenz einer Spektrallinie beobachten. Er kann aus der vorstehenden Gleichung für

---

[1]) Zur Frage des Energiebedarfes bei solchen Reisegeschwindigkeiten siehe 9.15. und 9.16.

ν' mit $\nu' = \nu$ berechnet werden. So ist z. B. bei $v = \dfrac{4}{5}\, c$

$$\cos\alpha = \frac{1 - \sqrt{1 - \dfrac{v^2}{c^2}}}{\dfrac{v}{c}} = \frac{1 - 3/5}{4/5} = 0,5\,,$$

also im ruhenden System: $\alpha = 45°$;
im bewegten System: $\alpha = 135°$.

$\left(\text{Für } \dfrac{v}{c} = \dfrac{1}{2}\,\sqrt{3} \text{ folgt } \alpha = 54,7°; \text{ im bewegten System } \alpha = 125,3°.\right)$

Dem in Fahrtrichtung blickenden Kosmonauten $\left(v = \dfrac{4}{5}\, c\right)$ erscheinen die

Spektrallinien von höherer Frequenz. Für $\alpha = 135°$ mißt er dieselben Frequenzen der Spektrallinien wie ein ruhender Beobachter. Für $\alpha < 135°$ mißt er hingegen höhere Frequenzen (Violettverschiebung). Blickt der Kosmonaut in die Rückwärtsrichtung, so mißt er innerhalb des für ihn sichtbaren Kegels ($\alpha < 135°$) geringere Frequenzen als der ruhende Beobachter (Rotverschiebung).

Das bedeutet, daß der Kosmonaut eine Veränderung im Spektrum des Fixsternes beobachtet. Er stellt bei Annäherung — als Funktion von β und α — eine Verschiebung des Spektrums fest, das ja unterschiedliche Anteile der einzelnen Spektralkomponenten enthält. So wird z. B. bei Annäherung auch ein Teil der Infrarotstrahlung sichtbar, während der Ultraviolettbereich in den „Röntgenbereich" rückt und in der „Rückblickrichtung" sichtbar wird. (Ausgenommen ist hierbei die Beobachtungsrichtung, für die $\nu' = \nu$ ist).

9.12.   Doppler-Effekt und Mößbauer-Effekt

Der Doppler-Effekt tritt auf, wenn zwischen einem Signalgeber (Sender, Emitter) und Empfänger (Absorber) eine Relativgeschwindigkeit vorhanden ist. Man mißt dann eine Frequenzänderung $\Delta\nu$ bzw. eine relative Frequenzänderung $\Delta\nu/\nu$.

Unter dem Mößbauer-Effekt[1] versteht man die *rückstoßfreie* Kernresonanzabsorption. Unter bestimmten Bedingungen können Atomkerne, die ein γ-Quant einer definierten Energie emittieren, diese Quanten auch absorbieren. Voraussetzung dafür ist, daß Emitter und Absorber Atom-

---

[1] Benannt nach RUDOLF L. MÖSSBAUER, der diesen Effekt 1958 fand und dafür 1961 den Nobel-Preis für Physik erhielt.

kerne gleicher Protonen- und Neutronenzahl sind, die keine (oder nahezu keine) Rückstoßenergie abgeben bzw. aufnehmen.

Die Überführung eines Atomkernes aus dem Grundzustand in einen angeregten Zustand (Resonanzabsorption) ist nur möglich, wenn Sender und Empfänger nicht verstimmt sind. Ein Absorptionsakt, d. h. Aufnahme des γ-Quantes durch einen absorbierenden Kern, findet nicht statt, wenn das ankommende Quant auf den Kern noch kinetische Energie überträgt. Man muß dafür sorgen, daß der Atomkern beim Absorptionsakt nicht „ausweichen" kann. Andererseits darf auch der emittierende Kern infolge der ihm durch Rückstoß (Impuls) erteilten kinetischen Energie nicht ausweichen, da sonst dem γ-Quant ein geringerer Energiewert zur Verfügung steht, auf den der Absorber nicht anspricht. Durch Anwendung des Doppler-Effektes wird also die Kernresonanzabsorption aufgehoben. Die erhaltene Meßkurve entspricht etwa der Form der emittierten γ-,,Linie". Bemerkenswert ist, daß zur Aufhebung der Resonanzabsorption nur kleine Relativgeschwindigkeiten in der Größenordnung von einigen Millimetern in der Sekunde erforderlich sind. Das hängt damit zusammen, daß die γ-Linien außerordentlich scharf sind, d. h., daß sie eine geringe Halbwertsbreite[1]) besitzen.

Je schärfer die Linien sind, d. h., je geringer die natürlichen Linienbreiten sind, desto größer ist die Genauigkeit, mit der relative Frequenz- bzw. Energieänderungen gemessen werden können. Bei einer vollen Linienbreite bei dem 129 keV-Übergang des angeregten $^{192}_{78}$Pt-Kernes ergibt sich mit der Linienbreite $\Delta E = 5 \cdot 10^{-6}$ eV eine Genauigkeit

$$\frac{\Delta E}{E} = \frac{5 \cdot 10^{-6}\ \text{eV}}{129\,000\ \text{eV}} \approx 4 \cdot 10^{-11}\,.$$

Der angeregte $^{192}_{78}$Pt-Kern entsteht durch β-Zerfall des $^{192}_{77}$Ir.[2])

Besondere Bedeutung hat der 14,4 keV-Übergang von $^{57}_{26}$Fe erlangt. Hier ist die primäre Quelle der Positronenstrahler $^{57}_{27}$Co. Das diesem Übergang entsprechende γ-Quant hat eine wesentlich geringere Linienbreite; außerdem entfällt bei dieser Mößbauer-Quelle die Kühlung. Für ^{57}Fe ist $\Delta E/E = 3 \cdot 10^{-13}$.

---

[1]) Halbwertsbreite: die bei der halben maximalen Linienintensität gemessene Breite des Linienprofils. Nach Abb. 18 ist die Halbwertsbreite etwa $5 \cdot 10^{-6}$ eV, was gleichbedeutend mit der natürlichen Linienbreite ist.

[2]) γ-Quanten werden von dem durch Kernzerfall entstehenden Tochterkern emittiert. Man verwendet im vorliegenden Fall also ein Pt-Target als Absorber.

Die vorstehenden Betrachtungen zeigen, daß man den Mößbauer-Effekt in Verbindung mit dem Doppler-Effekt zur Messung geringster Frequenz- und Energieänderungen einsetzen kann. Der Impuls $p = m\,v$ und die (klassische) kinetische Energie $E_{kin} = m\,v^2/2$ sind durch die Beziehung (4.31) verknüpft:

$$E_{kin} = \frac{p^2}{2\,m}.$$

Der Impuls p des γ-Quantes ist durch $p = h\,\nu/c$ gegeben. Dadurch würde ein Atomkern im freien Zustand die Rückstoßenergie

$$E_{kin} = \frac{(h\,\nu)^2}{2\,m\,c^2} \tag{9.16}$$

erhalten. Damit Emitter und Absorber nicht verstimmt werden, sondern tatsächlich in Resonanz sind, muß E_{kin} vernachlässigbar klein gemacht werden. Das erreicht man, indem man die emittierenden und absorbierenden Atomkerne in ein Kristallgitter einbaut. In diesem Falle würde der Rückstoß (Impuls) dem gesamten Gitter der großen Masse M erteilt werden:

$$E_{kin} = \frac{(h\,\nu)^2}{2\,M\,c^2}. \tag{9.17}$$

Das aber heißt, daß die kinetische Energie der Translation wegen $M \gg m$ vernachlässigbar ist. Im allgemeinen kann aber die Rückstoßenergie den Kristall auch zu Schwingungen anregen. Um das zu vermeiden, bringt man nach Mössbauer in vielen Fällen Emitter und Absorber auf tiefe Temperaturen (eingefrorener Kernrückstoß).

Mißt man nun mit einem Zählgerät die vom Absorber durchgelassene Zahl der γ-Quanten, so ergibt sich, daß die Durchlässigkeit (Transmission) für die betreffenden Absorber etwa 99% beträgt, wenn die Relativgeschwindigkeit zwischen Quelle und Absorber $v = 0$ ist (Abb. 9.7); es wird also etwa 1% der Intensität absorbiert. Ist eine Relativbewegung zwischen Quelle und Absorber vorhanden, so wird die Resonanzabsorption weniger wahrscheinlich, es werden also in diesem Fall mehr Quanten den Absorber passieren. Die Transmission nimmt mit wachsender (Relativ-)Geschwindigkeit zu.

Auf diesem Gebiet ist damit die zur Zeit höchste Meßgenauigkeit in der Physik erreicht worden. Man mißt meistens nicht die Verschiebung des Maximums des Linienprofils (Abb. 9.7), sondern die Änderung der Zählrate (Intensität) im Wendepunkt, also an der steilsten Stelle der Kurve.

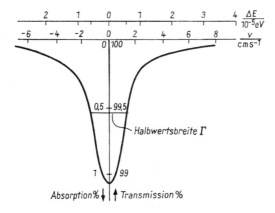

Abb. 9.7

Liegt für $v = 0$ bei den Messungen einzelner Effekte das Minimum nicht an dieser Stelle, so erteilt man der Quelle eine gewisse Geschwindigkeit, um durch diesen aufgeprägten Doppler-Effekt die Verschiebung $\Delta E/E = v/c$ bzw. $\Delta v/v = v/c$ quantitativ zu bestimmen. Hierbei ist darauf zu achten, daß sich bei der Bestimmung von $\Delta E/E$ Quelle und Absorber in horizontaler Anordnung befinden: Der Gravitationseinfluß (siehe S. 134) muß ausgeschaltet werden. Des weiteren müssen sich Quelle und Absorber auf derselben Temperatur befinden. Schließlich dürfen keine Inhomogenitäten oder Verunreinigungen im Absorber vorhanden sein: Die chemische Verschiebung (chemical shift) muß vernachlässigbar sein.

Es sei noch vermerkt, daß ein quadratischer Doppler-Effekt (s. Abschn. 6.2.) möglich ist, wenn sich Quelle und Empfänger auf verschiedenen Temperaturen befinden. Die Größe der Verschiebung der Meßkurve ist dann unmittelbar ein Maß für diesen Effekt.

Das Absorptionsvermögen wird durch den Wirkungsquerschnitt σ charakterisiert. Für $v = 0$ wird der maximale Wert, der Resonanzquerschnitt σ_{res}, erreicht. Der Wirkungsquerschnitt hängt von v bzw. von $\Delta v/v$ ab, gemäß der Resonanzformel

$$\sigma = \frac{\sigma_{\mathrm{res}}}{1 + \dfrac{1}{\Gamma^2}\left(\dfrac{\Delta v}{v}\right)^2} \cdot \tag{9.18}$$

Hierin bezeichnet Γ die Schärfe (Halbwertsbreite) der Resonanzlinie.

9.13.   Quasare und relativistische Fluchtgeschwindigkeit

Quasare sind sternähnliche Objekte, die in den letzten Jahren entdeckt wurden und deren Erforschung noch im Anfangsstadium steht. Diese Objekte sind durch eine intensive Radiostrahlung gekennzeichnet und zeigen sehr große Rotverschiebungen, die den größten derzeit bekannten Fluchtgeschwindigkeiten entsprechen.

Vor der Entdeckung der Quasare betrug die größte bekannte Rotverschiebung $\Delta\lambda/\lambda = 0,46$. Nach der klassischen Beziehung ergibt sich daraus als Fluchtgeschwindigkeit $v = 0,46\,c = 138\,000\ \text{kms}^{-1}$. Bei den Quasaren wurden sogar Rotverschiebungen bis $\Delta\lambda/\lambda = 2,2$ gemessen. Hieraus würde bei Anwendung der klassischen Beziehung eine Überlichtgeschwindigkeit $v = 2,2\,c = 660\,000\ \text{kms}^{-1}$ resultieren. Es ist ersichtlich, daß die klassische Formel $v = (\Delta\lambda/\lambda) \cdot c$ nur für kleine Fluchtgeschwindigkeiten bzw. für $\Delta\lambda/\lambda \ll 1$ angewendet werden darf. Die relativistische Formel hingegen gilt allgemein und läßt keine Überlichtgeschwindigkeiten zu. Man findet sie aus dem relativistischen Doppler-Effekt $\nu = \nu_0 \sqrt{\dfrac{1 + v/c}{1 - v/c}}$.

Mit $\Delta\nu/\nu = \Delta\lambda/\lambda = z$ und $(\nu - \nu_0)/\nu_0 = \Delta\nu/\nu_0 = (\nu/\nu_0) - 1$ folgt also allgemein für die Rotverschiebung

$$z = \frac{\Delta\lambda}{\lambda} = \sqrt{\frac{1 - v/c}{1 + v/c}} - 1 \tag{9.19}$$

bzw. für die (radiale) Fluchtgeschwindigkeit

$$\frac{v}{c} = \frac{z^2 + 2z}{z^2 + 2z + 2} = \frac{(1 + z)^2 - 1}{(1 + z)^2 + 1}. \tag{9.20}$$

Während für $z = 1$ nach der klassischen Formel $v = c$ folgen würde, liefert die relativistische Beziehung für $z = 1$ nur $v = 0,6\,c$; für $z = 2$ folgt $v = 0,8\,c$; für $z = 3$ entsprechend $v = 0,883\,c$ und für $z = 4$ schließlich $v = 0,924\,c$. Hiernach wird $v = c$ erst für den Grenzwert $\Delta\lambda/\lambda \to \infty$ erreicht.

In Abb. 9.8 ist die (radiale) Fluchtgeschwindigkeit für die klassische und die relativistische Beziehung der Rotverschiebung dargestellt.

Beobachtungen an Quasaren können (möglicherweise) Entscheidungen über die Brauchbarkeit verschiedener kosmologischer Modelle bringen.

In hinreichend starken Gravitationsfeldern werden Lichtstrahlen so stark gekrümmt, daß die emittierte Strahlung zum betreffenden Objekt (hinreichend großer Masse bzw. Dichte) auf elliptischen Bahnen zurückkehren kann. Solche Objekte bleiben für einen irdischen Beobachter unsichtbar. Das ist der Fall für Sterne vom Durchmesser unserer Sonne, wenn deren Masse größer als die 400000fache Sonnenmasse ist.

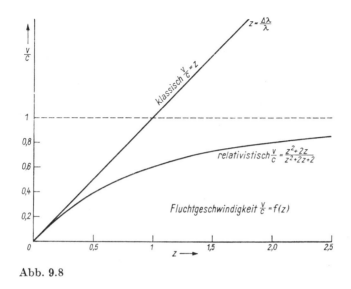

Abb. 9.8

9.14.   Die Begrenztheit klassisch-physikalischer Gesetze

Das Relativitätsprinzip besagt, daß die physikalischen Gesetze unabhängig vom Bezugssystem gelten; mit anderen Worten: die physikalischen Gesetze müssen in jedem Bezugssystem dieselbe Form haben.

Die klassisch-physikalischen Gesetze sind von begrenzter Gültigkeit, wenn sie die Forderung des Relativitätsprinzips nicht erfüllen. Die Gesetze müssen invariant sein. Das bedeutet z. B., daß in den physikalischen Gesetzen keine Geschwindigkeiten $v > c$ vorkommen können. Aus diesem Grunde sind eine Reihe von klassischen Beziehungen so abzuändern, daß stets $v \leqq c$ bleibt und für $v/c \ll 1$ der klassische Grenzfall gilt.

Beispiel 1:

Aus den klassischen Gleichungen für den freien Fall

$$v = \sqrt{2\,g\,h} \quad \text{und} \quad v = g\,t$$

würde folgen, daß v beliebig große Werte annehmen könnte, also auch $v > c$. Diese Gleichungen erweisen sich aber als Spezialfälle für $v \ll c$, wenn man sie relativistisch herleitet (Ausführung: Aufgaben 11.).

Beispiel 2:

Aus der Ziolkowskischen Raketengleichung zur Berechnung der Endgeschwindigkeit u_e einer Rakete mit der Endmasse M_e,

$$u_e = \omega \ln \frac{M_a}{M_e},$$

würde ebenfalls folgen, daß man mit einer großen relativen Ausströmungsgeschwindigkeit w und einer hinreichend großen Anfangsmasse M_a auch $u_e > c$ erreichen könnte. Man muß aber das Gesetz $v \leqq c$ berücksichtigen und gelangt dann zu einer relativistischen Raketengleichung, die die klassische Gleichung als Spezialfall enthält (Ausführung: Aufgaben 12.).

Beispiel 3:

Da sich die klassischen Gleichungen für den freien Fall aus dem klassischen Energiesatz der Mechanik

$$m\,g\,h = \frac{1}{2}\,m\,v^2$$

herleiten lassen und die daraus folgende Beziehung $v = \sqrt{2\,g\,h}$ wegen $v \leqq c$ abgeändert werden muß, hat man auch eine relativistische Energiegleichung zu verwenden (Aufgaben 11).

Beispiel: 4

Alle klassischen Beziehungen, die unter Verwendung des begrenzt gültigen Ausdruckes für die kinetische Energie $E_{kin} = m\,v^2/2$ hergeleitet wurden, müssen durch die relativistische kinetische Energie

$$E_{kin} = (m - m_0)\,c^2$$

verallgemeinert werden.

Darüber hinaus hat man auch die relativistischen Ausdrücke für andere Größen (z. B. Kraft und Impuls) zu verwenden. Diese Tatsachen müssen beachtet werden, wenn man die allgemeine (relativistische) Bewegungsgleichung eines Teilchens in einem (homogenen) elektrischen oder magnetischen Feld aufstellen will (Aufgaben 4.).

9.15.   Zum „Zwillings"- oder „Uhrenparadoxon"

Das Zwillingsparadoxon besteht darin, daß von zwei gleichaltrigen Menschen derjenige weniger rasch altert, der in einem hinreichend schnellen Raumfahrzeug eine Reise unternimmt. Es erscheint sonderbar oder widersinnig (paradox), wenn ein Weltraumfahrer, der·eine ausgedehnte Reise in einem relativistischen Fahrzeug hinter sich hat, bei der Rückkehr seinen Zwillingsbruder oder seine Kinder (und Kindeskinder) vorfindet, die älter als er selbst sind.

Das eigentliche Paradoxon (in der SRT) ist darin zu sehen, daß man zu der umgekehrten Aussage über das Altern kommen könnte, wenn man das Raumschiff als „ruhend" und die Erde als bewegt betrachtet. Tatsächlich aber sind beide Bezugssysteme nicht gleichwertig, da die· Kosmonauten das Inertialsystem wechseln und Beschleunigungsphasen durchstehen müssen, die Erdbewohner hingegen nicht.

Von den Zwillingsbrüdern A und B startet A mit einer „Einstein-Rakete" zu einem Stern, der 40 Lichtjahre entfernt ist, während B auf der Erde zurückbleibt. Die Rakete soll eine mit c vergleichbare Geschwindigkeit v haben $\left(v = \frac{4}{5}c\right)$. Da die Zeit in beiden Systemen unterschiedlich schnell abläuft, und zwar im System A langsamer als in B, ergibt sich die Frage, um wieviel B gegenüber A rascher altert.

Bei LANDAU und RUMER [3.14] wird darauf hingewiesen, daß es falsch wäre, zu folgern, ein 40 Lichtjahre (lj) entfernter Stern könne nicht früher als nach 40 Jahren (a) erreicht werden. Eine solche Folgerung berücksichtigt nämlich nicht die mit der Bewegung verbundene Zeitdilatation und nicht das System, von dem aus die Zeitmessung erfolgte. Wenn sich die Rakete mit $v = \frac{4}{5}c$ zum 40 lj entfernten Stern bewegt, so wird — vom Standpunkt des Erdbewohners A — der Stern in 50 a erreicht:

Das Licht wäre 40 a unterwegs, das Raumschiff ist 20% langsamer, so daß es $40 \cdot \frac{5}{4} a = 50$ a benötigt.

Für den Zwillingsbruder B verkürzt sich bei $v = \frac{4}{5}c$ die Zeit im Verhältnis $1 : \sqrt{1 - v^2/c^2} = 10:6$, d. h., er landet auf dem Stern — wenn überhaupt möglich — nicht nach 50 a, sondern nach $50 \text{ a} \cdot 6/10 = 30$ a. Während für den Zwilling A auf der Erde zwischen Abreise und Ankunft 100 a vergehen, zeigt die „Uhr" des Zwillings B nur 60 a an; d. h., er ist 40 Jahre jünger geblieben.

In diesem Beispiel wurde von den Beschleunigungsphasen abgesehen (s. dazu 9.16.). Bei dieser Darstellung des „Zwillings-" oder „Uhrenparadoxons" erhebt sich die Frage, ob denn — wegen der Relativität der Bewegung — nicht mit demselben Recht gesagt werden kann, daß auch B in bezug auf den Kosmonauten A weniger gealtert sei; denn man könnte ja auch den Kosmonauten A als ruhend und B als in Bewegung befindlich betrachten.[1]) Diese Frage besteht nicht zu Recht: Das Uhrenparadoxon mit dem Zwillingsbeispiel ist nur in der speziellen Theorie paradox; es kann nur im Rahmen der allgemeinen Relativitätstheorie gelöst werden, worauf MAX BORN ([1.7], S. 251) hinwies. Bei dem Zwillingsbeispiel handelt es sich nicht um zwei gleichberechtigte Inertialsysteme, da ja das Weltraumschiff Beschleunigungen erfährt.

Man darf bei dem Beispiel also nicht annehmen, daß es sich für A und B um zwei gleiche Systeme (Inertialsysteme) handle; denn der eine Beobachter B ruht in einem System, während der andere Beobachter A Beschleunigungen unterliegt. (Nur bei zwei gleichberechtigten Inertialsystemen kann A gegenüber B, aber genausogut B gegenüber A dieselbe Zeitdifferenz jeweils mit Bezug auf sich selbst feststellen.)

Daß der Zeitablauf in einem hinreichend schnell bewegten Raumschiff langsamer als im Ruhsystem erfolgt, kann man nach EINSTEIN durch folgende Zeichnung veranschaulichen (Abb. 9.9):

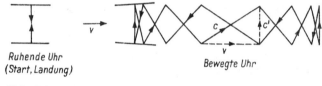

Ruhende Uhr
(Start, Landung)

Bewegte Uhr

Abb. 9.9

Der ruhende Beobachter registriert für die Zeit eines von der oberen Platte (Abstand 15 cm von der unteren) registrierten Lichtsignals 1 ns = 10^{-9} s, während die bewegte Uhr langsamer geht. Für die bewegte Uhr gilt $c' = \sqrt{c^2 - v^2} = c\sqrt{1 - \beta^2}$; d. h., sie ist um den Faktor $c'/c = \sqrt{1 - \beta^2}$ gegenüber der ruhenden verzögert.

Für die Zeitintervalle gilt entsprechend (3.17) $dt' = \sqrt{1 - \beta^2}\, dt$.

Da die bewegte Uhr beschleunigt und gebremst wird, gilt das spezielle Relativitätsprinzip nicht, wonach zwischen „Ruhe" und „Bewegung" nicht zu unterscheiden wäre.

Es soll nun die Frage nach dem sich einstellenden Altersunterschied zwischen den beiden Brüdern erörtert werden, von denen einer auf der Erde bleibt, während der andere eine Weltraumreise unternimmt. Im Unterschied zum eben betrachteten Fall (v = const) soll das Raumschiff nun-

---

[1]) Würde jeder der beiden Brüder den anderen (und dessen Uhr) vermittels einer Fernsehübertragung auf einem Bildschirm beobachten, so könnte jeder vom anderen feststellen, daß der andere jünger geblieben ist. Das gilt bei gleichförmiger geradliniger Bewegung, aber nicht mehr in der allgemeinen Relativitätstheorie.

mehr permanent eine beschleunigte Bewegung ausführen, wobei die Beschleunigung gleich a sei. Die vom Reisenden festgestellte Geschwindigkeitszunahme ist $dv = a\,dt'$, die auch ein mit gleicher Geschwindigkeit parallel in einem anderen Schiff befindlicher Beobachter messen würde. Man hat das Additionstheorem der Geschwindigkeiten auf $v + dv$ anzuwenden, das ja mit der Zeitdilatation zusammenhängt; vgl. (3.33)

$$v + dv = \frac{v + a\,dt'}{1 + \dfrac{v}{c^2}\,a\,dt'} \approx (v + a\,dt')\left(1 - \frac{v}{c^2}\,a\,dt'\right)$$

$$= v - \frac{v^2}{c^2}\,a\,dt' + a\,dt' - \frac{v}{c^2}\,a^2\,dt'^2\,.$$

Das Glied mit der von zweiter Ordnung kleinen Größe in dt' wird vernachlässigt, so daß man für dv erhält

$$dv = a\,dt'\,(1 - \beta^2)\,.$$

Mit $\beta = \dfrac{v}{c}$, also $\dfrac{d\beta}{dt'} = \dfrac{1}{c}\dfrac{dv}{dt'}$ erfolgt die Trennung der Variablen

$$\frac{d\beta}{1 - \beta^2} = \frac{a}{c}\,dt'\,,$$

so daß integriert werden kann:

$$\text{artanh}\,\beta = \frac{a}{c}\,t' + C\,.$$

Die Integrationskonstante verschwindet, da für $t' = 0$ die Geschwindigkeit $v = 0$ sein soll.
Damit erhält man

$$\beta = \frac{v}{c} = \tanh\frac{a\,t'}{c}\,. \tag{9.21}$$

Es soll nun noch eine Näherung für große Werte t' durchgeführt werden. Mit $\tanh z = \sinh z/\cosh z$ folgt

$$\beta = \frac{e^{\frac{a}{c}t'} - e^{-\frac{a}{c}t'}}{e^{\frac{a}{c}t'} + e^{-\frac{a}{c}t'}}\,. \tag{9.22}$$

Daraus ergibt sich für hinreichend große Werte t'

$$\beta \approx 1 - 2\,e^{-\frac{2\,a\,t'}{c}} \quad \text{und} \quad \frac{1}{\sqrt{1-\beta^2}} \approx 0.5\,e^{\frac{a\,t'}{c}}. \tag{9.23}$$

Für die Berechnungen ist es zweckmäßig, $a/c = 1$ Lichtjahr zu wählen; das entspricht einer Dauerbeschleunigung von $a = 9{,}52\ \text{ms}^{-2} \approx g$. In der nachstehenden Tabelle sind für einige Reisedauern — nach der Borduhr des Raumschiffes — die zugehörigen Zeiten t des Ruhsystems S angegeben:

$$t = t' \cosh \frac{a\,t'}{c}$$

(gemäß der exakten Beziehung 9.27) sowie

$$t \approx t' \cdot 0{,}5 \cdot e^{a\,t'/c}$$

gemäß (9.23). Die sich durch Differenzbildung ergebenden Altersunterschiede $\Delta t = t - t'$ sind in der letzten Spalte aufgeführt.

Die Entfernung des Raumfahrers von der Erde berechnet man aus

$$s = \int v\,dt = c \int \beta\,dt = c \int \frac{\beta\,dt'}{\sqrt{1-\beta^2}} = \frac{c^2}{a} \int \frac{\beta\,d\beta}{(1-\beta^2)^{3/2}}$$

$$= \frac{c^2}{a} \left[\frac{1}{\sqrt{1-\beta^2}} \right]_0^{t'},$$

$$s \approx \frac{c^2}{2\,a}\,e^{\frac{a\,t'}{c}}. \tag{9.24}$$

Man findet, daß ein Raumfahrer nach $t' = 3$ Jahren eine Geschwindigkeit erreicht hat, die durch $\beta \approx 1 - 0{,}005$ gekennzeichnet ist, daß er also bis auf 0,5% der Lichtgeschwindigkeit nahegekommen ist. Er ist zu dieser Zeit $s \approx 10$ lj von der Erde entfernt und langsamer gealtert als sein auf der Erde zurückgebliebener Bruder (und andere Erdbewohner). Verringert die Rakete nach $t' = 3$ Jahren ihre Geschwindigkeit, so daß nach weiteren 3 Jahren $v = 0$ ist, so hat der Reisende sich $s \approx 20$ lj von der Erde entfernt. Kehrt der Reisende um und legt die Rückreise unter denselben Bedingungen zurück wie die Hinreise, so landet er nach insgesamt $t' = 12$ Reisejahren. Der Bruder auf der Erde ist inzwischen um $t = 27$ Jahre älter geworden. Es ergibt sich also ein Altersunterschied von 15 Jahren.[1])

---

[1]) Vgl. hierzu O. Scherzer: „Anschauliches zum Zwillings-Paradoxon". Physik. Bl. **16** (1960) 149—153.

Dort wird auch die Frage erörtert, daß ein Weltraumfahrer mit der Geschwindigkeit $v = 0{,}995\ c$ in ca. 30 a ein sich mit der Lichtgeschwindigkeit c ausdehnendes Weltall umfahren könnte. Das entspräche einer Zeit von etwa 10^{12} Erdenjahren.

Für kleine Werte $a\,t'/c$ verwendet man an Stelle der Näherungsbeziehung (9.24) die exakten Relationen (9.32) bzw. (9.33).

t'	$t = t'\cosh\dfrac{a\,t'}{c}$	$t \approx t'\cdot 0{,}5\cdot \mathrm{e}^{\frac{a\,t'}{c}}$	$\varDelta t = t - t'$
0,5	0,5638	0,4122	0,0638
1	1,5431	1,3591	0,5431
2	7,5244	7,3891	5,5244
3	30,203	30,129	27,203
4	109,233	109,196	105,233
5	371,050	371,033	366,050
6	1 210,3	1 210,3	1 204,3
8	11 924	11 924	11 916
10	110 132	110 132	110 122

Abschließend muß darauf hingewiesen werden, daß diese Ergebnisse sich wohl niemals in der Praxis verwirklichen lassen. Selbst wenn man annehmen würde, daß sich Photonen-Raketen mit einem idealen energetischen Wirkungsgrad realisieren ließen, gilt für die Raketenmasse M stets der Impulssatz:

$$M\,a\,\mathrm{d}t' + c\,\mathrm{d}M = 0\;;\qquad M = M_0\,\mathrm{e}^{-\frac{a\,t'}{c}}.$$

Während der Dauer t' der Beschleunigung nimmt die Raketenmasse pro Reisejahr des Raumfahrers (mindestens) auf den e-ten Teil ab. Bei einer Beschleunigungsdauer von $t' = 2$ a ist der ,,Altersgewinn'' gegenüber dem Erdbewohner noch nicht nennenswert. Beginnt nach $t' = 2$ a das Abbremsen und danach die Rückkehr, so sind bei der Landung für den Weltraumfahrer $t' = 8$ a vergangen, während der Erdbewohner um $\varDelta t = 4{,}44$ a älter geworden ist. Die Raketenmasse ist aber während $t' = 8$ a insgesamt auf mehr als $M = M_0\cdot \mathrm{e}^{-8} = M_0\cdot 3{,}35\cdot 10^{-4}$ abgesunken. Für diese Reise wäre also eine enorme Energie $E = \varDelta m\,c^2$ (mit $\varDelta m = M_0 - M$) erforderlich. Eine wesentliche Erhöhung von g dürfte kaum in Frage kommen. LANDAU und RUMER geben an, daß man für eine Rakete einer Masse von nur einer Tonne bei einer Geschwindigkeit $v = 2{,}6\cdot 10^{10}$ cms^{-1} während eines Reisejahres $t' = 1$ a etwa $250\cdot 10^{12}$ kWh an Energie brauchen würde. Diese Energie wird auf der Erde erst im Verlaufe mehrerer Jahre erzeugt! Hierbei ist der Energieverbrauch noch nicht berücksichtigt, den man aufwenden muß, um von $v = 0$ auf $v = 2{,}6\cdot 10^{10}$ cms^{-1} zu kommen und später wieder abzubremsen. Diese Energie würde den angegebenen Energiebetrag um das 200fache übersteigen. Bedenkt man, daß die Ausströmungsgeschwindigkeit einige 10^4mal so klein ist wie die Lichtgeschwindigkeit, so erkennt man, daß die erforderliche Energie nicht zur Verfügung stehen dürfte.

9.16.   Möglichkeit oder Unmöglichkeit einer Fixsternreise

Die folgenden relativistischen Betrachtungen beziehen sich auf das Problem einer Reise zu dem der Erde nächstgelegenen Fixstern α-Centauri. Dieser Stern hat von der Erde eine Entfernung von $4 \cdot 10^{13}$ km oder 4,2 lj; als Lande- und Startplatz dürfte ein Fixstern selbstverständlich undiskutabel sein.

Bei der Erörterung der ,,Reisemöglichkeiten'' muß u. a. auch auf Hindernisse und Gefahren hingewiesen werden,[1]) die nicht ohne weiteres überwunden werden können: interstellares Gas, kosmischer Staub, Meteorite.

Die interstellaren Wasserstoffkerne treffen bei (Relativ-)Geschwindigkeiten, die nur wenige Prozent unter der Lichtgeschwindigkeit liegen, mit Energien von (mindestens) 10^{10} eV auf. Im Weltraum ist die Teilchendichte des Wasserstoffes etwa 1 Atom/cm³. Die Intensität des Protonenstromes, der das Raumschiff trifft, liegt demnach in der Größenordnung von 10^{10} Teilchen/cm²s. Hierbei handelt es sich aber um eine hochwirksame (tödliche) Strahlung, deren Intensität 10^{10}mal so groß ist wie die auf die Erde einfallende kosmische Strahlung.

Das bedeutet, daß — außer dem Antriebs- und Energieproblem — vor allem auch das Abschirmproblem für diese energiereiche Strahlung gelöst werden muß.

Das Auftreffen von Teilchen staubförmiger Substanzen, deren mittlere Dichte im Milchstraßensystem bei 10^{-25} g cm⁻³ liegt — bei mittleren Teilchenmassen von 10^{-9} g bis 10^{-11} g —, verursacht Erwärmungen des Raumschiffes auf einige hundert Grad Celsius.

Beim Auftreffen von Mikrometeoriten (Einzelmasse 1 mg) hingegen werden bereits Energien frei, die einige Kubikmeter Metall in Dampf verwandeln können.

Es werden zwei Bezugssysteme S und S' betrachtet, von denen das Ruhesystem S die Erde mit dem Beobachter A und das bewegte System S' das Raumfahrzeug mit dem Kosmonauten B darstellt.

Der Beobachter auf der Erde mißt die Zeit t, der Kosmonaut die Eigenzeit t'. Bis zum Erreichen der Reisegeschwindigkeit $v = \dfrac{4}{5} c$ wird das Raumfahrzeug mit der für den Erdbewohner gewohnten konstanten Geschwindigkeitszunahme von etwa 10 ms⁻² beschleunigt. Die Abbremsstrecke wird gleich der Beschleunigungsstrecke gewählt.

Die zurückgelegte Entfernung s, die Geschwindigkeit v, die Beschleunigung a und die Eigenzeit t' werden als Funktionen der Erdzeit (t) hergeleitet.

---

[1]) Ryton, S. M.: Weltraumfahrt mit sehr hoher Geschwindigkeit. Physik. Bl. 18 (1962) 118—123.

Bei der Betrachtung des Zwillingsparadoxons wurde bereits mit Hilfe des Additionstheorems die Beziehung $v = v(t')$ gefunden (9.21):

$$v(t') = c \tanh \frac{a\,t'}{c}\,. \tag{9.25}$$

Das ist die Endgeschwindigkeit, wie sie sich für den irdischen Beobachter ergibt, wenn die Zeit t' für den Kosmonauten vergangen ist.

Diese Beziehung wird in der Form $(v/c)^2 = \tanh^2(a\,t'/c)$ benötigt, um die Zeit t anzugeben, die für den Beobachter A vergeht, wenn für den Kosmonauten B die Zeit t' vergeht.[1]

Aus $t' = t\sqrt{1 - \beta^2}$ bzw. aus der differentiellen Form $dt' = dt\sqrt{1 - \beta^2}$ folgt

$$t = \int_0^{t'} \frac{d\tau}{\sqrt{1 - \beta^2}} = \int_0^{t'} \frac{d\tau}{\sqrt{1 - \tanh^2 \frac{a\,\tau}{c}}} = \int_0^{t'} \cosh \frac{a\,\tau}{c}\, d\tau$$

$$t = \frac{c}{a} \sinh \frac{a\,t'}{c}\,. \tag{9.26}$$

Hinweis Man erkennt, daß

$$\frac{1}{\sqrt{1 - \beta^2}} = \cosh \frac{a\,t'}{c} \tag{9.27}$$

gilt. Für große t' kann man (9.23) verwenden.

Kehrt man die Beziehung (9.26) um: $a\,t'/c = \text{arsinh}\,(a\,t/c)$, so kann man admit Gl. (9.25) in $v(t)$ überführen:

$$v(t) = c \tanh\bigl(\text{arsinh}\,(a\,t/c)\bigr)\,.$$

Unter Beachtung von $\tanh x = \dfrac{\sinh x}{\cosh x} = \dfrac{\sinh x}{\sqrt{1 + \sinh^2 x}}$ findet man schließlich

$$v(t) = c\, \frac{\sinh\left(\text{arsinh}\,\dfrac{a\,t}{c}\right)}{\sqrt{1 + \sinh^2\left(\text{arsinh}\,\dfrac{a\,t}{c}\right)}}\,,$$

$$v(t) = \frac{a\,t}{\sqrt{1 + \dfrac{a^2\,t^2}{c^2}}}\,. \tag{9.28}$$

---

[1] Ausführlich erörtert auf der Grundlage von W. Kranzer: Die „Eroberung" des Weltraumes. Physik. Bl. **23** (1967) Heft 11, S. 161. Siehe auch W. Kranzer, Wiss. Nachrichten Nr. 16 (1967) 34.

Hinweis:

Für $a\,t/c \ll 1$ folgt das klassische Ergebnis

$$v = a\,t\;.$$

Die Beschleunigung $a(t)$ ergibt sich für den Beobachter A — durch Differentiation von (9.28) nach t — zu

$$a(t) = \frac{a}{\left(\sqrt{1 + \dfrac{a^2\,t^2}{c^2}}\right)^3}\;. \qquad (9.29)$$

Der zurückgelegte Weg $s(t)$ ergibt sich — durch Integration von (9.28) — für den Beobachter A zu

$$s(t) = \int\limits_0^t v\,\mathrm{d}\tau = \int\limits_0^t \frac{a\,\tau\,\mathrm{d}\tau}{\sqrt{1 + \dfrac{a^2\,\tau^2}{c^2}}}\;,$$

d. h.

$$s(t) = \frac{c^2}{a}\left(\sqrt{1 + \frac{a^2\,t^2}{c^2}} - 1\right)\;. \qquad (9.30)$$

Hinweise:

1. Für $a\,t/c \ll 1$ folgt die klassische Beziehung

$$s = \frac{a}{2}\,t^2\;.$$

2. Durch Auflösung von (9.28) nach t findet man

$$t = \frac{v}{a\,\sqrt{1 - \beta^2}}\;. \qquad (9.31)$$

3. Substituiert man (9.31) in (9.30), so erhält man mit (9.27)

$$s(t) = \frac{c^2}{a}\left(\frac{1}{\sqrt{1 - \beta^2}} - 1\right) \qquad (9.32)$$

oder

$$s(t) = \frac{c^2}{a}\left(\cosh\frac{a\,t'}{c} - 1\right)\;. \qquad (9.33)$$

4. Einsetzen von (9.31) in (9.29) liefert die bereits früher (3.34) gefundene Beziehung

$$a(t) = a\,\sqrt{1 - \beta^2}^{\,3}\;. \qquad (9.34)$$

Welche Zeit t benötigt man, um bei konstanter Beschleunigung $a = 10\,\mathrm{ms^{-2}}$ die Reisegeschwindigkeit $v = 0,8\,c$ zu erreichen? Aus Gl. (6) findet man mit $\sqrt{1 - \beta^2} = 3/5 = 0,6$

$$t = \frac{0,8 \cdot 3 \cdot 10^{10}\,\mathrm{ms^{-1}}}{10\,\mathrm{ms^{-2}} \cdot 0,6} = 4 \cdot 10^7\,\mathrm{s} = 1,27\,\mathrm{a}\,.$$

In dieser Zeit wird die Entfernung $s(t)$ (Gl. (9.32))

$$s = \frac{9 \cdot 10^{16}\,\mathrm{m^2 s^{-2}}}{10\,\mathrm{ms^{-2}}} \left(\frac{5}{3} - 1\right)$$

$$s = 6 \cdot 10^{15}\,\mathrm{m} = 0,635\,\mathrm{lj}$$

zurückgelegt.[1])
Die Gesamtstrecke für Hin- und Rückreise ($2 \cdot 4,2$ lj) gliedert sich in zwei Beschleunigungs- und zwei (ebensolange) Abbremsperioden sowie zwei Strecken, die mit konstanter Geschwindigkeit zurückgelegt werden.
Die vier Teilabschnitte, die mit ungleichförmiger Geschwindigkeit durchflogen werden, haben eine Gesamtlänge von

$$4 \cdot 0,635\,\mathrm{lj} = 2,54\,\mathrm{lj}\,.$$

Für den Rest der Gesamtstrecke von $8,4\,\mathrm{lj} - 2,54\,\mathrm{lj} = 5,86\,\mathrm{lj}$ soll $v = 0,8\,c$ sein. Dazu wird vom Standpunkt des Erdenbeobachters A die Zeit t benötigt:

$$t = \frac{s}{v} = \frac{5,86\,\mathrm{lj}}{0,8\,c} = 7,325\,\mathrm{a}\,.$$

Die Gesamtreisezeit t_R beträgt also vom Standpunkt des Beobachters A

$$t_R = 7,325\,\mathrm{a} + 4 \cdot 1,27\,\mathrm{a} = 12,40_5\,\mathrm{a}\,.$$

Infolge der relativistischen Zeitdilatation folgt für den Kosmonauten eine etwas kleinere Reisezeit t'_R, die sich aus den vier Teilabschnitten ungleichförmiger und zwei Teilabschnitten gleichförmiger Bewegung ergibt.
Durch Auflösung von (9.27) nach t' folgt für einen Beschleunigungs- bzw. Bremsabschnitt

$$t' = \frac{c}{a}\,\mathrm{arsinh}\,\frac{a\,t}{c} = \frac{c}{a}\ln\left(\frac{a\,t}{c} + \sqrt{1 + \frac{a^2\,t^2}{c^2}}\right).$$

---

[1]) Zur Erinnerung: $1\,\mathrm{lj} = 9,4605 \cdot 10^{15}\,\mathrm{m} = 9,4605 \cdot 10^{12}\,\mathrm{km} = 0,3068\,\mathrm{pc}$.
$\qquad\quad 1\,\mathrm{a} = 365 \cdot 86400\,\mathrm{s} = 3,15 \cdot 10^7\,\mathrm{s}$.

Mit $t = 4 \cdot 10^7$ s und $a\,t/c = 4/3 = 1,33$ ergibt sich

$$t' = \frac{3 \cdot 10^8 \text{ ms}^{-1}}{10 \text{ ms}^{-2}} \ln\left(\frac{4}{3} + \frac{5}{3}\right) = 3 \cdot 10^7 \text{ s} \cdot 1,0986$$

$$t' = 3,296 \cdot 10^7 \text{ s} \approx 1,047 \text{ a}\,.$$

Für die vier Perioden vergehen also 4,18 a.

Hierzu muß man noch die Zeit für die unbeschleunigte Reisestrecke addieren.

Da $t = 7,325$ a, folgt $t' = t\sqrt{1 - \beta^2} = 7,325 \text{ a} \cdot \dfrac{3}{5} = 4,395$ a .

Damit dauert die Reise für den Kosmonauten

$$t'_R = 4,18 \text{ a} + 4,395 \text{ a} = 8,575 \text{ a}\,.$$

Bei der Erörterung solcher Reisemöglichkeiten oder -unmöglichkeiten darf das Problem des Energieaufwandes nicht außer acht bleiben. Bis zur Erreichung von $v = 0,8\,c$ ist die Ruhmasse bereits beträchtlich angewachsen:

$$m = \frac{m_0}{\sqrt{1 - \beta^2}} = \frac{5}{3}\,m_0\,.$$

Das bedeutet, daß 2/3 der ursprünglich mitgeführten Masse — und zwar mit dem Wirkungsgrad 1 — in Energie umgewandelt werden müssen. Wenn sich dieser Vorgang wegen zweimaliger Beschleunigung und zweimaliger Verzögerung wiederholt, so ist die Masse des Raumfahrzeuges nur $(2/3)^4 \approx 0,2$ mal so gering wie die der Startmasse. Das heißt aber, daß 80% der gesamten Masse (mit dem Wirkungsgrad 1) in Energie verwandelt werden müßten, was wohl als unmöglich angesehen werden darf.

Die Reisezeit t'_R läßt sich nur unwesentlich verkürzen, wenn man beispielsweise als Reisegeschwindigkeit $v = 0,9\,c$ oder sogar $v = 0,95\,c$ wählt und dabei evtl. noch für die vier Beschleunigungsperioden eine (etwas) höhere Beschleunigung als die gewohnte zuläßt. Dabei wird aber dann die Energiebilanz noch schlechter. Eine Reise mit $v = c$ ist unmöglich, da aus Gl. (9.31) folgt, daß in diesem Fall eine unendlich lange Beschleunigungsdauer erforderlich wäre, um zunächst die Lichtgeschwindigkeit zu erreichen, was erst recht die Energieversorgung problematisch erscheinen läßt.

Es sei ausdrücklich betont, daß eine genauere Erörterung des Reiseproblems zu Fixsternen nur auf der Grundlage der ART möglich ist, da inhomogene Gravitationsfelder ebenfalls den Gang von Uhren beeinflussen.

9.17.   Anwendungen in der Hochenergiephysik

1.   Streuwinkel bei elastischen Stoßprozessen

In Spurendetektoren (Nebel- und Blasenkammern, Photoemulsionen) kann man die Bahnspuren hochenergetischer Teilchen sichtbar machen. Es soll der Winkel $\vartheta + \varphi$ bestimmt werden, der sich nach einem elastischen Stoß zweier hochenergetischer Teilchen für ihre Bahnspuren ergibt. Vereinfachend sei angenommen, daß man zwischen Teilchen 1 und Teilchen 2 unterscheiden kann (Abb. 9.10).
Vor dem Stoß: Teilchen 1 mit Ruhmasse m_0, Geschwindigkeit u_1, Impuls p_1 und Energie E_1; Teilchen 2 mit Ruhmasse m_0, Geschwindigkeit $u_2 = 0$, Impuls $p_2 = 0$ und Energie $E_2 = m_0 c^2$. Der Winkel zwischen ursprünglicher und neuer Flugrichtung des Teilchens 1 sei ϑ, der entsprechende Winkel für Teilchens 2 sei φ.
Nach dem Stoß: Die Geschwindigkeitskomponenten des Teilchens 1 seien mit $(u_3)_y$ und $(u_3)_x$, diejenigen des Teilchens 2 mit $(u_4)_y$ und $(u_4)_x$ bezeichnet; analog gelte für die Impulse p_3, p_4 und für die Energien E_3 und E_4.
Zunächst werden die Geschwindigkeitskomponenten der beiden Teilchen vom Schwerpunkt- in das Laborsystem transformiert:

$$\tan \vartheta = \frac{(u_3)_y}{(u_3)_x} \; ; \quad \tan \varphi = \frac{-(u_4)_y}{(u_4)_x}$$

mit

$$(u_3)_x = \frac{(u_3')_x + v}{1 + \dfrac{v}{c^2}(u_3')_x} = \frac{v \cos \alpha + v}{1 + \dfrac{v^2}{c^2} \cos \alpha} ,$$

wobei α der Stoßwinkel im Schwerpunktsystem ist; analog berechnen sich die anderen Komponenten.

Man findet $\tan \vartheta \tan \varphi = 1 - v^2/c^2$ und mit $v = \dfrac{u_1}{1 + \sqrt{1 - w_1^2/c^2}}$ schließlich

$$\tan \vartheta \tan \varphi = \frac{2}{1 + \dfrac{1}{\sqrt{1 - u_1^2/c^2}}} \leqq 1 . \tag{9.35}$$

Wenn $u_1 \ll c$, dann ist $\tan \vartheta \tan \varphi \approx 1$ (klassischer Fall).

Da $\tan(\vartheta + \varphi) = \dfrac{\tan \vartheta + \tan \varphi}{1 - \tan \vartheta \tan \varphi}$, wird mit $\tan \vartheta \tan \varphi = 1$

$$\tan(\vartheta + \varphi) \to \infty, \text{ also } \vartheta + \varphi = \frac{\pi}{2} .$$

Dieser Winkel $\pi/2$ ergibt sich im Fall des elastischen Zusammenstoßes zweier gleichgroßer Massen in der Newtonschen Mechanik. Man stellt den Stoßwinkel auch bei der Beobachtung von Nebelspuren nichtrelativistischer Alphateilchen fest, wenn sie in der Nebelkammer mit Heliumkernen zusammenstoßen.

Das interessante Ergebnis (9.35) ist für Hochenergieprozesse bedeutsam. Man kann es auch in die Form

$$\tan \vartheta \tan \varphi = \frac{2\,E_0}{2\,E_0 + E_{\text{kin}}} \tag{9.36}$$

überführen.

Für elastische Streuprozesse wird der Streuwinkel $\vartheta + \varphi$ um so kleiner als $\pi/2$, je größer die Energie der Teilchen ist. Das ist zuerst von F. C. Champion[1]) bei der elastischen Streuung von Elektronen in der Nebelkammer beobachtet worden. Physikalisch ist dieses Ergebnis ein unmittelbarer Beleg für die relativistische Massenänderung.

2.   Impuls- und Energiebeziehungen beim elastischen Stoß

Ein Teilchen 1 der Ruhmasse m_0, der Geschwindigkeit u_1 (Impuls p_1) und der Energie E_1 stoße elastisch mit einem anderen Teilchen 2 der Ruhmasse M_0, der Geschwindigkeit $u_2 = 0$ (Impuls $p_2 = 0$) und der (Ruh-) Energie $E_2 = M_0 c^2$ zusammen. Das erste Teilchen soll unter dem Winkel ϑ gegen die ursprüngliche Flugrichtung abgelenkt werden; es habe dann den Impuls p_3 (Geschwindigkeit u_3) und die Energie E_3. Das zweite Teilchen — Unterscheidbarkeit sei hier angenommen — wird unter dem Winkel φ gestreut; es habe dann den Impuls p_4 (Geschwindigkeit u_4) und die Energie E_4 (siehe Abb. 9.10).

Mit Hilfe des Impuls- und Energiesatzes lassen sich Beziehungen zwischen den einzelnen Größen vor und nach dem Stoß angeben.

Impulssatz: $\boldsymbol{p_1} + 0 = \boldsymbol{p_3} + \boldsymbol{p_4}$ \hfill (9.37)

Energiesatz: $E_1 + E_2 = E_3 + E_4$ oder

$$c\,\sqrt{p_1^2 + m_0^2\,c^2} + M_0\,c^2 = c\,\sqrt{p_3^2 + m_0^2\,c^2} + c\,\sqrt{p_4^2 + M_0^2\,c^2}. \tag{9.38}$$

Die Komponenten des Impulses sind

$$p_1 = p_3 \cos \vartheta + p_4 \cos \varphi\,, \tag{9.39}$$

$$0 = p_3 \sin \vartheta - p_4 \sin \varphi\,. \tag{9.40}$$

---

[1]) Proc. Roy. Soc. **A 136** (1932) 630.

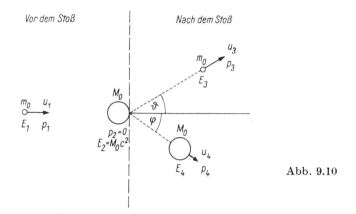

Abb. 9.10

Zur Bestimmung der vier Unbekannten p_2, p_4, ϑ und φ stehen die drei Gleichungen (9.38), (9.39) und (9.40) zur Verfügung; man muß also zuerst eine dieser Größen, z. B. ϑ, auf andere Weise (durch Messung) ermitteln. Man erhält schließlich für den Impuls des Teilchens 1 nach dem Stoß:

$$p_3 = p_1 \left[\frac{(m_0^2 c^2 + M_0 E_1) \cos \vartheta + (E_1 + M_0 c^2) \sqrt{M_0^2 - m_0^2 \sin^2 \vartheta}}{(E_1/c + M_0 c)^2 - p_1^2 \cos^2 \vartheta} \right].$$

Für die Energie des Teilchens 1 nach dem Stoß gilt: (9.41)

$$E_3 = \frac{(E_1 + M_0 c^2)(m_0^2 c^2 + M_0 E_1) + c^2 p_1^2 \cos \vartheta \sqrt{M_0^2 - m_0^2 \sin^2 \vartheta}}{(E_1/c + M_0 c)^2 - p_1^2 \cos^2 \vartheta}.$$

(9.42)

Der Impuls des Teilchens 2 nach dem Stoß kann auch durch den Streuwinkel ϑ des Teilchens 1 ausgedrückt werden:

$$p_4^2 = p_1^2 + p_3^2 - 2 p_1 p_3 \cos \vartheta .$$ (9.43)

Schließlich kann man Energien und Impulse nach dem Stoß auch in Abhängigkeit vom Winkel φ angeben:

$$p_4 = \frac{2 p_1 M_0 (E_1 + M_0 c^2) \cos \varphi}{(E_1/c + M_0 c)^2 - p_1^2 \cos^2 \varphi},$$ (9.44)

$$E_4 = M_0 c^2 + \frac{2 p_1^2 M_0 c^2 \cos^2 \varphi}{(E_1/c + M_0 c)^2 - p_1^2 \cos^2 \varphi},$$ (9.45)

$$p_3^2 = p_1^2 + p_4^2 - 2 p_1 p_4 \cos \varphi .$$ (9.46)

3.   Bestimmung der Energien von Myonen und Neutrinos aus dem Zerfall geladener Pionen

Negativ geladene Pionen zerfallen gemäß dem Schema

$$\pi^- \to \mu^- + \bar{\nu}_\mu$$
$$ \longrightarrow e^- + \nu_\mu + \bar{\nu}_e .$$

In den meisten Fällen kommt das Pion vor dem Zerfall zur Ruhe. Danach bewegen sich das Myon (μ) und das μ-Antineutrino ($\bar{\nu}_\mu$) mit gleichen Impulsen ($p_\mu = p_\nu = p$) in entgegengesetzte Richtungen. Dann ist die Ruhenergie des Pions gleich der Summe der Gesamtenergien des Myons und des Neutrinos:

oder
$$m_\pi c^2 = \sqrt{(m_\mu c^2)^2 + (p\,c)^2} + \sqrt{(m_\nu c^2)^2 + (p\,c)^2}$$

$$m_\pi c^2 = E_\mu + E_\nu .$$ (9.47)

Wegen

folgt
$$E_\mu^2 - E_\nu^2 = (m_\mu^2 - m_\nu^2)\,c^4 = (E_\mu + E_\nu)(E_\mu - E_\nu)$$

$$\frac{(m_\mu^2 - m_\nu^2)\,c^2}{m_\pi} = E_\mu - E_\nu .$$ (9.48)

Aus (9.47) und (9.48) erhält man

$$E_\mu = \frac{m_\pi^2 + m_\mu^2 - m_\nu^2}{2\,m_\pi}\,c^2$$ (9.49)

und

$$E_\nu = \frac{m_\pi^2 - m_\mu^2 + m_\nu^2}{2\,m_\pi}\,c^2 .$$ (9.50)

Wenn die Ruhmasse des Neutrinos verschwindet, was mit den Experimenten in befriedigender Übereinstimmung ist, gilt

$$E_\mu = \frac{m_\pi^2 + m_\mu^2}{2\,m_\pi}\,c^2$$ (9.51)

und

$$E_\nu = \frac{m_\pi^2 - m_\mu^2}{2\,m_\pi}\,c^2 .$$ (9.52)

Mit $m_\pi = 273\,m_e$ und $m_\mu = 207\,m_e$ folgt aus (9.51) und (9.52) $E_\mu = 110\,\text{MeV}$ und $E_\nu = 29\,\text{MeV}$ in Übereinstimmung mit der Ruhenergie des geladenen Pions $E_\pi = 139\,\text{MeV} = E_\mu + E_\nu$. Die Ruhenergie des Myons ist $105{,}7\,\text{MeV}$.

4.   Bestimmung der Masse des neutralen Pions

Ein neutrales Pion zerfällt in zwei Photonen[1]): $\pi^0 \to \gamma + \gamma$. Die Ruhmasse des neutralen Pions (m_0) ist etwa 264mal so groß wie die Elektronenruhmasse. Man bestimmt sie, indem man die Energien $h\,\nu_1$ und $h\,\nu_2$ bzw. die Frequenzen ν_1, ν_2 der beiden Photonen und die zugehörigen Winkel ϑ_1, ϑ_2 mißt, die die Photonen der Impulse $\dfrac{h\,\nu_1}{c}$ und $\dfrac{h\,\nu_2}{c}$ mit der ursprünglichen Bewegungsrichtung $(m\,v)$ des Pions einschließen.

Energiesatz:

$$m\,c^2 = h\,(\nu_1 + \nu_2) \tag{9.53}$$

Impulssatz in Komponenten:

$$m\,v = \frac{h}{c}\,(\nu_1 \cos\vartheta_1 + \nu_2 \cos\vartheta_2)\,, \tag{9.54}$$

$$0 = \frac{h}{c}\,(\nu_1 \sin\vartheta_1 - \nu_2 \sin\vartheta_2)\,; \qquad \nu_1 = \nu_2\,\frac{\sin\vartheta_2}{\sin\vartheta_1}\,. \tag{9.55}$$

Für die Ruhenergie des Pions gilt

$$m_0^2\,c^4 = m^2\,c^4 - p^2\,c^2\,,$$

also

$$m_0^2\,c^4 = m^2\,c^4 - m^2\,v^2\,c^2\,,$$

und nach Substitution von (9.53) und (9.54)

$$m_0^2\,c^4 = h^2\,[\nu_1^2 \sin^2\vartheta_1 + \nu_2^2 \sin^2\vartheta_2 + 2\,\nu_1\,\nu_2\,(1 - \cos\vartheta_1 \cos\vartheta_2)]\,.$$

Hieraus folgt mit (9.55)

$$\nu_1^2 = \frac{m_0^2\,c^4 \sin\vartheta_2}{2\,h^2 \sin\vartheta_1\,[1 - \cos(\vartheta_1 + \vartheta_2)]} \tag{9.56}$$

und

$$\nu_2^2 = \frac{m_0^2\,c^4 \sin\vartheta_1}{2\,h^2 \sin\vartheta_2\,[1 - \cos(\vartheta_1 + \vartheta_2)]}\,. \tag{9.57}$$

---

[1]) Für den neutralen Pionenzerfall gibt es 4 Möglichkeiten mit unterschiedlicher Wahrscheinlichkeit

1. $\pi^0 \to \gamma + \gamma$ 98,83%
2. $\pi^0 \to \gamma + e^+ + e^-$ 1,17%
3. $\pi^0 \to \gamma + \gamma + \gamma$ $5 \cdot 10^{-6}$
4. $\pi^0 \to (e^+\,e^-) + (e^+\,e^-)$; zwei Dalitz-Paare $\approx 3{,}5 \cdot 10^{-5}$

Aus (9.56) und (9.57) erhält man

$$\nu_1 \nu_2 = \frac{m_0^2 c^4}{4 h^2 \sin^2\left(\dfrac{\vartheta_1 + \vartheta_2}{2}\right)},$$

also

$$m_0 = \frac{1}{c^2} 2 h \sqrt{\nu_1 \nu_2} \sin\left(\frac{\vartheta_1 + \vartheta_2}{2}\right). \tag{9.58}$$

Wenn der Winkel zwischen den Photonenrichtungen $(\vartheta_1 + \vartheta_2)$ am kleinsten ist, ist $\nu_1 \nu_2$ am größten; das ist für $\nu_1 = \nu_2 = \nu$ der Fall. Dann ist $\vartheta_1 = \vartheta_2 = \vartheta$.
Die allgemeine Beziehung (9.58) vereinfacht sich nunmehr:

$$m_0 = \frac{2 h \nu}{c^2} \sin \vartheta \qquad \text{oder} \qquad m_0 = 2 m_{\text{Ph}} \sin \vartheta .$$

5.   Erzeugung von geladenen Pionen

Die unelastische Nukleon-Nukleon-Wechselwirkung kann beispielsweise zu folgenden Prozessen führen:

$$p + p \rightarrow p + n + \pi^+$$
$$p + p \rightarrow p + p + \pi^0$$
$$p + n \rightarrow p + p + \pi^-$$
$$p + n \rightarrow n + n + \pi^+$$
$$n + n \rightarrow n + n + \pi^- .$$

Übersteigt die Energie der stoßenden Nukleonen den Schwellenwert $E_{\text{kin}}^{\text{mir}}$ um ein Mehrfaches, so kann auch eine Vielfacherzeugung von Mesonen erfolgen:

$$p + p \rightarrow p + p + \pi^+ + \pi^+$$
$$\rightarrow p + p + \pi^0 + \pi^0$$
$$\rightarrow n + n + \pi^+ + \pi^+$$
$$\rightarrow n + p + \pi^+ + \pi^0 .$$

Um mit Hilfe des Prozesses $p + p \rightarrow p + n + \pi^+$ die π^+-Mesonen-Erzeugung durchzuführen, benötigt man mehr als die doppelte Ruhenergie des π^+-Mesons (9.60). Dieses Resultat folgt aus der Anwendung des Energie-Impulssatzes $E = E_{\text{kin}} + E_0 = \sqrt{m_0^2 c^4 + p^2 c^2}$, d.h. $E^2 - p^2 c^2 = m_0^2 c^4$ = const.

Im vorliegenden Fall sei E_{kin} die kinetische Energie des stoßenden Protons im Laborsystem, in dem ein zweites Proton vor dem Stoß in Ruhe sei. Dann gilt

$$E^2 - p^2 c^2 = (2\, m_p\, c^2 + E_{kin})^2 - p^2 c^2 = \text{const.}$$

Der Schwellenwert ist dadurch gekennzeichnet, daß die drei Teilchen (2 Protonen und 1 Pion) im Schwerpunktsystem die kinetische Energie Null haben, so daß nur die Summe der Ruhenergien $2\, m_p\, c^2 + m_\pi\, c^2$ eine Rolle spielt:

$$(2\, m_p\, c^2 + m_\pi\, c^2)^2 = (2\, m_p\, c^2 + E_{kin})^2 - p^2 c^2\,. \tag{9.59}$$

Substituiert man hierin

$$p^2 c^2 = (E_{kin} + m_p\, c^2)^2 - m_p^2\, c^4\,,$$

also

$$p^2 c^2 = E_{kin}^2 + 2\, E_{kin}\, m_p\, c^2\,,$$

so folgt aus (9.59) nach Ausmultiplizieren und Umordnen

$$E_{kin} = E_{kin}^{min} = 2\, m_\pi\, c^2 \left(1 + \frac{m_\pi}{4\, m_p}\right) = 290 \text{ MeV}\,. \tag{9.60}$$

9.18. Frequenzänderung der Uhren in Satelliten

Ein Satellit der Masse m bewege sich mit gleichbleibender Geschwindigkeit $v \ll c$ auf einer geozentrischen Kreisbahn (Radius r) um die Erde der Masse M. Auf Grund der Zeitdilatation der SRT ist die Frequenz ν_s der Uhren im Satelliten geringer als diejenige der Vergleichsuhren auf der Erde ν_0. Außer diesem Effekt der SRT hat man noch den Gravitationseffekt der ART zu berücksichtigen, so daß sich die gesamte Frequenzänderung $\Delta\nu$ aus $\Delta\nu_s + \Delta\nu_a$ zusammensetzt.[1]

Aus $t_s' = t_0/\sqrt{1 - v^2/c^2}$ folgt $1/t_s' = \nu_s' = \nu_0 \sqrt{1 - v^2/c^2} \approx \nu_0 \left(1 - \frac{1}{2} \frac{v^2}{c^2}\right)$,

also

$$\frac{\Delta\nu_s}{\nu_0} = -\frac{1}{2} \frac{v^2}{c^2}\,. \tag{9.61}$$

In dieser Gleichung ersetzt man v^2 aus der Gleichgewichtsbeziehung Zentripetalkraft gleich Gravitationskraft, d. h.,

$$\frac{m\, v^2}{r} = G \frac{m\, M}{r^2}\,,$$

---

[1] Rosser, W. G. V.: Introductory Relativity, S. 272. Butterworth London 1967.

mithin

$$v^2 = \frac{G\,M}{r}.$$ (9.62)

Mit dem Erdradius R, wobei $r = R + h$ gilt, und $g = G\,M/R^2$ schreibt man statt (9.62)

$$v^2 \doteq \frac{G\,M}{R}\,\frac{R}{r} = g\,R\,\frac{R}{r}.$$

und statt (9.61)

$$\frac{\Delta \nu_s}{\nu_0} = -\,\frac{1}{2}\,\frac{g\,R}{c^2}\,\frac{R}{r}.$$ (9.63)

Befindet sich der Satellit auf einem höheren Gravitationspotential $\Delta \varphi$ als die Vergleichsuhr auf der Erde, so ergibt sich eine größere Frequenz

$$\frac{\Delta \nu_\mathrm{a}}{\nu_0} = \frac{\Delta \varphi}{c^2}.$$ (9.64)

Für $\Delta \varphi$ findet man

$$\Delta \varphi = \int\limits_{R}^{r} \frac{G\,M}{r^2}\,dr = -\,G\,M\left(\frac{1}{r} - \frac{1}{R}\right) = \frac{G\,M}{R}\left(1 - \frac{R}{r}\right)$$

$$\Delta \varphi = g\,R\left(1 - \frac{R}{r}\right).$$ (9.65)

Damit ergibt sich für (9.64)

$$\frac{\Delta \nu_\mathrm{a}}{\nu_0} = \frac{g\,R}{c^2}\left(1 - \frac{R}{r}\right).$$ (9.66)

Aus der Summe von (9.63) und (9.66) erhält man die gesamte Frequenz-änderung einer Uhr im Satelliten:

$$\frac{\Delta \nu}{\nu_0} = \frac{g\,R}{c^2}\left(1 - \frac{3}{2}\,\frac{R}{r}\right).$$ (9.67)

Man erkennt, daß sich für $r = 3\,R/2 = 9600$ km, also $h = 3200$ km über der Erde, keine Frequenzänderungen — und damit kein Unterschied des Alterns von Erdbewohner und Kosmonaut — ergeben.

Wenn $r > 3\,R/2$, also $\Delta \nu > 0$ ist, dann überwiegt der Gravitationseffekt, und eine Satellitenuhr geht rascher; das heißt auch, daß ein Kosmonaut unter diesen Bedingungen schneller altert als eine auf der Erde verbliebene Vergleichsperson.

Für $r < 3\,R/2$ ist $\Delta \nu < 0$. Unter dieser Bedingung überwiegt der durch (9.61) gegebene Effekt, d.h., ein die Erde umrundender Kosmonaut würde langsamer altern als eine Vergleichsperson auf der Erde.

Allgemeine Relativitätstheorie

10. Prinzipien und Probleme der allgemeinen Relativitätstheorie

10.1. Das allgemeine Relativitätsprinzip

Die Untersuchung der Relativbewegungen war in der speziellen Relativitätstheorie auf den Sonderfall von Bewegungen beschränkt, die mit geradliniger und gleichförmiger Geschwindigkeit zueinander erfolgten. Über absolute Bewegungen, die etwa geradlinig und gleichförmig zueinander verlaufen würden, konnte keine Aussage gemacht werden. Es ist nur möglich, relative Bewegungen festzustellen.

Im folgenden wird das Augenmerk darauf gerichtet, wie die Relativität der Bewegungen darzustellen ist, wenn es sich um Geschwindigkeitsänderungen (Beschleunigungen) handelt, die mit Trägheitskräften verbunden sind. So treten z.B. bei rotierenden Bewegungen Radialkräfte auf. EINSTEIN dehnte das spezielle Relativitätsprinzip über geradlinige und gleichförmige Bewegungen in der allgemeinen Relativitätstheorie (ART) auf beliebige Bewegungen aus, die also auch beschleunigt zueinander ablaufen. Als Spezialfall müssen sich selbstverständlich die Aussagen der speziellen Relativitätstheorie und — davon wiederum als Spezialfall — die der klassischen Mechanik ergeben. Die Verallgemeinerung des speziellen Relativitätsprinzips führt also zum allgemeinen Relativitätsprinzip, das man beispielsweise wie folgt formulieren kann (vgl. S. 14):

Es gibt keine absolute Bewegung, sondern nur relative. Die Naturgesetze bleiben in allen Systemen erhalten. Alle beliebig gegeneinander bewegten Bezugssysteme sind zur Beschreibung des Naturgeschehens gleichberechtigt. Demnach müssen Formulierungen des Naturgeschehens möglich sein, die auch gültig sind, wenn der Übergang zu beschleunigten Bezugssystemen dargestellt wird.

Die Grundforderung der SRT (die Invarianz der Gesetze bezüglich Lorentz-Transformationen) ist zu eng; in der allgemeinen Relativitätstheorie wird die Invarianz der Gesetze bezüglich beliebiger Koordinatentransformationen gefordert.

Es werden also in der ART allgemeinere Koordinatentransformationen als die Lorentz-Transformationen betrachtet. Im allgemeinen Fall werden diese Transformationen nicht linear sein, während die Lorentz-Transformationen linear sind.

Die Formulierung des allgemeinen Relativitätsprinzips, wonach alle Bezugskörper für die Naturbeschreibung — unabhängig von deren Bewegungszustand — gleichwertig seien, muß exakter (abstrakter) gefaßt werden, da die Verwendung von *starren* Bezugskörpern im allgemeinen nicht möglich ist.

Nach EINSTEIN ([3.5], S. 59) lautet das allgemeine Relativitätsprinzip: „Alle Gaußschen Koordinatensysteme sind für die Formulierung der allgemeinen Naturgesetze prinzipiell gleichwertig."

10.2. Das Äquivalenzprinzip von Trägheit und Schwere

Die Trägheit ist eine Eigenschaft, die allen Körpern zukommt. Aus der Erfahrung ist bekannt, daß ein Körper, der beschleunigt werden soll, der beschleunigenden Kraft einen Widerstand entgegensetzt. Dieser Widerstand ist die Trägheit(skraft), die um so größer ist, je größer die Beschleunigung wird.

Die Trägheitskräfte in einem beschleunigten Bezugssystem kann man z. B. in einem Fahrstuhl durch Messung feststellen: Steht ein Körper im Fahrstuhl auf einer Federwaage, so zeigt diese das Körpergewicht an, wenn die Fahrt mit konstanter Geschwindigkeit — gleichgültig ob auf- oder abwärts — erfolgt. Bei einer Geschwindigkeitsänderung (Beschleunigung bzw. Verzögerung) zeigt die Federwaage andere Werte an.

Das Körpergewicht $m\,g$ ist gegeben durch die Schwere oder Schwerkraft[1]). Erfährt der Fahrstuhl eine Beschleunigung in Aufwärtsrichtung, also entgegen der Schwerkraft, dann tritt eine gleichgerichtete zusätzliche Trägheitskraft auf: Die Federwaage zeigt einen größeren Wert für das Körpergewicht (im Ruhezustand) an. Bei einer beschleunigten Abwärtsbewegung zeigt die Federwaage einen geringeren Wert an: Die Trägheitskraft ist der Schwerkraft entgegengerichtet.

In der Mechanik unterscheidet man *träge* Massen m_t und *schwere* Massen m_s.

In der Newtonschen (klassischen) Theorie haben beide Massenbegriffe nichts miteinander zu tun: Die träge Masse ist ein Maß für die Fähigkeit eines Körpers, sich seiner Beschleunigung zu widersetzen (Beharrungs-vermögen). Das Verhältnis der trägen Massen zweier Körper ist gleich dem reziproken Verhältnis der Beschleunigungen, die diesen Körpern von

---

[1]) Unter der Schwere versteht man (speziell) die Kraft, mit der ein Körper zum Erdmittelpunkt (Gravitationszentrum) angezogen wird. Eine Schwerkraft setzt stets ein Gravitationsfeld voraus.

gleichen bewegenden Kräften erteilt werden. Die schwere (wägbare) Masse ist ein Maß für die Fähigkeit eines Körpers, ein Gravitationsfeld zu erzeugen und/oder von einem solchen beeinflußt zu werden. Das Verhältnis der schweren Massen zweier Körper ist gleich dem Verhältnis der Kräfte, die in demselben Schwerefeld auf sie ausgeübt werden.

Diese beiden Massenbegriffe sollen an einem einfachen Beispiel erläutert werden: Erteilt man zwei Kugeln aus gleichem Material (gleicher Dichte), deren Volumina sich wie 1:3 verhalten, denselben Kraftstoß, dann verhalten sich die (zeitlichen) Geschwindigkeitszunahmen (Beschleunigungen) wie 3:1. Daraus schließt man, daß die trägen Massen m_1 und m_2 im Verhältnis

$$m_1 : m_2 = 1:3$$

stehen. Bestimmt man das Gewicht P der Kugeln, so findet man, daß sich ihre schweren Massen wie 1:3 verhalten (bei derselben Beschleunigung, also am selben Ort der Erde):

$$P_1 : P_2 = 1:3$$

oder, da $P = m\,g$,

$$m_1 : m_2 = 1:3 \, .$$

Hierin ist g eine Konstante, nämlich die Fallbeschleunigung.

Daß die Formel für die Schwingungsdauer eines (mathematischen) Pendels $T = 2\,\pi\,\sqrt{l/g}$ für alle Pendel gleicher Länge (am selben Ort) exakt gilt, beruht ebenfalls auf der Tatsache, daß $m_t = m_s$ ist:

$$T = 2\,\pi\,\sqrt{\frac{m_t\,l}{m_s\,g}} \, . \tag{10.1}$$

Diese Erfahrungstatsache der Gleichheit von träger und schwerer Masse ist durch Versuche von höchster Präzision (R. Eötvös) bestätigt worden. Die klassische Mechanik konnte diese Gleichheit nicht erklären. Die numerische Gleichheit dieser verschieden definierten Massen ist aber erst dann befriedigend erklärt, wenn sie auf die Wesensgleichheit beider Begriffe zurückgeführt wird.

Diese Gleichheit hat zur Folge, daß man nie unterscheiden kann, ob man sich in einem homogenen Gravitationsfeld oder in einem beschleunigten Bezugssystem befindet. Es ist nicht von vornherein selbstverständlich, daß die träge Masse gleich der schweren Masse ist: $m_t = m_s$. Die schwere Masse bezeichnet man auch als Gravitationsladung. Für den freien Fall gilt $P = m_s\,g$, andererseits aber $F = m_t\,a$. Da $F = P$ ist, muß gelten

$$a = \frac{m_s}{m_t}\,g \, . \tag{10.2}$$

Experimentell stellte man für *alle* Körper $g = $ const fest. Folglich muß m_s/m_t eine universelle Konstante sein. Wählt man dieselbe Maßeinheit, so folgt $m_t = m_s$.

Diese Gleichheit erklärt sich aus der lokalen Äquivalenz von Gravitationsfeld und beschleunigter Bewegung.

Auf der Proportionalität (bzw. Wesensgleichheit) von schwerer und träger Masse beruht die Tatsache, daß alle Körper (im Vakuum) am selben Ort gleich schnell fallen.

Der experimentelle Befund, daß *verschiedene Teile (Massen) desselben Stoffes* gleich schnell fallen, ist sofort verständlich: Die Teile fallen so schnell wie der ganze Körper. Hingegen ist der experimentelle Tatbestand, daß *gleiche Massen verschiedener Stoffe* gleich schnell fallen, nicht ohne weiteres verständlich.

Von zwei Körpern der Masse $m_1 < m_2$ wird der Körper der größeren Masse m_2 mit größerer Kraft von der Erde angezogen — auf Grund der größeren *schweren* Masse. Andererseits ist die träge Masse m_2 desselben Körpers auch größer als m_1, so daß der (Fall-)Bewegung ein größerer Trägheitswiderstand entgegengesetzt wird.

EINSTEIN konnte die gemeinsame Wurzel der verschiedenen Erscheinungen ,,Trägheit'' und ,,Gravitation'' aufzeigen. Diese Wesensgleichheit wird am plausibelsten mit dem Einsteinschen Gedankenversuch des im Weltraum — völlig frei von Gravitationsfeldern — beschleunigten Kastens nachgewiesen.

EINSTEIN ([3.5], S. 45) beschreibt dieses Kasten-Experiment mit folgenden Worten:

,,Wir denken uns ein geräumiges Stück leeren Weltraumes, so weit weg von Sternen und erheblichen Massen, daß wir mit erheblicher Genauigkeit den Fall vor uns haben, der im Galileischen Grundgesetz vorgesehen ist. Es ist dann möglich, für diesen Teil Welt einen Galileischen Bezugskörper zu wählen, relativ zu welchem ruhende Punkte ruhend bleiben, bewegte dauernd in geradlinig gleichförmiger Bewegung verharren. Als Bezugskörper denken wir uns einen geräumigen Kasten von der Gestalt eines Zimmers; darin befinde sich ein mit Apparaten ausgestatteter Beobachter. Für diesen gibt es natürlich keine Schwere. Er muß sich mit Schnüren am Boden befestigen, wenn er nicht beim leisesten Stoß gegen den Boden langsam gegen die Decke des Zimmers entschweben will.

In der Mitte der Kastendecke sei außen ein Haken mit Seil befestigt, und an diesem fange nun ein Wesen von uns gleichgültiger Art mit konstanter Kraft zu ziehen an. Dann beginnt der Kasten samt dem Beobachter in gleichförmig beschleunigtem Flug nach ,,oben'' zu fliegen.

Seine Geschwindigkeit wird im Laufe der Zeit ins Phantastische zunehmen — falls wir all dies beurteilen von einem anderen Bezugskörper aus, an dem nicht mit einem Stricke gezogen wird. Wie beurteilt aber der Mann im Kasten den Vorgang? Die Beschleunigung des Kastens wird vom Boden desselben durch Gegendruck auf ihn übertragen. Er muß also diesen Druck mittels seiner Beine aufnehmen, wenn er nicht seiner ganzen Länge nach den Boden berühren will. Er steht dann im Kasten, genau wie einer in einem Zimmer eines Hauses auf unserer Erde steht. Läßt er einen Körper los, den er vorher in der Hand hatte, so wird auf diesen die Beschleunigung des Kastens nicht mehr übertragen; der Körper wird sich daher in beschleunigter Relativbewegung dem Boden des Kastens nähern. Der Beobachter wird sich ferner überzeugen, *daß die Beschleunigung des Körpers gegen den Boden immer gleich groß ist, mit was für einem Körper er auch den Versuch ausführen mag.*

Der Mann im Kasten wird also, gestützt auf seine Kenntnisse vom Schwerefeld, zu dem Ergebnis kommen, daß er samt dem Kasten sich in einem zeitlich konstanten Schwerefeld befinde. Er wird allerdings einen Augenblick darüber verwundert sein, daß der Kasten in diesem Schwerefeld nicht falle. Da entdeckt er aber den Haken in der Mitte der Decke und das an demselben befestigte gespannte Seil, und er kommt folgerichtig zu dem Ergebnis. daß der Kasten in dem Schwerefeld ruhend aufgehängt sei."

Der Mann im Kasten nimmt ein Gravitationsfeld wahr, während ein „ruhender" Beobachter außerhalb des Kastens eine gleichförmig beschleunigte Bewegung feststellen würde. Demnach kann man gleichförmig beschleunigte Bewegung und Gravitationsfeld für kleine Raumgebiete wechselseitig ersetzen.

Wenn der Kasten hingegen frei in einem Gravitationsfeld fiele, so würde die Versuchsperson frei im Kasten schweben. Die Wirkung des Gravitationsfeldes kann also durch eine gleichförmig beschleunigte (Fall-)Bewegung aufgehoben werden. Die lokale Äquivalenz von Trägheit und Schwere läßt sich wie folgt formulieren: Inertial- und Gravitationskräfte sind einander völlig äquivalent in dem Sinne, daß es unmöglich ist. sie durch irgendein physikalisches Mittel zu unterscheiden. Dieses Äquivalenzprinzip bedeutet z.B., daß in bezug auf die mechanischen Wirkungen keinerlei Unterschied zwischen den Erscheinungen in einem unbeschleunigten System mit Gravitationsfeld und einem gravitationsfreien, aber beschleunigten System besteht. Die Wirkung der Schwerkraft kann durch passende Beschleunigung des betreffenden Bezugssystems aufgehoben werden. Kurz: Der Beobachter im Kasten hat keine Möglichkeit, zwischen Schwerkraft und Trägheitskraft zu unterscheiden. Die beiden Aussagen sind gleichwertig: 1. Man befindet sich in einem Gravitationsfeld. 2. Man befindet sich in einem gleichmäßig beschleunigten System (ohne Gravitationsfeld).

Das Äquivalenzprinzip bezieht sich aber nicht nur auf die grundsätzliche Nichtunterscheidbarkeit bei *mechanischen* Vorgängen — deren Wirkungen in Gravitationsfeldern bzw. in passend beschleunigten Bezugssystemen gleich sind —, sondern allgemein auf *alle* physikalischen Vorgänge. Das bedeutet z. B., daß auch elektrische oder optische Vorgänge bzw. Sachverhalte wegen der Wesensgleichheit von Gravitation und Beschleunigung beim Austausch von Gravitation und Beschleunigung unverändert bleiben. (Eine Folge dieses.Äquivalenzprinzips ist u. a. die Krümmung von Lichtstrahlen im Schwerefeld — siehe 10.6.2.). Die Äquivalenz von Trägheit und Schwere bezieht sich nicht nur auf Körper, sondern auch auf die Energie (siehe Rotverschiebung im Gravitationsfeld, Abschn. 10.6.1.). Es ist äußerst schwierig, das Gravitationsfeld eines Weltkörpers (z. B. der Erde) in seiner gesamten Ausdehnung zum Verschwinden zu bringen, indem man etwa einen Bezugskörper dementsprechend wählt. Man kann nur kleine Teile des Gravitationsfeldes durch passend gewählte Bewegungen zum Verschwinden bringen. Für diese Gebiete gelten dann — in erster Näherung — die Gesetze der speziellen Relativitätstheorie.

Während in der speziellen Relativitätstheorie die Maßstäbe in einem bewegten System in der *gleichen* Weise verkürzt werden und die Uhren in einem solchen System — geradlinig und gleichförmig bewegt — *denselben* verlangsamten Gang zeigen, liegen die Verhältnisse in der allgemeinen Relativitätstheorie komplizierter, da sich wegen der Beschleunigung, die die Systeme gegeneinander haben, die Geschwindigkeit v fortwährend ändert. Ein Beobachter im Ruhesystem S wird von Maßstäben in einem relativ zu ihm beschleunigten System S' feststellen, daß sie — quer zur Bewegungsrichtung, also in Beobachtungsrichtung — ihre ursprüngliche Länge beibehalten, während sie sich in Bewegungsrichtung entsprechend der jeweiligen Geschwindigkeit verkürzen. Hierbei ist die Verkürzung der Maßstäbe wegen der unterschiedlichen Geschwindigkeit *nicht* an allen Orten des Systems dieselbe. Weiterhin muß beachtet werden, daß sich mit wechselnder Geschwindigkeit auch der Gang der Uhren von Ort zu Ort ändert.

Bei der Anwendung der Gesetze der speziellen Relativitätstheorie auf die rotierenden bzw. beschleunigten Systeme ist zu beachten, daß die in den mathematischen Beziehungen auftretende Geschwindigkeit v für Beschleunigungsbewegungen nur die momentane Geschwindigkeit bedeutet. Man erfaßt dann nur einen bestimmten Moment des Bewegungsablaufes. Nur für ein differentielles Zeitelement kann man dann die beschleunigte Bewegung als gleichförmige Translationsbewegung von der Größe v auffassen.

Die Arbeit, die erforderlich ist, um eine Masse m_2 aus der Entfernung r ins Unendliche zu bringen, erhält man durch Integration des Newtonschen Gravitationsgesetzes

$$F_G = G \frac{m_1 m_2}{r^2} \qquad (10.3)$$

als Gravitationspotential

$$\varphi = G \frac{m_1 m_2}{r}. \qquad (10.4)$$

Im Unendlichen ist die Geschwindigkeit der Masse m_2 gleich Null. Fällt diese Masse wieder auf die Masse m_1 bis auf die Entfernung r herab, so wird die Arbeit als kinetische Energie $v^2 m_2/2$ wieder frei:

$$G \frac{m_1 m_2}{r} = \frac{m_2}{2} v^2.$$

Hieraus berechnet man v^2 bzw. v — vorausgesetzt: $v \ll c$ —

$$v^2 = \frac{2 G m_1}{r} \quad \text{oder} \quad v^2 = \frac{2 G M}{r}. \qquad (10.5)$$

Diese Geschwindigkeit ändert sich also mit jeder Entfernung r.
Das Äquivalenzprinzip besagt nun folgendes:
Es ist gleichwertig, ob man annimmt, der Beobachter ruhe in der Entfernung r von M im Gravitationsfeld, oder ob man annimmt, das Gravitationsfeld fehle und der Beobachter habe dafür in der Entfernung r von M eine *momentane* Geschwindigkeit v. Mit der Gravitationskonstanten[1] $G = 6{,}667 \cdot 10^{-8}$ cm³ g⁻¹ s⁻² berechnet man daraus für die Erdoberfläche mit $M = 5{,}98 \cdot 10^{27}$ g und $r = 6{,}37 \cdot 10^8$ cm die Geschwindigkeit $v = 11{,}2$ kms⁻¹. (Das ist andererseits die „Entweichgeschwindigkeit", die ein Körper besitzen muß, um das Gravitationsfeld der Erde zu verlassen.) Für die Sonnenoberfläche ergibt sich mit $M = 1{,}98 \cdot 10^{33}$ g und $r = 6{,}95 \cdot 10^{10}$ cm die Geschwindigkeit $v = 614$ kms⁻¹.
Eine besondere Bedeutung hat die Entweichgeschwindigkeit $v = c$. Der — bis auf den Faktor 2 — zur Gl. (10.5) analoge Ausdruck

$$\alpha = \frac{G M}{c^2} \qquad (10.6)$$

---

[1] An Stelle von G verwendet man in der Relativitätstheorie die Gravitationskonstante

$$\varkappa = \frac{8 \pi G}{c^2} = 1{,}87 \cdot 10^{-27} \text{ cmg}^{-1}.$$

	Sonne	Erde	Mond
Gravitationsradius α	1,49 km	0,443 cm	0,0053 cm
Radius R	696 000 km	6 370 km	1 738 km
$\alpha/R = \varphi/c^2$	$2 \cdot 10^{-6}$	$7 \cdot 10^{-10}$	$3 \cdot 10^{-11}$

wird als Gravitations- oder Schwarzschildradius bezeichnet.

$$\varphi = \frac{\alpha}{r} c^2 = \frac{G\,M}{r} \qquad (10.7)$$

ist das Newtonsche Potential.

Wenn $\alpha/R \ll 1$ ist, weicht die Metrik der Raum-Zeit in der Nähe und im Innern der Massen nur wenig von der euklidischen ab.

Wenn $\alpha/R = 1$ ist, liegen extrem relativistische Objekte vor (,,schwarze Löcher"). Mit diesen Objekten ist ein Signal- oder Energieaustausch nicht möglich.

Die experimentelle Grundlage für die Entwicklung der ART stellt die Gleichheit von träger und schwerer Masse dar, die man als Naturgesetz auffassen kann: $m_s/m_t = 1$.

Diesen Wert konnte EÖTVÖS um 1900 mit seinen berühmten Drehwaagenversuchen bis auf 10^{-8} bestätigen. In neuerer Zeit ist durch Messungen von DICKE die Genauigkeit noch weiter gesteigert worden:

$$m_s/m_t = 1 \pm 10^{-11} .$$

Damit gehört dieses Gesetz zu den am genauesten geprüften Gesetzen der Physik.

Nach FOCK [1.18] hat dieses grundlegende Gesetz universellen Charakter, während die Äquivalenz eines Beschleunigungs- und Gravitationsfeldes nur lokal — für infinitesimale Bereiche — gilt.

10.3.   Raum — Zeit — Gravitation

Raum und Zeit existieren in der klassischen Physik (Galilei-Transformation) völlig unabhängig voneinander. Die Einheit von Raum und Zeit wird aber durch die Lorentz-Transformation hergestellt. Nach NEWTON und KANT waren Raum und Zeit Begriffe, die man unabhängig voneinander denken konnte.

In der Kantschen Philospohie sind Raum und Zeit Formen der reinen Anschauung, die a priori gegeben sind; sie würden jeder Erfahrung vorausgehen und diese überhaupt erst möglich machen.

In der Philosophie des dialektischen und historischen Materialismus sind Raum und Zeit Existenzformen der Materie, also untrennbar mit der Materie verknüpft.

In der klassischen Auffassung betrachtet man den Raum als eine Art „Behälter", in dem die Dinge eingelagert sind und Erscheinungen in zeitlicher Folge ablaufen. Raum und Zeit konnten danach auch ohne Vorhandensein von Körpern selbständig — also für sich (absolut) — existieren. Die mathematischen Darstellungen und die physikalischen Messungen im Raum erfolgten — ausschließlich — auf der Grundlage der euklidischen Geometrie. Der Raum erhielt a priori eine euklidische Struktur. Man legte die anscheinend selbstverständliche Annahme zugrunde, daß ein schwerer gerader Stab wie eine euklidische Linie zu behandeln wäre; dieser Stab würde überall im Raum seine Länge (Gestalt) behalten. Somit hielt man es auch für selbstverständlich, daß ein aus gleichlangen Stäben aufgebautes Koordinatengerüst — ein Würfel — an allen Stellen des Raumes unveränderlich sei. Dies wird in der ART korrigiert. — Es sei daran erinnert, daß in der modernen Physik wiederholt „Selbstverständlichkeiten" revidiert werden mußten, d. h., man mußte Vorurteile aufgeben und insbesondere solche Vorstellungen, die der sogenannte „gesunde Menschenverstand" als unabänderlich und a priori gegeben ansah (Verletzungen der Paritätserhaltung, Wellenbild der Teilchenbewegung u. a.).

Nach Einsteins tiefgründiger Raum- und Zeitanalyse kann man eine zeitliche Aufeinanderfolge nicht anders denken als im Raum; und räumliche Beziehungen sind nicht anders denkbar als zu einer Zeit. Diese enge Raum-Zeit-Beziehung der SRT wird in der ART zu der Einheit Raum-Zeit-Materie[1]) erweitert.

Nur die Einheit „Raum-Zeit-Masse" existiert selbständig und hat Struktur. Raum und Zeit sind nur in der Abstraktion von den physikalischen Dingen und Vorgängen trennbar. Real ist allein die Einheit (Gesamtheit) von Raum, Zeit und Materie.

Bei den vorstehenden Betrachtungen spielten bisher nur geradlinig und gleichförmig bewegte Systeme eine Rolle. Derartige Systeme (Körper) gibt es tatsächlich aber im Weltraum nicht. Überall wirkt nämlich die Schwerkraft (Gravitation), unter deren Einfluß sich alle Körper beschleunigt auf krummlinigen Bahnen bewegen. Daraus folgt die Aufgabe (ART), die Naturerscheinungen, d.h. die physikalischen Gesetze, darzustellen, wenn man sie von einem beschleunigt bewegten System (Körper) aus betrachtet.

Für ein hinreichend kleines Zeit- oder Längenintervall kann man — allerdings nur näherungsweise — die Bewegung der Weltkörper als geradlinig

---

[1]) Der Begriff „Materie" wird hier im physikalischen Sinn als „Masse" verwendet. Im übrigen sei auf die Definition des philosophischen Materiebegriffs durch den dialektischen Materialismus verwiesen.

betrachten. Daraus ist von vornherein ersichtlich, daß sich die SRT als Grenz- oder Spezialfall der ART ergibt.
In der ART ist die in der Raum-Zeit vorhandene Gravitation — die gravitierende Masse — nicht mehr zu vernachlässigen. In diesem Falle gilt aber nicht mehr die euklidische Geometrie. An ihre Stelle ist eine allgemeinere — nichteuklidische — Geometrie zu setzen, welche dem Raum u. U. eine ,,Krümmung'' zuschreibt.
Während man sich eine gekrümmte Fläche (Kugel- oder Sattelfläche) vorstellen kann, ist ein gekrümmter Raum nicht mehr vorstellbar, sondern nur mathematisch zu behandeln. In einem dem physikalischen Problem angemessenen Riemanschen Raum gibt es u. a. keine geraden Linien und keine Ebenen, auch die Winkelsumme eines Dreiecks ist verschieden von 180°.

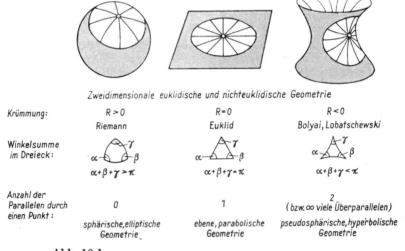

Abb. 10.1

In Abb. 10.1 sind einige wesentliche Unterschiede zwischen der zweidimensionalen euklidischen und nichteuklidischen Geometrie gegenübergestellt. Analoge Unterschiede gibt es für die nichteuklidische Stereometrie (für höherdimensionale Räume). Als Folge davon, daß das Parallelenaxiom der ebenen (euklidischen) Geometrie nicht gilt, ergibt sich, daß die Winkelsumme der Dreiecke auf gekrümmten Flächen $\geqq$ 180° ist.
Durch die physikalischen Anwendungen ist die nichteuklidische Geometrie in das Blickfeld des allgemeinen Interesses gerückt. Die Abweichung von der Krümmung $1/R = 0$ in den gegenwärtig der Beobachtung zugäng-

lichen Entfernungen sind jedoch so minimal, daß mit hinreichender Genauigkeit die euklidische Geometrie angewendet werden kann. Die folgenden Betrachtungen zeigen in einfacher Weise den Zusammenhang zwischen der Raumkrümmung und der Gravitation (Beschleunigung).

Der euklidische Raum besitzt das Krümmungsmaß $1/R = 0$. In diesem Raum sind beliebig lange geradlinige Entfernungen denkbar.

Auf der Kugeloberfläche kann man keine Geraden zeichnen. An ihre Stelle tritt als „kürzeste Entfernung zwischen 2 Punkten" der größte Kugelkreis. Ein Kugeldreieck hat stets eine Winkelsumme größer als 180°. Die Kugelgeometrie geht in die euklidische Geometrie über, wenn der Kugelradius $R \to \infty$ gilt. Für viele praktische Fälle ist der Unterschied zwischen einer (wenig gekrümmten) Kugeloberfläche und einer Ebene bzw. für ein hinreichend kleines Flächenstück auf einer Kugel und einer Ebene vernachlässigbar klein.

Die in der SRT verwendete Geometrie ist die hyperbolische oder Lobatschewskische Geometrie (Sattelfläche konstanten Krümmungsmaßes).

Die von RIEMANN durchgeführten Untersuchungen fanden durch EINSTEIN die physikalischen Anwendungen (ART).

Die Massen und ihre Verteilung bestimmen das Krümmungsmaß des Raumes. Je größer die Masse (das Gravitationsfeld), desto stärker die Raumkrümmung, d. h., desto mehr unterscheidet sich die Geometrie von der geläufigen euklidischen Geometrie.

Die Position jeder Masse ist durch 4 Koordinaten bestimmt: 3 Raumkoordinaten und eine Zeitkoordinate, die ihren Wert permanent ändert.

Der Massenpunkt beschreibt eine Weltlinie im vierdimensionalen Raum. Mit der Annäherung an andere Massen ergeben sich zunehmende Krümmungen, die man gewöhnlich als Gravitationswirkung auffaßt (Äquivalenzprinzip). In einfacher Weise ist der Zusammenhang zwischen Krümmung $1/R$ und Beschleunigung wie folgt zu verstehen:

Die Krümmung einer Kurve $x = f(y)$ in der x,y-Ebene ist definiert durch

$$\frac{1}{R} = \frac{d^2x}{dy^2} \frac{1}{\sqrt{1 + \left(\frac{dx}{dy}\right)^2}^3}. \tag{10.8}$$

Ersetzt man hierin die Raumkoordinate durch die (imaginäre) Zeitkoordinate $i\,c\,t$, so ergibt sich für die x, t-Ebene

$$\frac{1}{R} = \frac{d^2x}{(i\,c)^2\,dt^2} \frac{1}{\sqrt{1 + \left(\frac{dx}{i\,c\,dt}\right)^2}^3}. \tag{10.9}$$

Mit $i^2 = -1$, $\dfrac{dx}{dt} = v$ (in x-Richtung) und $\dfrac{d^2x}{dt^2} = a_x$ (in x-Richtung) folgt

$$\frac{1}{R} = -\frac{a_x}{c^2}\frac{1}{\sqrt{1 - \dfrac{v^2}{c^2}}^{\,3}}. \tag{10.10}$$

Die Krümmung steht also mit der Beschleunigung in enger Verbindung. Da die Beschleunigung durch Gravitationsfelder gegeben ist, wird also die Krümmung durch die Gravitation bestimmt.

Daß zwischen den Gravitationskräften und der Raumkrümmung mathematisch formulierte Zusammenhänge bestehen, kann man durch eine zweidimensionale Analogie plausibel („anschaulich") machen. Der Begriff der Raumkrümmung besagt, daß die geometrischen Verhältnisse durch die gravitierenden Massen bestimmt werden. Das bedeutet nicht, daß der dreidimensionale Raum gewissermaßen in einen höherdimensionalen Raum eingebettet sei, sondern nur, daß die Gesetze der euklidischen Geometrie allein in kleinen Raum-Zeit-Gebieten erfüllt sind.

Um ein starkes Gravitationsfeld (z. B. in der Nähe der Sonne) darzustellen, ist es erforderlich, geometrische Eigenschaften zu berücksichtigen, die von Ort zu Ort variieren können. Man betrachtet in der zweidimensionalen Analogie auf einer mäßig gespannten elastischen Membran[1]) mehrere unterschiedlich schwere Kugeln. Diese Kugeln sinken verschieden tief in die Unterlage ein und bewirken, daß die Fläche verschieden stark gekrümmt wird. Bewegen sich die Kugeln in nicht zu großem Abstand aufeinander zu, so stellt sich der Effekt der Massenanziehung (nach NEWTON) dar, indem etwa die kleinere Masse um die größere herum abgelenkt wird (Abb. 10.2).

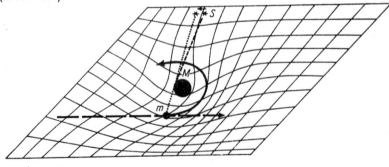

Abb. 10.2

---

[1]) Gummihaut, Gummidecke oder Gummimatte evtl. mit gekennzeichneten Koordinatenlinien. Geeignet ist auch ein Gumminetz.

Läßt man die Kugel m an der schweren Masse M vorbeirollen, so ändert sich also die Richtung infolge der Flächenkrümmung (Massenverteilung). Ein hinreichend weit entfernter Beobachter könnte nicht entscheiden, ob die gemessene Bewegung wegen der Flächenkrümmung oder wegen einer „gegenseitigen' Anziehungskraft" zustande kommt. Die Gummimembran darf man sich natürlich nicht im Raum-Zeit-Kontinuum durch eine ähnlich wirkende „Substanz" ersetzt denken; denn dafür gibt es keinen experimentellen Hinweis. Die Krümmung ist eine Eigenschaft, die dem Raum (Vakuum[1])) selbst eigen und stets im Zusammenhang mit der Massenverteilung zu betrachten ist. Eine Raumkrümmung wird auch erkennbar, wenn man z. B. innerhalb eines Dreiecks eine große Masse M hineinsetzt (Abb. 10.3). Dies ist eine weitere Möglichkeit, an Hand des zweidimensionalen Membranmodells Raumkrümmungen und deren Folgen zu erläutern, z. B. die Lichtablenkung im Schwerefeld der Sonne.

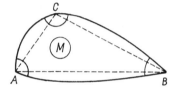

Abb. 10.3

Aus der vorstehenden geometrischen Analogie geht hervor, daß die Krümmungsverhältnisse in den Bahnen der Massenpunkte, die keinen äußeren Kräften unterliegen, sich wie Kräfte physikalischen Ursprungs auswirken und auf diese Weise die Gravitationskräfte erklären.

Wenn die Sonne das betrachtete Raumgebiet verlassen hat, scheinen sich die Stellungen zweier betrachteter Sterne (Abb. 10.3) verschoben zu haben.[2]) Hiermit bietet sich die Möglichkeit, geodätische Linien zu veranschaulichen. Es ist unmittelbar plausibel, daß auch „Lichtstrahlen" gekrümmt werden, also geodätische Linien darstellen, und daß demzufolge die Lichtgeschwindigkeit von der Massenverteilung (Raumkrümmung) abhängig ist.

Wenn man geometrische Figuren (Dreiecke, Vierecke, Kreise u. a.) auf gekrümmten Flächen aufzeichnet, so entsteht die Frage, was eine gerade Linie ist, die man von der Geometrie der Ebene kennt. Es läßt sich mit

---

[1]) Hinweis: Das Vakuum besitzt eine Reihe von physikalischen Eigenschaften, z. B. μ_0, ε_0.

[2]) Die Abweichung der Winkelsumme eines Dreiecks von 180° ist ein Maß für die Krümmung des Raumes.

elastischen Membranen oder Häuten[1]) leicht demonstrieren, daß in der euklidischen Geometrie — also in der Ebene — die Gerade die kürzeste Verbindung zwischen 2 Punkten ist.

Auf gekrümmten Oberflächen sind die ,,geradesten" Linien (die ,,kürzesten Entfernungen") die geodätischen Linien (kurz: Geodätische). Alle irgendwie zu den Geodätischen benachbarten Linien, die durch die beiden Punkte gehen, sind länger. Damit ist also eine Geodätische durch folgende Extremwertforderung gekennzeichnet:

$$\int ds = \text{Minimum}.$$

Hierbei ist für das Weltlinienelement im nichteuklidischen Kontinuum Gl. (10.40) einzusetzen.

In der Nähe großer Massen ist der Raum besonders stark gekrümmt. So ist die Krümmung des Raumes ein Maß für die Massenverteilung. Die Körper bewegen sich nicht mehr auf geraden Linien, sondern auf geodätischen Linien; das sind die kürzesten Verbindungen zwischen zwei (Raum-Zeit)-Punkten. Die gerade Linie ist ein Spezialfall für die in einer Ebene zu verbindenden zwei Punkte (bei vernachlässigbarem Gravitationsfeld).

Diese Erkenntnisse führten EINSTEIN zu einer Verallgemeinerung des klassischen Trägheitsprinzips.

Das von GALILEI aufgestellte und von NEWTON formulierte Trägheitsgesetz lautet: Ein sich selbst überlassener Massenpunkt bewegt sich mit konstanter Geschwindigkeit auf einer Geraden. Dieses Gesetz gilt in der klassischen Mechanik und in der SRT nur, wenn die Bewegung des Massenpunktes auf ein geradlinig-gleichförmig bewegtes Koordinatensystem bezogen wird; auf ein beschleunigtes Koordinatensystem bezogen gilt es nicht. Also ist dieses Gesetz nicht invariant gegenüber beliebigen Koordinatensystemen. Es ist folglich in dieser Form nicht richtig.

Die Einsteinsche Formulierung hingegen stellt ein invariantes Grundgesetz dar: Die Weltlinie eines Massenpunktes ist eine geodätische Linie im Raum-Zeit-Kontinuum. Oder: Jeder Körper bewegt sich unter dem Einfluß von Trägheit und Schwere auf der kürzesten oder geradesten Bahn (geodätische Linie) der Raum-Zeit-Mannigfaltigkeit. Das Galilei-Newtonsche Trägheitsgesetz gründete sich auf den nie beobachtbaren Vorgang der Bewegung eines einzigen Körpers, der keinen äußeren Kräften unterliegt. Das Einsteinsche Bewegungsgesetz hingegen bezieht sich auf die Bewegung unter Trägheits- und Schwereeinfluß; es war notwendig zur Erfüllung des Äquivalenzprinzips.

In diesem Grundgesetz der Mechanik ist die Aussage enthalten, daß Trägheits- und Schwereerscheinungen nicht zu trennen sind.

---

[1]) Es lassen sich starre Kunststoff-Reliefplatten verwenden, die z.B. für Potentialdarstellungen noch weitere umfangreiche Verwendungsmöglichkeiten finden könnten.

Das Galilei-Newtonsche Trägheitsgesetz, wonach Körper, die keinen äußeren Kräften unterliegen, sich geradlinig und mit gleichförmiger Geschwindigkeit bewegen, gilt nur für den Fall, daß keine gravitierenden Massen vorhanden sind. In diesem Fall ist die Geometrie euklidisch, und die geodätischen Linien sind Geraden. Bei Anwesenheit gravitierender Massen wird sich der Körper beschleunigt — auf krummlinigen Bahnen — bewegen. Nicht von fernher mit unendlich großer Geschwindigkeit ausgehende Wirkungen zwingen den Massenpunkt auf eine Bahn, sondern die Eigentümlichkeit der jeweiligen Raum-Zeit-Gebiete bewirkt die Bahn. Bei NEWTON trat die Schwerkraft als eine „Fernkraft" auf, die sich mit unendlich großer Geschwindigkeit zwischen den gravitierenden Massen ausbreitete. Eine solche „Fernkraft", die gleichbedeutend ist mit einer Energie- oder Signalübertragung ohne Zeitverzögerung, steht im Widerspruch zur SRT, wonach physikalische Wirkungen sich höchstens mit der Geschwindigkeit c ausbreiten können. Hieraus ergab sich für EINSTEIN die Aufgabe, die klassische Gravitationstheorie relativistisch zu formulieren, was aber im Rahmen der SRT nicht möglich war und schließlich zur allgemeinrelativistischen Gravitationstheorie führte.

Das dem Newtonschen Gesetz analoge Coulombsche Gesetz für die Kraftwirkung elektrischer Ladungen wurde durch die Maxwellsche Feldtheorie als Nahwirkungsgesetz hergeleitet; dies bedeutet, daß die elektrische Beeinflussung der Körper aus dem Zustand der jeweiligen unmittelbaren Umgebung hergeleitet wird. Die Wirkung breitet sich nicht mit unendlich großer Geschwindigkeit aus, sondern mit der Geschwindigkeit c.

In ähnlicher Weise ergibt sich das Newtonsche Gravitationsgesetz (in erster Näherung) aus der Einsteinschen Feldtheorie, die eine Theorie der Nahwirkungen ist, in der sich die Wirkungen nur mit der Höchstgeschwindigkeit c ausbreiten. Die Einsteinsche Theorie — eine geometrische Gravitationstheorie — ist nicht nur logisch geschlossener als die Newtonsche, sondern erklärt auch Effekte, die in der Newtonschen Theorie nicht erklärbar sind.

Die Struktur der Raum-Zeit(Krümmung) und damit die Maßverhältnisse werden durch die Massen (und deren Verteilung) bestimmt. Diese Struktur ist variabel, da sie von Weltpunkt zu Weltpunkt wechselt. Dadurch wird aber die Gestalt der sich bewegenden Körper durch die Raumkrümmung beeinflußt. Es werden also Längen- und Zeitintervalle geändert, ohne daß allerdings ein fest mit den Maßstäben und Uhren verbundener Beobachter — ruhender Beobachter — etwas davon bemerkt, da er ja schließlich selbst und mit ihm die Geräte sowie die Längen- und Zeitnormale (und andere Standards) verändert werden. Die Maßstäbe und Uhren zeigen in Gebieten verschiedener Krümmung unterschiedliche Werte — für einen Außenbeobachter, d. h. für einen Beobachter, der sich im Gebiet unterschiedlicher Raumkrümmung (Gravitation) befindet.

Eine Definition von Längen und Zeiten mit Hilfe von Maßstäben und Uhren ist nicht mehr möglich. Dies bedeutet, daß Zeit- und Raumangaben als Koordinaten nicht mehr brauchbar sind. Dafür wird jeder Weltpunkt durch die Angabe von vier Zahlen x_1, x_2, x_3 und x_4 charakterisiert, durch Gaußsche Koordinaten, die keine gegenständliche Bedeutung haben. Die Weltpunkte (Ereignisse) des vierdimensionalen nichteuklidischen Kontinuums werden durch diese 4 Zahlen in völlig willkürlicher Weise numeriert.

Es ist bequem bzw. möglich, wenn man einem Ereignis (Weltpunkt) drei räumliche und eine zeitliche Koordinate zuordnet. Diese Denkmöglichkeit ist aber keine Denknotwendigkeit, d. h., es ist an sich nicht erforderlich, so zu verfahren. Wenn ein Weltpunkt überhaupt durch vier Zahlen (nicht Größen) x_1, x_2, x_3, x_4 eindeutig bestimmt werden kann, so ist das eine hinreichende Bedingung. Demzufolge ist es ein Vorurteil, daß eine von diesen Zahlen sich unbedingt auf eine zeitliche Größe, die anderen drei aber auf räumliche Größen beziehen müssen.

Zweifellos ist die Zulassung solcher allgemeinen Koordinatensysteme zunächst ungewohnt und für manche Vorstellungen durchaus fremdartig. Das ist aber kein Grund, von der Verwendung dieser Methode überhaupt abzusehen. Es zeigt sich, daß dadurch neue Erkenntnisse gewonnen werden, die neue Experimente auslösen, welche die verallgemeinerte Theorie bestätigen.

Diese Koordinaten sind mit den Raum- und Zeitmessungen durch bestimmte mathematische Beziehungen verbunden, aus denen man dann Ort und Zeit eines Massenpunktes berechnen kann. In verschiedenen Krümmungsgebieten gehen daher die Uhren unterschiedlich schnell, mit anderen Worten: Alterungsprozesse laufen unterschiedlich schnell ab.

Insbesondere gilt, daß die Lichtgeschwindigkeit ebenfalls von der Krümmung abhängt. Nur für die Krümmung Null (SRT) erweist sich die Lichtgeschwindigkeit als eine Konstante; dies bedeutet, daß die Vakuum-Lichtgeschwindigkeit in der ART keine Konstante mehr ist.

10.4.   Maßstäbe, Uhren und Lichtgeschwindigkeit im Gravitationsfeld

10.4.1.   Maßstäbe im Gravitationsfeld und Versagen der euklidischen Geometrie

Im folgenden wird gezeigt, daß die Raum-Zeit bei Rotationsbewegungen, die lokalen Gravitationsfeldern äquivalent sind, keine euklidische Struktur hat; dies bedeutet, daß man z.B. Raumkoordinaten x, y, z nicht mehr in der üblichen Weise definieren und anwenden kann.

Aus der SRT ist bekannt, daß sich ein mit der Geschwindigkeit v bewegter Stab in Bewegungsrichtung verkürzt (3.15). Es gilt

$$l' = l \sqrt{1 - \frac{v^2}{c^2}} . \qquad (10.11)$$

Setzt man hierin für v^2 den Ausdruck (10.5) ein, so findet man eine Längenkontraktion des Stabes der Ruhlänge l, die in einem Gravitationsfeld in Feldrichtung erfolgt:

$$l' = l \sqrt{1 - \frac{2 G M}{c^2 r}} . \qquad (10.12)$$

Hierbei ist vorausgesetzt, daß man die Bewegung des Körpers (für hinreichend kleine Zeiten) als gleichmäßige Translation betrachten kann. Senkrecht zur Gravitationsrichtung erfolgt keine Längenänderung des Körpers.

Führt man als Abkürzung den Gravitations- oder Schwarzschildradius (10.6)

$$\alpha = G M / c^2$$

ein, so erhält man

$$l' = l \sqrt{1 - 2 \alpha/r} \qquad (10.13)$$

oder näherungsweise wegen $2 \alpha/r \ll 1$

$$l' \approx l (1 - \alpha/r) . \qquad (10.14)$$

Nunmehr soll ein beschleunigtes System S' betrachtet werden: Eine große Scheibe soll in ihrer Ebene um eine durch den Mittelpunkt gehende senkrechte Achse mit der Winkelgeschwindigkeit

$$\omega = \frac{v}{r} .$$

rotieren. Führt man $v^2 = \omega^2 r^2$ in (10.11) ein, so erhält man als Längenverkürzung

$$l' = l \sqrt{1 - \frac{r^2 \omega^2}{c^2}} ; \qquad (10.15)$$

hierbei ist wieder vorausgesetzt, daß man die rotierende Bewegung für hinreichend kleine Zeiten als Translation betrachten kann.

Befindet sich auf der Scheibe S' ein Experimentator, der mit Einheitsmaßstäben den Umfang U messen will, so erscheint einem in S befindlichen Beobachter dieser Maßstab längs der Peripherie verkürzt; senkrecht zur Bewegungsrichtung — also radial — werden von beiden Beobachtern dieselben Längen (Radien R) gemessen. Der Beobachter in S' braucht für die Peripherie mehr Einheitsmaßstäbe als der in S. Dies bedeutet, daß der Umfang des Kreises und damit — bei gleichem Radius — der Quotient Umfang/Durchmesser nicht gleich π, sondern größer als π ist:

$$2 \pi R' = \frac{2 \pi R}{\sqrt{1 - \dfrac{R^2 \omega^2}{c^2}}} , \tag{10.16}$$

also $2\pi R' > 2\pi R$ bzw. $U/2\,R = \pi$, aber $U'/2\,R' > \pi$, wobei $R = R'$ ist. Der Quotient aus Kreisumfang und Durchmesser ist demnach, vom rotierenden System aus beurteilt,

$$\frac{\pi}{\sqrt{1 - \dfrac{R^2 \omega^2}{c^2}}} > \pi . \tag{10.17}$$

Das aber widerspricht den Sätzen der euklidischen Geometrie.

Auf der (gleichmäßig) rotierenden Scheibe wächst v mit dem Abstand von der Drehachse: $v = R\,\omega$.

Mißt man also für verschiedene Abstände R bei gleicher Drehzahl der Scheibe den Quotienten gemäß (10.16), so erhält man verschiedene Werte. Die Abweichung nimmt mit wachsendem R, wenn ω konstant ist, bzw. mit ω, wenn R konstant ist, zu.

Das Verhältnis U/D ist — für $v \neq 0$ — verschieden von π und nimmt mit wachsender Umfangsgeschwindigkeit ständig zu; π ist keine Konstante mehr.

Es gilt, genauer genommen, nicht in allen Punkten der rotierenden Scheibe dieselbe Geometrie. In der Menge der konzentrischen Kreise bleibt die Geometrie jeweils nur für einen bestimmten Kreis dieselbe; sie ändert sich mit dem Radius.

Aus dem Dargelegten folgt, daß der Experimentator in S' nicht in der Lage ist, aus vier gleichlangen geraden „starren" Stäben ein Quadrat bzw. aus zwölf solchen Stäben einen Würfel zu bilden. Das aber heißt: Es kann kein geradliniges rechtwinkliges Koordinatensystem aufgebaut werden, und kartesische Koordinaten x, y, z können in einem solchen System nicht definiert werden.

10.4.2. Uhren im Gravitationsfeld

Gemäß der SRT gehen gleichförmig geradlinig bewegte Uhren langsamer als ruhende:

$$t' = \frac{t}{\sqrt{1 - \dfrac{v^2}{c^2}}} . \tag{10.18}$$

Ersetzt man wiederum v^2 durch $r^2\,\omega^2$, so erhält man für hinreichend kleine Raumgebiete und Zeitabschnitte, in denen die rotierende Bewegung als Translationsbewegung betrachtet werden kann, für ein rotierendes System

$$t' = \frac{t}{\sqrt{1 - \dfrac{r^2\,\omega^2}{c^2}}}. \tag{10.19}$$

Aus (10.19) ist ersichtlich, daß die Zeitmessung wie die Längenmessung (10.15) längs des Radius variabel ist:
Eine am Rand der rotierenden Scheibe S' aufgestellte Uhr hat eine größere Geschwindigkeit v relativ zu S als eine Uhr im kleineren Abstand vom Mittelpunkt oder gar im Mittelpunkt selbst. Die Geschwindigkeit der auf der Scheibe aufgestellten Uhren nimmt mit dem Radius $r = R$ zu. Die Uhren gehen um so langsamer, je weiter sie von der Drehachse entfernt sind. Somit wechselt die Zeitmessung von Ort zu Ort; man ist nicht in der Lage, mit Hilfe von Uhren eine Zeitdefinition für die Verhältnisse auf der rotierenden Scheibe (bzw. im Gravitationsfeld) zu geben.
Für einen geradlinig beschleunigt bewegten Körper liegen die Verhältnisse etwas einfacher. Hier ist für alle Massenpunkte die Beschleunigung gleichgroß. Es gilt ebenfalls eine nichteuklidische Geometrie, die aber für alle Massenpunkte gleich ist, da diese die gleiche Beschleunigung haben. Entsprechend (10.18) wird im (schwachen) Gravitationsfeld mit (10.5) und (10.6) der Gang der Uhren durch

$$t' = \frac{t}{\sqrt{1 - \dfrac{2\,\alpha}{r}}}. \tag{10.20}$$

bestimmt.
Näherungsweise ergibt sich für die Zeitdilatation mit $2\,\alpha/r \ll 1$ hieraus

$$t' = t\left(1 + \frac{\alpha}{r}\right). \tag{10.21}$$

Für Geschwindigkeiten $v \ll c$ gilt beim freien Fall die Beziehung

$$v = \sqrt{2\,g\,h}\,, \tag{10.22}$$

so daß mit (10.5) auch

$$\frac{G\,M}{r} = g\,h \tag{10.23}$$

und schließlich statt (10.21)

$$t' = t\left(1 + \frac{G\,M}{c^2\,r}\right) \tag{10.24}$$

oder

$$t' = t\left(1 + \frac{g\,h}{c^2}\right) \tag{10.25}$$

gilt.

Diese Beziehung gibt den Gangunterschied zweier Uhren an, die sich im homogenen Gravitationsfeld im Abstand h befinden. Je größer die Masse M eines Körpers ist, auf dem sich die Uhr (in Ruhe) befindet, um so langsamer wird der Gang der Uhr sein. Es ist ersichtlich, daß der Gang der Uhren von Gravitationsfeldern beeinflußt wird, so daß eine physikalische Zeitdefinition schwierig ist.

Zur experimentellen Nachprüfung der Aussage (10.25) benutzt man ideale Uhren: Atome oder Kerne, die Strahlung eng begrenzer Spektralbandbreite aussenden. Wenn sich die ruhenden lichtaussendenden Atome auf kosmischen Körpern befinden, deren Masse M die der Erde übertrifft, sind die Wellenlängen der emittierten Strahlung größer (nach Rot verschoben) als die der sonst gleichen irdischen Quellen.

Zur Messung dieser Gravitations-Rotverschiebung, die von der Doppler-Rotverschiebung unterschieden werden muß, siehe 10.6.1.

10.4.3. Lichtgeschwindigkeit im Gravitationsfeld

Die Lichtgeschwindigkeit galt in der speziellen Relativitätstheorie als eine „absolute Größe". Das ist sie, solange es sich um geradlinig und gleichförmig bewegte Bezugssysteme handelt. Die Lichtgeschwindigkeit verliert im Rahmen der allgemeinen Relativitätstheorie ihren „absoluten Charakter". Es wird im folgenden gezeigt, daß die Lichtgeschwindigkeit im Gravitationsfeld (oder in beschleunigten Bezugssystemen) von der Schwerkraft und von der Richtung gegen die Schwerkraft abhängig ist.

Ein Experimentator soll in dem weiter oben bereits beschriebenen beschleunigten Kasten — fern von Gravitationsfeldern — die Lichtgeschwindigkeit c messen.[1]) Die Richtung der Lichtgeschwindigkeit bildet mit der Geschwindigkeitsrichtung des Kastens den Winkel φ. Während der Kastenbewegung beschreibt das Lichtsignal den Weg $\overline{A_1 B_2 A_3}$ (Abb. 10.4).

Das von A_1 ausgehende Signal trifft die Spiegelwand in B_2. Während dieser Zeit t_1 hat der Kasten gerade die Strecke $\overline{B_1 B_2} = v\,t_1$ zurückgelegt. Das Signal hat dann den Weg $\overline{A_1 B_2} = c\,t_1$ durchlaufen. Dieser Weg ergibt sich aus dem Kosinussatz

$$c^2\,t_1^2 = l^2 + v^2\,t_1^2 + 2\,l\,v\,t_1\cos\varphi\,, \tag{10.26}$$

---

[1]) Nach Thoms, G.: Math. naturwiss. Unterricht **7** (1954/55) 25.

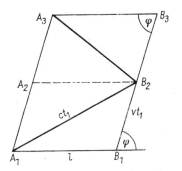

Abb. 10.4

woraus man t_1 berechnet:

$$t_1 = \frac{l \, v \cos \varphi}{c^2 - v^2} + \sqrt{\frac{l^2 \, v^2 \cos^2 \varphi}{(c^2 - v^2)^2} + \frac{l^2}{c^2 - v^2}}. \tag{10.27}$$

Wenn das Signal in B_2 angekommen ist, ist A_1 in die Stellung A_2 gelangt. Wegen $\cos \varphi = - \cos (180° - \varphi)$ ergibt sich für die Zeit, die der Strahl von B_2 bis zum Wiedereintreffen bei A — in der Stellung A_3 — benötigt:

$$t_2 = - \frac{l \, v \cos \varphi}{c^2 - v^2} + \sqrt{\frac{l^2 \, v^2 \cos^2 \varphi}{(c^2 - v^2)^2} + \frac{l^2}{c^2 - v^2}}. \tag{10.28}$$

Für den Hin- und Rückweg würde ein Experimentator im Kasten die Zeit $t = t_1 + t_2$ messen:

$$t = \frac{2 \, l}{c^2 - v^2} \sqrt{c^2 - v^2 + v^2 \cos^2 \varphi}. \tag{10.29}$$

Man erkennt, daß die Lichtgeschwindigkeit vom Winkel φ abhängig ist: Mit $c_\varphi = \dfrac{2 \, l}{t}$ folgt für den im Kasten mitbewegten Beobachter

$$c_\varphi = \frac{c^2 - v^2}{\sqrt{c^2 - v^2 + v^2 \cos^2 \varphi}} \tag{10.30}$$

oder

$$c_\varphi = c \sqrt{\frac{\left(1 - \dfrac{v^2}{c^2}\right)^2}{1 - \dfrac{v^2}{c^2} + \dfrac{v^2}{c^2} \cos^2 \varphi}}. \tag{10.31}$$

Denkt man sich gemäß (10.5) v^2 durch ein Gravitationsfeld ersetzt, so folgt

$$c_\varphi = c \sqrt{\frac{\left(1 - \dfrac{2\alpha}{r^2}\right)^2}{1 - \dfrac{2\alpha}{r} + \dfrac{2\alpha}{r}\cos^2\varphi}}$$

$$= c\left(1 - \frac{2\alpha}{r}\right) \frac{1}{\sqrt{1 - \dfrac{2\alpha}{r}(1 + \cos^2\varphi)}}. \tag{10.32}$$

Entwickelt man den Bruch für schwache Gravitationsfelder ($2\alpha/r \ll 1$) in eine Reihe, so findet man

$$c_\varphi \approx c\left(1 - \frac{2\alpha}{r}\right)\left[1 + \frac{\alpha}{r}(1 + \cos^2\varphi)\right]$$

und schließlich

$$c_\varphi \approx c\left[1 - \frac{\alpha}{r}(1 + \cos^2\varphi)\right]. \tag{10.33}$$

Hiermit ist also gezeigt, daß c in der allgemeinen Relativitätstheorie keine Konstante ist: sie ändert sich mit der Gravitation (α) und mit dem Winkel φ. Für $r \to \infty$ erhält man den Wert für die Vakuum-Lichtgeschwindigkeit, die in der speziellen Relativitätstheorie eine Konstante darstellt.
Wenn $\varphi = 90°$ oder $\varphi = 0°$ ist (Lichtgeschwindigkeit senkrecht bzw. in Richtung der Gravitationskraft), so erhält man

$$c_\perp = c\left(1 - \frac{\alpha}{r}\right) \quad \text{bzw.} \quad c_\| = c\left(1 - \frac{2\alpha}{r}\right). \tag{10.34}$$

Im Michelson-Versuch wurden die Lichtgeschwindigkeiten senkrecht zur Gravitation verglichen, aber in verschiedenen Richtungen der Erdbewegung. Unter diesen Bedingungen ist stets $c = $ const. Würde man den Michelson-Versuch aber so durchführen, daß die Lichtgeschwindigkeit einmal senkrecht und das andere Mal parallel[1]) zur Richtung der Gravitation gemessen würde, so müßte sich ein Unterschied $\Delta c = c_\perp - c_\|$ der Lichtgeschwindigkeiten ergeben, der $\Delta c = c\,\alpha/r \approx 5$ cms^{-1} beträgt.
Dieser Effekt liegt außerhalb der gegenwärtigen Meßgenauigkeit für $c = (299\,792\,456,2 \pm 1,1)$ ms^{-1}, die jetzt also $\Delta c = \pm 1,1$ ms^{-1} beträgt.

---

[1]) Die parallel und antiparallel zur Richtung der Gravitation gemessenen Lichtgeschwindigkeiten sind gleich groß, da ja c_φ von $\cos^2\varphi$ abhängt; $\cos^2\varphi = 1$ für $0°$ und $180°$.

Beim Versuch von POUND und REBKA spielt dieser Effekt keine Rolle:
Die Quelle wurde periodisch auf- und abbewegt; durch Differenzbildung
der gemessenen Strahlungsintensitäten fällt ein etwaiger Einfluß der Licht-
geschwindigkeitsänderung ohnehin heraus.
Dieser Effekt ist zu klein, um ihn — gegenwärtig — experimentell über-
prüfen zu können.[1]) Die Werte der Lichtgeschwindigkeiten, am Erdboden
bzw. in 10 km Höhe gemessen, unterscheiden sich nur um 10^{-12}.
Wegen der Beziehung (10.23) kann man die obigen Gleichungen, in denen
$\alpha = G\,M/c^2$ bzw. $\alpha/r = G\,M/c^2\,r$ auftritt, folgendermaßen schreiben:

$$c_\perp = c\left(1 - \frac{g\,h}{c^2}\right), \quad \text{und} \quad c_\| = c\left(1 - \frac{2\,g\,h}{c^2}\right). \tag{10.35}$$

Im Gegensatz zur Newtonschen (dynamischen) Theorie liefert die Einsteinsche (geometrische) Theorie für die effektive Lichtgeschwindigkeit im
Gravitationsfeld einen kleineren Wert als im gravitationsfreien Raum.
Die Experimente zur (radioastronomischen) Bestimmung der Lichtgeschwindigkeit in Gravitationsräumen haben zugunsten der Einsteinschen Theorie entschieden [80].

10.5. Das Weltlinienelement
des vierdimensionalen nichteuklidischen Kontinuums

Es wurde bereits dargelegt, daß die Raum-Zeit bei beschleunigten Bewegungen und — gemäß dem Äquivalenzprinzip — in Gravitationsfeldern
keine euklidische Struktur besitzt. Demzufolge muß das Weltlinienelement der SRT in eine allgemeinere Form gebracht werden.
Wie kann man die physikalischen Gesetze und die Gleichungen für die
Naturerscheinungen darstellen, wenn die „üblichen" Raum- und Zeitkoordinaten nicht mehr angewendet werden können, da keine euklidische
Struktur vorliegt? Das Problem, die physikalischen Gesetze darzustellen,
ohne eine bestimmte Geometrie a priori zugrunde zu legen, ist äußerst kompliziert. Es war im wesentlichen allein das Werk eines Mannes: ALBERT
EINSTEINS, der mit der ART zugleich eine Gravitationstheorie schuf.
Die mathematische Schwierigkeit der Aufgabe hat EINSTEIN dadurch gelöst, daß er die Riemannsche Geometrie, in der der Begriff der Raumkrümmung auftritt, auf das Problem anwandte. Hierbei konnte EINSTEIN
auf wichtige mathematische Ergebnisse zurückgreifen: Die von C. F. GAUSS
(1827) begründete Theorie der gekrümmten Flächen („Gaußsche Koordinaten") — eine allgemeine zweidimensionale Geometrie — hatte B. RIE-

---

[1]) Es sind gegenwärtig drei Effekte der ART empirisch nachprüfbar: 1. Lichtablenkung, 2. Rotverschiebung, 3. Periheldrehung.

MANN (1854) zu einer Geometrie von Räumen beliebig vieler Dimensionen ausgebaut. Die analytische Form dieser Theorie wurde von RICCI und LEVI-CIVITÁ (1901) sowie von CHRISTOFFEL entwickelt.

B. RIEMANN hat 1854 eine Erkenntnis ausgesprochen, deren Bedeutung erst 60 Jahre später für die Physik durch A. EINSTEIN erkannt wurde. Nach RIEMANN sind die geometrischen Gesetze in der materiellen Welt nicht wie ein starres Gebäude a priori gegeben, in das gewissermaßen die physikalische Welt hineingesetzt wird. Vielmehr ist es ein Problem der Physik, die Gesetze aufzudecken, die man als geometrische Gesetze der materiellen Welt ansprechen kann. Damit wird die Geometrie zu einem Gebiet der Physik, zu einer Erfahrungswissenschaft.

Man spricht mitunter von einer Verschmelzung zwischen Geometrie und Physik, von einer Synthese der Gesetze von PYTHAGORAS und NEWTON. Auch die Bezeichnung ,,Geometrisierung der Gravitation" ist üblich geworden. Die enge Beziehung zwischen Geometrie und Physik kommt u. a. in den Arbeiten von WHEELER zum Ausdruck [1.60]. Das Studium der geometrischen Verhältnisse in der Natur ist zu einer physikalischen Aufgabe geworden.

Von RIEMANN wurden die mathematischen Hilfsmittel geschaffen, um auch gekrümmte Räume — nicht nur dreidimensionale, sondern auch n-dimensionale — darzustellen, die jedoch nur durch Symbole, nicht durch anschauliche Figuren, faßbar sind.

Der Kosmos ist also — nach EINSTEIN — nicht wie in der klassischen Mechanik eben, sondern gekrümmt — bedingt durch die gravitierenden Massen. Das mathematisch definierbare Krümmungsmaß ist für ebene Flächen und Räume gleich Null, für gekrümmte Flächen und Räume von Null verschieden. In hinreichend kleinen Gebieten — bei vernachlässigbarem Gravitationsfeld — gilt die euklidische Geometrie mit genügender Genauigkeit. Allerdings hat der Weltraum keine konstante Krümmung, so daß die Aufgabe wiederum nicht einfach ist.

Aus diesem Grunde gilt — wie auf der rotierenden Scheibe — von ,,Ort zu Ort" eine andere nichteuklidische Geometrie. Die Krümmung ist auch zeitlich veränderlich, da sich die Massen bewegen.

Die raumzeitliche Veränderlichkeit der Krümmung führt zu merkwürdigen Konsequenzen: Ein im gekrümmten Raum (R_1) messender Beobachter kann z. B. einen ,,geraden" starren Stab definieren. Dieser Stab erscheint aber einem im gekrümmten Raumgebiet ($R_2 \neq R_1$) messenden Beobachter nicht gerade, sondern gebogen. Ändert sich nun die Krümmung im Gebiet R_1 mit der Zeit oder begibt sich der Beobachter mit dem Stab von R_1 nach R_1', wobei $R_1' \neq R_1 \neq R_2$, so beobachtet der Physiker in R_2 Verbiegungen des Stabes (z. B. schlangenhafte oder moluskenartige Bewegungen). Hiervon bemerkt der Physiker in E_1 allerdings nichts, denn er selbst und seine Meßgeräte werden entsprechend mitverändert. Ein in R_1 von

dem dortigen Physiker aufgebautes geradliniges Koordinatensystem wird der Physiker in R_2 als krummlinig bezeichnen.
Im allgemeinen hat man an den einzelnen Stellen des Raumes die verschiedensten Maßbestimmungen zu verwenden, die vom jeweiligen Gravitationsfeld am betreffenden Ort abhängen.
In der SRT gilt für den Abstand zweier Weltpunkte E_1 und E_2, für das Quadrat des Linienelementes[1]) bzw. für die Metrik der Fläche

$$ds^2 = dX_1^2 + dX_2^2 + dX_3^2 + dX_4^2 \, . \tag{10.36}$$

Will man zu einem beliebigen System mit den Koordinaten x_1, x_2, x_3, x_4 übergehen, die in beliebiger Weise von X_1, X_2, X_3, X_4 abhängig sein können, so muß man den Abstand ds der Punktereignisse E_1 und E_2 (Gl. 10.36) durch die neuen (infinitesimalen) Koordinatendifferenzen dx_1, dx_2, dx_3, dx_4 ausdrücken (abgekürzt: dx_i mit $i = 1, 2, 3, 4$).
Die dx_i erhält man aus den dX_i mit Hilfe der Differentialrechnung, indem man den „Satz vom totalen Differential" auf folgende Funktionen anwendet:

$$\begin{aligned}
X_1 &= f_1(x_1, x_2, x_3, x_4) \, , \\
X_2 &= f_2(x_1, x_2, x_3, x_4) \, , \\
X_3 &= f_3(x_1, x_2, x_3, x_4) \, , \\
X_4 &= f_4(x_1, x_2, x_3, x_4) \, .
\end{aligned} \tag{10.37}$$

Es ergibt sich für das totale Differential der dX_i

$$dX_1 = \frac{\partial X_1}{\partial x_1} dx_1 + \frac{\partial X_1}{\partial x_2} dx_2 + \frac{\partial X_1}{\partial x_3} dx_3 + \frac{\partial X_1}{\partial x_4} dx_4 \, ,$$

$$dX_2 = \frac{\partial X_2}{\partial x_1} dx_1 + \frac{\partial X_2}{\partial x_2} dx_2 + \frac{\partial X_2}{\partial x_3} dx_3 + \frac{\partial X_2}{\partial x_4} dx_4 \, ,$$

$$dX_3 = \frac{\partial X_3}{\partial x_1} dx_1 + \frac{\partial X_3}{\partial x_2} dx_2 + \frac{\partial X_3}{\partial x_3} dx_3 + \frac{\partial X_3}{\partial x_4} dx_4 \, ,$$

$$dX_4 = \frac{\partial X_4}{\partial x_1} dx_1 + \frac{\partial X_4}{\partial x_2} dx_2 + \frac{\partial X_4}{\partial x_3} dx_3 + \frac{\partial X_4}{\partial x_4} dx_4 \, .$$

Die (kartesischen) Koordinaten dX_i können also durch die beliebigen (krummlinigen) Koordinaten dx_i ausgedrückt werden.[2])

---

[1]) Im Unterschied zu vorangegangenen Abschnitten werden hier große Buchstaben für die Koordinaten verwendet; in der verallgemeinerten Form erhält man dann schließlich wieder die gebräuchlichen kleinen Buchstaben x. — Des weiteren sei darauf hingewiesen, daß in der Literatur für ds^2 eine unterschiedliche Summenbildung verwendet wird; beispielsweise werden die dX_i^2 der „Raumkoordinaten" oft negativ verwendet, dX_4^2 positiv. Das ist für die Invariante ds^2 unerheblich.

[2]) Die x_i sind relative Gaußsche Koordinaten.

Nunmehr ist $dX_1^2 + dX_2^2 + dX_3^2 + dX_4^2$ zu bilden. Für dX_1^2 erhält man folgende 10 Summanden:

$$dX_1^2 = \left(\frac{\partial X_1}{\partial x_1}\right)^2 dx_1^2 + 2\,\frac{\partial X_1^2}{\partial x_1 \partial x_2}\,dx_1\,dx_2$$

$$+\, 2\,\frac{\partial X_1^2}{\partial x_1 \partial x_3}\,dx_1\,dx_3 + 2\,\frac{\partial X_1^2}{\partial x_1 \partial x_4}\,dx_1\,dx_4$$

$$+ \left(\frac{\partial X_1}{\partial x_2}\right) dx_2^2 + 2\,\frac{\partial X_1^2}{\partial x_2 \partial x_3}\,dx_2\,dx_3 + 2\,\frac{\partial X_1^2}{\partial x_2 \partial x_4}\,dx_2\,dx_4$$

$$+ \left(\frac{\partial X_1}{\partial x_3}\right)^2 dx_3^2 + 2\,\frac{\partial X_1^2}{\partial x_3 \partial x_4}\,dx_3\,dx_4$$

$$+ \left(\frac{\partial X_1}{\partial x_4}\right)^2 dx_4^2\,.$$

In analoger Weise ergeben sich je 10 Summanden für dX_2^2, dX_3^2 und dX_4^2, so daß für das Quadrat des Linienelementes insgesamt $4\cdot 10 = 40$ Summanden resultieren.

Führt man zur besseren Übersicht folgende „Abkürzungen" ein, so ergibt sich

$$g_{11} = \left(\frac{\partial X_1}{\partial x_1}\right)^2 + \left(\frac{\partial X_2}{\partial x_1}\right)^2 + \left(\frac{\partial X_3}{\partial x_1}\right)^2 + \left(\frac{\partial X_4}{\partial x_1}\right)^2,$$

$$g_{12} = \frac{\partial X_1}{\partial x_1}\frac{\partial X_1}{\partial x_2} + \frac{\partial X_2}{\partial x_1}\frac{\partial X_2}{\partial x_2} + \frac{\partial X_3}{\partial x_1}\frac{\partial X_3}{\partial x_2} + \frac{\partial X_4}{\partial x_1}\frac{\partial X_4}{\partial x_2},$$

$$g_{13} = \frac{\partial X_1}{\partial x_1}\frac{\partial X_1}{\partial x_3} + \frac{\partial X_2}{\partial x_1}\frac{\partial X_2}{\partial x_3} + \frac{\partial X_3}{\partial x_1}\frac{\partial X_3}{\partial x_3} + \frac{\partial X_4}{\partial x_1}\frac{\partial X_4}{\partial x_3},$$

$$g_{14} = \frac{\partial X_1}{\partial x_1}\frac{\partial X_1}{\partial x_4} + \frac{\partial X_2}{\partial x_1}\frac{\partial X_2}{\partial x_4} + \frac{\partial X_3}{\partial x_1}\frac{\partial X_3}{\partial x_4} + \frac{\partial X_4}{\partial x_1}\frac{\partial X_4}{\partial x_4},$$

$$g_{22} = \left(\frac{\partial X_1}{\partial x_2}\right)^2 + \left(\frac{\partial X_2}{\partial x_2}\right)^2 + \left(\frac{\partial X_3}{\partial x_2}\right)^2 + \left(\frac{\partial X_4}{\partial x_2}\right)^2,$$

$$g_{23} = \frac{\partial X_1}{\partial x_2}\frac{\partial X_1}{\partial x_3} + \frac{\partial X_2}{\partial x_2}\frac{\partial X_2}{\partial x_3} + \frac{\partial X_3}{\partial x_2}\frac{\partial X_3}{\partial x_3} + \frac{\partial X_4}{\partial x_2}\frac{\partial X_4}{\partial x_3},$$

$$g_{24} = \frac{\partial X_1}{\partial x_2}\frac{\partial X_1}{\partial x_4} + \frac{\partial X_2}{\partial x_2}\frac{\partial X_2}{\partial x_4} + \frac{\partial X_3}{\partial x_2}\frac{\partial X_3}{\partial x_4} + \frac{\partial X_4}{\partial x_2}\frac{\partial X_4}{\partial x_4},$$

$$g_{33} = \left(\frac{\partial X_1}{\partial x_3}\right)^2 + \left(\frac{\partial X_2}{\partial x_3}\right)^2 + \left(\frac{\partial X_3}{\partial x_3}\right)^2 + \left(\frac{\partial X_4}{\partial x_3}\right)^2 ,$$

$$g_{34} = \frac{\partial X_1}{\partial x_3}\frac{\partial X_1}{\partial x_4} + \frac{\partial X_2}{\partial x_3}\frac{\partial X_2}{\partial x_4} + \frac{\partial X_3}{\partial x_3}\frac{\partial X_3}{\partial x_4} + \frac{\partial X_4}{\partial x_3}\frac{\partial X_4}{\partial x_4} ,$$

$$g_{44} = \left(\frac{\partial X_1}{\partial x_4}\right)^2 + \left(\frac{\partial X_2}{\partial x_4}\right)^2 + \left(\frac{\partial X_3}{\partial x_4}\right)^2 + \left(\frac{\partial X_4}{\partial x_4}\right)^2 .$$

Es ist ohne Verlust an Allgemeinheit $g_{\mu\nu} = g_{\nu\mu}$, also

$$g_{12} = g_{21} , \ g_{13} = g_{31} , \ g_{14} = g_{41} , \ g_{23} = g_{32} , \ g_{24} = g_{42} , \ g_{34} = g_{43} .$$

Damit stellt sich das Quadrat des Linienelements in den neuen Koordinaten wie folgt dar:

$$\begin{aligned}
ds^2 = {} & g_{11}\, dx_1^2 + g_{22}\, dx_2^2 + g_{33}\, dx_3^2 + g_{44}\, dx_4^2 \\
& + 2\, g_{12}\, dx_1\, dx_2 + 2\, g_{13}\, dx_1\, dx_3 + 2\, g_{14}\, dx_1\, dx_4 \\
& + 2\, g_{23}\, dx_2\, dx_3 + 2\, g_{24}\, dx_2\, dx_4 + 2\, g_{34}\, dx_3\, dx_4 .
\end{aligned} \tag{10.38}$$

Diese invariante „Entfernung" ds bzw. die Metrik der Fläche ds^2 kann als verallgemeinerter pythagoreischer Lehrsatz für die vierdimensionale Welt aufgefaßt werden.
Es sei daran erinnert, daß $x_4 = i\,c\,t$ gesetzt ist.
Eine weitere Abkürzung der Summe ist

$$ds^2 = \sum_{\mu,\nu=1}^{4} g_{\mu\nu}\, dx_\mu\, dx_\nu . \tag{10.39}$$

Es ist üblich — nach einem Vorschlag von Einstein —, auch das Summenzeichen wegzulassen:

$$ds^2 = g_{\mu\nu}\, dx_\mu\, dx_\nu . \tag{10.40}$$

Dieser kurze Ausdruck stellt also i. a. 40 Summanden dar.
Die $g_{\mu\nu}$ sind Größen, die in bestimmter Weise von den x_i abhängen. Sie bestimmen das Verhalten der Einheitsmaßstäbe relativ zu den x_i-Koordinaten[1]), also auch relativ zu der Fläche des gekrümmten Raumes. Die $g_{\mu\nu}$ variieren mit dem Ort im Kontinuum; sie sind durch die Natur der Fläche und die Koordinatenwahl bestimmt. Diese Funktionen beschreiben in bezug auf die gewählten x_i-Koordinaten sowohl die metrischen Verhältnisse im raumzeitlichen Kontinuum als auch das Gravitationsfeld. Man hat wiederum zwischen zeitartigen und raumartigen Linienelementen zu unterscheiden.

---

[1]) Die x_i-Koordinaten stellen (dimensionslose) Zahlen dar, die jedem Punkt des Kontinuums zugeordnet werden.

Geht man zu einem anderen System über, so gilt folgende Invarianz-beziehung:

$$ds^2 = g_{\mu\nu}\, dx_\mu\, dx_\nu = g'_{\mu\nu}\, dx'_\mu\, dx'_\nu \;.$$

Gemäß dem Äquivalenzprinzip ist die Aussage, daß sich ein Massenpunkt beschleunigt bewegt, gleichwertig mit der Feststellung, daß er sich unter dem Einfluß eines Gravitationsfeldes befindet. Demzufolge ist durch das (verallgemeinerte) ds^2 die Weltlinie eines Punktes im Gravitationsfeld gegeben. Das Gravitationsfeld wird durch die g-Faktoren ($g_{\mu\nu}$) bestimmt, die auch metrische Koeffizienten genannt werden. Sie spielen eine analoge Rolle wie das Gravitationspotential in der Newtonschen Theorie; man bezeichnet die $g_{\mu\nu}$ auch als die 10 Komponenten des Gravitationspotentials.

Kennt man die metrischen Koeffizienten $g_{\mu\nu}$ (relativ zu einem beliebigen Gaußschen Koordinatensystem) für jede Stelle des Koordinatennetzes, so lassen sich die geodätischen Linien rechnerisch finden.

Ist in einem Bereich relativ zu dem betrachteten Koordinatensystem kein Gravitationsfeld vorhanden, so erhält man das Weltlinienelement der SRT. Es ist nämlich in diesem Fall

$$g_{11} = g_{22} = g_{33} = g_{44} = 1;$$
$$g_{12} = g_{13} = g_{14} = g_{23} = g_{34} = 0\;.$$

Damit erhält man dann $ds^2 = dx_1^2 + dx_2^2 + dx_3^2 + dx_4^2$, also den vier-dimensionalen euklidischen Spezialfall[1]):

$$dx_1 = dX_1\,, \quad dx_2 = dX_2\,, \quad dx_3 = dX_3\,, \quad dx_4 = dX_4\,.$$

Nur in diesem Fall sind die x_1-, x_2-, x_3- und x_4-Kurven gerade Linien im Sinne der euklidischen Geometrie, die aufeinander senkrecht stehen. Das heißt: Die Gaußschen Koordinaten werden kartesische. Jeder Punkt eines Kontinuums ist durch soviele Zahlen (Gaußsche Koordinaten) gekennzeichnet, wie das Kontinuum Dimensionen hat.

Die Koeffizienten $g_{\mu\nu}$ des Linienelementes bilden einen symmetrischen kovarianten Tensor 2. Ranges, den man in der ART als Fundamentaltensor bezeichnet:

$$
\begin{array}{cccc}
g_{11} & g_{12} & g_{13} & g_{14} \\
g_{21} & g_{22} & g_{23} & g_{24} \\
g_{31} & g_{32} & g_{33} & g_{34} \\
g_{41} & g_{42} & g_{43} & g_{44}
\end{array}
\tag{10.41}
$$

---

[1]) Die dimensionslosen dx_i hat man sich jeweils mit der zugehörigen Maß-einheit multipliziert zu denken; das erkennt man aus der durchgeführten Vereinfachung.

Wegen $g_{\mu\nu} = g_{\nu\mu}$ bleiben von den 16 Elementen 10 Tensorgrößen übrig, die das Gravitationspotential darstellen.

In der SRT nehmen die 16 Größen (4^2 Elemente) folgende konstante Werte an:

$$\begin{matrix} 1 & 0 & 0 & 0 \\ 0 & 1 & 0 & 0 \\ 0 & 0 & 1 & 0 \\ 0 & 0 & 0 & 1 \end{matrix}.$$

Während in der Newtonschen Theorie der Gravitation das Potential φ ein Skalar ist, also durch eine einzige Größe gekennzeichnet ist, erscheinen in der Einsteinschen Theorie 10 Koeffizienten $g_{\mu\nu}$, die das Gravitationspotential bestimmen. Durch die 10 unabhängigen Komponenten des metrischen Tensors $g_{\mu\nu}$ besitzt die Einsteinsche Theorie eine allgemeinere mathematische Struktur als die Newtonsche Theorie.

Bei der Aufstellung der Einsteinschen Theorie ging es schließlich um eine Verallgemeinerung der Poissonschen Differentialgleichung für das Newtonsche Potential φ:

$$\triangle\varphi = -4\,\pi\,G\,\varrho; \tag{10.42}$$

hierbei ist $\triangle$ der Laplace-Operator, der in kartesischen Koordinaten die Form

$$\triangle = \frac{\partial^2}{\partial x^2} + \frac{\partial^2}{\partial y^2} + \frac{\partial^2}{\partial z^2} \tag{10.43}$$

besitzt. Die Potentiale $g_{\mu\nu}$ hängen von der Verteilung der Massen ab, die ihrerseits die Krümmung des (nichteuklidischen) Kontinuums bestimmen. Die Bewegung eines Körpers im Schwerefeld wird in den Einsteinschen Feldgleichungen (10.44) als Trägheitsbewegung im nichteuklidischen Kontinuum betrachtet, das Linienelement (10.40) dieses Kontinuums wird durch die 10 Gravitationspotentiale $g_{\mu\nu}$ bestimmt. Die Bestimmung der Geometrie bedeutet die Bestimmung des Gravitationsfeldes und umgekehrt.

Die Einsteinschen Gleichungen stellen Verallgemeinerungen der Poissonschen Differentialgleichung (10.42) dar. An Stelle der Massendichte ϱ tritt ein Tensor $T_{\mu\nu}$ auf, der die Energiedichte, Impulsdichte, Massenstromdichte, Drücke und Spannungen mathematisch zusammenfaßt:

$$R_{\mu\nu} - \frac{1}{2}\,g_{\mu\nu}\,R + \varkappa\,T_{\mu\nu} = 0\,; \tag{10.44}$$

hierin bedeutet $R_{\mu\nu}$ den Riemannschen Krümmungstensor und $\varkappa$ die relativistische Gravitationskonstante. EINSTEIN konnte zeigen, daß dieses Gleichungssystem im Grenzfall das einfachere Newtonsche Gesetz enthält.

In der Folgezeit sind weitergehende Verallgemeinerungen der Einsteinschen Gravitationstheorie entwickelt worden, an denen EINSTEIN z. T. selbst mitwirkte. Seit 1961 ist eine Skalar-Tensor-Theorie von BRANS und DICKE[1]) bekannt, die mit 11 Komponenten das Gravitationsfeld darstellt. Schließlich sind auch in den letzten Jahren 16-komponentige Theorien weiter untersucht worden, so z. B. von IWANENKO, MØLLER und TREDER[2]). Diese allgemeineren Theorien haben eine besondere Bedeutung bei der Einbeziehung des Gravitationsfeldes in die Elementarteilchenphysik. Mit ihrer Hilfe können weitere neue Effekte vorhergesagt werden, die in der Einsteinschen ART nicht enthalten sind.

Die mathematischen Hilfsmittel (Tensor-Kalkül) und ihre Handhabung gehören nicht zum Anliegen dieses Buches, dessen Zielstellung es ist, den Leser an die relativistische Problematik und die weitergehende Literatur mit elementaren Mitteln heranzuführen. Wenn diese Hinweise und Anregungen zum tieferen Studium führen, so ist der Zweck erfüllt.

10.6.　Folgerungen und experimentelle Prüfungen der ART

10.6.1.　Gravitations-Rotverschiebung und Zeitdilatation

Ein Lichtquant verringert seine Energie $E = h\,\nu$, wenn es sich in Richtung der Schwerelinien vom Gravitationszentrum wegbewegt. Es tritt eine Frequenzverringerung auf, d. h. eine Vergrößerung der Wellenlänge, die sich einfach berechnen läßt: Das Lichtquant besitzt die Masse $m = h\,\nu/c^2$ und verrichtet gegen das Gravitationsfeld die Hubarbeit $W = m\,g\,\Delta r$. Es gilt also

$$W = \frac{h\,\nu}{c^2}\,g\,\Delta r\;.$$

Dem entspricht eine Verringerung der Quantenenergie

$$E = h\,\Delta\nu = W\;,$$

also

$$h\,\Delta\nu = \frac{h\,\nu}{c^2}\,g\,\Delta r \tag{10.45}$$

bzw.

$$\frac{\Delta\nu}{\nu} = \frac{g\,\Delta r}{c^2}\;. \tag{10.46}$$

---

[1]) BRANS, C., and R. H. DICKE: Physic. Rev. **124** (1961) 925.
[2]) TREDER, H.-J.: Forsch. u. Fortschr. **11** (1967) 132.

Für eine Höhe oberhalb der Erdoberfläche von $r_2 - r_1 = \Delta r = 1$ m ergibt sich eine relative Frequenzänderung von

$$\frac{\Delta \nu}{\nu} = 1{,}1 \cdot 10^{-16} .$$

Derartig kleine Energie- bzw. Frequenzänderungen sind mit Hilfe der „rückstoßfreien Kernresonanzabsorption" (Mößbauer-Effekt) meßbar. Von POUND und REBKA[1]) wurde diese Frequenz- oder Rotverschiebung durch Mößbauer-Spektrometrie erstmalig im irdischen Gravitationsfeld nachgewiesen. Sie benutzten die extreme Energieauflösung der 14,4 keV-γ-Linie von $^{57}_{26}$Fe (Mößbauer-Quelle: $^{57}_{27}$Co) zur Prüfung dieses von der ART geforderten Gravitationseffektes. Die verwendete γ-Linie besitzt eine außerordentliche Schärfe, d. h. eine geringe relative Linienbreite von $\Delta \nu / \nu = 3{,}3 \cdot 10^{-13}$, wodurch eine enorme Meßgenauigkeit gegeben ist. In dem Experiment von POUND und REBKA befanden sich Quelle, Resonanzabsorber und γ-Detektor (Beobachter) in einem Turm der Harvard-Universität vertikal übereinander ($\Delta r = 22{,}6$ m). Die γ-Quanten wurden einmal entgegen der Schwerkraft und einmal — nach Vertauschen von Quelle und Absorber — in Richtung der Schwerkraft ausgestrahlt, wobei die Energie- oder Frequenzverschiebung gemäß (10.46) bestimmt werden sollte. Eine Rotverschiebung (Energieverringerung) wird beobachtet, wenn das Quant die Meßstrecke Erdoberfläche — Turmspitze zurücklegt; in entgegengesetzter Laufrichtung wird eine Violettverschiebung festgestellt. Für das zweimalige Durchlaufen der Meßstrecke — nach Vertauschen von Quelle und Absorber — ergibt sich als theoretischer Wert

$$\left(\frac{\Delta \nu}{\nu} \right)_{\text{th}} = 4{,}92 \cdot 10^{-15} . \tag{10.47}$$

Die Messung dieser relativen Frequenzänderung ist mit der obigen relativen Linienbreite möglich, wenn es gelingt, Verschiebungen der Resonanzkurve (Abb. 9.7) um etwa 1/100 ihrer relativen Linienbreite zu erfassen. Das ist POUND und REBKA gelungen: Die Auswertung ihrer Messungen ergab

$$\left(\frac{\Delta \nu}{\nu} \right)_{\text{exp}} = (5{,}13 \pm 0{,}51) \cdot 10^{-15} . \tag{10.48}$$

Innerhalb der Fehlergrenzen ist die Gravitations-Rotverschiebung in den Jahren von 1960 bis 1965 durch die Linienverschiebung von Gammastrahlen mit Hilfe des Mößbauer-Effektes im Erdfeld von POUND, REBKA und SNIDER sogar auf $\pm 1\%$ bestätigt worden.

---

[1]) POUND, R. V., and G. A. REBKA: Physic. Rev. Letters 4 (1960) 337; siehe auch POUND, R. V., and J. SNIDER: Physic. Rev. 140B (1965) 788.

Das Minimum der Mößbauer-Linie (Abb. 9.7) ist typisch für die Resonanzabsorption. In der waagerechten Versuchsanordnung nach POUND und REBKA würde dieselbe relative Änderung der Impulsrate, die von (energieabhängigen) Detektoren gemessen wird, eintreten, wenn zwischen Quelle und Absorber die Relativgeschwindigkeit $\Delta\nu/\nu = v/c$ besteht. Hieraus folgt, daß die durch Gravitationswirkung hervorgerufene Linienverschiebung (10.46) durch Doppler-Effekt herbeigeführt werden kann, wenn die Geschwindigkeit v zwischen Quelle und Absorber

$$v = 5{,}13 \cdot 10^{-15} \cdot 3 \cdot 10^{10}\ \text{cms}^{-1} \approx 15 \cdot 10^{-5}\ \text{cms}^{-1}$$

beträgt.

Die Versuche von POUND, REBKA und SNIDER gehören zu den bemerkenswertesten Experimenten der Physik, die mit höchster Präzision durchgeführt wurden.

Um Unterschiede der Eigenfrequenzen von Quelle und Absorber zu vermeiden, dürfen keine Temperaturunterschiede vorkommen. Bei einem Temperaturunterschied von 1 K würde ein Effekt in der Größenordnung des gesuchten auftreten. Schließlich wurden zur Vermeidung von Ungleichheiten im Gitteraufbau Quelle und Absorber vertauscht.

Zwar ist die Gravitations-Rotverschiebung recht genau bekannt, sie ist jedoch der am wenigsten interessante Teil der ART, da die eigentlichen Feldgleichungen der Gravitation gar nicht berücksichtigt werden. Es sind z. B. bei der Herleitung der Gravitations-Rotverschiebung der Spektrallinien nur das Äquivalenzprinzip und die SRT ($E = m_t\ c^2 = m_s\ c^2 = m\ c^2$) erforderlich. So ist also die Bestätigung der Gravitations-Rotverschiebung mit Hilfe des Mößbauer-Effektes *nicht* für die Gesamttheorie schlüssig.

Das Experiment von POUND und REBKA beweist nur, daß Photonen der Schwerewirkung unterliegen.

Bevor das Experiment von POUND und REBKA möglich wurde, war man auf die Analyse der Wellenlängen von Spektren angewiesen, die von Himmelskörpern emittiert werden. Die ,,Verschiebung der Spektrallinien", die von Atomen in der äußeren Sonnenschicht emittiert werden, — verglichen mit denselben Linien auf der Erde — berechnet man aus der Potentialdifferenz

$$\frac{\Delta\nu}{\nu} = \frac{G\,M}{c^2}\left(\frac{1}{r_1} - \frac{1}{r_2}\right). \tag{10.49}$$

Da die Erdentfernung r_2 sehr viel größer als der Sonnenradius r_1 ist, ergibt sich

$$\frac{\Delta\nu}{\nu} = 2{,}1 \cdot 10^{-6}\ .$$

Dies bedeutet, daß alle Frequenzen ν bzw. Wellenlängen λ der auf der Sonnenoberfläche emittierten Spektrallinien gegenüber den auf der Erde emittierten um $2{,}1 \cdot 10^{-6}$ verschoben sind.

Dieser Effekt ist — abgesehen von seiner Kleinheit — auf Grund anderer Einflüsse, die sich diesem Gravitationseffekt überlagern, schwer zu messen. Insbesondere überlagert sich wegen der Störungen in der Gashülle der Sonne, wo die Atome große Geschwindigkeiten erlangen, ein Doppler-Effekt.[1])

Die Verschiebung der Spektrallinien ist für den schweren Begleiter des Sirius etwa 30mal so groß wie bei der Sonne, da der Wert M/r 30mal so groß ist. Dieses Ergebnis wurde von W. ADAMS[2]) bestätigt. Die Genauigkeit der Messungen von Frequenzverschiebungen der Spektrallinien des Sonnenlichtes liegt zwischen 5% und 10%. Die r-Werte in (10.49) sind, genau genommen, nicht exakt gleich den Entfernungen, die mit den üblichen astronomischen Methoden berechnet werden, da diese auf der Voraussetzung des euklidischen Raumes beruhen und die Lichtstrahlen als gerade Linien gedacht werden können. Der Unterschied ist allerdings klein von höherer Ordnung, so daß er vernachlässigt werden kann.

Eine unmittelbare Messung der allgemein-relativistischen Zeitdilatation kann in absehbarer Zeit auf der Erde ausgeführt werden. Die geringe Gangdifferenz zweier Uhren, die sich in unterschiedlich starken Gravitationsfeldern befinden, könnte man mit Hilfe der Molekularstrahl-Maser-Oszillator-Uhren messen.[3])

Die relative Ganggenauigkeit dieser Uhren liegt bei $5 \cdot 10^{-13}$. Das bedeutet einen Fehlgang von 1 s in 70000 Jahren oder 15 µs in einem Jahr.

Die Gangdifferenz zweier Uhren berechnet man analog zu (10.46) als

$$\frac{\Delta t}{t} = \frac{g\,\Delta r}{c^2}. \tag{10.50}$$

Vergleicht man zwei solcher Präzisionsuhren, von denen eine auf Meereshöhe, die andere auf dem Mount Everest ($8{,}8 \cdot 10^3$ m) stationiert ist, so müßte sich gemäß der Beziehung (10.50) aus der ART nach $t = 1$ Jahr $= 3{,}15 \cdot 10^7$ s eine Gangdifferenz $\Delta t = 31$ µs ergeben. Dieser Effekt ist etwa doppelt so groß wie die heute erzielbare Meßgenauigkeit, so daß er meßbar ist. Die allgemein-relativistische Zeitdilatation durch die Sonnengravitation wird auch mit Hilfe von Raumsonden untersucht, die zu anderen Planeten starten.

---

[1]) FREUNDLICH, E. F., and W. LEDERMANN: Monthly Notices Roy. astronom. Soc. 104 (1944) 1, 40.

[2]) ADAMS, W.: Proc. nat. Acad. Sci. USA 11 (1925) 382.

[3]) COCKE, W. J.: Physic. Rev. Letters 16 (1966) S. 662.

10.6.2. Ablenkung elektromagnetischer Wellen im Gravitationsfeld

Die relativistisch berechnete Ablenkung δ ist zur Hälfte durch die Änderung der Lichtgeschwindigkeit und zur anderen Hälfte durch den nichteuklidischen Charakter der räumlichen Geometrie bedingt. Das Zusammenwirken beider Effekte bedingt die Abweichung vom klassisch berechneten Newtonschen Wert δ_N. Die beiden Anteile erscheinen in der vollständigen Einstein-Theorie als einheitlicher Effekt: $\delta = 2 \delta_N$ Ein in Sonnennähe vorbeigehender Strahl erfährt sowohl eine Ablenkung als auch eine Laufzeitverzögerung. Die Einsteinsche Theorie fordert $\delta = 1{,}75''$, die Skalar-Tensortheorie von BRANS und DICKE hingegen nur $1{,}63''$. Die bisherigen Messungen scheinen für den Einsteinschen Wert zu sprechen.

Die Strahlenkrümmung im Gravitationsfeld der Sonne läßt sich neuerdings auch mit Hilfe interferometrischer Methoden der Radioastronomie bestimmen. Man beobachtet 2 Radiosterne (Quasare), die geringen sphärischen Abstand haben und von denen eine Radioquelle der Sonne (scheinbar) möglichst nahe kommt oder von der Sonnenscheibe bedeckt wird.

Aus den Änderungen des Winkelabstandes der beiden Quasare durch den Einfluß des Schwerefeldes der Sonne kann man den Ablenkungswinkel δ ermitteln. Die Messungen wurden von zwei Gruppen[1] [2] unabhängig voneinander nach verschiedenen Methoden ausgeführt. Eine der Radioquellen näherte sich dem Sonnenzentrum bis auf 1,2 Sonnenradien; die andere blieb weiter als 21 Sonnenradien entfernt.

Die Interferometer bestanden jeweils aus zwei Antennen im Abstand von etwa 1 km bzw. 22 km. Die Antennen der ersten Gruppe hatten Durchmesser von 27 m und 40 m; die der zweiten Gruppe 26 m und 64 m.

Man mißt die Phasendifferenz φ_1 der Wellen der Radioquelle 1, die nicht vom Sonnenfeld beeinflußt wird. Dann schwenkt man beide Antennen auf das Objekt 2 und mißt die Phasendifferenz φ_2. Der Unterschied $\varphi_1 - \varphi_2$ bleibt zeitlich so lange konstant, bis sich das Objekt 1 dem Sonnenrand mehr und mehr nähert. Sodann tritt auf Grund der Strahlenkrümmung eine merkliche Änderung des Winkelabstandes beider Quasare auf.

Diese empfindlichen Interferometermethoden sind den zum Teil umständlichen Expeditionen zur Messung der Lichtablenkung im Bereich optischer Wellenlängen während der seltenen Ereignisse der Sonnenfinsternis vorzuziehen.

---

[1] SEIELSSTAD, G. A., R. A. SRAMEK and K. W. WEILER: Measurement of the Deflection of 9,602 GHz Radiation from 3 C. 279 in the Solar Gravitational Field. Physic. Rev. Letters 1970, S. 1373.

[2] MÜHLEMANN, D. O., R. D. EKERS and E. B. FOMALONT: Radio Interferometric Test of the General Relativistic Light Bending Near the Sun. Physic. Rev. Letters 1970, S. 1377.

Die eine Forschergruppe erhielt den Wert $\delta = (1{,}77 \pm 0{,}70)''$, die andere das 1,04fache des Einsteinschen Wertes, so daß erstens die beiden Ergebnisse hinreichend gut übereinstimmten und zweitens der Einsteinsche Wert wahrscheinlicher zu sein scheint als der Wert nach BRANS und DICKE.

Mit der Strahlenkrümmung im Gravitationsfeld ist auch eine etwas vergrößerte Laufzeit der elektromagnetischen Signale verbunden, die in den Versuchen von I. I. SHAPIRO gemessen wurde.

Die Krümmung von Lichtstrahlen, die eine Masse M passieren, wird im folgenden berechnet.

Gemäß dem Äquivalenzprinzip werde zunächst an Stelle des Gravitationsfeldes ein beschleunigt bewegter Kasten — fern von Gravitationsfeldern — betrachtet, den ein Lichtstrahl durchquert. In Abb. 10.5 ist als erstes der

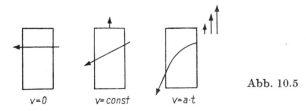

Abb. 10.5

$v = 0$ $v = const$ $v = a \cdot t$

Weg des Lichtstrahles dargestellt, wenn der Kasten ruht ($v = 0$); im zweiten Teilbild bewegt sich der Kasten mit konstanter Geschwindigkeit nach oben ($v = $ const), so daß sich für den Weg des Lichtstrahles relativ zum Kasten die nach unten geneigte Gerade ergibt. (Die Kastengeschwindigkeit wird als vergleichbar mit der Lichtgeschwindigkeit angenommen.) Bewegt sich der Kasten mit einer dauernden Geschwindigkeitszunahme (Beschleunigung) nach oben, so ist der Lichtstrahl im Kasten gekrümmt. Die Beschleunigung nach oben entspricht einer nach unten wirkenden Gravitationskraft. Daraus folgt, daß Lichtstrahlen in einem ruhenden Kasten bei anwesendem Gravitationsfeld ebenfalls gekrümmt werden müssen.

Der Ursprung des Koordinatensystems liegt im Mittelpunkt der Masse M (Abb. 10.6). Die Wellenfront $\overline{AA'}$ geht im Abstand $\overline{MB} = r$ an der Masse vorbei und bildet mit der Gravitationsrichtung den Winkel φ. Im Punkt B ist die Lichtgeschwindigkeit c_φ; es gilt $\overline{AB} = c_\varphi \, dt = dy$. In B' ist r größer als in B; deshalb ist in B' die Lichtgeschwindigkeit größer als c_φ, nämlich $c_\varphi + \Delta c_\varphi$. Die Wellenfront wird wegen der unterschiedlichen Lichtgeschwindigkeit um den Winkel $d\psi = B'\,B\,B''$ gedreht. Hierbei ist $\overline{B'\,B''} = \Delta c_\varphi \, dt$. Im Grenzfall ist Δc_φ gleich dc_φ, also

$$dc_\varphi = \frac{\partial c_\varphi}{\partial x} \, dx$$

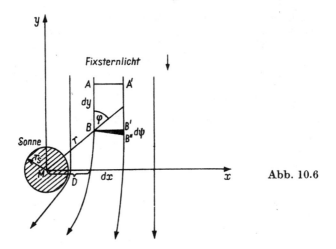

Abb. 10.6

und

$$d\psi = \frac{\overline{B'B''}}{dx} = \frac{\partial c_\varphi}{\partial x} dx \frac{dt}{dx} = \frac{\partial c_\varphi}{\partial x} dt .$$

(10.51)

Weiter oben wurde gezeigt: $dt = dy/c_\varphi$, also

$$d\psi = \frac{\partial c_\varphi}{\partial x} \frac{dy}{c_\varphi} \approx \frac{1}{c} \frac{\partial c_\varphi}{\partial x} dy .$$

(10.52)

Des weiteren wurde gefunden (Gl. 10.33):

$$c_\varphi = c\left[1 - \frac{\alpha}{r}(1 + \cos^2 \varphi)\right],$$

woraus folgt

$$\frac{\partial c_\varphi}{\partial x} = \frac{\partial}{\partial x}\left\{c\left[1 - \frac{\alpha}{\sqrt{x^2 + y^2}}\left(1 + \frac{y^2}{x^2 + y^2}\right)\right]\right\},$$

(10.53)

$$\frac{\partial c_\varphi}{\partial x} = \frac{\alpha c}{r^5}(x^3 + 4 x y^2);$$

(10.54)

damit wird

$$d\psi = \frac{1}{c} \frac{\alpha c}{r^5}(x^3 + 4 x y^2) dy .$$

(10.55)

Die gesamte Ablenkung δ des Lichtstrahles durch das Gravitationsfeld erhält man durch Integration sämtlicher Winkel $d\psi$ längs der Geraden $x = D$ von $y = -\infty$ bis $y = +\infty$:

$$\delta = \int\limits_{y=-\infty}^{y=+\infty} d\psi = \alpha \int\limits_{-\infty}^{+\infty} \frac{D^3 + 4\,Dy^2}{r^5}\,dy = \frac{\alpha}{D}\left[\frac{y}{r} + \left(\frac{y}{r}\right)^3\right]_{-\infty}^{+\infty}. \quad (10.56)$$

Es ist $\lim\limits_{y\to\infty} y/r = 1$, also

$$\delta = \frac{4\,\alpha}{D} = \frac{4\,G\,M}{c^2\,D} = \frac{\varkappa\,M}{2\,\pi\,D}. \quad (10.57)$$

Die Ablenkung δ des Lichtstrahles wird um so größer, je kleiner D ist, je dichter also der Lichtstrahl die Masse M passiert. Wählt man M gleich der Sonnenmasse und setzt D gleich dem Sonnenradius r_S, so ergibt sich für die Krümmung, d. h. für den Ablenkungswinkel δ

$$\delta_{\text{Sonne}} = 0{,}848 \cdot 10^{-5} = 1{,}745''. \quad (10.58)$$

Daß (10.56) aus (10.55) folgt, erkennt man leicht, indem man (10.56) differenziert.

Die Lichtgeschwindigkeit ist im inhomogenen Gravitationsfeld von Punkt zu Punkt verschieden. Es ist gleichgültig, ob der Lichtstrahl vom Fixstern ausgeht oder seinen Ausgang vom Auftreffpunkt auf der Erde nimmt (Prinzip der Umkehrbarkeit der Lichtwege).

Dieses Ergebnis bedeutet, daß ein Beobachter auf der Erde den Fixstern, dessen Licht an der Sonnenoberfläche vorbeigeht, um 1,75″ abgelenkt sieht, was in Abb. 10.7 schematisch (übertrieben) dargestellt ist.

Passiert das Licht eines Fixsternes die Sonne im Abstand von 2 bzw. 3 Sonnenradien (gemessen vom Sonnenmittelpunkt), so beträgt die Ablenkung nur 1/2 bzw. 1/3 von 1,75″.

Die Messung der Lichtablenkung durch die Sonnenmasse ist ein experimenteller Prüfstein für die ART. Sie wird bei totalen Sonnenfinsternissen vorgenommen, indem die Fixsterne in unmittelbarer „Nachbarschaft" der Sonne photographiert werden. Die scheinbaren Fixsternorte erscheinen dann auf der Photoplatte nach außen, also vom Sonnenzentrum weg, verschoben. Zum Vergleich photographiert man die Fixsternpositionen in der Nacht etwa im zeitlichen Abstand von 1/2 Jahr, also ohne Gravitationseinwirkung der Sonne auf das zur Erde gelangende Fixsternlicht. Die Verschiebung beträgt auf der Photoplatte einige Hundertstel Millimeter. Die von der allgemeinen Relativitätstheorie geforderte Lichtablenkung von $\delta = 1,75''$ ist außerordentlich gering. Es handelt sich um einen Winkel von etwa 1/2000 Grad: So groß würde einem unbewaffneten Auge eine Pfennigmünze in 1 km Entfernung erscheinen. Die bisherigen Messungen

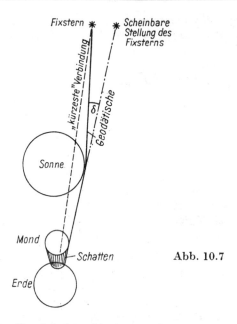

Abb. 10.7

liegen im Bereich 1,8″ bis 2,7″ und stützen die allgemeine Relativitätstheorie, die für die Strahlablenkung gerade einen doppelt so großen Wert fordert wie die Newtonsche Mechanik.

Aus Abb. 10.7 erkennt man, daß der Lichtstrahl nicht nur durch die Sonne, sondern auch durch den Mond abgelenkt werden müßte. Die Ablenkung δ_{Mond} ist aber gegenüber dem Wergt δ_{Sonne} vernachlässigbar klein: Es gilt

$$\left(\frac{M}{r}\right)_{\text{Sonne}} = \frac{1{,}98 \cdot 10^{33}\ \text{g}}{6{,}95 \cdot 10^{10}\ \text{cm}} = 2{,}85 \cdot 10^{22}\ \text{gcm}^{-1}\,,$$

$$\left(\frac{M}{r}\right)_{\text{Mond}} = \frac{7{,}347 \cdot 10^{25}\ \text{g}}{1{,}738 \cdot 10^{8}\ \text{cm}} = 4{,}23 \cdot 10^{17}\ \text{gcm}^{-1}\,.$$

Der Mond-Effekt ist also um den Faktor 10^{-5} kleiner. Für die Erde ist

$$\left(\frac{M}{r}\right)_{\text{Erde}} = \frac{5{,}973 \cdot 10^{27}\ \text{g}}{6{,}370 \cdot 10^{8}\ \text{cm}} = 9{,}47 \cdot 10^{18}\ \text{gcm}^{-1}\,.$$

Bei GINSBURG [1.19] sind einige experimentell bestimmte Werte für die Lichtablenkung angegeben.

Der größte Beobachtungsfehler ergibt sich offenbar dadurch, daß die unterschiedliche Lichtbrechung in der Erdatmosphäre infolge ungleicher Temperaturen während der Beobachtungen nur ungenau berücksichtigt werden kann. So erklärt sich auch die relativ große Abweichung bei der Messung von MICHAILOW: Während der Sonnenfinsternis wurde eine Lufttemperatur von $+ 23{,}6$ °C und am Kontrolltag eine Temperatur von $- 21$ °C gemessen; die Differenz der Brechung ergibt sich zu $0{,}85''$. Diese Temperaturänderungen wirken sich natürlich auch auf die optischen Meßinstrumente aus. Ein möglicher Einfluß der Sonnenrotation ($v_R \approx 2 \cdot 10^5$ cms^{-1} am Sonnenäquator) auf die Lichtablenkung ist vernachlässigbar; er wäre um einen Faktor von der Größenordnung $v_R/c \approx 10^{-5}$ kleiner als die Gravitationsablenkung.

10.6.3. Periheldrehung der Planetenbahnen

Aus den nichtlinearen Feldgleichungen der Einsteinschen Gravitationstheorie läßt sich eine Perihelbewegung der Planetenbahnen folgern. Die relativistische Periheldrehung — gemessen in Bogensekunden pro Jahrhundert — ist für einige Himmelskörper in der nachstehenden Tabelle[1]) angegeben.

Planet	ε_{100} (berechnet)	ε_{100} (beobachtet)
Merkur	$43{,}03''$	$42{,}9'' \pm 0{,}2''$
Venus	$8{,}63''$	$8{,}4 \pm 4{,}8''$
Erde	$3{,}8''$	$5{,}0'' \pm 1{,}2''$
Mars	$1{,}4''$	—
Jupiter	$0{,}06''$	—
Erdmond	$0{,}055''$	

Die Periheldrehung ist um so größer, je größer der Wert α/r ist, d. h., je näher sich derselbe Körper am Gravitationszentrum befindet. Die experimentelle Prüfung der Periheldrehung unterscheidet sich von den vorgenannten beiden anderen klassischen Tests dadurch, daß die Perihelverrückung aus den Feldgleichungen EINSTEINs gefolgert wird und somit eine Bestätigung der Richtigkeit dieses Gleichungssystems erbringen könnte. Die Periheldrehung der Merkur-Bahn war den Astronomen seit LEVERRIER, also lange vor EINSTEIN, bekannt: Sie beträgt insgesamt $532''$ im Jahrhundert. Man eliminierte alle Störeinflüsse durch andere Planeten und erhielt einen seinerzeit nicht erklärbaren Rest von ca. $43''$ im Jahrhundert. Aus den Einsteinschen Feldgleichungen folgt dieser Wert unmittelbar als

---

[1]) Näheres siehe z. B. [1.19].

allgemein-relativistischer Effekt. Der eigentlich beobachtbare Effekt der beim Merkur ist rund 12,5mal so groß wie der relativistische Effekt. Bei der Erde machen die Störeffekte (Planeten- und Mondeinfluß) 154″ pro Jahrhundert aus.

Es werden Experimente erörtert, die die relativistische Periheldrehung auch mit künstlichen Satelliten zu messen gestatten, wozu natürlich längere Beobachtungsdauern erforderlich wären. Auf der elliptischen Bahn ändert sich die Geschwindigkeit einer umlaufenden Masse, was eine Massenänderung und damit eine Bahnrotation zur Folge hat. Diese nach der SRT zu berechnende Periheldrehung beträgt jedoch im Fall des Merkur nur 7″ pro Jahrhundert. Hingegen erklärt die ART die 43″ pro Jahrhundert für den Planeten Merkur zufriedenstellend.

Die Planeten bewegen sich nicht auf Ellipsenbahnen, sondern auf nichtgeschlossenen rosettenförmigen Bahnen (Abb. 10.8).

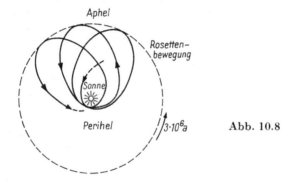

Abb. 10.8

Die große Achse der Ellipse beschreibt eine Präzessionbewegung. Die Planetenbahn ist — nach Berücksichtigung von Störungen — keine ruhende Ellipse wie aus der Newtonschen Theorie folgen würde, sondern gemäß der ART eine langsam rotierende Ellipse.

Die Ellipsenbahn des Merkur führt erst in $3 \cdot 10^6$ Jahren eine vollständige Rotation aus, d. h., die Ellipse hat erst nach dieser Zeit eine vollständige Rosettenbahn beschrieben.

Der Unterschied zwischen dem Newtonschen und dem Einsteinschen Gesetz ist allerdings sehr gering. EINSTEINS und NEWTONS Theorie sind jedoch in physikalischer Hinsicht grundsätzlich verschieden. Die Einsteinsche Theorie gibt für die Drehung der Planetenellipse im Sinne der Umlaufbewegung pro Umlauf (im absoluten Winkelmaß) die Beziehung

$$\varepsilon = 24\,\pi^3\,\frac{a^2}{T'^2\,c^2\,(1-e^2)}\;; \tag{10.59}$$

hierin bedeuten

a die große Halbachse der Ellipse,
$e = \sqrt{a^2 - b^2/a^2}$ die Exzentrizität der Ellipse,
b die kleine Halbachse,
T die Umlaufzeit des Planeten,
c die Lichtgeschwindigkeit.

Diese Beziehung kann mit dem 3. Keplerschen Gesetz

$$a^3 = \frac{G M_s}{4 \pi^2} T^2 , \tag{10.60}$$

worin M_s die Masse der Sonne bedeutet, auch wie folgt geschrieben werden:

$$\varepsilon = \frac{6 \pi G M_s}{c^2 a (1 - e^2)} . \tag{10.61}$$

Die gute Übereinstimmung zwischen dem beobachteten und dem aus der Einsteinschen Gravitationstheorie folgenden Wert für die Drehung des Merkur-Perihels wurde als Bestätigung der Feldgleichungen EINSTEINS gewertet. In jüngerer Zeit sind weitere Gravitationstheorien — teils als Ergänzungen und Weiterführungen der Einsteinschen ART — aufgestellt worden (JORDAN, BRANS und DICKE, TREDER), so daß man experimentelle Prüfungen größerer Genauigkeit benötigt, um zwischen den einzelnen Theorien entscheiden zu können.

Um die theoretischen Werte mit dem beobachteten (korrigierten) vergleichen zu können, muß der letztere mit hoher Genauigkeit ermittelt werden. Bei den vorzunehmenden Korrekturen der Beobachtungsergebnisse, aus denen der interessierende Betrag „herauspräpariert" wird, muß z. B. die Masse der Venus sehr genau bekannt sein. Da die Venus keinen Mond besitzt, aus dessen Bewegung auf ihre Masse geschlossen werden kann, ist die Massenbestimmung nicht hinreichend sicher. Sie ist aber mit Hilfe von Satelliten durchgeführt worden.

Auf eine andere Schwierigkeit beim Vergleich der beobachteten Werte hat DICKE hingewiesen:

Wenn das Gravitationsfeld der Sonne nicht exakt kugelförmig ist — die Sonne würde dann ein Quadrupolmoment besitzen —, müßten weitere Korrekturen an den Beobachtungswerten vorgenommen werden. Dies würde bedeuten, daß sich die Übereinstimmung mit dem aus der Einsteinschen Theorie berechneten Wert offensichtlich etwas verschlechtert: Der beobachtete Wert wird dadurch geändert, und eine modifizierte relativistische Gravitationstheorie hätte diesen Anteil zu berücksichtigen.

216 Allgemeine Relativitätstheorie

Von DICKE und GOLDENBERG[1]) wurde die Kugelgestalt der Sonne geprüft. Sie fanden eine geringe Abplattung, wonach sich der äquatoriale und der polare Radius um 35 km voneinander unterscheiden. Auf Grund dieser Abplattung kommt eine Periheldrehung des Merkurs von 3,4″ pro Jahrhundert zustande. Subtrahiert man diesen Wert von dem beobachteten Wert, so verbleiben hiernach 39,6″ pro Jahrhundert als relativistischer Effekt. Mit diesem Wert steht die Skalar-Tensor-Theorie von DICKE und BRANS in guter Übereinstimmung, jedoch weisen W. J. COCKE und Mitarbeiter[2]) darauf hin, daß noch andere bisher nicht berücksichtigte Vorgänge in der Sonne existieren, die ebenfalls die Bewegung des Merkurperihels beeinflussen könnten, so daß der theoretische Wert von BRANS und DICKE durchaus nicht sicher ist.

Wichtig für die weiteren Prüfungen ist die Feststellung des Quadrupolmomentes der Sonne: Trotz (nahezu) kugelförmiger Gestalt kann nämlich eine ungleiche Massenverteilung vorliegen.

Auf Grund von Strömungen und turbulenten Bewegungen wird ein Magnetfeld erzeugt. Der magnetische Druck kann ungleiche Massenverteilungen hervorrufen, wodurch eine Kugelsymmetrie gestört wird. In diesem Fall müßte der theoretische Wert etwas größer als der von EINSTEIN berechnete sein.

Eine von H.-J. TREDER vorgenommene Erweiterung der Gravitationstheorie, die noch weiter als die Einsteinsche über die klassische Newtonsche Theorie hinausgeht, liefert einen etwas größeren Wert als die ART.

Die experimentelle Prüfung des Quadrupolmomentes der Sonne wird durch Vermessung der Bahnparameter des Planetoiden Icarus vorgenommen. Auf Grund der bisherigen Meßungenauigkeiten konnte bisher jedoch noch nicht zwischen den drei Theorien der Gravitation (EINSTEIN, DICKE, TREDER) entschieden werden.

10.6.4. Vierte Testmöglichkeit nach I. I. SHAPIRO

Zur Prüfung der Nichtlinearität der Einsteinschen Feldgleichungen gibt es neben der Perihelmessung des Merkur noch eine weitere Möglichkeit, auf die I. I. SHAPIRO[3]) hingewiesen hat. Die Raumkrümmung durch das Gravitationsfeld der Sonne kann mit Hilfe von Radarimpulsen gemessen werden, die vom Merkur oder von der Venus reflektiert werden. Voraus-

---

[1]) DICKE, R. H., and H. M. GOLDENBERG: Solar Oblateness und General Relativity. Physic. Rev. Letters 1967, S. 313.

[2]) COCKE, W. J.: Alternative Cause of Solar Oblateness. Physic. Rev. Letters 1967, S. 609.

[3]) I. I. SHAPIRO: 4th Test of General Relativity. Physic. Rev. Letters 1964, S. 789.

setzung für diese Radarmessungen ist, daß die Sonne zwischen Erde und Merkur bzw. Venus steht.
Die Raumkrümmung wird um so ausgeprägter feststellbar, je näher die Radarimpulse an der Sonne vorbeilaufen, da sich in diesem Fall eine Vergrößerung der Laufzeit des Radarechos ergibt. Von SHAPIRO und Mitarbeitern wurden Meßreihen mit insgesamt über 4 Milliarden Radarimpulsen ausgewertet. Es wurden tatsächlich eine Laufzeitverzögerung festgestellt, die maximal (am Sonnenrand) beim Merkur 200 μs beträgt, was einer „zusätzlichen" Wegstrecke von 60 km entspricht. Diese Messungen sind bis auf 10% genau.
Während man bei der Beobachtung der Lichtablenkung im Schwerefeld der Sonne (6.2.) auf totale Sonnenfinsternisse angewiesen ist, lassen sich diese Prüfungen mit den Hilfsmitteln der modernen Nachrichtentechnik durchführen. Die Signale werden mit einer Senderleistung von 300 kW emittiert. Das auf der Erde empfangene Echo hat hingegen nur eine Leistung von 10^{-24} kW. Die Laufzeit liegt für die Venus bei ca. 26 min. Der Effekt der (relativ schwachen) Raumkrümmung besteht nun darin, daß in der Sonnennähe die Laufzeit der Impulse minimal vergrößert wird, also 26 min plus maximal 200 μs beträgt. Außer dieser Laufzeitverzögerung erfährt das Radarsignal (wie ein Lichtstrahl) noch eine Ablenkung. Die Laufzeitmessungen nach SHAPIRO sind offenbar genauer ausführbar als die Ablenkungsmessungen des Fixsternlichtes bei totalen Sonnenfinsternissen. Es wird erwartet, daß die Fehlergrenzen auf ± 1% eingeschränkt werden können, nachdem bereits an Satelliten Laufzeitmessungen der Radarsignale mit Genauigkeiten von ± 2% möglich waren.
Nach der Gravitationstheorie von C. BRANS und R. H. DICKE sollten die Laufzeiten gegenüber der Einsteinschen Theorie um ca. 10% kleiner sein. Die bisherigen Meßergebnisse sprechen für die Einsteinsche Theorie.
Die Lichtablenkung (incl. Laufzeitverzögerung) sowie die Perihelbewegung haben in den Feldgleichungen der Gravitation ihre gemeinsame Wurzel. Dies bedeutet auch, daß diese Effekte nicht unabhängig voneinander bewertet werden können. Da nun die Shapiro-Experimente die Einstein-Theorie besser bestätigen als die Brans-Dicke-Theorie, so darf man darin auch eine Bestätigung des Einstein-Wertes für die Periheldrehung sehen. In dieser Hinsicht würden auch die durch die Bestimmung der Sonnenabplattung an der ART aufgekommenen Zweifel weitgehend entfallen. Es wird eine 0,2%ige Genauigkeit für die Bestimmung der Periheldrehung aus den Shapiro-Experimenten erwartet.

10.6.5. Messungen des Abstandes Erde—Mond

In der Einsteinschen ART wird die Gravitationskonstante $\varkappa$ bzw. G als Naturkonstante aufgefaßt. Die ständig zunehmende Erweiterung und

Verfeinerung der experimentellen Meßtechnik läßt erwarten, daß auch die Gravitationskonstante von Zeit zu Zeit immer genauer geprüft wird. Nach Messungen von R. D. Rose und Mitarbeitern[1]) wird die Gravitationskonstante mit $G = (6{,}674 \pm 0{,}012) \cdot 10^{-11}$ Nm^2 kg^{-2} angegeben. Es sind von dieser Gruppe Arbeiten vorbereitet, um den Meßwert um weitere 2 Größenordnungen zu verbessern.

Bei dem Versuch, die außerordentliche Kleinheit der Gravitationskonstante und damit die sehr geringe Wechselwirkung der Gravitation zu deuten, stellte Dirac[2]) 1938 die Hypothese der langsamen zeitlichen Änderung der Gravitationskonstante auf. Nach Dirac ist die Gravitationskonstante umgekehrt proportional dem Weltalter, d. h., sie wird mit der Zeit ständig kleiner. Eine mögliche zeitliche Abnahme der Gravitationskonstante könnte — gemäß einer Theorie von P. Jordan[3]) — auch die Ausdehnung der Erde erklären. Gemäß der SRT sind zeitliche Änderungen nicht isoliert von räumlichen zu betrachten; somit wäre im Prinzip auch eine Variation von G von Ort zu Ort zuzulassen.

In der Brans-Dicke-Theorie wird neben dem Tensorfeld ein zusätzliches Skalarfeld eingeführt, das eine mögliche Änderung von G berücksichtigen soll. Auf diese Weise ergeben sich bestimmte (geringe) Abweichungen von der Einsteinschen Theorie, über die allein experimentelle Prüfungen entscheiden können.

Da die Konstanz der Gravitationskonstante bisher praktisch als Prinzip gilt und weitgehend ungeprüft ist, sollen beispielsweise Messungen des Abstandes zwischen Erde und Mond darüber Aufschluß geben. Eine zeitliche Abnahme von G würde nach hinreichend langen Zeiten eine meßbare Vergrößerung der Erde—Mond-Entfernung ergeben. Diese Entfernungsbestimmungen erfolgen über lange Zeiten hinweg mit Hilfe von Laserstrahlen, die von einem Spiegel auf dem Mond reflektiert werden.

10.6.6. Thirring-Lense-Effekt und Fokker-Präzession

Aus den Einsteinschen Feldgleichungen hat H. Thirring[4]) das Feld rotierender Hohl- und Vollkugeln berechnet. Danach treten in der Umgebung rotierender Massen Kräfte auf, die Analogien zu rotierenden elektrischen Ladungen aufweisen. Im Vergleich zu den elektrischen Ladungen in der Elektrodynamik sind aber die Wechselwirkungen zwischen gravischen La-

[1]) Rose, R. D., et al.: Determination of the Gravitational Constant. Physic. Rev. Letters 23 (1969) 655.

[2]) Dirac, P. A. M.: Proc. Roy. Soc. London A 165 (1938) 199.

[3]) Jordan, P.: Astronom. Nachr. 276 (1948) und
     Jordan, P.: Erdexpansion. Braunschweig 1966.

[4]) Thirring, H.: Physik. Z. 19 (1918) 33; 22 (1921) 29.

dungen (Massen) nur 10^{-39}mal so groß. Auf Grund der schwachen Wechselwirkung der Gravitation sind die Kräfte rotierender Massen entsprechend
außerordentlich klein. Gemeinsam mit J. LENSE hat H. THIRRING[1]) auch
einen Einfluß der Rotation des Jupiter auf die Bewegung eines Jupiter-
mondes berechnet. Allerdings konnte dieser Effekt — bei großem Stör-
untergrund — noch nicht beobachtet werden. Die fortschreitenden Entwicklungen der modernen Experimentiermöglichkeiten bieten mehr und
mehr die Aussicht, daß weitere allgemeinrelativistische Effekte auf der
Erde oder im erdnahen Raum geprüft werden können.

Nach dem Thirring-Lense-Effekt müßte auch die Bahn eines Erdsatelliten
durch die Erdrotation beeinflußt werden. Die Bahn des Satelliten müßte
demzufolge eine Präzession um die Erdachse zeigen.

Die Prüfung der Fokker-Präzession[2]) ist ebenfalls durch Satellitenexperi-
mente vorgesehen. Dieser Effekt besteht darin, daß die Achse eines
Kreiselkörpers, der im Raum eine geschlossene Kurve ausführt, nicht
mehr wie in der Newtonschen Mechanik in die Anfangslage zurückkehrt.
Baut man in einen Satelliten einen Kreisel ein, so müßte seine Achse nach
einem Jahr etwa $7''$ gegenüber der Anfangslage zurückbleiben. Relativ
zum Fixsternhimmel führt der Kreisel um die Richtung der Bahnnormalen
eine Präzession aus.

Von SCHIFF[3]) ist ein Kreiselexperiment durchgerechnet worden, das nach
EVERITT und FAIRBANK[4]) mit Hilfe eines Satelliten ausgeführt werden
soll. Dieses Experiment würde wiederum eine experimentelle Entscheidung zwischen der Einstein-Theorie und der Brans-Dicke-Theorie ermöglichen. Die nach der Einstein-Theorie berechnete Winkelgeschwindigkeit
der Präzession der Kreiselachse sollte ca. $0,5''$ pro Jahr größer sein als die
aus der Skalar-Tensor-Theorie von BRANS und DICKE folgende, wenn die
Satellitenbahn in 800 km Höhe verläuft.

Die Feststellung so winzig kleiner Meßgrößen erfordert einen immensen
Aufwand. Beispielsweise müßte der sphärische Quarzrotator zur Abstim-
mung aller elektromagnetischen Einflüsse von supraleitenden Stoffen umgeben sein. Diese neuartigen Experimente werden dazu beitragen, weitere tiefe Erkenntnisse über die Natur zu gewinnen.

Zum experimentellen Nachweis der beiden bisher nur theoretisch bekannten Rotationseffekte der ART wurde von H. DEHNEN[5]) die Frequenzver-

[1]) THIRRING, H., und J. LENSE: Physik. Z. 19 (1918) 156.
[2]) FOKKER, A. D.: De geodetische precessie. Amsterdam 29 (1920).
[3]) O'CONNELL, R. F.: Schiff's Proposed Gyroscope Experiment as a Test of
   the Scalar-Tensor Theory of General Relativity. Physic. Rev. Letters 1968,
   S. 69.
[4]) EVERITT, C. W. F., W. M. FAIRBANK, and W. O. HAMILTON: Relativity Proc.
   of the Relativity Conf., New York 1970.
[5]) DEHNEN, H.: Z. Naturforsch. 22a (1967) 816—821.

schiebung berechnet, die sich im Erdfeld für „links- und rechtsherum-laufendes"Licht ergibt. Die relative Frequenzverschiebung, die gegebenen-falls mit einem Präzisions-Ringlaser gemessen werden müßte, liegt aller-dings mit ca. 10^{-23} weit außerhalb der gegenwärtigen Meßgenauigkeit.

10.6.7. Gravitationswellen

Von EINSTEIN wurde aus seinen Feldgleichungen der Gravitation auch die Existenz von Gravitationswellen gefolgert, d. h. die Tatsache, daß sich gravitative Wirkungen als Wellenimpulse ausbreiten.[1]) Diese Gravita-tionswirkung (Gravitationsstrahlung) kann sich nur mit begrenzter Ge-schwindigkeit ausbreiten, nämlich mit Vakuum-Lichtgeschwindigkeit. Passiert eine Gravitationswelle irgendeinen Weltpunkt, so wird dort momentan die lokale Schwerkraft geändert. Im Prinzip können Gravita-tionswellen durch schwingende (rotierende oder allgemein: beschleunigt bewegte) Massen erzeugt werden. Die emittierte Energie der Gravitations-wellen ist allerdings außergewöhnlich gering.

Selbst der Strahlungsfluß gravitativer Wellen, die von Doppelstern-systemen ausgehen, ist wegen der Erdentfernung von diesen Objekten ungeheuer gering. Sofern es sich um Neutronen-Doppelsterne handeln würde, ist die Aussicht für den Nachweis von Gravitationswellen etwas günstiger zu beurteilen, da sie eine zunehmend größer werdende Umlauf-geschwindigkeit um den gemeinsamen Schwerpunkt erreichen.

Die in der Zeiteinheit abgestrahlte Energie dE/dt (Leistung) eines Doppel-sternsystems, das aus 2 Sternen der Masse m besteht, die im Abstand $2\,r$ mit der Winkelgeschwindigkeit ω auf einer Kreisbahn laufen, berechnet sich nach

$$\frac{dE}{dt} = \frac{64\,G}{5\,c^5}\,m^2\,r^4\,\omega^6 .$$ (10.62)

Diese Gleichung schreibt man auch mit der Beziehung $r\,\omega^2 = G M/4r^2$ (Zentrifugalkraft = Schwerkraft) als

$$\frac{dE}{dt} = \frac{1}{5}\,m\,c^2\,\frac{c}{r}\left(\frac{G\,m}{r\,c^2}\right)^4 .$$ (10.63)

---

[1]) Aus der Newtonschen Theorie, die sich nur auf statische Gravitationsfelder bezieht, können Gravitationswellen nicht gefolgert werden. EINSTEINS klassische Arbeit, „Gravitationswellen" erschien in: S.-B. preuß. Akad. Wiss. 1918, S. 154—167.

Substituiert man für einen günstigen Fall $\omega = \dfrac{2\,\pi}{T}$ mit $T = 1$ Tag und $m = 10$ Sonnenmassen, so ergibt sich, daß selbst während 10^{10} Jahren nur ein sehr geringer Anteil der Energie abgestrahlt wird.

Ein meßbarer Fluß der Gravitationsstrahlung könnte offenbar von einem Gravitationskollaps (Kollapsar) ausgehen. Darunter versteht man die Implosion eines Sternes unter der Wirkung seines eigenen Gravitationsfeldes innerhalb ca. einer Sekunde, wobei extreme Energiebeträge in Form von Gravitationswellen freigesetzt werden könnten in der Größenordnung von 10^{46} Ws — entsprechend einem Massenäquivalent von 5% der Sonnenmasse.

Die großen Fortschritte der physikalischen Experimentiertechnik haben es in den letzten Jahren ermöglicht, den Nachweis von Gravitationswellen offenbar erfolgreich in Angriff zu nehmen. Die ersten erfolgversprechenden Experimente hat Joseph WEBER an der Universität Maryland mit einem von ihm und seinen Mitarbeitern entwickelten Gravitationswellen-Detektor unternommen.[1])

Gravitationswellen entstehen durch Quadrupolschwingungen von Massen und können Probekörper (Empfänger, „Antennen") zu Quadrupolschwingungen anregen. Die Wellen sind transversal polarisiert. Die schwache Wechselwirkung der Gravitation bedingt hierbei entweder große Probekörper und/oder Meßanordnungen höchster Empfindlichkeit; des weiteren müssen störende Umwelteinflüsse ausgeschaltet werden. Der erste Gravitationswellen-Detektor von J. WEBER bestand aus einem Aluminium-Zylinder (1400 kg, 153 cm lang, 66 cm Durchmesser) mit einer Grundfrequenz der axialen Eigenschwingung von 1660 Hz. Dieser Zylinder ist n der Mitte von einem Kranz piezoelektrischer Schwingquarze umgeben, velche auf die Schwingungen ansprechen, die die Masse durchlaufen. Die

---

) Literatur über Gravitationswellen:

WEBER, J.: Observation of the Thermal Fluctuations of a Gravitional-Wave Detector. Physic. Rev. Letters **17** (1966) 1228; Gravitational Radiators. Physic. Rev. Letters **18** (1967) 498.

LINSKY, J., and J. WEBER: New Source for Dynamical Gravitational Fields. Physic. Rev. Letters **18** (1967) 795.

FORWARD, R. L., and D. BERMAN: Gravitational-Radiation Detection Range for Binary Stellar Systems.

WEBER, J.: General Relativity and Gravitational Waves. New York 1961.

WEBER, J.: Physic. Rev. Letters **22** (1969) 1320; **24** (1970) 276; **25** (1970) 180: Anisotropy and Polarisation in the Gravitational-Radiation Experiments.

Zur Kritik an den Versuchen von J. WEBER siehe Nature **224** (1969) 411 und **228** (1970) 319 und 346.

mechanischen Schwingungen werden durch die piezoelektrischen Kristalle in elektrische Schwingungen umgewandelt. Der Al-Zylinder ist an Drähten — gegen akustische Störungen geschützt — in einem Vakuumbehälter aufgehängt. Durch supraleitende Induktivitäten wird das thermische Eigenrauschen fast ausgeschaltet. Der gemessenen Zug- und Druckwirkung entsprechen Längenänderungen (Amplituden der Deformationen) von nur $2 \cdot 10^{-16}$ m, die .durch das thermische Rauschen begrenzt sind.[1]) Die Empfindlichkeit dieser Meßmethode von 10^{-16} ist etwa vergleichbar mit der bisher nur durch den Mößbauer-Effekt erreichten Genauigkeit.

Als ersten Test (1965) des Gerätes wiederholte J. WEBER den Cavendish-Versuch in neuer Variante. Er verwendete an Stelle der Bleikugeln, die CAVENDISH benutzt hatte, zwei der angegebenen Zylinder, von denen der eine mit nur 20 cm Durchmesser als Sender (100 Watt), der andere als Empfänger diente. Infolge der wechselnden Kontraktionen und Dilatationen wirkte der Sender mit kleinerer bzw. größerer Gravitation auf den Detektor. Es konnten tatsächlich die geringen Schwereänderungen gemessen werden. Durch Wiederholung dieser Messungen bei Abstandsvariationen der beiden Zylinder wurde das quadratische Abstandsgesetz der Gravitation bestätigt.

Außer den üblichen Vorkehrungen (Konstanz der Spannungsquellen und der Raumtemperatur) würden diese Präzisionsmessungen erfordern: Überwachung von Bodenschwingungen durch mehrere Seismometer sowohl für niedrige als auch für hohe Frequenzen; Beobachtung von Änderungen des Schwerefeldes am Meßort durch Gravimeter (Meßempfindlichkeit 10^{-10} g, 1 g = 9,81 ms^{-2}).

Es gelang J. WEBER, einige Signale — Dauer ca. 1 Sekunde — zu registrieren, die das Rauschen um das Fünffache überstiegen und die als Registrierung von Gravitationswellen angesprochen wurden.

Schließlich wurden in späteren Versuchen 2 Meßapparate in 1,5 km Entfernung zueinander aufgestellt (1660 Hz und 1120 Hz), um mögliche Koinzidenzen von Signalen zu untersuchen. Hierdurch sollten auch mögliche örtliche elektromagnetische Störungen ausgeschlossen werden. Wie die weiteren Untersuchungen zeigten, können auch ionisierende Strahlungen, die z. B. aus Schauern von kosmischen Strahlen herrühren, als mögliche Störquellen völlig vernachlässigt werden.

In neueren Arbeiten untersuchte J. WEBER die Einfallsrichtung der Gravitationsstrahlung. Zu dem Zweck wurden zwei Meßstellen mit den

---

[1]) Die Amplitude des thermischen Rauschens der Stirnfläche des Zylinders von $r \approx 10^{-16}$ m wird abgeschätzt durch

$$\frac{1}{2} m \, \omega^2 \, r^2 \approx kT \text{ mit } m = 1,4 \cdot 10^3 \text{ kg}; \; \omega = 1,6 \text{ kHz}; \; T = 300 \text{ .K}.$$

1,5 t schweren Al-Zylindern ausgerüstet, deren Abstand etwa 1000 km beträgt: Universität Maryland und Argonne National Laboratory. Als Emissionszentrum der Gravitationswellen resultiert aus diesen Untersuchungsergebnissen: das Zentrum unserer Milchstraße. Im Kern der Milchstraße spielen sich offenbar Prozesse großer energetischer Aktivität und hinreichender Massenbewegungen ab, die als Ursprung für die Gravitationsimpulse in Frage kämen. Jedoch werden die Versuchsergebnisse mit der nötigen wissenschaftlichen Vorsicht diskutiert. Insbesondere erscheint die registrierte Impulshäufigkeit, wenn sie mit „Sternkatastrophen" in Verbindung gebracht wird, als zu hoch.

Schließlich sind auch scheibenförmige „Antennen" sowie zylindrische Körper mit anderer Eigenfrequenz in Erprobung.

Es ist vorgesehen, den Detektor bei 4,2 K, der Temperatur des flüssigen Heliums, und bei 10^{-3} K einzusetzen, wodurch die Empfindlichkeit des Gerätes auf das 75fache bzw. 10^5fache verbessert werden soll.

Die Erforschung der Gravitationswellen hat durch die Pionierarbeit von J. WEBER eine neue Qualität erlangt und wird in mehreren Staaten fortgeführt. In der Sowjetunion wird eine Anordnung von 9 Zylinderdetektoren erprobt. Anstelle der piezoelektrischen Elemente sollen Kondensatoren verwendet werden. Mit Hilfe xylophonartiger Antennen kann versucht werden, auch rasche Frequenzänderungen der Signale zu erfassen.

Kritiken an den Versuchen von WEBER beziehen sich u. a. darauf, daß für die (vermeintlich) registrierte Strahlungsintensität, deren Ursprung er im Zentrum der Milchstraße vermutet, Strahlungsleistungen von 10^{43}W bis 10^{45} W verantwortlich wären. Demnach müßten jährlich 10^3 bis 10^5 Sonnenmassen „verschwinden" (die Ruhenergie unserer Sonne beträgt 10^{47} Ws, die Gesamtmasse unserer Galaxis etwa 10^{11} Sonnenmassen!) Die Frage nach den Quellen der bisher registrierten Gravitationsphysik aber ist in ein experimentelles Stadium eingetreten.

10.6.8. Der Hubble-Effekt

Ein Jahr nach seiner Publikation „Grundlage der allgemeinen Relativitätstheorie"[1]) veröffentlichte EINSTEIN seine Arbeit „Kosmologische Betrachtungen zur allgemeinen Relativitätstheorie"[2]), die zugleich die wissenschaftliche Begründung der Kosmologie darstellt. Das in dieser Arbeit entwickelte mathematische Modell des Kosmos führte zunächst zu der Vorstellung eines statischen (zeitlich unveränderlichen) unbegrenzten, aber bezüglich des Volumens positiv gekrümmten endlichen Raumes. Zwischen dem Krümmungsradius R, der (mittleren) Massendichte ϱ und

---

[1]) EINSTEIN, A.: Ann. Physik 49 (1916) 769—822.
[2]) EINSTEIN, A.: S.-B. preuß. Akad. Wiss. 1917, S. 142—152.

der Gravitationskonstante $\varkappa$ besteht in diesem ersten — heute überholten — Modell (Einsteinsche Zylinderwelt) der Zusammenhang

$$R = \sqrt{\frac{2}{\varkappa \varrho}}. \qquad (10.64)$$

Zur empirischen Entscheidung, ob der Weltraum eine meßbare (positive oder negative) Krümmung hat, wurde auf dem Mount Wilson in Kalifornien das seinerzeit größte astronomische Fernrohr mit einer Reichweite von 10^9 Lichtjahren aufgebaut. Die mühseligen statistischen Auszählungen weit entfernter Objekte ließen jedoch (noch) keine Krümmung des Raumes, also keine Abweichung von der euklidischen Geometrie im Großen, erkennen.·

Die Anzahl der Galaxien müßte in einem Universum positiver Krümmung schwächer, in einem negativer Krümmung stärker als mit der dritten Potenz der Entfernung zunehmen. Eine empirische Entscheidung zwischen den theoretisch möglichen Krümmungen konnte für das Weltall noch nicht herbeigeführt werden.

Dieses Fernrohr hat aber bei der Erforschung weit entfernter Galaxien wichtige Beiträge geleistet:

Edwin P. Hubble hat die Rotverschiebung der Spiralnebel entdeckt, die mit größer werdender Entfernung immer mehr zunimmt. Dieser von Hubble entdeckte Effekt wird als Fluchtbewegung, als Expansion des Gesamtsystems aller Spiralnebel, aufgefaßt; die Rotverschiebung wird mit Hilfe des Doppler-Effektes gedeutet.[1]

Diese empirischen Ergebnisse sprechen gegen das Einsteinsche stationäre Weltmodell. Es ist heute völlig gesichert, daß sich der — übersehbare — Teil des Universums in einer Expansionsbewegung befindet. Die Entdeckung der „Expansion des Universums" ist in ihrer Bedeutung mit der berühmten Begründung des Kopernikanischen Weltbildes verglichen worden. Diese Expansion konnten aus der Einsteinschen ART mehrere Jahre vor der Entdeckung vorhergesagt werden.

Es war zuerst der holländische Astronom de Sitter und nach ihm der Belgier G. Lemaître, die zeigten, daß es außer der statischen Lösung auch nichtstatische Lösungen des Gravitationsproblems geben müsse. Das Charakteristische dieser nichtstatischen Weltmodelle, um die sich auch der Engländer Eddington und insbesondere der sowjetische Mathematiker A. Friedman verdient gemacht haben, besteht darin, daß sich der Krümmungsradius R der z. B. sphärisch gekrümmten Welt mit der Zeit ändert, so daß sich dieses Weltmodell entweder stetig ausdehnt oder — unter gewissen Bedingungen — zusammenzieht.

---

[1] Die Hubble-Rotverschiebung wird physikalisch sinnvoll allein als Doppler-Effekt verstanden. Von einer möglichen „Ermüdung der Lichtquanten" zu sprechen, ist physikalisch sinnlos.

Diese nichtstatischen Weltmodelle erhielten nun auf Grund der Beobachtungen an Spiralnebeln von SLIPHER, HUBBLE und HUMASON eine
wesentliche Stütze: Die Autoren beobachteten eine relative Wellenlängenänderung $\Delta\lambda/\lambda$ zum roten Ende des Spektrums hin gegenüber denselben
Linien auf der Erde. Diese Rotverschiebung nimmt mit wachsender Entfernung zu. Daraus ergibt sich — mit der Deutung dieser Beobachtung als
Doppler-Effekt —, daß offenbar die Geschwindigkeit der Spiralnebel um so
größer wird, je weiter sie sich entfernen.
Die Geschwindigkeit v berechnet sich aus der beobachteten relativen
Wellenlängenänderung $\Delta\lambda/\lambda$ gemäß (6.13)

$$v = c\frac{\Delta\lambda}{\lambda}, \tag{10.65}$$

wenn $\Delta\lambda/\lambda \ll 1$.
Trägt man die aus (10.65) berechnete „Fluchtgeschwindigkeit" v über der
Entfernung dieser Objekte auf, also $v = f(r)$, so ergibt sich eine Gerade

$$v = H\,r\,, \tag{10.66}$$

wobei H den Anstieg der Geraden oder den Hubble-Koeffizienten[1])
(Expansionskoeffizient) bedeutet, der gegenwärtig mit

$$H = 2,6 \cdot 10^{-18}\,\text{s}^{-1}$$

angegeben wird.
Für die Beobachtung $\Delta\lambda/\lambda = 1$ würde sich aus der klassischen Beziehung
(10.65) $v = c$ und damit aus (10.66)

$$c = H \cdot R \tag{10.67}$$

ergeben. Hieraus folgt als „Weltradius"

$$R = c/H \approx 10^{28}\,\text{cm} \approx 10^{10}\,\text{Lichtjahre}. \tag{10.68}$$

Der Radius dieses Weltmodells würde sich alle 10^{10} Jahre verdoppeln.
Es läßt sich auch ein „Weltalter" T angeben: Da $R \approx c\,t$, folgt mit (10.67)

$$t \approx T = \frac{1}{H} = 3,85 \cdot 10^{18}\,s = 1,22 \cdot 10^{10}\,\text{a}. \tag{10.69}$$

Diese Altersangabe steht in überraschend guter Übereinstimmung mit
anderen empirischen Befunden, die sich auf zeitliche Veränderungen beziehen, nämlich mit den — nach verschiedenen unabhängigen Methoden
bestimmten — Altersangaben für die Erde, die Sonne und Meteorite.

---

[1]) Mitunter findet man auch den Terminus Hubble-Zahl; eine Zahl ist aber
   dimensionslos. Der Terminus Hubble-Konstante ist ebenfalls nicht gerechtfertigt, da sich H zeitlich ändert. Für H wird auch angegeben
   $H = 0,82 \cdot 10^{-10}\,\text{a}^{-1} = 79\,\text{kms}^{-1}\,(10^6\,\text{pc})^{-1}$; 1 pc $= 3,26$ lj $= 3,084 \cdot 10^{13}$km

„Alter der Welt" (10.69) heißt nicht, daß vor 10^{10} a das Weltall nicht existierte. Die Angabe bezieht sich auf die Dauer des gegenwärtigen nichtstationären Zustandes, der aus einem anderen davor liegenden hervorgegangen sein könnte.
Die in der jüngsten Vergangenheit aufgefundenen „quasistellaren Objekte" (Quasare) zeigen große Rotverschiebungen $\Delta\lambda/\lambda > 2$, so daß statt mit (10.65) mit der relativistischen Beziehung (9.20) gerechnet werden muß. Die heute beobachteten fernsten Objekte erreichen beträchtliche Bruchteile der Lichtgeschwindigkeit. Durch Extrapolation gelangt man zum „optischen Horizont", hinter dem keine Objekte mehr sichtbar sind.
Die von der ART vorausgesagte Struktur des Weltalls, die Expansion des Kosmos, steht mit der empirisch belegten Nebelflucht (Hubble-Effekt) in guter Übereinstimmung, so daß dieser Effekt zugleich eine wichtige Bestätigung der ART bedeutet.
Die Linearität zwischen Rotverschiebung bzw. Fluchtgeschwindigkeit und Entfernung kann nicht für beliebig große Entfernungen gelten, da die Vakuum-Lichtgeschwindigkeit eine obere Grenze darstellt, die nur asymptotisch erreicht werden kann. A. SANDAGE (The Observatory 88 (1968)˙91) legte dar, daß sich die jüngeren Beobachtungen deuten ließen, wenn man ein geschlossenes (elliptisches) Universum postuliert; dann müßte die heute bestehende Expansion in $7 \cdot 10^{10}$ a in eine Kontraktion übergehen. Aber auch zu dieser Interpretation gibt es Einwände.

10.6.9. Die Relikt- oder Urstrahlung

Außer dem Hubble-Effekt gibt es seit 1965 eine weitere empirische Bestätigung für das Friedman-Weltmodell des expandierenden Universums. Seit dieser Zeit wird die von A. PENZIAS und R. WILSON entdeckte Drei-Kelvin-Strahlung[1]) von Radioastronomen der Sowjetunion, der USA und Großbritanniens untersucht.[2])
Es handelt sich hierbei um eine elektromagnetische Strahlung im Gebiet der Zentimeterwellen, die isotrop, d. h. aus allen Richtungen gleichmäßig, auf der Erde empfangen wird. Es kommt also kein bestimmtes Emissionszentrum in Frage. Dieser schwarzen Strahlung kann man — gemäß dem Planckschen Strahlungsgesetz — eine Temperatur zuordnen: 3 K.
Die der Temperatur von $T = 3$ K entsprechende Wellenlänge, die mit maximaler Intensität auftritt, berechnet man mit Hilfe des Wienschen Verschiebungsgesetzes zu $\lambda_{max} \cdot T = 2{,}88$ mm K, also $\lambda_{max} \approx 1$ mm.

---

[1]) Diese Drei-Kelvin-Strahlung wird auch als Relikt-, Ur- oder Hintergrundstrahlung oder thermische Strahlung bezeichnet.

[2]) Siehe hierzu KOREZ, A. M.: Der Relikt-Radiohimmel und das „heiße Modell" des Weltalls. Wiss. u. Fortschr. 18 (1968) 296 und 342.

Die Intensitäten dieses kosmischen Rauschens wurden auf verschiedenen Wellenlängen (70 cm; 20 cm, 7,3 cm; 3 cm und 0,263 cm) vermessen. Sie erwiesen sich als 10^2- bis 10^5mal so groß wie diejenigen der bisher bekannten Radioquellen (Sterne, Galaxien). Diese Reliktstrahlung zeigt in hohem Grade die räumliche Isotropie des Universums.

Die theoretische Deutung dieser allseitigen Hintergrundstrahlung erfolgte auf der Grundlage des relativistischen expandierenden Weltmodells: Die im Frühzustand des expandierenden Kosmos vorhanden gewesene schwarze Strahlungsdichte und die Frequenz der Strahlung nehmen mit der Zeit ständig weiter ab. Gemäß der allgemeinrelativistischen Rechnung hat diese schwarze Strahlung gerade die gegenwärtig gemessene Strahlungsdichte und spektrale Verteilung, der man eine Temperatur von ca. 3 K zuschreiben kann. Die Drei-Kelvin-Strahlung ist danach ein Relikt eines Frühstadiums (Feuerball, „big bang" oder Urknall) unseres Weltalls. Wenn die Deutungen der Reliktstrahlung richtig sind, verliert die Theorie vom stationären Universum jegliche Berechtigung.

Mit zunehmendem Weltalter, also voranschreitender adiabatischer Expansion, kühlt die Strahlung (Photonengas) noch weiter ab. Damit verringert sich die Energie der Quanten. Ihre Wellenlänge wird also größer; allerdings bleibt die Zahl der Quanten erhalten. Durch die Existenz der Reliktstrahlung ist keine beliebig hohe Energie der kosmischen Stahlung möglich: Für Energien $E > 10^{20}$ eV der kosmischen Strahlung wird eine Wechselwirkung mit den Reliktquanten wesentlich, die dann einen Teil der Energie übernehmen würden.

Eine Übersicht über die in den einzelnen Zeitabschnitten der Expansion vorliegenden Zustände (z. B. Dichte, Temperatur) gibt SELDOWITSCH[1].

Die Auswahl der vorstehend dargelegten Folgerungen und Prüfungen der ART zeigt, daß EINSTEINs Theorie die Natur in guter Näherung darstellt. Es muß natürlich damit gerechnet werden, daß die Widerspiegelung der Realität, die vollkommene Abbildung der Natur mit mathematischen Hilfsmitteln, nicht absolut ideal ist. Das würde bedeuten, daß die Einsteinsche Theorie der K-Gravitation nicht zu ihrer absolut vollständigen Bestätigung führen wird. Daraus aber würden sich notwendigerweise Abänderungen und Weiterführungen ergeben.

EINSTEINs Theorie weist seit mehr als 50 Jahren den Weg für die Gravitationsphysik. Diese Theorie bildet ein aktuelles Zentrum des Interesses vieler Physiker. Sie enthält noch viele ungelöste Fragen und Probleme, insbesondere im Hinblick auf die Verschmelzung der Gravitationstheorie mit der Quantenphysik.

---

[1] SELDOWITSCH, J. B.: „Das heiße Modell des Weltalls und die Friedmansche Theorie" in: Wissenschaft und Menschheit, Urania-Verlag Leipzig 1969, S. 285—299.

10.7. Weltmodelle

Im Gegensatz zu den von früheren philosophischen und religiösen Lehren erfundenen Weltvorstellungen ist die Frage nach dem Bau der Welt heute Gegenstand rein sachlicher Überlegungen und empirischer Untersuchungen gen. Die früheren pseudowissenschaftlichen Lehren von Weltschöpfung und Weltuntergang sind heute durch streng wissenschaftliche Fragestellungen mathematisch-physikalischer Art abgelöst. Das Ziel ist, ein Weltmodell zu finden, das mit den tatsächlichen Fakten in Übereinstimmung steht. Zwischen mehreren Weltmodellen kann nur auf Grund empirischer Beobachtungen und Befunde entschieden werden. Keine der gegenwärtig bestehenden Theorien über Ursprung, Bau und Größe des Weltalls ist experimentell soweit abgesichert, daß eine Entscheidung zwischen den einzelnen Theorien getroffen werden könnte. Wesentlich ist die Tatsache, daß die Einsteinschen Gravitationsgleichungen eine größere Anzahl verschiedener Lösungen zulassen. Insbesondere aber sagen sie nichts über die Krümmung und damit auch nichts über die Endlichkeit oder Unendlichkeit des Raumes aus, Die Gleichungen liefern Lösungen für positive, verschwindende und negative Krümmung. Den Krümmungsradius muß man schließlich empirisch ermitteln, um entscheiden zu können, welches Modell die Realität am besten widerspiegelt.

Über den Krümmungsradius kann man gegenwärtig noch keine eindeutige Aussage machen. Auch die Dichte, die in den Gleichungen der Gravitation eine entscheidende Rolle spielt, ist zur Zeit noch nicht mit genügender Sicherheit bekannt; hiervon hängt ebenfalls die Auswahl des adäquaten Weltmodells ab.

Die alte Frage nach der Endlichkeit oder Unendlichkeit des Weltalls ist keine philosophische Frage, sondern eine physikalische, die letztlich mit physikalischen Mitteln eindeutig gelöst wird.

Die Einsteinschen Differentialgleichungen haben ihrem Charakter gemäß nur lokale Bedeutung. Sie liefern nur notwendige, aber nicht hinreichende Bedingungen für die Berechnung des Universums. Hinreichend sind die Bedingungen nur durch zusätzliche Postulate: Extrapolation der Beobachtungen auf den ganzen Kosmos; Voraussetzung der Homogenität und Isotropie sowie Forderung der universellen Gültigkeit der bekannten Naturgesetze im Gesamtkosmos. Die in gewissem Sinne einfache klassische Newtonsche Gravitationstheorie führt zu ernsten Schwierigkeiten, wenn sie auf die Welt als Ganzes angewendet wird.

Denkt man sich eine unendlich ausgedehnte Welt (mit euklidischer Geometrie), so treten zwei Widersprüche bzw. Paradoxien auf: das Olberssche Paradoxon sowie das Neumann-Seeligersche Paradoxon.

W. Olbers stellte um 1820 die Frage: Weshalb ist der Nachthimmel dunkel? Nach der Newtonschen Theorie müßte nämlich der Nachthimmel — wie auch der Taghimmel — gleißend hell sein. Nimmt man an, daß der Raum gleichmäßig mit Masse (Sternen, Galaxien) erfüllt ist, dann wächst die Anzahl der (leuchtenden) Himmelskörper mit der 3. Potenz der Entfernung: $N \sim r^3$.
Die scheinbare Helligkeit I nimmt nach dem Quadratgesetz ab: $I \sim 1/r^2$. Aus der Entfernung r eines Raumbereiches wird eine Strahlungsleistung $I N \sim r$ emittiert. Wenn r nun beliebig groß werden kann, müßte demzufolge auch die Strahlungsleistung über alle Grenzen wachsen, was aber nicht der Fall ist.
Dieses Paradoxon versuchte der Leipziger Astrophysiker Zöllner (1834 bis 1882) dadurch zu lösen, daß er einen endlichen Riemann-Raum postulierte. Allerdings führt auch ein solcher statischer Raum zu einem strahlendhellen Himmel. Hierbei ist vorausgesetzt, daß der Weltraum kein Licht absorbiert.
In dem Modell einer expandierenden Welt tritt dieses Paradoxon nicht auf.
Neumann[1]) und v. Seeliger[2]) haben darauf hingewiesen, daß ein unendliches Newtonsches Weltmodell zu unendlich großen Gravitationskräften führen und das Gravitationspotential an jedem Ort im Weltall unbestimmt sein müsse — im Gegensatz zur Erfahrung.
Für die Gravitationskraft gilt — analog dem photometrischen Gesetz — $F \sim 1/r^2$. Da die Zahl der gravitierenden Massen mit r^3 anwächst, wird schließlich die Summe der Kräfte aller Massen für $r \to \infty$ über alle Grenzen wachsen.
Zur Lösung dieser Schwierigkeit wurden verschiedene Hypothesen aufgestellt, die aber unbefriedigend waren. In der Einsteinschen Theorie der Gravitation tritt dieses Gravitationsparadoxon nicht auf. Das hängt damit zusammen, daß es auf Grund der endlichen Ausbreitungsgeschwindigkeit der Gravitationswirkung unendlich lange dauern würde, bis unendlich entfernte Körper in Wechselwirkung treten. Schließlich ist — wegen der Nichtlinearität der Gravitationsgleichungen — die Gravitationswirkung eines Systems von Massen verschieden von der Summe der Wirkungen der Einzelmassen.
Das einfache Additionsgesetz hat nur einen beschränkten Gültigkeitsbereich.
Die relativistischen Weltmodelle ergeben sich als Lösungen der Einsteinschen Gravitationsgleichungen, die ein gekoppeltes System von 10 nichtlinearen partiellen Differentialgleichungen 2. Ordnung für die Größen $g_{\mu\nu}$

---

[1]) Neumann, C.: Königl. Sächs. Ges. d. Wiss. zu Leipzig, Math.-Nat. Kl. 26 (1874) 97.

[2]) v. Seeliger, H.: Astronom. Nachr. 137 (1895); Münch. Ber. 26 (1896) 373.

darstellen, die an die Stelle des skalaren Newtonschen Gravitationspotentials treten.
Im wesentlichen unterscheidet man drei verschiedene Lösungstypen:

1. Weltmodelle mit positiver Krümmung: Elliptische oder Riemannsche
   Geometrie. Sie sind räumlich geschlossen (endlich, aber unbegrenzt).
2. Weltmodelle mit negativer Krümmung. In diesem Fall gilt die hyperbolische oder Lobatschewskische Geometrie (Abb. 10.1).
3. Weltmodelle mit verschwindender Krümmung: Euklidische Geometrie.
   Der Krümmungsradius R geht gegen Unendlich. Die Modelle sind unendlich und unbegrenzt.

Die erste von EINSTEIN gegebene Lösung bezog sich auf ein stationäres
Weltall: Eine mögliche zeitliche Änderung des Radius $R(t)$ wurde nicht
betrachtet. Der nichteuklidische sphärische Raum hat ein Volumen

$$V = 2\,\pi^2\,R^3.$$

Für den Radius R errechnete EINSTEIN

$$R = \sqrt{2/\varkappa\,\varrho}\;.$$

Mit den Werten für die relativistische Gravitationskonstante
$\varkappa = 1{,}87 \cdot 10^{-27}$ cm g^{-1} und für die mittlere Massendichte im Kosmos
$\varrho = 1{,}2 \cdot 10^{-29}$ g cm^{-3} erhält man

$$R \approx 10^{28}\,\text{cm} \quad\text{und}\quad V \approx 2 \cdot 10^{85}\,\text{cm}^3\;.$$

Für die Dichte folgt aus den Gleichungen die Beziehung $\varrho = 3\,H^2/c^2\,\varkappa$;
dieser theoretische Wert ist mit dem Erfahrungswert vergleichbar. Für
die Masse der „Einsteinschen Zylinderwelt" ergibt sich

$$M = \varrho\,V \approx 2{,}4 \cdot 10^{56}\,\text{g}\,.$$

Diese Masse wäre durch ca. 10^{80} Protonen gegeben, da ein Proton die
Masse $m_p = 1{,}66 \cdot 10^{-24}$ g besitzt.
Gegen dieses stationäre Weltmodell bestanden gewisse Bedenken. DE SITTER und andere Physiker[1]) konnten zeigen, daß dieses Modell instabil ist
und kleine Störungen in der Massenverteilung zu einer Expansion führen.
Der Mathematiker A. A. FRIEDMAN[2]) fand nichtstatische Lösungen der
Einsteinschen Feldgleichungen. Dieses nichtstationäre Einstein-Friedman-Modell besitzt hohe Aktualität, da es z. B. die Deutung der kosmischen
Hintergrundstrahlung in einfacher Weise ermöglichte.[3])

---

[1]) Siehe z. B. JORDAN, P.: Schwerkraft und Weltall. Braunschweig 1955.
[2]) FRIEDMAN, A. A.: Z. Physik 10 (1922) 377; 21 (1924) 326.
[3]) Siehe hierzu auch: SELDOWITSCH, J. B.: „Das ‚heiße' Modell des Weltalls
    und die Friedmansche Theorie" in Wissenschaft u. Menschheit, Urania 1969.

Dieses Expansionsmodell erhielt auf Grund der Hubbleschen Entdeckung der „Spiralnebelflucht" eine wesentliche experimentelle Grundlage. Aus sämtlichen Friedmanschen Modellen geht hervor, daß die Expansionsgeschwindigkeit mit zunehmendem Weltradius abnimmt. Bei einem endlichen sphärischen Weltmodell können auch Expansionsphasen mit Kontraktionsphasen abwechseln, so daß sich ein pulsierendes Modell ergibt. In Abb. 10.9 sind mögliche zeitliche Abhängigkeiten des Krümmungsradius R von der Zeit t dargestellt.[1])

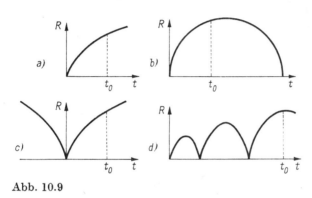

Abb. 10.9

Die einzelnen Varianten werden von der mittleren Massendichte ϱ im Weltall bestimmt, deren Wert heute noch nicht genügend genau bekannt ist.

Aus dem Teilbild a) könnte man folgern, daß das Weltmodell zu einem Zeitpunkt $t = 0$ — vor etwa 10^{10} Jahren — durch eine Art Urexplosion (big bang) entstanden sei. Es handelt sich hier um eine einmalige Ausdehnung eines Zustandes extremer Dichte. Die kosmologische Singularität $t = 0$ bedarf genauerer Untersuchungen. Wie man aus dem Teilbild b) entnehmen kann, ist auch eine solche Lösung der Gravitationsgleichungen möglich, daß für einen bestimmten Wert der mittleren Dichte ϱ auf eine einmalige Expansion eine Kontraktion folgt.

In der Kontraktionsphase würde man dann keine Rotverschiebung, sondern eine Violettverschiebung der Spektrallinien beobachten.

Das Teilbild c) veranschaulicht den Fall, daß auf eine einmalige Kontraktion eine einmalige Expansion folgt, wobei offenbar wieder ein singulärer Zustand auftritt.

Im Teilbild d) ist das Modell des „pulsierenden Kosmos" dargestellt. Für einen bestimmten Wert der mittleren Dichte wechseln Expansions- und

---

[1]) s. Fußnote 3 auf S. 230

Kontraktionsphasen einander ab, wobei die Zykloiden immer größere maximale R-Werte erreichen können.

Durch einfache Rückextrapolation der gegenwärtig einwandfrei und sicher festgestellten Expansion des Weltalls gelangt man zu einem Zustand, in dem schließlich die gesamte Materie auf kleinstem Raum zusammengedrängt vorlag. Für diese extrem hohen Dichten sind die bekannten Zustandsgleichungen der Physik nicht anwendbar.

Gegen die Schlußfolgerung, daß das Weltall vor ca. 10^{10} Jahren gewissermaßen durch eine Urexplosion (big bang) eines „mathematischen Punktes" entstanden sei, können Bedenken erhoben werden:

1. Es kann nicht gefolgert werden, daß das gesamte kosmische Geschehen mit dem Beginn der Expansion auch erst begonnen hätte.

2. Diese Altersangabe besagt nur, daß — im Rahmen der gegenwärtigen Theorie — die Entwicklung des Weltalls etwa einige 10^{10} Jahre zurückverfolgt werden kann, wobei über seine Eigenschaften in der Zeit vorher nichts gesagt werden kann. Vor dieser Zeit galten offenbar andere Naturgesetze, die (heute) nicht bekannt sind. Damit sind interessante Hinweise auf den historischen Charakter auch von Naturgesetzen verbunden.

3. Die gegenwärtig beobachtete Expansion ist möglicherweise nur ein Zwischenstadium, dem ein Stadium der Kontraktion folgen könnte, so daß auch — über lange Zeiten gesehen — ein oszillierendes („pulsierendes") Weltall möglich wäre.

4. Schließlich muß man auch die Möglichkeit offenlassen, daß sich die Expansion nicht auf das gesamte Weltall erstreckt, sondern eventuell nur auf den gegenwärtig überschaubaren Teil.

5. A. Einstein erhob Bedenken gegen das von der Theorie gelieferte „Weltalter", indem er auf die Gültigkeitsgrenze der Theorie verwies: Für einen Expansionsbeginn würde die Metrik singulär und die Dichte unendlich werden. Man darf die Gleichungen für solche hohen Feld- und Materiedichten nicht anwenden.

   Diese Feststellung ändert jedoch nichts an der Tatsache, daß es vom Standpunkt einer Entwicklung der jetzt vorhandenen Sterne einen Zeitpunkt („Anfang") gegeben hat, in dem die heutigen Sterne und Sternensysteme als (einzelne) Gebilde in dieser Form noch nicht existiert haben.

6. Es muß darauf hingewiesen werden, daß es theoretische Begründungen dafür gibt, daß die Gravitationskonstante zeitlich veränderlich sein kann.

Das Einstein-Friedman-Modell kann als geeignetes Abbild des gegenwärtigen Zustandes des Kosmos und insbesondere seiner zeitlichen Entwicklungsgeschichte betrachtet werden. Weitere verallgemeinerte und verfeinerte kosmologische Weltmodelle werden z.B. im Rahmen der projektiven Relativitätstheorie[1]) aufgestellt.

Zum Problem der auftretenden singulären Punkte hoher Dichte und kleiner Ausdehnungen seien noch einige Bemerkungen angeführt.

Es gibt relativistische Modelle, in denen dieser Punkt in unendlich ferner Vergangenheit liegt oder in denen solche Punkte überhaupt nicht auftreten[2]). Im Falle einer inhomogenen und anisotropen Welt kommen keine Punktsingularitäten vor.

Singularitäten kommen z.B. in den Gödel-Kosmen nicht vor. Es handelt sich hierbei um Weltmodelle mit einer absoluten Rotation der kosmischen Materie, die von K. Gödel untersucht wurden.

Es ist nicht exakt, wenn die Singularitäten mitunter als ,,Anfang der Welt" bezeichnet werden, da schließlich die Voraussetzungen zur Lösung der kosmologischen Gleichungen nicht mehr gültig sind. Man darf dieses ,,Weltalter" nur als Entwicklungsalter des gegenwärtigen Zustandes der beobachteten Welt verstehen. Was als Anfang der Welt angesprochen wird, ist zugleich das Ende einer Entwicklungsperiode, die diesem Zeitpunkt vorangegangen ist. Es ist allerdings mathematisch und physikalisch sinnlos, das kosmologische Modell über den singulären Zeitpunkt zu extrapolieren.

In manchen Modellen wird der Zustand unendlich hoher Dichte und Krümmung nicht durchlaufen; so kann z.B. eine neue Expansion im oszillierenden Modell bereits vor Erreichen eines extremen Wertes einsetzen. Offenbar sind die Einsteinschen Gleichungen für den Zustand der Singularitäten nicht anwendbar. Man muß damit rechnen, daß die kosmologische Singularität auch eine Folge zu großer theoretischer Vereinfachungen (Homogenitätspostulat) ist. Allein daraus folgt bereits, daß die Theorie der Gravitation keineswegs als abgeschlossen angesehen werden darf.

Neben den relativistischen Weltmodellen sind weitere Theorien bekannt, von denen hier noch die Steady-State-Theory von F. Hoyle[3]) und H. Bondi[4]) und T. Gold sowie die Vorstellungen eines Materie-Antimaterie-Kosmos von H. Alfvén und O. Klein[5]) genannt seien.

---

[1]) Jordan, P.: Schwerkraft und Weltall. Braunschweig 1955.
   Schmutzer, E.: Relativistische Physik. Leipzig 1968.
   Heckmann, O., und E. Schücking: S. Flügge (Herausgeber): Handbuch d. Physik Bd. 53, Berlin 1959.

[2]) Treder, H.-J.: Relativität und Kosmos. Berlin 1968.

[3]) Hoyle, F.: Die Natur des Universums. Köln und Berlin 1952.

[4]) Bondi, H.: Cosmology. Cambridge 1960.

[5]) Alfvén, H.: Antimaterie und Kosmologie. Frankfurt/M. 1967.

Die Steady-State-Theory beruht auf einem erweiterten kosmologischen Postulat, wonach das Weltall überall und zu allen Zeiten gleichartig aussehen soll. Damit die räumliche Dichte konstant bleibt und die beobachtete Expansion nicht im Laufe der Zeit zu einer Dichteabnahme führt, wird eine ständige und gleichförmige Materieerzeugung — aus dem Nichts! — angenommen. Diese Hypothese der Materieerzeugung ist wenig wahrscheinlich. Sie ist durch Erfahrung nicht bewiesen und widerspricht dem Masse-Energie-Erhaltungssatz. Mit Hinweis darauf, daß andere Erhaltungssätze auch nicht absolut gelten — z.B. die Paritätserhaltung — sollte eine, wenn auch geringfügige, Verletzung des Masse-Energie-Satzes möglich sein. Danach sollten zur Kompensation des Expansionseffektes spontan Neutronen und Protonen erzeugt werden: ein Atom in 10^6 m^3 im Jahrhundert. Es würde sich hierbei um einen Vorgang handeln, der nicht beobachtbar ist.

Die bisherigen Beobachtungen des Zusammenhangs zwischen der Zahl und der Strahlenintensität der Radioquellen (Quasare) widerspricht der Steady-State-Theory. Auch durch die Entdeckung der Drei-Kelvin-Strahlung verliert dieses Modell an Wahrscheinlichkeit.

Nach ALFVÉN könnten auf Grund der Teilchen-Antiteilchen-Symmetrie im Weltall Körper aus Materie und Antimaterie mit gleicher Häufigkeit vorkommen, so daß jeder zweite Stern aus Antimaterie bestehen könnte. Die Behauptung, daß jeder zweite Stern aus Antimaterie besteht, ist gegenwärtig weder zu beweisen noch zu widerlegen. Die Alfvén-Kleinsche Theorie weicht von der relativistischen Kosmologie ab und vermag auch nicht die Existenz der kosmischen Reliktstrahlung herzuleiten.

Mag auch von manchen Theologen eine Kosmologie begrüßt werden, aus der sie einen „Weltanfang" herauslesen und diesen als göttlichen Schöpfungsakt in „Übereinstimmung" mit der biblischen Schöpfungsgeschichte interpretieren, so muß doch noch einmal betont werden, daß sich eine kosmologische Singularität nicht unbedingt ergeben muß. In einer erweiterten Theorie braucht z.B. eine solche Singularität nicht aufzutreten. Eine Frage nach dem Weltall in frühestem Stadium kann nicht durch Glaubenssätze oder Dogmen entschieden werden. Dogmen sind der Ziel- und Aufgabenstellung naturwissenschaftlicher Forschung fremd und unangemessen.

Es gibt durchaus Theorien und Überlegungen, die dem gegenwärtigen Stand gesicherter (d.h. empirisch nachprüfbarer) Erkenntnis weit vorauseilen. Besonders im Zusammenhang mit der Erörterung kosmologischer Fragen und Probleme muß darauf hingewiesen werden, daß man nicht in den Fehler verfallen darf, alles, was behauptet wird, kritiklos zu übernehmen oder für völlig gesicherte Forschungsergebnisse zu halten und als solche womöglich zu propagieren. —

Es müssen stets die (einschränkenden) Voraussetzungen und Bedingungen beachtet werden.

Auf die Fülle von philosophischen Aspekten, Überlegungen und Streitfragen hier auch nur andeutungsweise einzugehen, würde den gesteckten Rahmen sprengen.[1])

Es wurde nicht zuletzt deshalb der physikalische Charakter der Relativitätstheorie besonders betont, weil manche Nichtphysiker der Meinung sind, die Einsteinsche Theorie sei primär eine philosophische Theorie. Das ist aber nicht der Fall, da schließlich die Theorie aus der Notwendigkeit der Lösung physikalischer Probleme entstanden ist und sich auf physikalische Erkenntnisse stützt.

Die allgemeine Relativitätstheorie hat die kosmologischen Fragen aus dem Bereich der Dichtung und Spekulation in die Physik verlegt. Die Geschichte der Wissenschaft lehrt, daß die wissenschaftliche Forschung durch keine — sei es auch die erfolgreichste — Theorie erschöpft wird. Es treten immer neue Probleme und Fragestellungen auf, die sich nicht mit Hilfe der schon vorhandenen theoretischen Grundlagen lösen lassen. Sie zwingen zu einer Weiterentwicklung der vorliegenden Begriffe und Theorien.

Die theoretischen Fragen zum Problem der Kosmologie sind nicht abgeschlossen, und die empirische Forschung steht erst am Anfang. Nur sie könnte zwischen möglichen Weltmodellen entscheiden bzw. Ergebnisse hervorbringen, die zur Erweiterung, Verfeinerung oder Abänderung der gegenwärtigen Modelle führen.

Das Hauptanliegen der Kosmologie bleibt, die Entwicklung des Weltalls in Vergangenheit und Zukunft aufzuzeigen und ein der Wirklichkeit angemessenes kosmologisches Modell zu begründen. Ein wesentliches aktuelles Problem der Kosmologie besteht darin, eine Erklärung der kosmologischen Expansion zu finden und auch den Kollaps von superdichten Sternen physikalisch darzustellen. Hierbei kann man die aus dem irdischen Labor bekannten Gesetzmäßigkeiten für das Verhalten der Materie bei hohen Dichten nicht einfach auf die extremen Zustände höchster Drücke und Temperaturen extrapolieren.

Offenbar müssen auch in die Theorie des Gravitationsfeldes die Untersuchungen über Quanteneffekte einbezogen werden, die in der Nähe von Singularitäten von wachsender Bedeutung sind. So erwartet man eine

---

[1]) Literaturhinweise

1. Hörz, H.: in: Naturwissenschaft und Philosophie. Berlin 1960.
2. Hörz, H.: Physik und Weltanschauung. Leipzig 1968.
3. Kannegiesser, K.: Raum—Zeit—Unendlichkeit, 2. Aufl. Berlin 1966.
4. Autorenkollektiv: Relativitätstheorie und Weltanschauung. Berlin 1967.
5. Autorenkollektiv: Philosophische Probleme der modernen Kosmologie. Berlin 1965.

Weiterentwicklung der ART, die mitunter schon als eine „klassische Theorie" bezeichnet wird, durch die Einbeziehung oder Kopplung mit der Quantentheorie.

Für die Weiterentwicklung der Gravitationstheorie sind Untersuchungen starker Felder von großer Bedeutung, d. h., es werden die physikalischen Sachverhalte von superschweren bzw. superdichten kosmischen Objekten interessant.

Offenkundig ist, daß EINSTEINS Gedanken neue Aspekte zur Betrachtung des Kosmos eröffnet haben. EINSTEIN hat eine Entwicklung eingeleitet, die gerade in jüngster Zeit einen hohen Grad an Aktualität erlangt und die nicht zuletzt zur Befreiung der Physik von überlebten philosophischen Lehren geführt hat.

Zusammenfassung

Die Einteilung der Relativitätstheorie in eine spezielle und eine allgemeine hat keine grundsätzliche Bedeutung; sie wird nur durch Betrachtungen bei der Anwendung der Theorie für bestimmte Näherungen als zweckmäßig erachtet. In der speziellen Relativitätstheorie wird gezeigt, daß keine „absoluten" Geschwindigkeiten feststellbar sind; in der allgemeinen Relativitätstheorie wird gezeigt, daß auch keine „absoluten" Beschleunigungen feststellbar sind. Die Relativitätstheorie bildet in gewissem Sinn die Krönung der klassischen Physik. Ihre Bedeutung erschöpft sich aber nicht darin, daß sie die klassische Newtonsche Mechanik als Spezialfall enthält. Die Relativitätstheorie spielt vor allem auch in der Mikrophysik (Atom-, Kern-, Quantenphysik) eine hervorragende Rolle; auch die Gesetze des Mikrokosmos müssen dem Prinzip der Relativität genügen, insbesondere wo im Vergleich zur Lichtgeschwindigkeit hohe Korpuskelgeschwindigkeiten vorkommen und hochenergetische Prozesse auftreten, bei denen der Massendefekt deutlich meßbar wird.

Die von EINSTEIN begründete Relativitätstheorie ist eine physikalische Theorie, die klare physikalische Begriffe von Raum und Zeit geschaffen hat, insbesondere — in der speziellen Theorie — durch die kritische Untersuchung des Begriffes „Gleichzeitigkeit" und — in der allgemeinen Theorie — durch die Verknüpfung von Raum, Zeit und Materie.

Das Ergebnis des Michelson-Versuches zeigte, daß Denken und Erfahrung in Widerspruch gerieten. In solchen Fällen sind die Tatsachen ausschlaggebend; nach diesen hat sich das Denken zu richten. Die Natur läßt sich nicht vorschreiben, wie sie sein soll, damit man in altgewohnter Weise denken könne. Das Denken hat sich der Natur anzupassen. In solchen Fällen müssen oft die Denkvoraussetzungen analysiert und — wenn erforderlich — revidiert werden. Darauf kann sich dann ein logisch einwandfreies Begriffssystem gründen.

Die spezielle Relativitätstheorie erscheint als Spezialfall der allgemeinen, da sie einer von Schwerefeldern freien Welt entspricht.

Als Ergebnisse der speziellen Relativitätstheorie seien besonders genannt:

1. Die (Vakuum-)*Lichtgeschwindigkeit* ist konstant und in allen Richtungen gleich; sie ist vom (gleichförmigen und geradlinigen) Bewegungszustand der Lichtquelle unabhängig. Die Lichtgeschwindigkeit ist eine Grenzgeschwindigkeit für alle Korpuskeln oder Energievorgänge; sie kann nicht überschritten werden.

2. Die *Lorentz-Transformationen* müssen für sämtliche physikalischen Vorgänge (Mechanik, Optik, Elektrodynamik usw.) in zwei zueinander geradlinig und gleichförmig bewegten Bezugssystemen angewendet werden. Sie enthalten als Grenzfall (für $v \ll c$) die klassischen Galilei-Transformationen.

3. Für Geschwindigkeiten, die gegenüber c nicht mehr vernachlässigbar sind, ist EINSTEINS *Additionstheorem der Geschwindigkeiten* anzuwenden.

4. Für die einzelnen Systeme ist die *Abhängigkeit* von Länge, Zeitdauer und Masse *vom Bewegungszustand* zu beachten.

5. Als wichtigstes Ergebnis (nach EINSTEIN) gilt die *Masse-Energie-Äquivalenz* $E = m\, c^2$.

6. Das *Raum-Zeit-Kontinuum* von MINKOWSKI ist die vierdimensionale geometrische Interpretation der speziellen Relativitätstheorie. Diese Darstellung enthält zugleich auch die Lorentz-Transformation.

Als Ergebnisse der allgemeinen Relativitätstheorie seien zusammenfassend genannt:

1. *Allgemeines Relativitätsprinzip:* Die Beschränkung auf spezielle Lorentz-Transformationen entfällt; es sind nichtlineare Transformationen zugelassen.

2. Die universelle Proportionalität von träger und schwerer Masse (*Äquivalenzprinzip*) bedingt eine lokale Äquivalenz von Beschleunigungs- und Gravitationskräften und führt zu einer Identifizierung der geometrischen Struktur der Raum-Zeit-Welt mit der Gravitation.

3. Im Gravitationsfeld verkürzen sich Maßstäbe, Uhren verlangsamen ihren Gang, und die euklidische muß durch die *nichteuklidische Geometrie* ersetzt werden.

4. Die effektive *Lichtgeschwindigkeit* ist im Gravitationsfeld kleiner als im gravitationsfreien Raum.

5. Die allgemeine Relativitätstheorie enthält die klassische Newtonsche *Gravitationstheorie* als Grenzfall.

6. Die *Bewegungsgleichungen* für Massenpunkte und Körper werden aus den nichtlinearen Feldgleichungen hergeleitet.

7. Drei von der allgemeinen Relativitätstheorie geforderte Effekte konnten experimentell nachgewiesen werden: die Gravitations-*Rotverschiebung* der Spektrallinien, die *Lichtablenkung durch Gravitationsfelder* und die *Periheldrehung* der Planetenbahnen; weitere Effekte wurden vorhergesagt.

8. Physikalische Begründung der *Kosmologie*.

Aufgaben mit Lösungen

1. Klassische Relativbewegungen

Aufgabe 1.1.

Ein Flugzeug legt bei Gegenwind eine Strecke von 5 km in 50 s und bei Rückenwind in 40 s zurück. Wie groß ist *a*) die Eigengeschwindigkeit v des Flugzeuges, *b*) die Windgeschwindigkeit v_W, *c*) die Geschwindigkeit eines vom Flugzeug ausgesandten Lichtsignals?

Lösung:

$$v + v_W = \frac{5000}{50}\,\text{ms}^{-1}. \qquad v - v_W = \frac{5000}{40}\,\text{ms}^{-1}.$$

$$a)\ v = 112{,}5\,\text{ms}^{-1}; \qquad b)\ v = 12{,}5\,\text{ms}^{-1}.$$

c) Die Geschwindigkeit des Lichtsignals ist im Vakuum stets gleich $c = 300\,000\,\text{kms}^{-1}$, unabhängig vom Bewegungszustand des Senders oder des Empfängers. Die Geschwindigkeit des Lichtes c_L in der bewegten Luft berechnet sich nach der aus dem Einsteinschen Additionstheorem folgenden Beziehung

$$c_L = \frac{c}{n} \pm \left(1 - \frac{1}{n^2}\right)$$

wegen $n \approx 1$ zu

$$c_L = c.$$

Aufgabe 1.2.

Ein Motorboot hat im Ruhegewässer die Höchstgeschwindigkeit $v_B = 5\,\text{ms}^{-1}$. Dieses Boot soll quer ($\varphi = \pi/2$) zu einem mit $v_W = 3\,\text{ms}^{-1}$ strömenden Gewässer eine Strecke von $x = 100$ m in möglichst kurzer Zeit zurücklegen.

a) Unter welchem Winkel zur Strömungsrichtung muß gesteuert werden ?

b) In welcher Zeit werden die 100 m zurückgelegt ?

c) Der resultierende Fahrweg soll genau 100 m betragen; wie groß ist die Fahrzeit ?

d) Es ist die Strecke *s* zu berechnen, um die das Boot abgetrieben wird.

Lösung:

a) Kurswinkel $\varphi = \pi/2$ wie im ruhenden Gewässer. Dieses Ergebnis demonstriert das Prinzip der ungestörten Überlagerung (Superposition) der Teilbewegungen: Das Boot erreicht das andere Ufer in derselben kürzesten Zeit wie bei ruhendem Gewässer, wenn es — ohne Rücksicht auf die Abtrift — rechtwinklig zur Strömungsrichtung gesteuert wird.

b) Fahrtzeit $t = 100$ m/5 ms^{-1} = 20 s; das Boot wird abgetrieben.

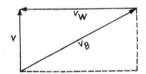

Abb. A. 1

Die resultierende Geschwindigkeit *v* ergibt sich gemäß dem geforderten Fahrweg (Abb. A. 1) zu

$$v = \sqrt{v_B^2 - v_W^2} = 4 \text{ ms}^{-1}\,.$$

$$t = \frac{x}{v} = \frac{100 \text{ m}}{4 \text{ ms}^{-1}} = 25 \text{ s}\,.$$

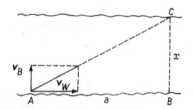

Abb. A. 2

Aus den ähnlichen Dreiecken (Abb. A. 2) folgt

$$v_W : v_B = a : x \quad \text{bzw.} \quad a = \frac{v_W}{v_B} x;$$

wenn $v_W = 0$, ist die Abtrift $a = 0$. Da $a^2 + x^2 = \overline{AC^2}$, folgt mit $a = 0$ auch $x = \overline{AC}$. Vorausgesetzt wird: v_B und v_W sind konstant über die gesamte Entfernung *x*.

Aufgabe 1.3.

Der Fresnelsche Mitführungskoeffizient $1 - 1/n^2$ soll aus dem Experiment von Fizeau berechnet werden.

Lösung:

Der in der Gl. (3.29) $c_W = c/n + v(1 - 1/n^2)$ auftretende Ausdruck $\varphi = v(1 - 1/n^2)$ ergibt sich wie folgt:
Ein Lichtstrahl durchläuft in ruhendem Wasser die Strecke l mit der Phasengeschwindigkeit c_w^0 und eine gleichgroße Strecke l in Luft mit der Geschwindigkeit c. Es wird nun der Fall betrachtet, daß das Wasser mit der Geschwindigkeit v bewegt wird. Der Versuch zeigt, daß nunmehr für den Strömungsfall eine größere bzw. kleinere Geschwindigkeit als c_w'' gemessen wird, die aber verschieden ist von der Summe bzw. Differenz aus c_w^0 und v. Es muß also ein Geschwindigkeitsbetrag φ addiert bzw. subtrahiert werden, je nachdem ob der Lichtstrahl in Richtung der Strömung oder entgegengesetzt dazu läuft.
Durchläuft der Lichtstrahl zunächst das strömende Wasser und danach die Luftstrecke, so erhält man dafür die Zeit

$$t_1 = \frac{l}{c_w^0 + \varphi - v} + \frac{l}{c + v}.$$

Wenn der Lichtstrahl in umgekehrter Richtung erst die Luftstrecke und sodann das strömende Wasser durchläuft, so benötigt er dafür die Zeit

$$t_2 = \frac{l}{c - v} + \frac{l}{c_w^0 - \varphi + v}.$$

Es zeigt sich, daß die Interferenzstreifen ihre Lage überhaupt nicht verändern, wenn die Versuchsapparatur in entgegengesetzte Richtung oder überhaupt in einen beliebigen Winkel zur Richtung der Erdgeschwindigkeit gedreht wird. Das bedeutet also $t_1 = t_2$.
Aus dieser Bedingung bestimmt man φ. Da $v \ll c$ ist, wendet man eine Näherungsrechnung an.
Für t_1 schreibt man

$$t_1 = \frac{l}{c_w^0 \left(1 + \dfrac{\varphi - v}{c_w^0}\right)} + \frac{l}{c \left(1 + \dfrac{v}{c}\right)},$$

und mit der Näherungsbeziehung (S. 330) $\dfrac{1}{1 \pm x} \approx 1 \mp x$ folgt daraus

$$t_1 = \frac{l}{c_w^0}\left(1 - \frac{\varphi - v}{c_w^0}\right) + \frac{l}{c}\left(1 - \frac{v}{c}\right).$$

Gleichsetzung mit der analogen Umformung für t_2 liefert

$$\frac{1}{c_w^0}\left(1 - \frac{\varphi - v}{c_w^0}\right) + \frac{1}{c}\left(1 - \frac{v}{c}\right) = \frac{1}{c}\left(1 + \frac{v}{c}\right) + \frac{1}{c_w^0}\left(1 + \frac{\varphi - v}{c}\right),$$

also $-2\dfrac{\varphi - v}{c_w^{02}} = 2\dfrac{v}{c^2}$ und schließlich

$$\varphi = v\left(1 - \frac{c_w^{02}}{c^2}\right) \quad \text{oder} \quad \varphi = v\left(1 - \frac{1}{n^2}\right).$$

Diese Näherung für die Fresnelsche Mitführungsbeziehung ist in den meisten Fällen ausreichend. Unter der Berücksichtigung der Dispersion erhält man verbesserte Beziehungen (S. 53).

2.   Lorentz-Transformation

Aufgabe 2.1.

$$x' = \frac{x - v\,t}{\sqrt{1 - \beta^2}}$$

ist — ohne relativistische Vertauschung — schrittweise für x umzuschreiben.

Lösung:

Man löst zunächst nach x auf, $x = x'\sqrt{1 - \beta^2} + v\,t$, und substituiert aus der Lorentz-Transformation für die Zeit

$$t' = \frac{t - \dfrac{v}{c^2}\,x}{\sqrt{1 - \beta^2}}$$

den Wert für t

$$t = t'\sqrt{1 - \beta^2} + \frac{v}{c^2}\,x\,.$$

Damit erhält man dann

$$x - \frac{v^2}{c^2}\,x = \sqrt{1 - \beta^2}\,(x' + v\,t')$$

und schließlich

$$x = \frac{x' + v\,t'}{\sqrt{1 - \beta^2}}\,.$$

Offensichtlich führt das Verfahren der relativistischen Vertauschung rascher zum Ziel.

Aufgabe 2.2.

Es soll gezeigt werden, daß $x_1'^2 + x_4'^2 = x_1^2 + x_4^2$ gilt, wenn für die Transformation die aus der Geometrie bekannten Gleichungen

$$x_1' = x_1 \cos \varphi + x_4 \sin \varphi \,, \tag{A.1}$$

$$x_4' = - x_1 \sin \varphi + x_4 \cos \varphi \tag{A.2}$$

verwendet werden.

Lösung:

Man quadriert (A.1) sowie (A.2) und addiert beide Ergebnisse.

Aufgabe 2.3.

Man berechne die Lorentz-Kontraktion für die Erde, die sich mit $v \approx 30$ km/s um die Sonne bewegt.

Lösung:

Für einen außerirdischen Beobachter ($v = 30$ km/s) erscheint der Erddurchmesser von $l' = 12\,000$ km um 6 cm verkürzt:

$$\Delta l = l' - l = l' \left(1 - \sqrt{1 - \frac{v^2}{c^2}} \right) \approx l' \left(1 - 1 + \frac{1}{2} \frac{v^2}{c^2} \right) = l' \frac{v^2}{2 c^2} \,;$$

mit $\dfrac{v^2}{c^2} = 10^{-8}$ folgt $\Delta l = 6$ cm.

Aufgabe 2.4.

Man leite die Lorentz-Transformation her unter der Annahme, daß man zwei verschiedene k-Faktoren (k und k') zu unterscheiden hätte (vgl. 3.10, 3.11).

Lösung:

$$x' = k \, (x - v \, t) \tag{A.3}$$

$$x = k' \, (x' + v \, t') \quad k \neq 0 \,, \quad k' \neq 0 \,, \quad 0 < v < c \,. \tag{A.4}$$

Man eliminiert x', indem man (A.3) in (A.4) einsetzt:

$$x = k' \, [k \, (x - v \, t) + v \, t']$$

bzw.

$$\frac{x}{k'} = k \, (x - v \, t) + v \, t' \,.$$

Auflösung nach t' ergibt

$$t' = k\left[t - \frac{x}{v}\left(1 - \frac{1}{k\,k'}\right)\right].$$

(A.5)

Die Werte für x' und t' setzt man in

$$x^2 - c^2\,t^2 = x'^2 - c^2\,t'^2$$

ein[1]):

$$x^2 - c^2\,t^2 = k^2\,(x - v\,t)^2 - c^2\,k^2\left[t - \frac{x}{v}\left(1 - \frac{1}{k\,k'}\right)\right]^2$$

$$= k^2\left[1 - \frac{c^2}{v^2}\left(1 - \frac{1}{k\,k'}\right)^2\right]x^2 + 2\,k^2\,t\left[-v + \frac{c^2}{v}\left(1 - \frac{1}{k\,k'}\right)\right]x + k^2\,(v^2 - c^2)\,t^2.$$

Soll diese Gleichung erfüllt sein, so muß — nach einem Vergleich der Koeffizienten von x^2, x bzw. t und t^2 — gelten

$$1 = k^2\left[1 - \frac{c^2}{v^2}\left(1 - \frac{1}{k\,k'}\right)^2\right],$$

(A.6)

$$0 = 2\,k^2\left[-v + \frac{c^2}{v}\left(1 - \frac{1}{k\,k'}\right)\right],$$

(A.7)

$$-c^2 = k^2\,(v^2 - c^2).$$

(A.8)

Aus (A.8) folgt $k^2 = \dfrac{c^2}{c^2 - v^2{}_0}$, also

$$k = \frac{1}{\sqrt{1 - \dfrac{v^2}{c^2}}}.$$

(A.9)

Aus (A.7) folgt, da $2\,k^2 \neq 0$ ist, $v = \dfrac{c^2}{v}\left(1 - \dfrac{1}{k\,k'}\right)$, also

$$k\,k' = \frac{1}{1 - \dfrac{v^2}{c^2}}$$

---

[1]) Diese Beziehung folgt aus dem Michelson-Versuch: Zwei mit der Relativgeschwindigkeit v zueinander bewegte Beobachter messen dieselbe Lichtgeschwindigkeit c, also dieselbe Lichtwellenfläche einer Kugel. Im vorliegenden Fall ist $y = y'$ und $z = z'$.

und somit auch

$$k' = \frac{1}{\sqrt{1 - \dfrac{v^2}{c^2}}}. \tag{A.10}$$

Beide Werte k und k' erfüllen die Gl. (A.6).

Setzt man (A.9) in (A.3) ein, so folgt

$$x = \frac{x' + v\,t}{\sqrt{1 - v^2/c^2}} \qquad \text{bzw.} \qquad x' = \frac{x - v\,t}{\sqrt{1 - v^2/c^2}}.$$

Nach Substitution von (A.9) und (A.10) in (A.5) findet man

$$t' = k\left[t - \frac{x}{v}\left(\frac{k^2 - 1}{k^2}\right)\right] = k\left[t - \frac{x}{v}\frac{v^2}{c^2}\right],$$

also

$$t' = \frac{t - \dfrac{v}{c^2}x}{\sqrt{1 - v^2/c^2}}. \tag{A.11}$$

Löst man nach t auf, so folgt $t = \dfrac{t'}{k} + \dfrac{v}{c^2}\,x$.

Substituiert man für x nach Gl. (A.4) unter Beachtung von $k' = k$, so ergibt sich

$$t = \frac{t'}{k} + \frac{v}{c^2}(x' + v\,t')\,k = t'\left(\frac{1 + \dfrac{v^2}{c^2}\,k^2}{k}\right) + \frac{v}{c^2}\,k\,x'$$

$$= t'\,k + \frac{v}{c^2}\,k\,x',$$

also

$$t = \frac{t' + \dfrac{v}{c^2}\,x'}{\sqrt{1 - v^2/c^2}}.$$

Diese Beziehung findet man einfacher aus (A.11) durch relativistische Vertauschung.

Aufgabe 2.5.

Es soll gezeigt werden, daß der invariante Ausdruck

$$x^2 + y^2 + z^2 - c^2 t^2 = \chi (x'^2 + y'^2 + z'^2 - c^2 t'^2)$$

die (spezielle) Lorentz-Transformation umfaßt.

Lösung:

Da nur Bezugssysteme betrachtet werden, die gegeneinander mit gleichförmiger Geschwindigkeit bewegt sind, ist der Zusammenhang zwischen x', t', x und t linear. Es können also lineare und homogene Transformationsgleichungen angesetzt werden:

$$x' = a_1 x + a_2 t; \quad y' = y; \quad z' = z; \quad t' = a_3 x + a_4 t.$$

Hierin sind a_1, a_2, a_3 und a_4 Konstanten, die bestimmt werden müssen. Zunächst läßt sich eine Vereinfachung vornehmen, indem zur Zeit $t = 0$ die Koordinatenursprungspunkte von S und S' zusammenfallen sollen. Dann hat der Nullpunkt von S' zur Zeit t den Abstand $v\,t$ vom Nullpunkt des Systems S. Für $x' = 0$ soll also stets $x = v\,t$ sein. Somit folgt $0 = a_1 v\,t + a_2 t$, also

$$a_2 = - a_1 v.$$

Damit sind in den vier Gleichungen

$$x' = a_1 (x - v\,t); \quad y' = y; \quad z' = z;$$
$$t' = a_3 x + a_4 t$$

noch drei Konstanten zu bestimmen.
In der Ausgangsgleichung ist χ zunächst eine beliebige Konstante. Die Konstanten χ, a_1, a_3 und a_4 ergeben sich aus der Methode des Koeffizientenvergleiches:

$$x^2 + y^2 + z^2 - c^2 t^2 = \chi (a_1^2 x^2 - 2 a_1^2 v x t + a_1^2 v^2 t^2 + y^2$$
$$+ z^2 - a_3^2 c^2 x^2 - 2 a_3 a_4 c^2 x t - a_4^2 c^2 t^2).$$

Umordnen liefert eine unmittelbare Vergleichsmöglichkeit:

$$x^2 + y^2 + z^2 - c^2 t^2 = \chi (a_1^2 - a_3^2 c^2) x^2 - 2 \chi (a_1^2 v + a_3 a_4 c^2) x t$$
$$+ \chi (a_1^2 v^2 - a_3^2 c^2) t^2 + \chi y^2 + \chi z^2.$$

Der Vergleich der Koeffizienten von y^2 und z^2 ergibt $\chi = 1$. Nunmehr verbleiben folgende drei Gleichungen:

$$a_1^2 - a_3^2 c^2 = 1; \tag{A.12}$$

$$a_1^2 v + a_3 a_4 c^2 = 0; \tag{A.13}$$

$$a_1^2 v^2 - a_3^2 c^2 = - c^2. \tag{A.14}$$

Gleichung (A.13) wird mit v multipliziert und dann Gl. (A.14) davon subtrahiert. Das ergibt

$$a_3 \, a_4 \, v \, c^2 + a_3^2 \, c^2 = c^2 \,,$$

also

$$a_3 = \frac{1 - a_4^2}{a_4 \, v}. \tag{A.15}$$

Man bestimmt weiter a_1^2 aus Gl. (A.14) und substituiert in Gl. (A.12). Damit folgt aus Gl. (A.12)

$$\frac{c^2 \, (a_4^2 - 1)}{v^2} - \frac{(1 - a_4^2) \, c^2}{a_4^2 \, v^2} = 1$$

und daraus

$$a_4^2 \, c^2 - c^2 = a_4^2 \, v^2 \,,$$

also

$$a_4 = \frac{1}{\sqrt{1 - \dfrac{v^2}{c^2}}}.$$

Substituiert man a_4 in Gl. (A.15), so erhält man

$$a_3 = - \frac{v}{c^2} \, \frac{1}{\sqrt{1 - \dfrac{v^2}{c^2}}}.$$

Setzt man diese Größe a_3 in Gl. (A.12) ein, so folgt

$$a_1 = \frac{1}{\sqrt{1 - \dfrac{v^2}{c^2}}}.$$

Führt man diese Konstanten in die Ausgangsgleichungen ein, so ergeben sich die Lorentz-Transformationen

$$x' = \frac{x - v \, t}{\sqrt{1 - \dfrac{v^2}{c^2}}} \,; \quad y' = y; \quad z' = z; \quad t' = \frac{t - \dfrac{v}{c^2} \, x}{\sqrt{1 - \dfrac{v^2}{c^2}}}.$$

Aufgabe 2.6.

Man gebe die Formeln der Lorentz-Transformation für den Fall an, daß die Relativgeschwindigkeit v zwischen zwei Systemen nicht die Richtung der x-Achse hat.

Lösung:

Man substituiert $r_x = \dfrac{(\boldsymbol{r}\,\boldsymbol{v})\,\boldsymbol{v}}{v^2}$ in

$$r_x' = \frac{r_x - v\,t}{\sqrt{1 - \beta^2}} \quad \text{und} \quad t' = \frac{t - \dfrac{v}{c^2}\,r_x}{\sqrt{1 - \beta^2}}.$$

Unter Verwendung von $\boldsymbol{r}' = \boldsymbol{r}_x' + \boldsymbol{r}_y'$ und $(\boldsymbol{r}\,\boldsymbol{v}) = r\,v\cos(\boldsymbol{r},\boldsymbol{v})$ errechnet man

$$\boldsymbol{r}' = \boldsymbol{r} + \frac{1}{v^2}\left(\frac{1}{\sqrt{1 - \beta^2}} - 1\right)(\boldsymbol{r}\,\boldsymbol{v})\,\boldsymbol{v} - \frac{\boldsymbol{v}\,t}{\sqrt{1 - \beta^2}}.$$

Entsprechend erhält man einen Ausdruck für t'.

Aufgabe 2.7.

Es soll gezeigt werden, wie sich die Transformationen

$$\sin\alpha' = \frac{\sin\alpha\,\sqrt{1 - \beta^2}}{1 - \dfrac{v}{c}\cos\alpha} \quad \text{und} \quad \tan\alpha' = \frac{\sin\alpha\,\sqrt{1 - \beta^2}}{\cos\alpha - \dfrac{v}{c}}$$

ergeben.

Lösung:

Aus dem Abschnitt 6.4. entnimmt man

$$\cos\alpha' = \frac{\cos\alpha - \dfrac{v}{c}}{1 - \dfrac{v}{c}\cos\alpha};$$

diesen Ausdruck setzt man in $\sin\alpha' = \sqrt{1 - \cos^2\alpha'}$ ein und erhält die angegebene Transformation. $\tan\alpha'$ folgt aus $\dfrac{\sin\alpha'}{\cos\alpha'}$.

Aufgabe 2.8.

Es soll gezeigt werden, daß die Lorentz-Transformationen Gruppeneigenschaft besitzen.

Lösung:

Es werden zwei Lorentz-Transformationen nacheinander ausgeführt — mit dem Ergebnis, daß sich wieder eine Lorentz-Transformation ergibt. Man geht von zwei Transformationen aus, in denen die Relativgeschwindigkeiten u bzw. v auftreten:

$$x' = \frac{x - u\,t}{\sqrt{1 - \dfrac{u^2}{c^2}}} \quad ; \quad t' = \frac{t - \dfrac{u}{c^2}\,x}{\sqrt{1 - \dfrac{u^2}{c^2}}} \tag{A.16}$$

und

$$x'' = \frac{x_2 - v\,t'}{\sqrt{1 - \dfrac{v^2}{c^2}}} \quad ; \quad t'' = \frac{t' - \dfrac{v}{c^2}\,x'}{\sqrt{1 - \dfrac{v^2}{c^2}}} \,. \tag{A.17}$$

Substituiert man x' und t' in (A.16), so erhält man eine Beziehung zwischen x'' und x bzw. t'' und t:

$$x'' = \left(x - \frac{u + v}{1 + \dfrac{u\,v}{c^2}}\,t\right)\sqrt{\frac{\left(1 + \dfrac{u\,v}{c^2}\right)^2}{\left(1 - \dfrac{v^2}{c^2}\right)\left(1 - \dfrac{u^2}{c^2}\right)}}\,,$$

$$t'' = \left(t - \frac{\dfrac{u + v}{c^2}}{1 + \dfrac{u\,v}{c^2}}\,x\right)\sqrt{\frac{\left(1 + \dfrac{u\,v}{c^2}\right)^2}{\left(1 - \dfrac{v^2}{c^2}\right)\left(1 - \dfrac{u^2}{c^2}\right)}}\,.$$

Berücksichtigt man das Einsteinsche Additionstheorem der Geschwindigkeiten

$$w = \frac{u + v}{1 + \dfrac{u\,v}{c^2}}$$

und die Vereinfachung des Wurzelausdruckes

$$\frac{\left(1 - \dfrac{v^2}{c^2}\right)\left(1 - \dfrac{u^2}{c^2}\right)}{\left(1 + \dfrac{u\,v}{c^2}\right)^2} = 1 - \frac{(u + v)^2}{c^2\left(1 + \dfrac{u\,v}{c^2}\right)^2} = 1 - \frac{w^2}{c^2}\,,$$

so erhält man schließlich

$$x'' = \frac{x - w\,t}{\sqrt{1 - \dfrac{w^2}{c^2}}} \quad \text{und} \quad t'' = \frac{t - \dfrac{w}{c^2}\,x}{\sqrt{1 - \dfrac{w^2}{c^2}}}.$$

Es handelt sich also wieder um eine Lorentz-Transformation, womit die Gruppeneigenschaft nachgewiesen ist. Koordinatensysteme, die sich gegeneinander in gleichförmiger Bewegung befinden, sind gleichwertig: Naturgesetze, die gegen eine Lorentz-Transformation invariant sind, haben in diesen Koordinatensystemen dieselbe Form.

Aufgabe 2.9.

Es soll gezeigt werden, daß die Wellen-Differentialgleichung

$$\frac{\partial^2 \psi}{\partial x^2} + \frac{\partial^2 \psi}{\partial y^2} + \frac{\partial^2 \psi}{\partial z^2} - \frac{1}{c^2} \frac{\partial^2 \psi}{\partial t^2} = 0 , \tag{A.18}$$

die auch die Ausbreitung der Lichtwellen beschreibt, eine Invariante der Lorentz-Transformation ist.

Lösung:

Bei der Transformation der Gleichung (A.18) auf das mit der Geschwindigkeit v bewegte System hat man in $\psi(x, y, z, t)$ die Größen zu ersetzen:

$$x = \frac{x' + v\,t}{\sqrt{1 - v^2/c^2}} , \quad y = y' , \quad z = z' , \quad t = \frac{t' + \dfrac{v}{c^2}\,x'}{\sqrt{1 - v^2/c^2}} .$$

Damit erhält man

$$\frac{\partial \psi}{\partial x'} = \frac{\partial \psi}{\partial x} \frac{1}{\sqrt{1 - v^2/c^2}} + \frac{\partial \psi}{\partial t} \frac{v/c^2}{\sqrt{1 - v^2/c^2}}$$

$$\frac{\partial^2 \psi}{\partial x'^2} = \frac{\partial^2 \psi}{\partial x^2} \frac{1}{1 - v^2/c^2} + 2 \frac{\partial^2 \psi}{\partial x\,\partial t} \frac{v/c^2}{1 - v^2/c^2} + \frac{\partial^2 \psi}{\partial t^2} \frac{v^2/c_4}{1 - v^2/c^2}$$

und

$$\frac{\partial \psi}{\partial t'} = \frac{\partial \psi}{\partial x} \frac{v}{\sqrt{1 - v^2/c^2}} + \frac{\partial \psi}{\partial t} \frac{1}{\sqrt{1 - v^2/c^2}} ,$$

$$\frac{\partial^2 \psi}{\partial t'^2} = \frac{\partial^2 \psi}{\partial x^2} \frac{v^2}{1 - v^2/c^2} + 2 \frac{\partial^2 \psi}{\partial x\,\partial t} \frac{v}{1 - v^2/c^2} + \frac{\partial^2 \psi}{\partial t^2} \frac{1}{1 - v^2/c^2} .$$

Man erkennt, daß

$$\frac{\partial^2\psi}{\partial x^2} + \frac{\partial^2\psi}{\partial y^2} + \frac{\partial^2\psi}{\partial z^2} - \frac{1}{c^2}\frac{\partial^2\psi}{\partial t^2} = \frac{\partial^2\psi}{\partial x'^2} + \frac{\partial^2\psi}{\partial y'^2} + \frac{\partial^2\psi}{\partial z'^2} - \frac{1}{c^2}\frac{\partial^2\psi}{\partial t'^2}$$

gilt, d. h., die Wellendifferentialgleichung ist lorentzinvariant.

Aufgabe 2.10.

Man stelle die Transformationsformeln für die Massendichte ϱ, die Teilchenzahldichte n und die elektrische Ladungsdichte ϱ_e auf.

Lösung:

1. Für die Massendichte $\varrho = m/V$ gilt wegen $m = m_0/\sqrt{1 - \beta^2}$ und $V = V_0\sqrt{1 - \beta^2}$:

$$\varrho = \frac{m_0}{\varrho_0}\frac{1}{1 - \beta^2}; \quad \varrho = \frac{\varrho_0}{1 - \beta^2}.$$

2. Für die Teilchenzahldichte (Konzentration) gilt $n = N/V$, wobei N die Anzahl der Teilchen bedeutet.
   Da die Teilchenzahl N erhalten bleibt, gilt $N = n_0 V_0 = n V$, also

$$n' = \frac{N}{V_0\sqrt{1 - \beta^2}} \quad \text{bzw.} \quad n = \frac{n_0}{\sqrt{1 - \beta^2}}.$$

3. Im Abschnitt (7.2.) wurde für die elektrische Ladungsdichte gefunden

$$\varrho_e = \frac{\varrho_{e0}}{\sqrt{1 - \beta^2}}.$$

Die Ladungsdichte vergrößert sich also beim Übergang vom Ruhsystem in das bewegte System. Dabei bleibt aber die Ladungsmenge dq in einem Volumenelement dV in beiden Systemen konstant, d. h., die elektrische Ladung q ist eine Invariante der Lorentz-Transformation:

$$dq' = \varrho_e' dV' = \frac{\varrho_{e0}}{\sqrt{1 - \beta^2}} dV \sqrt{1 - \beta^2} = \varrho_{e0} dV = dq = \text{inv.}$$

3.   Einsteinsches Additionstheorem der Geschwindigkeiten

Aufgabe 3.1.

Es soll die resultierende Geschwindigkeit aus zwei Teilgeschwindigkeiten u_1 und u_2 nach dem (klassischen) Superpositionsprinzip für vektorielle Größen bestimmt werden, wenn u_1 und u_2 den (beliebigen) Winkel φ einschließen. Das Ergebnis ist bezüglich der klassischen Komponentenzerlegung von Vektoren zu diskutieren; es ist die relativistische Formel für die Addition zweier Geschwindigkeiten anzugeben.

Lösung:

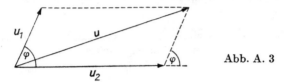

Abb. A. 3

a) Mit dem Kosinussatz folgt: $u^2 = u_1^2 + u_2^2 - 2\,u_1\,u_2\cos(\pi - \varphi)$ bzw.

$$u^2 = u_1^2 + u_2^2 + 2\,u_1\,u_2\cos\varphi\,.$$

b) Die Zerlegung von $\boldsymbol{u}$ in die Komponenten $\boldsymbol{u}_1$ und $\boldsymbol{u}_2$ gestaltet sich einfacher, wenn $\cos(\pi - \varphi) = 0$ ist, d. h., wenn $\pi - \varphi = \pi/2$ gewählt werden kann. Dann ist

$$u^2 = u_1^2 + u_2^2\,, \quad\text{also}\quad u = \sqrt{u_1^2 + u_2^2}\,.$$

Hierbei ist die Höchstgeschwindigkeit von Massenpunkten stets $u \ll c$.

c) Das Superpositionsprinzip a) gilt nur, wenn $u \ll c$, $u_1 \ll c$ und $u_2 \ll c$ ist, also in der klassischen Physik. Allgemein gilt für die Addition zweier Geschwindigkeiten, die den Winkel φ einschließen, das Einsteinsche Additionstheorem.

Der ruhende Beobachter, gegen den sich ein System mit der Geschwindigkeit v bewegt, in dem ein Massenpunkt die resultierende Geschwindigkeit $\boldsymbol{u}' = \sum \boldsymbol{u}_i'$ besitzt, mißt die Geschwindigkeit

$$u = \frac{\sqrt{u'^2 + v^2 + 2\,u'\,v\cos\varphi' - \left(\dfrac{u'\,v\sin\varphi'}{c}\right)^2}}{1 + \dfrac{u'\,v\cos\varphi'}{c^2}}\,.$$

Hierbei ist φ' der Winkel zwischen $\boldsymbol{u}'$ und $\boldsymbol{v}$ im System S'. Bewegen sich die Systeme mit der Geschwindigkeit v parallel zueinander ($\varphi' = 0$), so folgt

$$u = \frac{\sqrt{u'^2 + v^2 + 2\,u'\,v}}{1 + \dfrac{u'\,v}{c^2}} = \frac{u' + v}{1 + \dfrac{u'\,v}{c^2}}\,,$$

was mit dem (üblichen) Ausdruck des Einsteinschen Additionstheorems übereinstimmt. Die wiederholte Anwendung dieses Theorems führt stets auf $u \leqq c$. Für $v = 0$ folgt $u = u'$.

Bewegen sich die Systeme mit der Geschwindigkeit v senkrecht zueinander $(\varphi' = \pi/2)$, so erhält man

$$u = \sqrt{u'^2 + v^2 - \frac{u'^2 \, v^2}{c^2}}.$$

Dieser Ausdruck unterscheidet sich also von dem klassischen unter b) angegebenen; jedoch ist der Unterschied zwischen beiden vernachlässigbar, wenn u' und v sehr klein gegen die Vakuum-Lichtgeschwindigkeit c sind.

Aufgabe 3.2.

Die Transformation für die Geschwindigkeitskomponenten u_x, u_y, u_z ist aus der Lorentz-Transformation herzuleiten.

Lösung:

Die Geschwindigkeit u_x ist der Differentialquotient $\dfrac{\mathrm{d}x}{\mathrm{d}t}$.

Aus der Lorentz-Transformation $x = \dfrac{x' + v\,t'}{\sqrt{1 - \beta^2}}$ ist ersichtlich, daß x eine Funktion von t' ist; $v = \text{const.}$
Man bildet deshalb

$$u_x = \frac{\mathrm{d}x}{\mathrm{d}t} = \frac{\dfrac{\mathrm{d}x'}{\mathrm{d}t'}\dfrac{\mathrm{d}t'}{\mathrm{d}t} + v\dfrac{\mathrm{d}t'}{\mathrm{d}t}}{\sqrt{1 - \beta^2}}. \tag{A.19}$$

Aus

$$t = \frac{t' + \dfrac{v}{c^2}\,x'}{\sqrt{1 - \beta^2}}$$

findet man

$$\frac{\mathrm{d}t}{\mathrm{d}t'} = \frac{1 + \dfrac{v}{c^2}\dfrac{\mathrm{d}x'}{\mathrm{d}t'}}{\sqrt{1 - \beta^2}} = \frac{1 + \dfrac{v}{c^2}u_x'}{\sqrt{1 - \beta^2}} \qquad \text{bzw.} \qquad \frac{\mathrm{d}t'}{\mathrm{d}t} = \frac{\sqrt{1 - \beta^2}}{1 + \dfrac{v}{c^2}u_x'}.$$

Mit (A.19) erhält man

$$u_x = \frac{u_x' + v}{\dfrac{\mathrm{d}t'}{\mathrm{d}t}\sqrt{1 - \beta^2}} \qquad \text{und schließlich} \qquad u_x = \frac{u_x' + v}{1 + \dfrac{v}{c^2}u_x'}.$$

Für $u_y = \dfrac{dy}{dt}$ findet man

$$u_y = \frac{\dfrac{dy'}{dt}\dfrac{dt}{dt'}}{\dfrac{dt}{dt'}} = u_y' \frac{dt'}{dt},$$

also

$$u_y = \frac{u_y' \sqrt{1 - \beta^2}}{1 + \dfrac{v}{c^2} u_x'}.$$

Analog zu u_y ergibt sich

$$u_z = \frac{u_z' \sqrt{1 - \beta^2}}{1 + \dfrac{v}{c^2} u_x'}.$$

Aufgabe 3.3.

Es ist die Geschwindigkeit u eines Massenpunktes zu berechnen, wenn dieser im System S' die Geschwindigkeit u' besitzt und v die Geschwindigkeit zwischen den Systemen S' und S ist.

Lösung:

Es gilt die (spezielle) Lorentz-Transformation:

$$x = \frac{x' + v t}{\sqrt{1 - \dfrac{v^2}{c^2}}} ; \quad y = y'; \quad z = z'; \quad t = \frac{t' + \dfrac{x' v}{c^2}}{\sqrt{1 - \dfrac{v^2}{c^2}}}.$$

Die Geschwindigkeit u wird in die Komponenten $u_x = dx/dt$, $u_y = dy/dt$ und $u_z = dz/dt$ zerlegt.
Hieraus folgt für die Komponenten der Geschwindigkeit

$$u_x = \frac{u_x' + v}{1 + \dfrac{v u_x'}{c^2}} ; \quad u_y = \frac{u_y' \sqrt{1 - \dfrac{v^2}{c^2}}}{1 + \dfrac{v u_x'}{c^2}} ; \quad u_z = \frac{u_z' \sqrt{1 - \dfrac{v^2}{c^2}}}{1 + \dfrac{v u_x'}{c^2}};$$

hierin ist $u_x' = dx'/dt'$, $u_y' = dy'/dt'$; $u_z' = dz'/dt'$.

Mit den Komponenten $u'_x = u' \cos \varphi'$, $u'_y = u' \sin \varphi'$, $u'_z = 0$ findet man $u = \sqrt{u_x^2 + u_y^2}$, also

$$u = \frac{\sqrt{u'^2 + v^2 + 2\,u'\,v \cos \varphi' - \left(\dfrac{u'\,v}{c} \sin \varphi'\right)^2}}{1 + \dfrac{u'\,v}{c^2} \cos \varphi'}.$$

In dem speziellen Fall $\varphi' = 0$, d. h., wenn keine y-Komponente, sondern allein eine x-Komponente vorhanden ist, findet man:

$$u = \frac{u' + v}{1 + \dfrac{u'\,v}{c^2}}.$$

Aufgabe 3.4.

Es ist für einige Werte der Geschwindigkeiten $u_1 = u_2 = v$ mit $v = 0{,}1\,c$, $v = 0{,}25\,c$, $v = 0{,}5\,c$ und $v = c$ die relativistische Abweichung vom klassischen Parallelogramm der Geschwindigkeiten zu zeigen. Die betreffenden Geschwindigkeitsvektoren sollen den Winkel $\varphi = 45°$ einschließen.

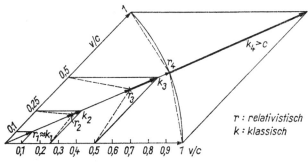

Abb. A. 4

Lösung: (siehe Abb. A.4)

klassisch: $u_{kl} = \sqrt{u_1^2 + u_2^2 + 2\,u_1\,u_2 \cos \varphi}$.

relativistisch: $u_{rel} = \dfrac{\sqrt{u_1^2 + u_2^2 + 2\,u_1\,u_2 \cos \varphi - \left(\dfrac{u_1\,u_2}{c} \sin \varphi\right)^2}}{1 + \dfrac{u_1\,u_2}{c^2} \cos \varphi}$.

	v/c	klassisch $(u/c)_{kl}$	relativistisch $(u/c)_{rel}$
1.	0,1	0,17	0,17
2.	0,25	0,46	0,40
3.	0,5	0,92	0,75
4.	1	1,84	1,00

Aus der Abbildung erkennt man deutlich, daß die Abweichungen zwischen den klassischen und relativistischen Werten $|u_{kl} - u_{rel}|$ mit v anwachsen.

Das Parallelogramm der Geschwindigkeitsaddition ist nur für $\dfrac{v}{c} \ll 1$ gültig.

Aufgabe 3.5.

Es ist zu zeigen, daß zwei Geschwindigkeiten, die relativistisch addiert werden sollen, nicht gleichberechtigt auftreten, d. h., daß eine Vertauschung bei der Addition zu einer anderen Richtung der Resultierenden führt.
Die Geschwindigkeit v_1 sei parallel zur x-Achse und die Geschwindigkeit v_2 parallel zur y-Achse gerichtet.

Lösung:

Im Gegensatz zur klassischen Addition

$$u_{kl} = \sqrt{u_1^2 + u_2^2 + 2\,u_1\,u_2\,\cos\varphi} \qquad \text{mit} \qquad \varphi = \frac{\pi}{2}$$

muß bei der relativistischen Addition die Verschiedenheit der x- und y-Komponenten beachtet werden:

$$u_x = \frac{u_x' + v}{1 + \dfrac{v\,u_x'}{c^2}} \qquad \text{und} \qquad u_y = \frac{u_y'\sqrt{1 - v^2/c^2}}{1 + \dfrac{v\,u_x'}{c^2}}.$$

Für u_1 gilt

$$u_1 = \sqrt{u_{1x}^2 + u_{1y}^2} = \frac{\sqrt{u_{1x}'^2 + v^2 + 2\,u_{1x}'\,v - \dfrac{u_{1y}'^2\,v^2}{c^2}}}{1 + \dfrac{v\,u_{1x}'}{c^2}}.$$

Für u_2 gilt ein analoger Ausdruck.

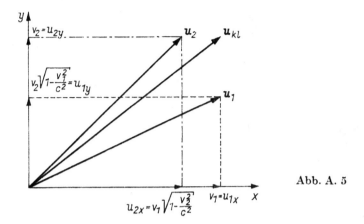

Abb. A. 5

Das Ergebnis ist in Abb. A. 5 dargestellt.

$$v_1 = 0,8\,c = u_{1x}$$

$$v_2 = 0,6\,c = u_{2y}$$

$$u_{kl} = \sqrt{u_{1x}^2 + u_{2y}^2} = c; \text{ Addition für } 0 \leqq \varphi < \frac{\pi}{2} \text{ ergibt } u_{kl} > c\,.$$

$$u_{1y} = 0,6\,v_2 = 0,36\,c$$

$$u_{2x} = 0,8\,v_1 = 0,64\,c$$

$$|\boldsymbol{u_1}| = |\boldsymbol{u_2}| = 0,8773\,c < u_{kl}\,.$$

Aufgabe 3.6.

Zwei „Elektronenkanonen", die sich im System S_0 befinden, schießen in entgegengesetzter Richtung Elektronen mit je $2,5 \cdot 10^8$ ms^{-1} ab. Die Differenz beider Geschwindigkeiten (der Systeme S_1 und S_2) würde, von S_0 aus beurteilt, Überlichtgeschwindigkeit $v = 5 \cdot 10^8$ ms^{-1} ergeben. Wie groß ist die Geschwindigkeit w zwischen S_1 und S_2, von S_1 aus beurteilt?

Lösung:

Mit dem relativistischen Additionstheorem der Geschwindigkeiten findet man

$$w = \frac{u_1 + u_2}{1 + \dfrac{u_1\,u_2}{c^2}} = \frac{5 \cdot 10^8 \text{ ms}^{-1}}{1 + \dfrac{25}{9}} = \frac{5 \cdot 10^8}{3,77} \text{ ms}^{-1} = 0,442\,c$$

(s. Abb. A. 6).

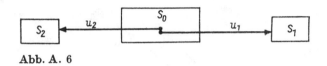

Abb. A. 6

Aufgabe 3.7.

Im bewegten System S' wird der Winkel φ' zwischen der (resultierenden) Geschwindigkeit $\boldsymbol{u'}$ und der Relativgeschwindigkeit v zwischen S' und S gemessen.

a) Es ist der Winkel φ zu berechnen, wenn φ', v und u' gegeben sind.

b) Es ist φ' zu berechnen, wenn φ, v und u gegeben sind.

Lösung:

a)
$$\tan \varphi = \frac{\sqrt{1 - \dfrac{v^2}{c^2}}\, u' \sin \varphi'}{u' \cos \varphi' + v}$$

(s. auch Aufgabe 2.7); φ ergibt sich also als arctan der rechten Seite der Gleichung.

b) φ' folgt aus der Lösung *a)* durch relativistische Vertauschung: Die gestrichenen Größen werden durch ungestrichene und $+ v$ durch $- v$ ersetzt:

$$\tan \varphi' = \frac{\sqrt{1 - \dfrac{v^2}{c^2}}\, u \sin \varphi}{u \cos \varphi - v}.$$

Hinweis:

Es ist

$$\tan \varphi = \frac{\sqrt{u_y'^2 + u_z'^2}}{u_x'}.$$

Aufgabe 3.8.

Aus einem mit $v_1 = 0{,}8\,c$ fliegenden System soll (in bezug auf dieses System) ein Körper mit $v_2 = 0{,}8\,c$ abgeschossen werden. Wie groß ist die Geschwindigkeit, vom Ruhesystem aus beurteilt?

Lösung:

$$w_1 = \frac{v_1 + v_2}{1 + \dfrac{v_1 v_2}{c^2}} = \frac{1{,}6\,c}{1{,}64}, \quad \text{also} \quad w < c.$$

Wird vom zweiten oder vom dritten (allgemein vom n-ten) Körper dieser Vorgang des Abschusses eines weiteren Körpers wiederholt, so ergibt sich für w weiterhin stets Unterlichtgeschwindigkeit:

$$w_2 = \frac{w_1 + v_1}{1 + \frac{w_1 v_1}{c^2}} \; ; \quad w_3 = \frac{w_2 + v_1}{1 + \frac{w_2 v_1}{c^2}} \; ; \cdots w_{n+1} = \frac{w_n + v_1}{1 + \frac{w_n v_1}{c^2}}.$$

Die w_n sind stets kleiner als c, so daß $w_{n+1} < c$ gilt. Nur für das fortgesetzte Addieren von Vakuum-Lichtgeschwindigkeiten folgt als resultierende Geschwindigkeit $w_{n+1} = c$.

Aufgabe 3.9.

Es ist zu zeigen, daß zwischen den Geschwindigkeiten u und u' folgende Relation besteht:

$$c^2 - u^2 = \frac{c^2 (c^2 - u'^2)(c^2 - v^2)}{(c^2 + u' v)^2}.$$

Diese Beziehung ist zu diskutieren.

Lösung:

Man berechne $u^2 = u_x^2 + u_y^2 + u_z^2$ und $u'^2 = u_x'^2 + u_y'^2 + u_z'^2$ mit

$$u_x = \frac{u_x' + v}{1 + \frac{u_x' v}{c^2}}, \qquad u_y = \frac{u_y' \sqrt{1 - \beta^2}}{1 + \frac{u_x' v}{c^2}}, \qquad u_z = \frac{u_z' \sqrt{1 - \beta^2}}{1 + \frac{u_x' v}{c^2}}.$$

1. Wenn $u' < c$ und $v < c$, dann ist auch $u < c$; d. h., eine aus zwei Geschwindigkeiten $< c$ resultierende Geschwindigkeit ist selbst wieder kleiner als c.
   Diese Tatsache zeigt, daß kein Teilchen ($m_0 \neq 0$) jemals die Lichtgeschwindigkeit erreichen kann. Insofern spielt die Lichtgeschwindigkeit die Rolle einer Grenzgeschwindigkeit.
2. Für $u' = c$ und/oder $v = c$ ergibt sich $u = c$.
   Das bedeutet, daß die Lichtgeschwindigkeit dieselbe bleibt für alle Beobachter in Inertialsystemen.

Aufgabe 3.10.

Das relativistische Additionstheorem soll auf Tachyonen angewendet werden. Die Relativgeschwindigkeit der beiden Beobachter ist $v < c$. Es ist zu prüfen, ob der Beobachter in S' wie derjenige in S auch eine Überlichtgeschwindigkeit für das Tachyon findet.

Lösung:

$$V' = \frac{V - v}{1 - \dfrac{v\,V}{c^2}}.$$

Wenn $V > c$ und $v < c$, so folgt stets $V' > c$.

Beweis:

Man setzt $V'/c = B'$, $V/c = B$ und $v/c = \beta$.

$$B' = \frac{B - \beta}{1 - \beta\,B}$$

oder

$$B'^2 - 1 = \frac{(B - \beta)^2 - (1 - \beta\,B)^2}{(1 - \beta\,B)^2} = \frac{(B^2 - 1)\,(1 - \beta^2)}{(1 - \beta\,B)^2}.$$

Zähler und Nenner sind stets positiv, also gilt $B'^2 > 1$ und damit $V'^2 > c^2$.

Aufgabe 3.11.

Es soll die allgemeine Transformationsgleichung für $\sqrt{1 - u^2/c^2}$ hergeleitet werden.

Lösung:

Der häufig auftretende Ausdruck $\gamma = \sqrt{1 - v^2/c^2}$ wird mit Hilfe des Einsteinschen Additionstheorems in eine allgemeine Transformationsgleichung übergeführt.

Es wird für die zusammengesetzte Geschwindigkeit u' und v der Wert gemäß dem Additionstheorem substituiert.

$$u_x = \frac{u_x' + v}{1 + \dfrac{u_x' v}{c^2}} \; ; \quad u_y = \frac{u_y'\sqrt{1 - \dfrac{v^2}{c^2}}}{1 + \dfrac{u_x' v}{c^2}} \; ; \quad u_z = \frac{u_z'\sqrt{1 - \dfrac{v^2}{c^2}}}{1 + \dfrac{u_x' v}{c^2}}.$$

Man findet mit

$$u'^2 = u_x'^2 + u_y'^2 + u_z'^2$$

und

$$\sqrt{1 - \frac{u^2}{c^2}} = \sqrt{1 - \frac{u_x^2 + u_y^2 + u_z^2}{c^2}}$$

schließlich als Transformationsformel für den Übergang von einem System zum anderen

$$\sqrt{1 - \frac{u^2}{c^2}} = \frac{\sqrt{\left(1 - \frac{u'^2}{c^2}\right)\left(1 - \frac{v^2}{c^2}\right)}}{1 + \frac{u'\,v}{c^2}} \qquad \text{(vgl. 3.4.4.)}.$$

4.   Massenveränderlichkeit, Ruhenergie, kinetische Energie, Geschwindigkeit und spezifische Ladung

Aufgabe 4.1.

Um wieviel Prozent p vergrößert sich die Ruhmasse von Elektronen, Protonen, Neutronen (und beliebiger Massen), wenn sie sich mit halber Vakuum-Lichtgeschwindigkeit bewegen?

Lösung:

$$p = \frac{m - m_0}{m_0} \cdot 100\% = \left(\frac{m}{m_0} - 1\right) \cdot 100\%$$

$$= \left(\frac{1}{\sqrt{1 - \frac{v^2}{c^2}}} - 1\right) \cdot 100\% = 15{,}5\% \quad \text{(für alle Teilchenarten)}.$$

Aufgabe 4.2.

Bei welcher Geschwindigkeit ist die Impulsmasse der Elektronen, Protonen, Neutronen (und beliebiger Massen) doppelt so groß wie die zugehörigen Ruhmassen?

Lösung:

Aus $v = c \sqrt{1 - \left(\frac{m_0}{m}\right)^2}$ (A.20)

folgt mit $m = 2\,m_0$

$$v = c \sqrt{\frac{3}{4}} = 0{,}866\,c = 2{,}597 \cdot 10^8\ \text{ms}^{-1}.$$

Das gilt für alle Teilchen einer Ruhmasse m_0.

Aufgabe 4.3.

Man berechne die Geschwindigkeit v und die kinetische Energie E_{kin}, auf die ein Proton beschleunigt werden muß, damit sich seine Ruhmasse verdreifacht.

Lösung:

Aus (A.20) folgt $v = 0,943\ c = 2,829 \cdot 10^8\ ms^{-1}$.
Setzt man diesen Wert in (4.17) ein, so erhält man $E_{kin} = 1862\ MeV$.
Folgende Lösung ist vorzuziehen:

$$\frac{1}{\sqrt{1 - \dfrac{v^2}{c^2}}} = 1 + \frac{e\,U}{m_0\,c^2} = \frac{m}{m_0} = 3;\ \frac{e\,U}{m_0\,c^2} = 2;\ e\,U = 1862\ MeV.$$

Aufgabe 4.4.

Man gebe die Elektronenmasse in Einheiten der Ruhmasse an, wenn sich die Elektronen mit 99% der Vakuum-Lichtgeschwindigkeit bewegen.

Lösung:

$$m/m_0 = 7,088\ .$$

(Das gilt für alle Teilchen einer Ruhmasse $m_0 \neq 0$.)
Rechenvorteil: Wegen $v/c = \sin \Phi$ gilt

$$\frac{1}{\sqrt{1 - \sin^2 \Phi}} = \frac{1}{\cos \Phi}.$$

Da nun $\sin \Phi = 0,99$, also $\cos \Phi = 0,1409$ ist, ergibt sich

$$\frac{1}{\cos \Phi} = 7,088\ .$$

Aufgabe 4.5.

Wie groß sind die Masse m und die spezifische Ladung q/m der Elektronen, die sich mit $2,4 \cdot 10^8\ ms^{-1}$ bewegen?

Lösung:

$$\frac{v}{c} = \frac{2,4}{3} = 0,8\ ,$$

$$m = 1,5 \cdot 10^{-30}\ kg \quad (\text{gegenüber } m_0 = 9,1 \cdot 10^{-31}\ kg),$$

$$\frac{q}{m} = 1,1 \cdot 10^{11}\ C\ kg^{-1} \quad \left(\text{gegenüber } \frac{q}{m_0} = 1,7588 \cdot 10^{11}\ C\ kg^{-1}\right).$$

Aufgabe 4.6.

Bei welcher Spannung U hat sich die spezifische Ladung e/m des Elektrons gegenüber e/m_0 um 1% geändert?

Lösung:

Die elektrische Ladung ist invariant (S. 251 und 273). Es braucht demzufolge nur die Massenzunahme $m = 1{,}01\, m_0$ betrachtet zu werden. Die spezifische Ladung wird kleiner.

$$m = \frac{m_0}{\sqrt{1 - \dfrac{v^2}{c^2}}} = m_0\,(1 + \eta), \quad \text{wobei} \quad \eta = \frac{E_{\text{kin}}}{E_0} = \frac{e\,U}{m_0\,c^2};$$

$$1{,}01\, m_0 = m_0\left(1 + \frac{e\,U}{m_0\,c^2}\right);$$

$$0{,}01 = \frac{e\,U}{m_0\,c^2}; \quad U = \frac{m_0\,c^2 \cdot 0{,}01}{e}; \quad m_0\,c^2 = 0{,}511\ \text{MeV};$$

$$U = 5110\ \text{V}.$$

Aufgabe 4.7.

Man berechne die Ruhenergie in MeV eines Elektrons, das die Ruhmasse $9{,}1083 \cdot 10^{-31}$ kg besitzt.

Lösung:

$$E_0 = m_0\,c^2, \quad E_0 = 0{,}511\ \text{MeV}.$$

Aufgabe 4.8.

Wie groß ist die Ruhenergie eines Protons?

Lösung:

Die Ruhenergie eines Protons ist 1836 mal so groß wie die Ruhenergie eines Elektrons, da die Ruhmasse des Protons 1836mal so groß ist:

$$E_0 = 1836 \cdot 0{,}511\ \text{MeV} = 0{,}938\ \text{GeV}.$$

Aufgabe 4.9.

Wie groß ist die Geschwindigkeit von Elektronen eines 31-MeV-Betatrons in Einheiten der Lichtgeschwindigkeit?

Lösung:

Aus

$$q\,U = m_0\,c^2\left(\frac{1}{\sqrt{1 - \dfrac{v^2}{c^2}}} - 1\right) \tag{A.21}$$

findet man für Elektronen mit $q = e$

$$v = c\sqrt{1 - \frac{1}{\left(1 + 1{,}9577 \cdot 10^{-6}\dfrac{U}{\text{Volt}}\right)^2}}\;;$$

mit $U = 31$ MV ergibt sich $v = 0{,}99974\,c$.

(Die klassische Rechnung führt mit $e\,U = \dfrac{m}{2}\,v^2$ zu dem sinnlosen Ergebnis einer Überlichtgeschwindigkeit!)

Aufgabe 4.10.

Das Radionuklid ^{226}Ra emittiert Alphateilchen mit der kinetischen Energie $E_{\text{kin}} = 4{,}78$ MeV. Man vergleiche die nach der klassischen und nach der relativistischen Gleichung berechneten Geschwindigkeiten. Ruhmasse des Alphateilchens $m_a = 6{,}643 \cdot 10^{-27}$ kg $= 4{,}0015064$ u. (1 u oder 1 $m_u = 1{,}660 \cdot 10^{-24}$ g ist die atomare Masseneinheit.)

Lösung:

klassisch: $v = \sqrt{\dfrac{2\,q}{m}\,U} = 1{,}52 \cdot 10^7\ \text{ms}^{-1}$;

relativistisch: $v = 2{,}1 \cdot 10^7\ \text{ms}^{-1}$.

Letzteres folgt aus (A. 21) bzw. aus

$$v = c\sqrt{1 - \frac{1}{\left(1 + \dfrac{q\,U}{m_0\,c^2}\right)^2}}$$

oder

$$v_a = c\sqrt{1 - \frac{1}{\left(1 + 5{,}355 \cdot 10^{-10}\dfrac{U}{\text{Volt}}\right)^2}}.$$

Aufgabe 4.11.

Es soll ausführlich gezeigt werden, daß die klassische Gleichung für die kinetische Energie $E_{kin} = m\,v^2/2$ ein Spezialfall der relativistischen Beziehung $E_{kin} = m_0\,c^2 \left(\dfrac{1}{\sqrt{1 - v^2/c^2}} - 1 \right)$ für kleine Geschwindigkeiten ist.

Lösung:

Der Wurzelausdruck

$$\frac{1}{\sqrt{1 - \dfrac{v^2}{c^2}}} = \left(1 - \frac{v^2}{c^2}\right)^{-1/2}$$

wird in eine Reihe entwickelt. Diese Reihenentwicklung nimmt man gemäß dem binomischen Satz vor:

$$(a - b)^n = \binom{n}{0} a^n - \binom{n}{1} a^{n-1}\,b + \binom{n}{2} a^{n-2}\,b^2 - \binom{n}{3} a^{n-3}\,b^3 + - \cdots$$

Diese binomische Reihe berechnet man für $a = 1$, $b = v^2/c^2$ und $n = -1/2$. Die Binomialkoeffizienten ergeben sich zu

$$\binom{n}{0} = \binom{-\dfrac{1}{2}}{0} = 1; \quad \binom{n}{1} = \binom{-\dfrac{1}{2}}{1} = -\frac{1}{2};$$

$$\binom{n}{2} = \frac{\left(-\dfrac{1}{2}\right)\left(-\dfrac{3}{2}\right)}{1 \cdot 2} = \frac{3}{8};$$

$$\binom{n}{3} = \frac{\left(-\dfrac{1}{2}\right)\left(-\dfrac{3}{2}\right)\left(-\dfrac{5}{2}\right)}{1 \cdot 2 \cdot 3} = -\frac{5}{16}.$$

Damit wird

$$\left(1 - \frac{v^2}{c^2}\right)^{-1/2} = 1 + \frac{1}{2}\frac{v^2}{c^2} + \frac{3}{8}\frac{v^4}{c^4} + \frac{5}{16}\frac{v^6}{c^6} + \cdots$$

und

$$E_{kin} = m_0\,c^2 \left(1 + \frac{1}{2}\frac{v^2}{c^2} + \frac{3}{8}\frac{v^4}{c^4} + \frac{5}{16}\frac{v^6}{c^6} + \cdots - 1\right).$$

Wenn $v \ll c$ ist, kann man die Glieder mit v^4/c^2, v^6/c^4 usw. vernachlässigen. Man erhält schließlich $E_{kin} \approx m_0 \, v^2/2$, also die in der klassischen Physik gebräuchliche Beziehung.

Aufgabe 4.12.

Die Beziehung für die relativistische kinetische Energie (A.21) soll hergeleitet werden.

Lösung:

Die Definition der kinetischen Energie ist

$$F \, dx = dE_{kin} = \frac{d}{dt}(m \, v) \, dx \, , \quad \text{also} \quad dE_{kin} = (m \, v) \, dv \, . \quad \text{(A.22)}$$

Die Integration dieses Ausdruckes führt mit $m = $ const zu dem klassischen Ergebnis: $E_{kin} = m \, v^2/2$.

Berücksichtigt man die Massenveränderlichkeit mit der Geschwindigkeit, so muß man die allgemeinere Beziehung für die Beschleunigungsarbeit $F \, dx = dE_{kin}$ zugrunde legen:

$$dE_{kin} = \frac{d}{dt}\left(\frac{m_0}{\sqrt{1 - \dfrac{v^2}{c^2}}} \, v \right) dx \, .$$

Zur Integration dieser Gleichung ist es zweckmäßig, von folgender Form auszugehen:

$$\frac{dE_{kin}}{dt} = \frac{d}{dt}\left(\frac{m_0}{\sqrt{1 - \dfrac{v^2}{c^2}}} \, v \right) \frac{dx}{dt} \, .$$

$$\text{Mit } \frac{dx}{dt} = v \quad \text{und} \quad \frac{d}{dt}\left(1 - \frac{v^2}{c^2} \right)^{-1/2} = \frac{1}{\sqrt{\left(1 - \dfrac{v^2}{c^2}\right)^3}} \, \frac{v}{c^2} \, \frac{dv}{dt}$$

erhält man nach Anwendung der Differentiation auf das Produkt in der Klammer und Vereinfachung (Hauptnenner!)

$$dE_{kin} = \frac{m_0}{\sqrt{\left(1 - \dfrac{v^2}{c^2}\right)^3}} \, v \, dv \, .$$

Die Integration ergibt — mit der Bedingung für die Integrationskonstante, daß für $v = 0$ die kinetische Energie verschwinden soll —

$$E_{kin} = m_0 c^2 \left(\frac{1}{\sqrt{1 - \dfrac{v^2}{c^2}}} - 1 \right).$$

Vergleicht man (A.22) und (A.23), so findet man, daß die Masse m in (A.22) durch

$$m = \frac{m_0}{\sqrt{\left(1 - \dfrac{v^2}{c^2}\right)^3}}$$

ersetzt wurde.

Diese Masse wird mitunter als Longitudinalmasse bezeichnet, da Kraft und Beschleunigung parallel gerichtet sind. Stehen Kraft und Beschleunigung senkrecht aufeinander, so ist die Masse m durch die Transversalmasse

$$\frac{m_0}{\sqrt{1 - \dfrac{v^2}{c^2}}} \tag{A.23}$$

zu ersetzen.

Das Ergebnis Masse = Kraft/Beschleunigung gilt also nur in der klassischen Physik.

Hingegen ist die Definition der (Impuls-)Masse m als Quotient aus Impuls und Geschwindigkeit, $m = p/v$, allgemeingültig, wobei dann in der SRT stets (A.23) gilt.

Aufgabe 4.13.

Relativistische Massenzunahme.

Es soll die relativistische Massenzunahme (A.23) graphisch dargestellt werden.

Lösung:

Es ist zweckmäßig, als Abszisse $\beta = v/c$ und als Ordinate m/m_0 zu wählen.

Dann ergibt sich wegen $\dfrac{m}{m_0} = \dfrac{1}{\sqrt{1 - \beta^2}} = k$ die Wertetabelle (Tab. 1, S. 45) und damit Abb. 4.2.

Zur Berechnung des Lorentz-Faktors k wendet man mit Vorteil die Substitution $v/c = \sin \Phi$ an:

$$k = \frac{1}{\sqrt{1 - \dfrac{v^2}{c^2}}} = \frac{1}{\cos \Phi}.$$

Anwendung: Für $m = 2\,m_0$ ist v zu berechnen:

$$\frac{m}{m_0} = \frac{1}{\cos \Phi} = 2 \,, \quad \text{also} \quad \cos \Phi = \frac{1}{2}.$$

Mit Hilfe einer Tabelle für Sinus- und Kosinuswerte erhält man

$$\sin \Phi = 0{,}8660 = \frac{v}{c} \,, \quad \text{also} \quad v = 0{,}8660\,c.$$

Aufgabe 4.14.

Zusammenhang zwischen Geschwindigkeit und kinetischer Energie.
Es soll die Abhängigkeit der Geschwindigkeit von der kinetischen Energie
für Teilchen unterschiedlicher Ruhmasse graphisch dargestellt werden
(Elektronen, Protonen, Deuteronen, Alphateilchen).

Lösung:

Es ist zweckmäßig, für die Ordinate (v/c) einen linearen und für die Abszisse
(E_{kin} in eV) einen logarithmischen Maßstab zu wählen (Abb. A. 7).

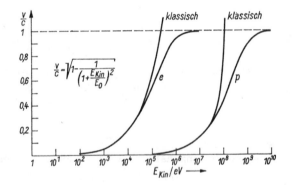

Abb. A. 7

In der klassischen Mechanik existiert für $E = m\,v^2/2$ keine Grenzgeschwindigkeit.

Aufgabe 4.15.

Es ist zu zeigen, daß der Quotient zweier Massen ($m_1 = m_2$) für zwei
Beobachter unterschiedlicher Relativgeschwindigkeit verschieden ist.

Lösung:

Zwei Massen m_1 und m_2 bewegen sich auf der x-Achse mit der Geschwindigkeit u_1 und u_2 und stoßen zusammen, so daß sie — im Moment des Zusammenstoßes — die gemeinsame Geschwindigkeit v besitzen. Wendet

man auf dieses Zwei-Teilchen-System die klassischen Erhaltungssätze für den Impuls und die Masse an, so folgt

$$m_1 u_1 + m_2 u_2 = M v \; ;$$

$$m_1 + m_2 = M \, .$$

Nach Multiplikation der 2. Gleichung mit v und Subtraktion dieser Gleichung von der ersten findet man als Massenverhältnis

$$\frac{m_1}{m_2} = \frac{v - u_2}{u_1 - v}.$$

(Mit dem klassischen Additionstheorem $u_1 = u' + v$; $u_2 = -u' + v$ folgt $m_1 = m_2$, d. h., die beiden Erhaltungssätze werden erfüllt. Es ist aber experimentell erwiesen, daß man das Einsteinsche Additionstheorem anwenden muß. Dadurch ergibt sich eine Abhängigkeit der Masse von der Geschwindigkeit.)

Führt man zwei Bezugssysteme S und S' ein, deren Relativgeschwindigkeit v beträgt, also gerade so groß ist wie die gemeinsame Geschwindigkeit der Körper m_1 und m_2 im Augenblick des Zusammenstoßes, so liefert das relativistische Additionstheorem

$$u_1 = \frac{u' + v}{1 + \dfrac{u' v}{c^2}} \quad \text{und} \quad u_2 = \frac{-u' + v}{1 - \dfrac{u' v}{c^2}}.$$

Substituiert man diese Werte für das Massenverhältnis, so ergibt sich

$$\frac{m_1}{m_2} = \frac{1 + \dfrac{u' v}{c^2}}{1 - \dfrac{u' v}{c^2}} \neq 1 \tag{A.24}$$

im Gegensatz zu der klassischen Rechnung $m_1/m_2 = 1$. Das Massenverhältnis ist offensichtlich von v abhängig (s. folgende Übung).

Aufgabe 4.16.

Es ist die Transformationsbeziehung für die Masse anzugeben.

Lösung:

In (A.24) wurde m_1/m_2 gefunden.

Wendet man die allgemeine Transformationsgleichung für $\sqrt{1 - u^2/c^2}$ (Aufg. 3.11.) an, so gilt

$$1 + \frac{u'\,v}{c^2} = \frac{\sqrt{\left(1 - \dfrac{u'^2}{c^2}\right)\left(1 - \dfrac{v^2}{c^2}\right)}}{\sqrt{1 - \dfrac{u_1^2}{c^2}}}$$

und

$$1 - \frac{u'\,v}{c^2} = \frac{\sqrt{\left(1 - \dfrac{u'^2}{c^2}\right)\left(1 - \dfrac{v^2}{c^2}\right)}}{\sqrt{1 - \dfrac{u_2^2}{c^2}}}\,.$$

Für den Quotienten m_1/m_2 ergibt sich also

$$\frac{m_1}{m_2} = \frac{\sqrt{1 - \dfrac{u_2^2}{c^2}}}{\sqrt{1 - \dfrac{u_1^2}{c^2}}}\,.$$

Dieses Verhältnis, das sich nur im klassischen Fall für einen Beobachter als $m_1/m_2 = 1$ ergibt, ist nunmehr $m_1/m_2 \neq 1$.
Betrachtet man speziell den Fall $u_2 = 0$, dann ist $m_2 = m_0$, und für $m_1 = m$ folgt schließlich (A.23).
Das obige Massenverhältnis ist nur im Fall $u_1 = 0$ und $u_2 = 0$ exakt gleich 1:

$$\frac{m_1}{m_2} = \frac{m_{01}}{m_{02}} = 1\,.$$

Aufgabe 4.17.
Es soll die Gleichung $m = \dfrac{m_0}{\sqrt{1 - \beta^2}}$ hergeleitet werden.

Lösung:

Man geht z. B. von der — auf unabhängigem Weg hergeleiteten — Beziehung $E = m\,c^2$ aus und folgert die Abhängigkeit der Masse von der Geschwindigkeit.

Einerseits gilt allgemein $dE_{kin} = d\,m\,c^2$,

und andererseits ist $dE_{kin} = \dfrac{d}{dt}(m\,v)\,dx$, also

$$dE_{kin} = d(m\,v)\,v = v\,(m\,dv + v\,dm) = m\,v\,dv + v^2\,dm\,.$$

Aus der Gleichsetzung folgt $c^2\,dm = m\,v\,dv + v^2\,dm$.
Trennung der Variablen und Integration führt zu

$$\int \frac{dm}{m} = \int \frac{v\,dv}{c^2 - v^2}\,.$$

Die Integration ist mit der Bedingung auszuführen, daß für $v = 0$ die Masse $m = m_0$ ist. Mit der Substitution von $c^2 - v^2 = z$, also $dz = 2\,v\,dv$, ist die Integration leicht ausführbar. Es ist

$$\ln m - \ln m_0 = -\frac{1}{2}\ln(c^2 - v^2) + \ln c = -\frac{1}{2}\ln\left(1 - \frac{v^2}{c^2}\right),$$

also schließlich

$$m = \frac{m_0}{\sqrt{1 - \dfrac{v^2}{c^2}}}\,.$$

Hinweis: Am kürzesten ist der Weg über das Additionstheorem der Geschwindigkeiten (Gln. 4.1 bis 4.4).

Aufgabe 4.18.

Es soll die Energie einer Masse bestimmt werden, die sich mit der Geschwindigkeit w und dem Winkel φ zur positiven x'-Achse gegenüber einem System S' bewegt.

Lösung:

Man wendet das Additionstheorem der Geschwindigkeit an und substituiert:

$$E = m_0\,c^2\,\frac{1 + \dfrac{v\,w}{c^2}\cos\varphi}{\sqrt{1 - \dfrac{v^2}{c^2}}\,\sqrt{1 - \dfrac{w^2}{c^2}}}\,.$$

Für $w = 0$ folgt

$$E = \frac{m_0\,c^2}{\sqrt{1 - \dfrac{v^2}{c^2}}}\,;$$

ist außerdem $v = 0$, so erhält man die Ruhenergie $E = m_0\,c^2 = E_0$.

Aufgabe 4.19.

Es soll die Transformationsgleichung für die zeitliche Massenänderung aufgestellt werden.

Lösung:

Die zeitliche Massenänderung kommt auf Grund einer Geschwindigkeitsänderung (Beschleunigung) zustande. Man bildet die zeitliche Ableitung der allgemeinen Massen-Transformationsformel und erhält

$$\frac{dm}{dt} = \frac{dm'}{dt'} + m' \, \frac{v/c^2}{1 + \dfrac{u'_x v}{c^2}} \, \frac{du'_x}{dt}.$$

Aufgabe 4.20.

Elektronenbeugung und Massenveränderlichkeit.

Es soll dargelegt werden, wie man mit Hilfe der de-Broglie-Beziehung $\lambda = h/m\,v$ entweder die Größe h oder die Beziehung (A.23) bestimmen kann.

Lösung:

Beim Durchgang von Elektronenstrahlen der Geschwindigkeit v durch Metallfolien beobachtet man Beugungsringe, aus deren Durchmesser man die Materiewellenlänge λ bestimmt.

Man variiert v und erhält, wenn h aus anderen Versuchen bekannt ist, das Ergebnis, daß sich m mit der Geschwindigkeit ändert.

Die Größe

$$h = \frac{\lambda \, v \, m_0}{\sqrt{1 - \dfrac{v^2}{c^2}}}$$

bleibt bei allen Geschwindigkeiten v (und zugehörigen Wellenlängen λ) konstant. Das bedeutet, daß sich die Größe m in $h = \lambda \, v \, m$ wie (A.23) ändert.

Aufgabe 4.21.

Es soll experimentell gezeigt werden, daß die elektrische Ladung q eine Invariante ist. Bei (q/m)-Messungen ist allein m veränderlich mit v, nicht aber q.

Die spezifische Ladung

$$\frac{q}{m} = \frac{q \sqrt{1 - \dfrac{v^2}{c^2}}}{m_0}$$

(z. B. von Elektronen) wird mit zunehmender Geschwindigkeit kleiner. Die ermittelten (q/m)-Werte bestätigen die Massenveränderlichkeit (A. 23). Jedoch wird meistens nur eine Plausibilitätserklärung gegeben, daß $q \equiv q_0$ unveränderlich bleibt, d. h. nicht von der Geschwindigkeit abhängig ist.

Lösung:

Experimentell wird die Unabhängigkeit der Ladung q von der Geschwindigkeit der Teilchen mit Hilfe der Interferenzen von Materiewellen bestätigt. Die de-Broglie-Wellenlängen-Beziehung $\lambda = h/mv$ erweist sich als gültig.

Aus $q\,v\,B = m\,v^2/r$ folgt $B\,r = m\,v/q$. Man löst beide Gleichungen nach $m\,v$ auf und setzt gleich; dann folgt $q = \dfrac{h}{B} \dfrac{1}{\lambda\,r}$.

Man läßt B unverändert, also $h/B = \text{const}$, und schießt in das Magnetfeld geladene Teilchen (z. B. Elektronen) mit unterschiedlicher Energie ein. Dieser Energie entspricht eine bestimmte Wellenlänge λ. Man mißt den Krümmungsradius r und bestimmt die jeweiligen Produkte $1/\lambda r$. Für alle Energiebereiche findet man $q = \text{const}$, unabhängig von der Geschwindigkeit (bzw. Energie) der Teilchen.

Aufgabe 4.22.

Bestimmung der spezifischen Ladung e/m_0 für Elektronen mit dem Fadenstrahlrohr.

In einem evakuierten Rohr werden Elektronen glühelektrisch freigesetzt; sie beschreiben, wenn das Magnetfeld senkrecht zur Richtung der Geschwindigkeit orientiert ist, eine Kreisbahn. Zwischen Katode und Anode werden die (gebündelten) Elektronen durch die Spannung U beschleunigt; die Elektronen, die die Anode durch eine Öffnung passiert haben, bewegen sich dann mit der Geschwindigkeit v. Nach klassischer Rechnung folgt aus $e\,U = m\,v^2/2$ und $m\,v^2/r = e\,v\,B$ die Beziehung $e/m = 2\,U/B^2 r^2$. Da sich aber die Masse mit der Geschwindigkeit ändert, gibt man für spezifische Ladungen exakt den Wert e/m_0 an.

Wie lautet die exakte (relativistische) Gleichung für e/m_0?

Lösung:

Man geht von der Gleichung (A.21) und

$$\frac{m_0\,v^2}{r\sqrt{1 - \dfrac{v^2}{c^2}}} = e\,v\,B \qquad (\text{A. 25})$$

aus. Mit (A.25) errechnet man $v^2 = \dfrac{e^2\,B^2\,r^2\,c^2}{m_0^2\,c^2 + e^2\,B^2\,r^2}$

und substituiert diesen Wert in (A.21)

$$\left(\frac{e\,U}{m_0\,c^2} + 1\right)^2 = 1 + \frac{e^2\,B^2\,r^2}{m_0^2\,c^2}.$$

Die Auflösung dieser Beziehung führt zu der exakten Gleichung

$$\frac{e}{m_0} = \frac{2\,U}{B^2\,r^2 - \dfrac{U^2}{c^2}}. \tag{A.26}$$

Nur wenn $U^2/c^2 \ll B^2\,r^2$, gilt die klassische Beziehung

$$\frac{e}{m_0} \approx \frac{2\,U}{B^2\,r^2}.$$

Stellt man den Radius der Kreisbahn in Abhängigkeit von U und B dar, so ergibt sich aus der exakten (relativistischen) Beziehung (A.26)

$$r_{\mathrm{rel}} = \frac{1}{B}\,\sqrt{\frac{2\,U}{e/m_0} + \frac{U^2}{c^2}}$$

und aus der klassischen Beziehung

$$r_{\mathrm{kl}} = \frac{1}{B}\,\sqrt{\frac{2\,U}{e/m_0}}.$$

Das klassische Ergebnis entspricht für kleine U-Werte der exakten Gleichung.

Hinweis auf andere Lösungsmöglichkeiten:

1. Man macht Gebrauch von der häufig mit Vorteil anzuwendenden Substitution:

$$\frac{1}{\sqrt{1 - \dfrac{v^2}{c^2}}} = 1 + \frac{E_{\mathrm{kin}}}{E_0},$$

wobei $E_{\mathrm{kin}} = e\,U$ und $E_0 = m_0\,c^2$ ist. Für v gilt hiernach auch

$$v = c\,\sqrt{1 - \frac{1}{\left(1 + \dfrac{E_{\mathrm{kin}}}{E_0}\right)^2}}. \tag{A.27}$$

Aus der Gleichheit von Radial- und Lorentz-Kraft

$$\frac{m\,v^2}{R} = e\,v\,B$$

findet man $v = (1/m)\,e\,B\,r$, d. h.,

$$c\sqrt{1 - \frac{1}{\left(1 + \dfrac{E_{\text{kin}}}{E_0}\right)^2}} = \frac{\sqrt{1 - \beta^2}}{m_0}\,e\,B\,r = \frac{\dfrac{e}{m_0}B\,r}{1 + \dfrac{E_{\text{kin}}}{E_0}}.$$

Durch Umformung findet man als Zwischengleichung

$$\frac{e}{m_0} = \frac{1}{m_0\,c\,B\,r}\sqrt{E_{\text{kin}}\,(E_{\text{kin}} + 2\,m_0\,c^2)}$$

und daraus

$$e^2\,B^2\,r^2 = 2\,m_0\,E_{\text{kin}} + \frac{E_{\text{kin}}^2}{c^2} \tag{A.28}$$

bzw.

$$\frac{e}{m_0}\,B^2\,r^2 - \frac{e\,U^2}{m_0\,c^2} = 2\,U$$

und damit

$$\frac{e}{m_0} = \frac{2\,U}{B^2\,r^2 - \dfrac{U^2}{c^2}}.$$

2. Schließlich kann man von dem allgemeinen Energie-Impuls-Satz

$$p\,c = \sqrt{E_{\text{kin}}\,(E_{\text{kin}} + 2\,E_0)}$$

ausgehen, worin man für den Impuls $p = e\,B\,r$ substituiert.

Auflösung ergibt die gesuchte (e/m_0)-Beziehung, was man unmittelbar aus (A.28) erkennt.

Aufgabe 4.23.

Berechnung der relativistischen Korrektur bei der (e/m)-Bestimmung für Elektronen im longitudinalen Magnetfeld.

Lösung:

Die spezifische Ladung e/m des Elektrons kann man nach der Methode von H. BUSCH durch Fokussierung im magnetischen Längsfeld bestimmen (s. z. B. ILBERG: Physikalisches Praktikum. Leipzig 1967, S. 340). Die Elektronen bewegen sich in diesem Fall im allgemeinen auf Schraubenbahnen; die Geschwindigkeit wird in eine senkrecht ($v_\perp$) und eine parallel ($v_\parallel$) zum Magnetfeld gerichtete Komponente zerlegt. Aus dem Gleichgewicht zwischen Lorentz- und Radialkraft

$$e\, v_\perp\, B = \frac{m\, v_\perp^2}{r}$$

folgt für den Bahnradius $r = m\,\dfrac{v_\perp}{e\,B}$, also $\dfrac{m_0\, v_\perp}{e\,B\,\sqrt{1 - \dfrac{v^2}{c^2}}}$.

Für die Umlaufsdauer T eines Elektrons erhält man $T = \dfrac{2\,\pi\, r}{v}$, also

$$T = \frac{2\,\pi\, m_0}{e\,B}\,\frac{1}{\sqrt{1 - \dfrac{v^2}{c^2}}} = \frac{T_0}{\sqrt{1 - \dfrac{v^2}{c^2}}},$$

wobei $T_0 = \dfrac{2\,\pi\, m_0}{e\,B}$ ist.

Mit $\dfrac{1}{\sqrt{1 - \dfrac{v^2}{c^2}}} = \left(1 + \dfrac{E_{\text{kin}}}{E_0}\right)$ findet man

$$T = \frac{2\,\pi\, m_0}{e\,B}\left(1 + \frac{E_{\text{kin}}}{E_0}\right),$$

wobei $E_{\text{kin}} = e\,U$ und $E_0 = m_0\, c^2$ ist.
Die Umlaufsdauer T ist nur für kleine Geschwindigkeiten $v \ll c$ von der Geschwindigkeit unabhängig: $T = T_0$.
Der Punkt, in dem die Elektronen nach Durchlaufen eines vollen Kreises fokussiert werden, liegt um die Strecke l vom Ausgangspunkt entfernt:

$$l = v_\parallel\, T\,.$$

Die Geschwindigkeit v der (monoenergetischen) Elektronen ergibt sich für die anliegende Beschleunigungsspannung aus (A.27).
Somit folgt schließlich $l = v_\parallel\, T = v_\parallel\,\dfrac{2\,\pi\, m_0}{e\,B}\left(1 + \dfrac{E_{\text{kin}}}{E_0}\right)$,

$$l = \frac{2\,\pi\, m_0\, c}{e\,B}\,\sqrt{1 - \frac{1}{\left(1 + \dfrac{E_{\text{kin}}}{E_0}\right)^2}}\left(1 + \frac{E_{\text{kin}}}{E_0}\right) =$$

$$= \frac{2\,\pi\, m_0\, c}{e\,B}\,\sqrt{\left(1 + \frac{e\,U}{m_0\, c^2}\right)^2 - 1}\,,$$

und nach Quadrieren

$$l^2 = \frac{4\,\pi^2\,U}{e\,B^2\,c^2}\,[2\,m_0\,c^2 + e\,U]\,.$$

Auflösen nach e/m_0 führt zu

$$\frac{e}{m_0} = \frac{8\,\pi^2\,U}{B^2\,l^2 - 4\,\pi^2\,\dfrac{U^2}{c^2}}\,.$$

Die klassische Formel ergibt sich für kleine U, wenn $B^2\,l^2 \gg \dfrac{U^2}{c^2}$ ist:

$\dfrac{e}{m_0} \approx \dfrac{8\,\pi^2\,U}{B^2\,l^2}$; die relativistische Korrektur ist also durch den Ausdruck

$4\,\pi^2\,\dfrac{U^2}{c^2}$ gegeben.

Im obigen Lorentz-Faktor $\sqrt{1 - \dfrac{v^2}{c^2}}$ ist stets zu ersetzen $v^2 = v_\perp^2 + v_{\|}^2$.

Aufgabe 4.24.

In vielen Fällen ist es zweckmäßig, auftretende Größen auf E_{kin}/E_0 als Variable zu beziehen, wobei E_{kin} die relativistische kinetische Energie und E_0 die Ruhenergie eines Teilchens ($m_0 \neq 0$) ist. Es ist nun zu zeigen, daß folgende Beziehungen gelten:

$$\frac{m}{m_0} = 1 + \frac{E_{\text{kin}}}{E_0} = \frac{E}{E_0} = \frac{1}{\sqrt{1 - \dfrac{v^2}{c^2}}} \qquad \text{(relative Teilchenmasse bzw. relative Gesamtenergie);}$$

$$\frac{v}{c} = \beta = \frac{\sqrt{(E_{\text{kin}}/E_0)^2 + 2\,E_{\text{kin}}/E_0}}{1 + E_{\text{kin}}/E_0} \qquad \text{(relative Teilchengeschwindigkeit);}$$

$$\frac{p}{m_0\,c} = \frac{m\,v}{m_0\,c} = \sqrt{\left(\frac{E_{\text{kin}}}{E_0}\right)^2 + 2\,\frac{E_{\text{kin}}}{E_0}} \qquad \text{(relativer Teilchenimpuls).}$$

Zusammenhang zwischen Gesamtenergie und Impuls:

$$E^2 = E_0^2 + p^2\,c^2 \qquad \text{bzw.} \qquad E^2 = (E_{\text{kin}} + E_0)^2\,.$$

Lösung:

Für die Herleitung werden allein die Gleichungen

$$m = \frac{m_0}{\sqrt{1 - \dfrac{v^2}{c^2}}},$$

$$E = m\,c^2 = m_0\,c^2 + E_{\text{kin}} = E_{,0} + E_{\text{kin}}$$

und

$$p = m\,v$$

benötigt. Die obigen Gleichungen haben den Vorzug, daß sie für alle Teilchenarten ($m_0 \neq 0$) gelten. Zweckmäßig setzt man $E_{\text{kin}}/E_0 = \eta$.

Aufgabe 4.25.

Es soll graphisch dargestellt werden:

$$\beta = f\left(\frac{E_{\text{kin}}}{E_0}\right) \quad \text{und} \quad \frac{m}{m_0} = f\left(\frac{E_{\text{kin}}}{E_0}\right).$$

Lösung:

Abb. A. 8 und Abb. A. 9.

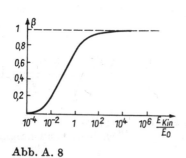

Abb. A. 8

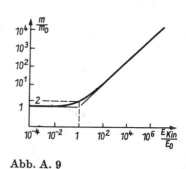

Abb. A. 9

Aufgabe 4.26.

Man berechne für den extrem-relativistischen Bereich die zu einer gegebenen Massenänderung m/m_0 gehörende kinetische Energie.
Des weiteren ist anzugeben, bis auf welchen Bruchteil sich ein Elektron von $E_{\text{kin}} = 10$ GeV der Lichtgeschwindigkeit genähert hat.

Lösung:

Aus $\dfrac{m}{m_0} = 1 + \eta$ folgt allgemeingültig $E_{\text{kin}} = \left(\dfrac{m}{m_0} - 1\right) E_0$.

Im extrem-relativistischen Bereich ist $\dfrac{m}{m_0} \gg 1$, also

$$E_{\text{kin}} \approx \frac{m}{m_0} E_0. \tag{A.29}$$

Für $\dfrac{m}{m_0} = \dfrac{1}{\sqrt{(2 - \delta)\,\delta}}$ gilt im extrem-relativistischen Bereich

$$\delta = 1 - \frac{v}{c} \ll 2, \text{ also } \frac{m}{m_0} \approx \frac{1}{\sqrt{2}\,\sqrt{1 - v/c}}.$$

Aus (A.29) folgt damit

$$E_{\text{kin}} \approx \frac{E_0}{\sqrt{2}\,\sqrt{1 - v/c}}$$

und schließlich

$$1 - \frac{v}{c} \approx \frac{1}{2}\left(\frac{E_0}{E_{\text{kin}}}\right)^2.$$

Für Elektronen ergibt sich mit $E_0 = 0{,}511 \cdot 10^6$ eV daraus die Zahlenwertgleichung

$$1 - v/c = 1{,}3 \cdot 10^{11}\,(E_{\text{kin}}/\text{eV})^{-2}.$$

Mit $E_{\text{kin}} = 10^{10}$ eV erhält man schließlich

$$1 - \frac{v}{c} = 1{,}3 \cdot 10^{-9}.$$

Für die relative Massenzunahme erhält man

$$\frac{m}{m_0} = \frac{1}{\sqrt{2}\,\sqrt{1 - \dfrac{v}{c}}} = \frac{1}{\sqrt{2}\,\sqrt{1{,}3 \cdot 10^{-9}}} = \frac{1}{\sqrt{26 \cdot 10^{-10}}}$$

$$\frac{m}{m_0} \approx 20\,000.$$

Aufgabe 4.27.

Man berechne für den extrem-relativistischen Bereich die **Massenveränderlichkeit** und gebe für $m/m_0 = 50$ an, bis auf welchen Bruchteil $\delta = 1 - v/c$ die Lichtgeschwindigkeit erreicht wird.

Lösung:

Aus Gl. (4.27) folgt

$$1 - \frac{v}{c} = \frac{1}{2}\left(\frac{m_0}{m}\right)^2$$

und mit $m/m_0 = 50$

$$1 - \frac{v}{c} = 2 \cdot 10^{-4}.$$

Aufgabe 4.28.

Aus den Transformationsformeln für Energie und Impuls soll die Beziehung für die Massenveränderlichkeit gefolgert werden:

Lösung:

Aus $E'/c^2 = \dfrac{E/c^2 - \dfrac{v}{c^2}p_x}{\sqrt{1 - \dfrac{v^2}{c^2}}}$ erhält man wegen $E'/c^2 = m'$

$$m' = \frac{m\left(1 - \dfrac{v}{c^2}u_x\right)}{\sqrt{1 - \dfrac{v^2}{c^2}}}; \qquad\qquad (A.30)$$

mit $u_x = 0$ folgt (A.23):

$$m = \frac{m_0}{\sqrt{1 - \dfrac{v^2}{c^2}}}.$$

Aus $p'_x = \dfrac{p_x - \dfrac{v}{c^2}E}{\sqrt{1 - \dfrac{v^2}{c^2}}}$ erhält man zunächst mit $E/c^2 = m$

$$m' u'_x = \frac{m\,u_x - m\,v}{\sqrt{1 - \dfrac{v^2}{c^2}}} = \frac{m\,(u_x - v)}{\sqrt{1 - \dfrac{v^2}{c^2}}}.$$

Unter Beachtung der Geschwindigkeitstransformation für u'_x (Gl. 3.25) folgt wieder (A.30) und damit (A.23).

5.   Massendefekt und Bindungsenergie

Aufgabe 5.1.

Es ist allgemein anzugeben, wie man *a*) den Massendefekt $\varDelta m$ und *b*) die Bindungsenergie E eines Atomkerns berechnet.

Lösung:

a) $\qquad \varDelta m = \sum m_\mathrm{p} + \sum m_\mathrm{n} - m_\mathrm{K}$,

wobei m_p die Protonenmasse; m_n die Neutronenmasse und m_K die Masse des Atomkerns bedeutet.
Die Masse des Kernes ist also kleiner als die Massensumme seiner Bausteine.

b) $\qquad E = \varDelta\, mc^2$,

$\qquad E = \left((\sum m_\mathrm{p} + \sum m_\mathrm{n}) - m_\mathrm{K}\right) c^2$.

Aufgabe 5.2.

Es ist der Massendefekt eines Deuterons zu berechnen und anzugeben, bei welcher Energie von γ-Strahlen der Kernphotoeffekt beim Deuteron auftritt.

Lösung:

Das Deuteron $^2_1\mathrm{d}$ ist der Atomkern des schweren Wasserstoffes der Massenzahl 2. Dieser Kern besteht aus einem Proton p und einem Neutron n.
Um den Massendefekt des Deuterons $\varDelta m_\mathrm{d}$ zu erhalten, ist von der Summe aus Neutronen- und Protonenmasse die Masse des Deuterons[1] zu subtrahieren:

$$m_\mathrm{p} = 1{,}6726 \cdot 10^{-24}\,\mathrm{g}; \; m_\mathrm{n} = 1{,}6748 \cdot 10^{-24}\,\mathrm{g}; \; m_\mathrm{d} = 3{,}3435 \cdot 10^{-24}\,\mathrm{g}.$$
$$m_\mathrm{d} = (m_\mathrm{p} + m_\mathrm{n}) - m_\mathrm{d} = 0{,}39 \cdot 10^{-26}\,\mathrm{g}.$$

Diesem Massendefekt entspricht eine Bindungsenergie des Deuterons von

$$E_\mathrm{d} = \varDelta m_\mathrm{d}\, c^2 = 2{,}19\;\mathrm{MeV}\,.$$

Unter dem Kernphotoeffekt versteht man einen (γ, n)-Prozeß, d. h. das Ablösen eines Neutrons aus einem Atomkern durch ein γ-Quant. Die γ-Quanten müssen (mindestens) dieselbe Energie wie die Bindungsenergie des Neutrons aufweisen, damit der (γ, n)-Prozeß ablaufen kann, im Falle des Deuterons also

$$h\,\nu \geqq E_\mathrm{d} = 2{,}19\;\mathrm{MeV}\,.$$

Das entspricht einer Frequenz von $\nu = 5{,}33 \cdot 10^{20}\,\mathrm{s}^{-1}$ bzw. einer Wellenlänge von $\lambda = 5{,}63 \cdot 10^{-11}$ cm.

---

[1] Die Kernmasse wird z. B. mit Hilfe eines Massenspektrographen bestimmt.

Aufgabe 5.3.

Es ist die Bindungsenergie eines Alphateilchens (Helium-Atomkernes) zu berechnen.

$$m_p = 1,6726 \cdot 10^{-27}\,\text{kg}\,;\ m_n = 1,6748 \cdot 10^{-27}\,\text{kg}\,;\ m_\alpha = 6,643 \cdot 10^{-27}\,\text{kg}\,.$$

Lösung:

Der Helium-Atomkern der Massenzahl 4 besteht aus 2 Protonen und 2 Neutronen. Der Massendefekt ergibt sich wie folgt:

$$\Delta m_{\text{He}} = 2\,(m_p + m_n) - m_{\text{He}}\,;\quad \Delta m_{\text{He}} = 5,01 \cdot 10^{-26}\,\text{g}\,;$$

$$E_{\text{He}} = \Delta m_{\text{He}}\,c^2 = 28,14\,\text{MeV}\,.$$

Aufgabe 5.4.

Es soll die Energiebilanz für die Kernreaktionen a) $^{14}_7\text{N}$ (α, p) $^{17}_8\text{O}$ und b) ^7_3Li (p, α) ^4_2He quantitativ bestimmt werden (mit Hilfe der einfachen Q-Gleichung). Als Q-Wert bezeichnete man früher die Wärme- oder Energietönung einer Kernreaktion.

Lösung:

a) Reaktionsenergie $\left(m_{^{14}\text{N}} + m_{^4\text{He}} - (m_{^{17}\text{O}} + m_{^1\text{H}})\right)\,c^2 = Q_0\,;$

$$Q = -\,0,00121\,m_u\,c^2\,;\quad Q = -\,1,13\,\text{MeV}\,.$$

(Atommassenkonstante $m_u = 1,660277 \cdot 10^{-27}$ kg). Die Reaktion ist endotherm.

b) $Q = 0,01854\,m_u\,c^2\,;\quad Q = 17,25\,\text{MeV}\,.$

Die Reaktion ist exotherm; sie kann bereits mit 10-keV-Protonen ausgelöst werden.

Die Reaktion wird ausführlich wie folgt geschrieben, wenn die Nuklidsymbole die Kernmassen bedeuten:

$$^7_3\text{Li} + {}^1_1\text{H} = 2\,{}^4_2\text{He} + \frac{17,25\,\text{MeV}}{c^2}\,.$$

Aufgabe 5.5.

Es soll die Spaltungsenergie des ^{235}U-Kernes berechnet werden.

Lösung:

a) Die Bindungsenergie je Nukleon beträgt für Uran-235 $E_B \approx 7,5$ MeV und für die entstehenden Spaltprodukte (je Nukleon) $E_B \approx 8,4$ MeV. Es ergibt sich eine Differenz von 0,9 MeV; das bedeutet bei den 235 Nukleonen des ^{235}U:

$$E_{sp} = 0,9\,\text{MeV} \cdot 235 = 212\,\text{MeV}\,.$$

b) Die Energie kann auch abgeschätzt werden unter der Voraussetzung, daß die freiwerdende Energie ausschließlich in Form der kinetischen Energie der Spaltprodukte in Erscheinung tritt. Diese Energie ist gleich der elektrischen Energie im Augenblick der Abstoßung:

$$E = \frac{Z_1 \, Z_2 \, e^2}{4 \, \pi \, \varepsilon_0 \, (r_1 + r_2)} \; ;$$

für die Spaltprodukte $^{94}_{38}\mathrm{Sr}$ und $^{140}_{54}\mathrm{Xe}$ berechnet man die Kernradien nach $r = 1{,}4 \cdot 10^{-13}$ cm $\cdot \sqrt[3]{A}$ und findet $E \approx 214$ MeV. (Z Kernladungszahl, A Massenzahl).

Aufgabe 5.6.

a) Man berechne die Energie (in MeV und kWh), die einem Massendefekt von $\Delta m = 1$ g entspricht. b) Wieviel Gramm ^{235}U müssen gespalten werden, damit ein Massendefekt von $\Delta m = 1$ g entsteht, wenn der Ausbeutefaktor $\eta = 1$ angenommen wird? c) Wieviel Kilogramm Kohle müssen verbrannt werden, damit $\Delta m = 1$ g entsteht? Wie groß ist der Massendefekt bei der Verbrennung von 1 kg Kohle?

Lösung:

a) $E = \Delta m \, c^2$; $\Delta m = 1$ g, also $E = 25 \cdot 10^6$ kWh bzw. $E = 56{,}7 \cdot 10^{25}$ MeV.

b) Bei 100%iger Spaltung von 1 g ^{235}U (pro Kern 195 MeV) entstehen

$$195 \cdot \frac{6{,}02 \cdot 10^{23}}{235} \cdot 4{,}42 \cdot 10^{-20} \text{ kWh} = 22{,}1 \cdot 10^3 \text{ kWh.}[1]$$

Damit $\Delta m = 1$g entsteht, müssen 1100 g ^{235}U gespalten werden. Nach der Spaltung beträgt die Masse der Spaltprodukte 1099 g; $\Delta m = 1$ g ist als Energieäquivalent in Erscheinung getreten.

c) 1 kg ^{235}U $\triangleq$ 2 500 000 kg Kohle; diese Menge entspricht etwa $\Delta m = 1$ g. Bei Verbrennung von 1 kg Kohle beträgt der Massendefekt demnach

$$\Delta m = \frac{1}{2{,}5 \cdot 10^6} \text{ g} = 4 \cdot 10^{-7} \text{ g}.$$

Aufgabe 5.7.

Wie groß ist der Massenverlust der Sonne in einer Sekunde? Wie groß ist demnach (theoretisch) die zu erwartende Lebens- oder Strahlungsdauer?

---

[1]) Ein Teil der Kernenergie wird in Form von Strahlung nach der Spaltung freigesetzt, ein anderer Teil durch Neutrinos fortgeführt, so daß pro Spaltung etwas weniger als 200 MeV (im Mittel) als kinetische Energie der Spaltprodukte frei werden.

Lösung:

Man mißt die sekundliche Energieabgabe der Sonne: In der Entfernung Sonne/Erde $r \approx 150 \cdot 10^6$ km gelangt auf 1 cm² der Erdoberfläche in jeder Minute eine Energie von etwa 2 cal; das ist die Solarkonstante: $K = 2$ cal/cm²min. Die gesamte Kugelfläche im Abstand r würde demnach insgesamt eine Strahlungsleistung von $K \cdot 4\,\pi\,r^2 = 2 \cdot 4\,\pi \cdot 1{,}5^2 \times$

$\times 10^{26} \cdot \dfrac{1}{60}$ cal s⁻¹ erhalten. In einer Sekunde werden also $3{,}94 \cdot 10^{26}$ Joule abgestrahlt (1 cal = 4,19 Joule = 4,19 Ws). Aus $E = \Delta m\,c^2 = 3{,}94 \cdot 10^{26}$ Joule folgt, daß in jeder Sekunde ein Massenverlust von $\Delta m = 4{,}4 \cdot 10^6$ t eintritt.

Der Massenverlust pro Jahr ist $1{,}33 \cdot 10^{14}$ t. Die Masse der Sonne ist $1{,}94 \cdot 10^{33}$ g = $1{,}94 \cdot 10^{27}$ t. Rechnet man mit der Tatsache, daß von der Gesamtmasse nur 50% Wasserstoff für die fortlaufende Energieerzeugung zur Verfügung stehen, so ergibt sich eine Lebensdauer von rund

$$\frac{1{,}94 \cdot 10^{27}\,\text{t}}{1{,}33 \cdot 10^{14}\,\text{t/a}} \cdot 0{,}5 \approx 10^{12}\,\text{a}$$

(1 Billion Jahre).

Aufgabe 5.8.

Wie viele Wasserstoffkerne sind bei dem auf der Sonne stattfindenden Fusionsprozeß erforderlich, wenn ein Massendefekt von $\Delta m = 1$ g (entsprechend $25 \cdot 10^6$ kWh) entstehen soll? Der Ausbeutefaktor sei 100%.

Man vergleiche diese durch H-Fusion freigesetzte Energie mit derjenigen, die durch Spaltung von ²³⁵U entsteht (Aufgabe 5.6.). Der Vergleich ist auf die jeweilige Ausgangsmasse zu beziehen.

Lösung:

Es werden 146 g H in 145 g He + $25 \cdot 10^6$ kWh verwandelt.

Hingegen gilt bei Uran: 1100 g ²³⁵U → 1099 g Spaltprodukte + $25 \cdot 10^6$ kWh (s. Aufgabe 5.6.).

Der Fusionsprozeß ist — auf die Masseneinheit bezogen — etwa 8mal so energiereich wie der Fissionsprozeß.

6.   Hochenergetische Teilchen im magnetischen und elektrischen Feld

Aufgabe 6.1.

Zur Feststellung der Geschwindigkeits- bzw. Energieverteilung einer Betastrahlung (Bestimmung des Energiespektrums) wird die Strahlung im Magnetfeld (B) aufgefächert und aus den unterschiedlich stark abgelenkten Komponenten der Radius der Kreisbahn ermittelt.

a) Es soll der Zusammenhang zwischen s und r (s. Abb. A. 10.) bestimmt werden. b) Wie ermittelt man aus r die Geschwindigkeit v bzw. die Energie E_{kin}? Bei Betastrahlung muß in allen Fällen relativistisch gerechnet werden.

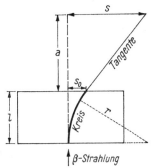

Abb. A. 10

Lösung:

a) Man legt an die Kreisbahn die Tangente und findet

$$s = \frac{r \cdot \sqrt{r^2 - l^2} - r^2 + l(l + a)}{\sqrt{r^2 - l^2}}.$$

Die Auflösung nach r ist kompliziert.[1]) Wenn $r^2 \gg l^2$ und $a \gg l$ ist, folgt

$$r = \frac{l(l + a)}{s}.$$

b) Aus $\dfrac{e}{m} = \dfrac{v}{B r}$ und (A.23) findet man die Geschwindigkeit

$$v = c \frac{1}{\sqrt{\left(\dfrac{m_0 c}{e B r}\right)^2 + 1}} \tag{A.31}$$

und die Energie

$$E_{kin} = m_0 c^2 \left(\sqrt{1 + \left(\frac{e}{m_0} \frac{B r}{c}\right)^2} - 1 \right). \tag{A.32}$$

---

[1]) Am einfachsten geht man so vor, daß man $s = f(r)$ für die Parameter l und a berechnet und aus der Tabelle der zugehörigen r- und s-Werte bzw. aus der graphischen Darstellung den Radius r aus dem gemessenen s-Wert bestimmt.

Durch Reihenentwicklung ergeben sich der klassische ($m_0\,c \gg e\,B\,r$) und der extrem-relativistische ($m_0\,c \ll e\,B\,r$) Fall.

Für v folgt

klassisch:
$$v = \frac{e}{m_0}\,B\,r\,,$$

extrem-relativistisch:
$$v = c\left[1 - \frac{1}{2}\left(\frac{m_0\,c}{e\,B\,r}\right)^2\right].$$

Für E_{kin} ergibt sich   (A.33)

klassisch:
$$E_{\text{kin}} = \frac{1}{2\,m_0}\,(e\,B\,r)^2\,,$$

extrem-relativistisch:
$$E_{\text{kin}} = e\,B\,r\,c + m_0\,c^2\left(\frac{1}{2}\,\frac{m_0\,c^2}{e\,B\,r\,c} - 1\right),$$

$$E_{\text{kin}} \approx e\,B\,r\,c - m_0\,c^2 \approx e\,B\,r\,c\,.$$ (A.34)

Aufgabe 6.2.

Es sind die kinetische Energie E_{kin} und die Geschwindigkeit v von Elektronen- oder Betastrahlen (Ladung $q = e$) zu bestimmen, die in einem senkrecht zu ihrer Geschwindigkeit wirkenden Magnetfeld (B) eine Kreisbahn (Radius r) beschreiben.

Lösung:

a) Für die kinetische Energie E_{kin} gilt (A.21).

Aus der Relation Lorentz-Kraft = Radialkraft mit $\sin(\mathbf{r}\,\mathbf{B}) = 1$ folgt $e\,v\,B = m\,v^2/r$, wobei $m = m_0/\sqrt{1 - \beta^2}$ ist; damit errechnet man

$$v = \frac{e}{m_0}\sqrt{1 - \frac{v^2}{c^2}} \cdot B\,r\,.$$ (A.35)

Man bildet v^2/c^2 und substituiert in (A.21); dann folgt daraus (A.32).

b) Für v erhält man durch Messung von B und r (m_0 und c sind bekannt) aus (A.35) die Beziehung (A.31).

c) $p = \dfrac{1}{c}\,\sqrt{E_{\text{kin}}\,(E_{\text{kin}} + 2\,m_0\,c^2)} = e\,r\,B = m\,v\,.$

Damit ist also

$$r = \frac{1}{c\,e\,B}\,\sqrt{E_{\text{kin}}\,(E_{\text{kin}} + 2\,m_0\,c^2)}$$ (A.36a)

oder

$$r = \frac{m_0\, c}{e\, B}\, \sqrt{\eta^2 + 2\,\eta}\,, \qquad\qquad\qquad\text{(A.36 b)}$$

wobei

$$\eta = \frac{E_{\text{kin}}}{E_0}$$

ist.
Die Gleichungen (A.36 a) und (A.36 b) sind identisch.
Für $E_{\text{kin}} \ll 2\, m_0\, c^2$ folgt der klassische Wert

$$r = \frac{m_0\, v}{e\, B}\,.$$

Aufgabe 6.3.

Man berechne die Geschwindigkeit v und die kinetische Energie E_{kin} von Teilchen der spezifischen Ladung q/m, die in einem homogenen magnetischen Feld der Kraftflußdichte $B = 0{,}084$ Vs/m^2 eine Kreisbahn mit dem Radius $r = 0{,}03$ m beschreiben. Für Elektronen gilt:

$$\frac{q}{m} = \frac{e}{m_0} = 1{,}76 \cdot 10^{11}\ \text{C kg}^{-1}\,.$$

Lösung:
Aus (A.31) folgt $v = 0{,}827\, c$.
Aus (A.32) folgt

$$E_{\text{kin}} = 0{,}511\ \text{MeV}\left(\sqrt{1 + \left(1{,}76 \cdot 10^{11}\frac{\text{As}}{\text{kg}}\frac{0{,}084\ \text{Vs} \cdot 0{,}03\ \text{m}}{\text{m}^2 \cdot 3 \cdot 10^8\ \text{ms}^{-1}}\right)^2} - 1\right)^{1)},$$

$$E_{\text{kin}} = 0{,}511\ \text{MeV} \cdot 0{,}781 = 0{,}4\ \text{MeV}\,.$$

Aufgabe 6.4.

Die Gleichung zur Berechnung der kinetischen Energie der Elektronen aus den Meßwerten für $B\,r$ (in Tesla $\cdot$ Meter) soll als Zahlenwertgleichung geschrieben werden. Aus den in der folgenden Übersicht gegebenen $B\,r$-Werten soll die Energie der Elektronen in MeV sowie die Geschwindigkeit v in ms^{-1} und die Größe $\beta = v/c$ berechnet werden.

---

1) Die Maßeinheiten kürzen sich heraus, da $\dfrac{1\ \text{Vs}}{\text{m}^2} = \dfrac{1\ \text{kg}}{\text{As}^2} = 1\ \text{T}$; das ergibt sich

aus $1\ \text{Ws} = 1\ \text{Joule} = 1\ \text{VAs}$, $1\ \text{Joule} = 1\ \text{kg}\,\dfrac{\text{m}^2}{\text{s}^2}$ oder $1\ \text{VAs} = 1\ \text{kg}\,\dfrac{\text{m}^2}{\text{s}^2}$.

$1\ \text{Tesla} = 10^4\ \text{Gauß}$.

Lösung:

Aus (A.32) erhält man

$$\frac{E}{\text{MeV}} = 0{,}511\left(\sqrt{3{,}442\,2\cdot10^5\left(\frac{B\,r}{\text{Tesla}\cdot\text{m}}\right)^2+1}-1\right).$$

$B\,r=\dfrac{m}{e}v$	E	v	$\beta=v/c$
$10^{-3}\,\text{Vs m}^{-1}$	MeV	$10^8\,\text{ms}^{-1}$	
2,60	0,420	2,565	0,855
3,76	0,726	2,745	0,915
4,78	1,01	2,850	0,950
6,04	1,37	2,884	0,968
7,16	1,71	2,928	0.976

Aufgabe 6.5.

Elektrisch geladene Teilchen, die senkrecht zu den Feldlinien in ein homogenes magnetisches Feld B eintreten, beschreiben eine Kreisbahn mit dem Radius r.

Für die Darstellung des physikalischen Sachverhaltes ist die Gleichung

$$r\,B = C\,\frac{\beta}{\sqrt{1-\beta^2}} \quad \text{mit} \quad \beta = \frac{v}{c}$$

nützlich.

a) Die Beziehung für $r\,B$ ist herzuleiten.

b) Es ist die Konstante C für Elektronen, Protonen und Alphateilchen zu berechnen.

c) Es ist $r\,B = f(v)$ bzw. $r\,B = f(v/c)$ graphisch für die in *b)* genannten Teilchen darzustellen.

Lösung:

a) Aus $m\,v^2/r = q\,B\,v$ folgt

$$r\,B = \frac{m}{q}v = \frac{m_0\,v\,c}{q\,\sqrt{1-\beta^2}\,c} = \frac{m_0\,c\,\beta}{q\,\sqrt{1-\beta^2}},$$

$$r\,B = C\,\frac{\beta}{\sqrt{1-\beta^2}}, \quad \text{wobei} \quad C = \frac{m_0\,c}{q}.$$

b) Für Elektronen ist $C_e = 1{,}7 \cdot 10^{-3}\,\text{Vs/m}$; für Protonen ist $C_p = 1836\,C_e$; für Alphateilchen ist $C_\alpha = 2\,C_p$.

c) s. Abb. A. 11.

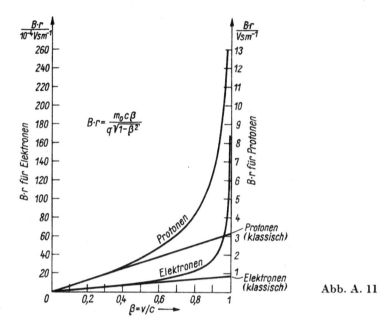

Abb. A. 11

Aufgabe 6.6.

Es ist die relativistische Bewegungsgleichung eines geladenen Teilchens aufzustellen, das sich in einem statischen homogenen elektrischen Feld bewegt, und zu zeigen, daß sich im klassischen Fall $v \ll c$ die Gleichung einer quadratischen Parabel ergibt.
Im allgemeinen Fall ergibt sich als Bahnkurve die Catenaria.

Lösung[1]):

Das elektrische Feld $|\mathfrak{E}|$ habe die Richtung der x-Achse. Die Bewegung verläuft in der xy-Ebene. Die Bewegungsgleichungen folgen aus dem Ansatz für die Kraft F

$$F_x = \dot p_x = e\,|\mathfrak{E}|\,; \quad F_y = \dot p_y = 0\,.$$

---

[1]) Vgl. auch LANDAU, L. D., und E. M. LIFSCHITZ [1.37.], S. 56.

Hierin ist $|\mathfrak{E}| = U/d$. Durch Integration folgt

$$p_x = e \, |\mathfrak{E}| \, t \quad \text{und} \quad p_y = p_0 \, .$$

Zur Zeit $t = 0$ verschwindet p_x, und p_0 ist der Impuls zu diesem Zeitpunkt. Die Energie des Teilchens vor dem Eintritt in den Kondensator ist

$$E_\text{v} = \sqrt{m_0^2 \, c^4 + p_0^2 \, c^2} \, .$$

Diese Energie erhöht sich im elektrischen Feld mit der Zeit t

$$E_\text{F} = \sqrt{m_0^2 \, c^4 + p_0^2 \, c^2 + (c \, e \, |\mathfrak{E}| \, t)^2} = \sqrt{E_\text{v}^2 + (c \, e \, |\mathfrak{E}| \, t)^2} \, ;$$

hierin ist E_v die Energie für $t = 0$.
Für die Geschwindigkeit eines Teilchens gilt allgemein $\boldsymbol{v} = \boldsymbol{p} \, c^2/E$ und für die x-Komponente $v_x = \dfrac{\mathrm{d}x}{\mathrm{d}t} = \dfrac{c^2 \, e \, |\mathfrak{E}| \, t}{\sqrt{E_\text{v}^2 + (c \, e \, |\mathfrak{E}| \, t)^2}} \, .$
Die Integration liefert

$$x = \frac{1}{e \, |\mathfrak{E}|} \sqrt{E_\text{v}^2 + (c \, e \, |\mathfrak{E}| \, t)^2} + \text{const} \, .$$

Die Konstante ergibt sich aus der Anfangsbedingung, daß für $t = 0$ auch $x = 0$ ist, zu

$$\text{const} = - \frac{E_\text{v}}{e \, |\mathfrak{E}|} \, .$$

Durch Integration von

$$\frac{\mathrm{d}y}{\mathrm{d}t} = \frac{p_y \, c^2}{E} = \frac{p_0 \, c^2}{\sqrt{E_v^2 + (c \, e \, |\mathfrak{E}| \, t)^2}}$$

erhält man

$$y = \frac{p_0 \, c}{e \, |\mathfrak{E}|} \operatorname{arsinh} \left(\frac{c \, e \, |\mathfrak{E}|}{E} \right) t + \text{const} \, ,$$

wobei die Integrationskonstante gleich Null ist, was aus der Anfangsbedingung folgt.
Eliminiert man aus x und y die Zeit t, so erhält man als Gleichung der Bahnkurve die Catenaria (Kettenlinie)

$$x = \frac{\sqrt{m_0^2 \, c^4 + p_0^2 \, c^2}}{e \, |\mathfrak{E}|} \left[\cosh \left(\frac{e \, |\mathfrak{E}|}{p_0 \, c} y \right) - 1 \right] .$$

Für die numerische Berechnung setzt man $p_0 \, c = \sqrt{E_\text{kin} \, (E_\text{kin} + 2 \, E_0)} \, .$

Eine Reihe von ausführlichen Beispielen zu Ablenkungen im elektrischen und im magnetischen Feld mit Vergleichen zwischen den klassischen und relativistischen Resultaten lassen sich in weiteren Übungen leicht berechnen. Entwickelt man den Ausdruck für x in eine Reihe, so ergibt sich unter der Bedingung $v \ll c$ in erster Näherung für die Bewegung einer elektrisch geladenen Partikel im homogenen statischen elektrischen Feld eine quadratische Parabel. Mit

$$\cosh z = 1 + \frac{z^2}{2!} + \frac{z^4}{4!} + \cdots, \quad \text{wobei} \quad |z| < \infty \,,$$

folgt

$$x = \frac{m_0\, c^2}{e\, |\mathfrak{E}|} \left(1 + \frac{e^2\, |\mathfrak{E}|^2}{2\, p_0^2\, c^2} y^2 + \cdots - 1 \right),$$

und mit $p_0 = m_0\, v$ erhält man schließlich daraus für den klassischen Fall

$$x \approx \frac{e\, |\mathfrak{E}|}{2\, m_0\, v^2} y^2 \quad \text{oder} \quad x \approx \frac{e}{m_0} \frac{U}{d} \frac{1}{2\, v^2} y^2$$

bzw.

$$x_{\text{kl}} = \frac{e|\mathfrak{E}|}{4\, E_{\text{kin}}} y^2 \quad \text{oder} \quad x_{\text{kl}} = \frac{U_\perp}{4\, U_\parallel\, d} y^2\,.$$

$U_\parallel$ und $U_\perp$ bedeuten, daß sich $e\, U_\parallel$ auf die E_{kin} des Teilchens (ursprüngliche Bewegungsrichtung) und $U_\perp$ auf die Kondensatorspannung beziehen.

Aus dem klassischen Fall kann man *nicht* etwa einfach auf den relativistischen Fall durch Substitution von (A.23) schließen, da $e\, U_\parallel = m\, v^2/2$ die relativistische Verallgemeinerung (A.21) verlangt.

Die klassische Formel für die Bahnkurve folgt aus $x = a\, t^2/2$ mit $a = |\mathfrak{E}|\, e/m$ und $t = x/v$, wobei $v = \sqrt{2\, e\, U/m}$.

Die Begrenztheit ist aus dem Kraftansatz mit der konstanten Masse ersichtlich; v ist hier nur gültig für kleine Geschwindigkeiten gegenüber der Vakuum-Lichtgeschwindigkeit.

Aufgabe 6.7.

Für die Protonenbewegung in einem Zyklotron sind die Gleichungen für die Umlaufszeit T und die Winkelgeschwindigkeit ω aufzustellen und zu diskutieren.

Lösung:

Der Vektor $\boldsymbol{B}$ des Magnetfeldes steht senkrecht auf dem Vektor $\boldsymbol{v}$ der Geschwindigkeit, so daß die Protonen eine Kreisbahn mit dem Radius r beschreiben:

$$\frac{m\, v^2}{r} = q\, v\, B\,, \quad \text{d. h.,} \quad r = \frac{m\, v}{q\, B}\,.$$

Die Zeit T zum Durchlaufen einer Kreisbahn $2\,\pi\,r$ ergibt sich zu

$$T = \frac{2\,\pi\,r}{v} = \frac{2\,\pi\,m}{q\,B}.$$

Das bedeutet: T erweist sich als unabhängig von r und v. Bei zunehmendem Bahnradius und wachsender Geschwindigkeit bleibt die Umlaufszeit T des Protons unverändert.

Das gilt jedoch nicht für beliebig hohe Energien! (Für die Beschleunigung von Elektronen ist das Zyklotron ungeeignet.) Man erkennt aus

$$v = c\,\sqrt{1 - \frac{1}{\left(\dfrac{E_{\mathrm{kin}}}{m_0\,c^2} + 1\right)^2}},$$

daß bei gleicher Beschleunigung $e\,U = E_{\mathrm{kin}}$ die Elektronen wegen ihrer etwa 1836mal so kleinen Ruhmasse eine wesentlich größere Geschwindigkeit als die Protonen erreichen. Das bedeutet, daß für Elektronen bei gleicher Energie der Massenzuwachs wesentlich größer ist als für Protonen. (Siehe auch die folgende Aufgabe.)

Bei hinreichend großen Energien macht sich auch im Zyklotron für Protonen die Massenveränderlichkeit bemerkbar, so daß die Beziehung $T = 2\,\pi\,m/qB$ (für konstantes m) nicht mehr gilt. Die Berücksichtigung der Massenveränderlichkeit (A. 23) führt zur Konstruktion des Synchrozyklotrons, in dem die Protonen auf noch höhere Energie gebracht werden können. Exakt gilt

$$T = \frac{2\,\pi\,m_0}{q\,B\,\sqrt{1 - \dfrac{v^2}{c^2}}} = \frac{T_0}{\sqrt{1 - \dfrac{v^2}{c^2}}} \quad \text{mit} \quad T_0 = \frac{2\,\pi\,m_0}{q\,B}.$$

Die Kreisfrequenz beträgt $\omega = 2\,\pi/T$:

$$\omega = \frac{q}{m_0}\,B\,\sqrt{1 - \frac{v^2}{c^2}}.$$

Das bedeutet, daß mit wachsender Geschwindigkeit v — also mit zunehmendem Radius r — die Umlaufzeit des Protons ständig zunimmt. Soll die Umlaufzeit konstant bleiben, so könnte das durch ein Magnetfeld

$$B\,\sqrt{1 - \frac{v^2}{c^2}} = \text{const}$$

erreicht werden; dieses Feld müßte dann mit wachsender Geschwindigkeit des Protons zunehmen.

Die Lösung des Problems des Synchrozyklotrons fanden unabhängig voneinander WEKSLEB in der Sowjetunion und McMILLAN in den USA: ein frequenzmoduliertes Zyklotron (= Synchrozyklotron).
Die Gleichung für die Umlaufzeit kann auch mit $m = m_0\,(1 + E_{kin}/E_0)$ wie folgt beschrieben werden:

$$T = \frac{2\,\pi\,m_0}{q\,B}\left(1 + \frac{E_{kin}}{E_0}\right).$$

Hierin kommt folgender Sachverhalt zum Ausdruck: Für kleine kinetische Energien $E_{kin}/E_0 \ll 1$ ist T stets konstant, unabhängig von der Geschwindigkeit. Bei wachsender Energie wird die Umlaufzeit trotz größerer Geschwindigkeit nicht kleiner, sondern größer! Das mag überraschend erscheinen, erklärt sich aber durch die relativistische Massenzunahme und die damit zusammenhängende Zeitdilatation; dadurch nimmt der Bahnradius, also auch der Umlaufweg $2\,\pi\,r$ schneller zu als die Geschwindigkeit.
Ohne Kenntnis der relativistischen Zeitdilatation wären keine Experimente der Hochenergiephysik möglich.

Aufgabe 6.8.

In einem (Synchro)-Zyklotron werden Protonen auf $v = 0,8\,c$ beschleunigt.
Welche Differenz der Umlaufzeiten $T' - T$ würde sich bei fehlender Synchronisierung für den letzten Umlauf auf Grund der Massenzunahme ergeben?
Es sei $B = 1\ \mathrm{Vsm^{-2}} = 1$ Tesla.
Wie groß ist die erreichte Endenergie?

Lösung:

Mit $\qquad v = \dfrac{4}{5}\,c$ folgt $m = \dfrac{m_0}{\sqrt{1 - \dfrac{v^2}{c^2}}} = \dfrac{5}{3}\,m_0,$

$$T = \frac{2\,\pi\,m_0}{q\,B} = 6{,}56 \cdot 10^{-8}\ \mathrm{s},$$

$$T' = \frac{T}{\sqrt{1 - \dfrac{v^2}{c^2}}} = \frac{5}{3}\,T;$$

$$\Delta t = t' - t = \frac{2}{3}\,t = 4{,}37 \cdot 10^{-8}\ \mathrm{s}.$$

Die Protonen hätten eine Verspätung von 2/3 der Umlaufzeit; sie würden also „aus dem Takt" geraten und nicht mehr durch das hochfrequente elektrische Wechselfeld zwischen den Duanten beschleunigt werden können. Aus diesem Grunde ist eine Synchronisation erforderlich.

Endenergie: $E_{kin} = m_0 c^2 \left(\dfrac{1}{\sqrt{1 - \dfrac{v^2}{c^2}}} - 1 \right) = 938 \text{ MeV}(5/3 - 1)$,

$$E_{kin} = 625 \text{ MeV} .$$

Aufgabe 6.9.

In einem (Synchro)-Zyklotron werden Protonen beschleunigt.
Magnetfeld: $B = 1$ Tesla, Spannung zwischen den Duanten: 10^4 Volt.
Radius der Endbahn: $R = 5$ m.
Es sind zu berechnen (klassisch und relativistisch):

a) Die erreichte Endenergie und die Geschwindigkeit.
b) Die Kreisfrequenz ω für den Protonenumlauf und die Zeit T für einen Umlauf. Es ist zu zeigen, daß v und ω vom Radius abhängig sind.
c) Die Strecke, die die Protonen auf einer spiralartigen Bahn bis zum Erreichen der Endenergie zurücklegen.

Lösung:

a) $E_{kin} = \sqrt{m_0^2 c^4 + p^2 c^2} - m_0 c^2;$ $p^2 c^2 = (e B R c)^2 .$

$E_{kin} = 832 \text{ MeV}$ (klassisch: $E_{kl} = \dfrac{e^2 B^2 R^2}{2 m_0} = 1200 \text{ MeV}$) .

b) $v = c \sqrt{1 - \dfrac{1}{\left(1 + \dfrac{832}{938}\right)^2}} = c \sqrt{1 - \dfrac{1}{1{,}888^2}}$,

$\dfrac{v}{c} = 0{,}845 .$

$\omega = \dfrac{v}{R} = \dfrac{0{,}845 \cdot 3 \cdot 10^8}{5} \text{ s}^{-1} = 5{,}07 \cdot 10^7 \text{ s}^{-1};$ $T = \dfrac{2\pi}{\omega} = 1{,}24 \cdot 10^{-7} \text{s}$

(klassisch: $v_{kl} = 5{,}93 \cdot 10^5 \sqrt{1200} \text{ ms}^{-1} = 20{,}6 \cdot 10^{10} \text{ ms}^{-1} > c!$)

$$v(r) = \frac{e B r}{\sqrt{m_0^2 + \dfrac{e^2 B^2 r^2}{c^2}}} ; \quad \omega(r) = \frac{e B}{\sqrt{m_0^2 + \dfrac{e^2 B^2 r^2}{c^2}}} .$$

$$T(r) = \frac{2\pi}{\omega(r)} ; \quad \omega(r) = \frac{e B c^2}{E(r)} .$$

c) Pro Umlauf gewinnt das Proton die Energie $2eU_0$.

Klassisch: $Z(r) = \dfrac{E_{kin}(r)}{2\,e\,U_0} = \dfrac{e\,B^2\,r^2}{4\,m_0\,U_0}$; $\quad dZ = \dfrac{e\,B^2\,r\,dr}{2\,m_0\,U_0}$.

Die gesamte Strecke S ergibt sich durch

$$S_{kl} = \int_0^R 2\,\pi\,r\,dZ = \int_0^R \frac{\pi\,e\,B^2\,r^2}{m_0\,U_0}\,dr\;.$$

$$S_{kl} = \frac{\pi\,e\,B^2\,R^3}{3\,m\,U_0} = 25\,250 \text{ m}\;.$$

Relativistisch: $Z(r) = \dfrac{E_{kin}(r)}{2\,e\,U_0} = \dfrac{m_0\,c^2}{2\,e\,U_0}\left[\sqrt{1 + \left(\dfrac{e}{m_0}\dfrac{B\,r}{c}\right)^2} - 1\right]$.

$$\frac{dZ}{dr} = \frac{e\,B^2\,r}{2\,m_0\,U_0\sqrt{1 + \left(\dfrac{e}{m_0}\dfrac{B\,r}{c}\right)^2}}\;.$$

$$S_{rel} = \int_0^R 2\,\pi\,r\,dZ = \int_0^R \frac{\pi\,e\,B^2\,r^2}{m_0\,U_0\sqrt{1 + \left(\dfrac{e}{m_0}\dfrac{B\,r}{c}\right)^2}}\,dr\;.$$

Man substituiert $\dfrac{e\,B\,r}{m_0\,c} = x$; $\quad r = \dfrac{m_0\,c}{e\,B}\,x$; $\quad dr = \dfrac{m_0\,c}{e\,B}\,dx$

$$S_{rel} = \frac{A}{2}\left(x\sqrt{1 + x^2} - \frac{1}{2}\operatorname{arsinh} x\right);$$

also

$$S_{rel} = \frac{\pi}{2}\,\frac{m_0^2\,c^3}{e^2\,U_0\,B}\left[\frac{e\,B\,R}{m_0\,c}\sqrt{1 + \left(\frac{e\,B\,R}{m_0\,c}\right)^2} - \operatorname{arsinh}\left(\frac{e\,B\,R}{m_0\,c}\right)\right].$$

Gegenüber dem klassischen Wert findet man $S_{rel} = 40\,600$ m.

Durch Reihenentwicklung für $\dfrac{e\,B\,R}{m_0\,c} \ll 1$ ergibt sich aus S_{rel} der klassische Wert:

$$S_{rel} \approx \frac{\pi}{2}\,\frac{m_0^2\,c^3}{e^2\,U_0\,B}\left\{\frac{e\,B\,R}{m_0\,c}\left[1 + \frac{1}{2}\left(\frac{e\,B\,R}{m_0\,c}\right)^2\cdots\right]\right.$$

$$\left. - \left[\frac{e\,B\,R}{m_0\,c} - \frac{1}{6}\left(\frac{e\,B\,R}{m_0\,c}\right)^3\cdots\right]\right\}$$

$$S_{rel} \approx \frac{\pi\,e\,B^2\,R^3}{3\,m_0\,U_0} = S_{kl}\;.$$

7.   Beschleunigung und Kraft

Aufgabe 7.1.

Es sollen die Transformationsformeln für die Beschleunigung

$$a_x = \frac{du_x}{dt}, \quad a_y = \frac{du_y}{dt} \quad \text{und} \quad a_z = \frac{du_z}{dt}$$

hergeleitet und diskutiert werden. Abkürzung: $\gamma = \sqrt{1 - \dfrac{v^2}{c^2}}$.

Lösung:

Es werden die Ableitungen von

$$u_x = \frac{u_x' + v}{1 + \dfrac{v}{c^2} u_x'}, \quad u_y = \frac{u_y' \sqrt{1 - \dfrac{v^2}{c^2}}}{1 + \dfrac{v}{c^2} u_x'} \quad \text{und}$$

$$u_z = \frac{u_z' \sqrt{1 - \dfrac{v^2}{c^2}}}{1 + \dfrac{v}{c^2} u_x'}$$

gebildet:

$$\frac{du_x}{dt} = \frac{du_x}{dt'} \cdot \frac{dt'}{dt}, \quad \frac{du_y}{dt} = \frac{du_y}{dt'} \cdot \frac{dt'}{dt}, \quad \frac{du_z}{dt} = \frac{du_z}{dt'} \cdot \frac{dt'}{dt};$$

hierbei ist

$$\frac{dt'}{dt} = \frac{\sqrt{1 - v^2/c^2}}{1 + \dfrac{v}{c^2} u_x'}$$

Ergebnis:

$$a_x = a_x' \gamma^3 \left(1 + \frac{v}{c^2} u_x'\right)^{-3},$$

$$a_y = a_y' \gamma^2 \left(1 + \frac{v}{c^2} u_x'\right)^{-2} - a_x' \gamma^2 \frac{v}{c^2} u_y \left(1 + \frac{v}{c^2} u_x'\right)^{-3},$$

$$a_z = a_z' \gamma^2 \left(1 + \frac{v}{c^2} u_x'\right)^{-2} - a_x' \gamma^2 \frac{v}{c^2} u_z' \left(1 + \frac{v}{c^2} u_x'\right)^{-3}.$$

Auf der rechten Seite der Gleichungen erscheint außer der Beschleunigung a'_x (bzw. a'_y und a'_z) stets noch die Geschwindigkeit u'_x (bzw. auch u'_y und u'_z). Das bedeutet, daß eine im System S' konstante Beschleunigung im System S veränderlich sein kann, während die Geschwindigkeiten in S und S' konstant sind.
Ist im System S' die Geschwindigkeit $u'_x = 0$, so vereinfachen sich die Gleichungen (3.34), (3.35).

Hinweis:

Anstatt von den Gleichungen für die Komponenten der Geschwindigkeit auszugehen, kann man auch die allgemeinere Beziehung (3.27) zum Ausgangspunkt nehmen.
Durch relativistische Vertauschung findet man

$$a'_x = a_x \gamma^3 \left(1 - \frac{v}{c^2} u_x\right)^{-3},$$

$$a'_y = a_y \gamma^2 \left(1 - \frac{v}{c^2} u_x\right)^{-2} + a_x \gamma^2 \frac{v}{c^2} u_y \left(1 - \frac{v}{c^2} u_x\right)^{-3}.$$

$$a'_z = a_z \gamma^2 \left(1 - \frac{v}{c^2} u_x\right)^{-2} + a_x \gamma^2 \frac{v}{c^2} u_z \left(1 - \frac{v}{c^2} u_x\right)^{-3}.$$

Mit $u_x = 0$: $a'_x = a_x \gamma^3$,

mit $u_x = 0$ und $u_y = 0$: $a'_y = a_y \gamma^2$,

mit $u_x = 0$ und $u_z = 0$: $a'_z = a_z \gamma^2$, $\gamma = 1/k$.

Aufgabe 7.2.
Es soll gezeigt werden, daß in der relativistischen Physik stets eine Kraftkomponente auch senkrecht zur Beschleunigung vorhanden ist.

Lösung:
Es ist

$$u \frac{du}{dt} = \sqrt{u_x^2 + u_y^2} \, \frac{d \sqrt{u_x^2 + u_y^2}}{dt},$$

also

$$u \frac{du}{dt} = u_x \frac{du_x}{dt} + u_y \frac{du_y}{dt}.$$

Die Beschleunigung soll die Richtung der y-Achse haben:

$$\frac{du_x}{dt} = 0, \qquad \frac{du_y}{dt} \neq 0.$$

Dann erhält man

$$F_x = \frac{du_y}{dt} \, \frac{m_0}{c^2 \sqrt{\left(1 - \dfrac{u^2}{c^2}\right)^3}} \, u_x \, u_y$$

und

$$F_y = \frac{du_y}{dt} \left(\frac{m_0}{\sqrt{1 - \dfrac{u^2}{c^2}}} + \frac{m_0}{c^2 \sqrt{\left(1 - \dfrac{u^2}{c^2}\right)^3}} \, u_y^2 \right)$$

$$= \frac{du_y}{dt} \, \frac{m_0}{c^2 \sqrt{\left(1 - \dfrac{u^2}{c^2}\right)^3}} \left(u_y^2 + c^2 \left(1 - \frac{u_x^2 + u_y^2}{c^2}\right) \right),$$

$$F_y = \frac{du_y}{dt} \, \frac{m_0}{c^2 \sqrt{1 - \dfrac{u^2}{c^2}}} \, (c^2 - u_x^2) \, .$$

Daraus folgt

$$F_x = \frac{u_x \, u_y}{c^2 - u_x^2} \, F_y \, .$$

Es ist ersichtlich, daß aus $F_x \neq 0$ auch $F_y \neq 0$ bzw. $F_z \neq 0$ folgen muß.

Aufgabe 7.3.

Es soll die Massenveränderlichkeit bei a) parallel und b) senkrecht auf einen Körper wirkender Beschleunigung angegeben und diskutiert werden.

Lösung:

Zur Veranschaulichung des Problems denke man an das praktische Beispiel, die Beschleunigung eines elektrisch geladenen Teilchens zu bestimmen, das sich a) in Richtung der Feldlinien eines elektrischen Feldes bzw. b) senkrecht zu den Feldlinien eines magnetischen Feldes bewegt.
Gemäß dem Relativitätsprinzip soll in der relativistischen Mechanik — wie in der klassischen — die Gleichung

$$F = \frac{d}{dt} \, (m \, v)$$

von derselben Form bleiben.
Die Kraft in Richtung x bzw. y bestimmt man wie folgt, wenn die Impulsmasse (A.23) substituiert wird. Es soll $v = u_x$ und $u_y = 0$ sein, d. h., zwei

Systeme bewegen sich in Richtung der x-Achse.

$$F_x = \frac{d}{dt}\left(\frac{m_0}{\sqrt{1-\dfrac{v^2}{c^2}}}\frac{dx}{dt}\right) = \frac{m_0}{\sqrt{1-\dfrac{v^2}{c^2}}}\frac{d^2x}{dt^2}$$

$$+ \frac{m_0 v}{c^2\sqrt{\left(1-\dfrac{v^2}{c^2}\right)^3}}\frac{dv}{dt}\frac{dx}{dt};$$

$$F_y = \frac{d}{dt}\left(\frac{m_0}{\sqrt{1-\dfrac{v^2}{c^2}}}\frac{dy}{dt}\right) = \frac{m_0}{\sqrt{1-\dfrac{v^2}{c^2}}}\frac{d^2y}{dt^2}$$

$$+ \frac{m_0 v}{c^2\sqrt{\left(1-\dfrac{v^2}{c^2}\right)^3}}\frac{dv}{dt}\frac{dy}{dt}.$$

Es ist nun $d^2x/dt^2 = a_x$, $dx/dt = v$, $d^2y/dt^2 = a_y$ und die y-Komponente $dy/dt = u_y = 0$, da die Kraft F_y senkrecht zur Geschwindigkeit steht. Damit folgt

$$F_x = \frac{m_0 a_x}{\sqrt{\left(1-\dfrac{v^2}{c^2}\right)^3}} \quad \text{mit} \quad a_x = \frac{du_x}{dt};$$

$$F_y = \frac{m_0 a_y}{\sqrt{1-\dfrac{v^2}{c^2}}} \quad \text{mit} \quad a_y = \frac{du_y}{dt}.$$

Interpretiert man das Ergebnis aus der Definition ,,Kraft = Masse · Beschleunigung'', so hat man zwei verschiedene Massen zu unterscheiden:

$$F_x = m_x a_x, \text{ wobei } m_x = \frac{m_0}{\sqrt{\left(1-\dfrac{v^2}{c^2}\right)^3}} \text{ die Longitudinalmasse,}$$

und

$$F_y = m_y a_y, \text{ wobei } m_y = \frac{m_0}{\sqrt{1-\dfrac{v^2}{c^2}}} \text{ die Transversalmasse}$$

ist.

Der relativistische Massenbegriff ist von dem Begriff, wonach Masse eine „Quantität von Materie" wäre, grundsätzlich verschieden. Die Masse sollte als „Maß der Trägheit" definiert werden, worauf von der ersten Physikstunde an geachtet werden sollte.

Aus der Definition „Kraft = zeitliche Änderung des Impulses" folgt, daß begrifflich nur eine einzige Masse erforderlich ist: die Impulsmasse $m = k\,m_0$, die dem Betrage nach der Transversalmasse gleich ist:

$$F = \frac{\mathrm{d}}{\mathrm{d}t}\left(\frac{m_0}{\sqrt{1 - \dfrac{v^2}{c^2}}}\,v\right).$$

Hieraus berechnet man die einzelnen Komponenten F_x, F_y und F_z.

Aufgabe 7.4.

Es soll die allgemeine Transformationsformel für die Kraftkomponenten hergeleitet werden.

Lösung:

Aus $F = \dfrac{\mathrm{d}}{\mathrm{d}t}(m\,u)$ erhält man

$$F = m\frac{\mathrm{d}u}{\mathrm{d}t} + u\frac{\mathrm{d}m}{\mathrm{d}t}.$$

Substituiert man die Transformationsformeln für die Größen auf der rechten Seite

$$\frac{\mathrm{d}m}{\mathrm{d}t} = \frac{\mathrm{d}m'}{\mathrm{d}t'} + m'\,\frac{v}{c^2}\left(1 + \frac{u_x'v}{c^2}\right)^{-1}\cdot\frac{\mathrm{d}u_x'}{\mathrm{d}t'},$$

so findet man

$$F_x = F_x' + \frac{v/c^2}{1 + \dfrac{u_x'v}{c^2}}(u_y'\,F_y' + u_z'\,F_z'),$$

$$F_y = \frac{\sqrt{1 - \dfrac{v^2}{c^2}}}{1 + \dfrac{u_x'v}{c^2}}\,F_y',$$

$$F_z = \frac{\sqrt{1 - \dfrac{v^2}{c^2}}}{1 + \dfrac{u_x'v}{c^2}}\,F_z'.$$

Aus diesen allgemeinen Beziehungen folgen die angegebenen Spezialfälle [Gln. (4.49), (4.50) und (4.51)].

Aufgabe 7.5.

Es soll gezeigt werden, daß keine noch so große Kraft bzw. Beschleunigung ein Teilchen endlicher Ruhmasse auf die Geschwindigkeit $v = c$ zu bringen vermag.

Lösung:

Auf ein elektrisch geladenes Teilchen soll eine (beliebig hohe) elektrische Feldstärke einwirken und es für eine (beliebig lange) Zeit t beschleunigen. Die erreichbare Geschwindigkeit ist stets $v < c$.
Die beschleunigende Kraft ist durch $F = q\,|\mathfrak{E}|$ gegeben. Also gilt die Kraftbeziehung

$$\frac{\mathrm{d}}{\mathrm{d}t}\frac{(m_0\,v)}{\sqrt{1 - v^2/c^2}} = q\,|\mathfrak{E}|$$

oder, da die Ruhmasse m_0 eine Konstante ist,

$$\frac{\mathrm{d}}{\mathrm{d}t}\frac{v}{\sqrt{1 - v^2/c^2}} = \frac{q\,|\mathfrak{E}|}{m_0}.$$

Die Gleichung wird integriert unter der Bedingung, daß zur Zeit $t = 0$ die Anfangsgeschwindigkeit $v = 0$ ist. Man erhält

$$\frac{v}{\sqrt{1 - v^2/c^2}} = \frac{q\,|\mathfrak{E}|}{m_0}\,t\;;$$

schließlich folgt hieraus nach Quadrieren, Umordnen und Wurzelziehen

$$v = \frac{q\,|\mathfrak{E}|\,t}{m_0\,\sqrt{1 + \left(\dfrac{q\,|\mathfrak{E}|\,t}{m_0\,c}\right)^2}} = \frac{c}{\sqrt{\left(\dfrac{m_0\,c}{q\,|\mathfrak{E}|\,t}\right)^2 + 1}}.$$

Für $t \to \infty$ (oder $q\,|\mathfrak{E}|\,t \to \infty$) ist der Grenzwert $v = c$. Für hinreichend kleine Zeiten $t \ll m_0\,c/q|\mathfrak{E}|$, in denen das geladene Teilchen noch keine große Geschwindigkeit erlangt hat, geht die nichtlineare Beziehung in eine lineare Beziehung über. Schreibt man die Gleichung in der Form

$$v = \frac{c}{\dfrac{m_0\,c}{q\,|\mathfrak{E}|\,t}\sqrt{1 + \left(\dfrac{q\,|\mathfrak{E}|\,t}{m_0\,c}\right)^2}},$$

so erkennt man unmittelbar, daß für $\left(\dfrac{q\,|\mathfrak{E}|\,t}{m_0\,c}\right)^2 \ll 1$

$$v \approx \frac{q\,|\mathfrak{E}|\,t}{m_0}$$

folgt. Diese Gleichung ergibt sich aus der Newtonschen Mechanik:

$$a = \frac{F}{m_0} = \frac{q\,|\mathfrak{E}|}{m_0}\,.$$

Für die Geschwindigkeit folgt daraus

$$v = a\,t = \frac{q\,|\mathfrak{E}|\,t}{m_0}\,.$$

Wäre die Masse konstant, so würde sich daraus für $t \to \infty$ auch eine unendlich große Geschwindigkeit ergeben, was aber tatsächlich nicht der Fall ist.

Aufgabe 7.6.

Es soll die Strecke x berechnet werden, die ein im homogenen elektrischen Feld beschleunigtes Teilchen in der Zeit t zurücklegt.

Lösung:

Man hat die Gleichung

$$v = \frac{dx}{dt} = \frac{q\,|\mathfrak{E}|\,t}{m_0\,\sqrt{1 + \left(\dfrac{q\,|\mathfrak{E}|\,t}{m_0\,c}\right)^2}}$$

zu integrieren. Zur Zeit $t = 0$ befindet sich das Teilchen der Ladung q am Punkt $x = 0$, zur Zeit t am Punkt x:

$$\int\limits_0^x dx = \int\limits_0^t \frac{q\,|\mathfrak{E}|\,t}{m_0\,\sqrt{1 + \left(\dfrac{q\,|\mathfrak{E}|\,t}{m_0\,c}\right)^2}}\,dt\,.$$

Man substituiert $1 + \left(\dfrac{q\,|\mathfrak{E}|\,t}{m_0\,c}\right)^2 = z$, d. h.,

$$2\left(\frac{q\,|\mathfrak{E}|}{m_0\,c}\right)^2 t\,dt = dz \quad \text{bzw.} \quad \frac{q\,|\mathfrak{E}|\,t}{m_0}\,dt = \frac{m_0\,c^2}{2\,q\,|\mathfrak{E}|}\,dz\,.$$

Damit folgt nunmehr

$$\int \frac{q\,|\mathfrak{E}|\,t}{m_0\,\sqrt{1+\left(\dfrac{q\,|\mathfrak{E}|\,t}{m_0\,c}\right)^2}}\,dt = \frac{m_0\,c^2}{2\,q\,|\mathfrak{E}|}\int \frac{dz}{z} = \frac{m_0\,c^2\,\sqrt{z}}{2\,q\,|\mathfrak{E}|\,1/2}$$

$$= \frac{m_0\,c^2}{q\,|\mathfrak{E}|}\,\sqrt{1+\left(\frac{q\,|\mathfrak{E}|\,t}{m_0\,c}\right)^2}.$$

Schließlich erhält man

$$x = \frac{m_0\,c^2}{q\,|\mathfrak{E}|}\left(\sqrt{1+\left(\frac{q\,|\mathfrak{E}|\,t}{m_0\,c}\right)^2}-1\right).$$

Hieraus ergibt sich durch Reihenentwicklung für $q\,|\mathfrak{E}|\,t \ll m_0\,c$:

$$x = \frac{m_0\,c^2}{q\,|\mathfrak{E}|}\left[1+\frac{1}{2}\left(\frac{q\,|\mathfrak{E}|\,t}{m_0\,c}\right)^2+\cdots-1\right],$$

$$x = \frac{1}{2}\frac{q\,|\mathfrak{E}|}{m_0}\,t^2,$$

$$x = \frac{1}{2}\,a\,t^2.$$

Für kleine Geschwindigkeiten v gegenüber der Vakuum-Lichtgeschwindigkeit c gilt hinreichend genau die Newtonsche Mechanik.

8.   Der relativistische Energie-Impuls-Satz

Aufgabe 8.1.

Es soll die Transformationsbeziehung für Energie und Impuls aufgestellt werden (vgl. 4.7.).

Lösung:

Der Energie-Impuls-Satz $E^2 = p^2\,c^2 + m_0^2\,c^4$ stellt eine Invariante dar. Es ist zu erwarten, daß sich analoge Transformationen wie für x, y, z und t aus der quadratischen Form des Weltlinienelementes ds^2 ergeben. Für den Übergang $p \to p'$ und $E \to E'$ substituiert man

$$u'_x = \frac{u_x - v}{1 - \dfrac{u_x v}{c^2}} \quad \text{und} \quad u'_y = \frac{u\,\sqrt{1-v^2/c^2}}{1+\dfrac{u_x v}{c^2}}$$

sowie entsprechend u_z', da $m(u)\,u \to m'(u')\,u'$ und $m(u)\,c^2 \to m'(u')\,c^2$ gilt.

$$p_x' = m'\,u_x' = \frac{m_0}{\sqrt{1 - \dfrac{u'^2}{c^2}}}\,u_x' = \frac{m_0}{\sqrt{1 - \dfrac{u'^2}{c^2}}}\,\frac{u_x - v}{\left(1 - \dfrac{u_x v}{c^2}\right)}\,,$$

$$p_y' = m'\,u_y' = \frac{m_0}{\sqrt{1 - \dfrac{u'^2}{c^2}}}\,u_y' = \frac{m_0}{\sqrt{1 - \dfrac{u'^2}{c^2}}}\,\frac{u_y\sqrt{1 - \dfrac{v^2}{c^2}}}{\left(1 - \dfrac{u_x v}{c^2}\right)}\,;$$

p_z' ergibt sich analog zu p_y'. Es ist $u'^2 = u_x'^2 + u_y'^2 + u_z'^2$.

$$E'(u') = \frac{m_0\,c^2}{\sqrt{1 - \dfrac{u'^2}{c^2}}}\,.$$

Mit der Transformationsgleichung für den Lorentz-Faktor (s. Aufgabe 3.11.)

$$\sqrt{1 - \frac{u'^2}{c^2}} = \frac{\sqrt{\left(1 - \dfrac{u^2}{c^2}\right)\left(1 - \dfrac{v^2}{c^2}\right)}}{1 - \dfrac{u\,v}{c^2}}$$

folgt

$$p_x' = \frac{m_0\,(u_x - v)\left(1 - \dfrac{u\,v}{c^2}\right)}{\sqrt{1 - \dfrac{u^2}{c^2}}\,\sqrt{1 - \dfrac{v^2}{c^2}}\left(1 - \dfrac{u\,v}{c^2}\right)}$$

$$= m_0\,\frac{u_x - v}{\sqrt{1 - \dfrac{v^2}{c^2}}} = m\,k\,u_x - k\,\frac{v\,E}{c^2}\,;$$

mit $m = E/c^2$ ergibt sich schließlich

$$p_x' = k\left(p_x - \frac{v\,E}{c^2}\right).$$

Analoge Rechnungen ergeben die im Abschnitt 4.7. aufgeführten Transformationsformeln.

Aufgabe 8.2.

Man leite aus $E = \dfrac{E_0}{\sqrt{1 - v^2/c^2}}$ und $p = \dfrac{m_0\, v}{\sqrt{1 - v^2/c^2}}$

den relativistischen Energie-Impuls-Satz $E^2 = p^2\, c^2 + E_0^2$ her.

Lösung:

Man substituiert $m_0 = E_0/c^2$, quadriert und addiert E_0^2.

$$p^2\, c^2 = \frac{E_0^2\, v^2}{c^2\, (1 - v^2/c^2)} = \frac{E_0^2\, (v^2/c^2)}{1 - v^2/c^2};$$

$$p^2\, c^2 + E_0^2 = \frac{E_0^2\, [v^2/c^2 + 1\, (1 - v^2/c^2)]}{1 - v^2/c^2} = E^2.$$

Aufgabe 8.3.

Es ist die relativistische Energie-Impuls-Beziehung

$$E = \sqrt{m_0^2\, c^4 + c^2\, p^2} \qquad\qquad (A.37)$$

herzuleiten und für drei Grenzfälle zu untersuchen:

1. nichtrelativistischer Grenzfall: $p \ll m_0\, c$;
2. Teilchen, deren Geschwindigkeit $v \approx c$ beträgt, also für $p \gg m_0\, c$;
3. Teilchen, deren Ruhmasse gleich Null ist, $m_0 = 0$ (Photonen, Neutrinos).

Lösung:

Man quadriert die Beziehung $m\, \sqrt{1 - v^2/c^2} = m_0$ und multipliziert beide Seiten mit c^4, dann folgt mit $p^2 = m^2\, v^2$

$$E^2 - c^2\, p^2 = m_0^2\, c^4.$$

1. Für $p \ll m_0\, c$ erhält man

$$E \approx m_0\, c^2 \left(1 + \frac{p^2}{2\, m_0^2\, c^2}\right) = m_0\, c^2 + \frac{p^2}{2\, m_0}.$$

Der Ausdruck $p^2/2\, m_0$ ist die klassische kinetische Energie. Also:

$$E \approx m_0\, c^2 + \frac{1}{2}\, m\, v^2, \quad \text{d. h.,} \quad E_{\text{kin}} = E - E_0 = \frac{1}{2}\, m\, v^2.$$

2. Für $p \gg m_0 c$ folgt

$$E \approx p\,c\left(1 + \frac{m_0^2\,c^2}{2\,p^2}\right),$$

also

$$E \approx p\,c + \frac{m_0^2\,c^4}{2\,p\,c} = p\,c + E_0^2/2\,p\,c\,.$$

In diesem Fall ist $E_{\text{kin}} \gg m_0\,c^2$.

3. Für Teilchen ohne Ruhmasse folgt $E = p\,c$, also $E/p = v = c$. Diese Teilchen mit $m_0 = 0$ bewegen sich stets mit Lichtgeschwindigkeit: $E = E_{\text{kin}} = p\,c\,$.

Aufgabe 8.4.

Es ist der Zusammenhang zwischen dem Impuls und der kinetischen Energie aufzustellen und für die drei Fälle wie in Aufgabe 8.3. zu diskutieren.

Lösung:

Für die Gesamtenergie E und den Impuls p gilt $E^2 = m_0^2\,c^4 + c^2\,p^2$. Andererseits ist $E^2 = (E_{\text{kin}} + E_0)^2$. Daraus folgt $c\,p = \sqrt{E_{\text{kin}}(E_{\text{kin}} + 2\,m_0\,c^2)}$.

1. Im nichtrelativistischen Grenzfall ergibt sich

$$p \approx \frac{1}{c}\,E_{\text{kin}}\,\sqrt{\frac{2\,m_0\,c^2}{\frac{1}{2}\,m_0\,v^2}} = \frac{2\,E_{\text{kin}}}{v} = m_0\,v\,.$$

2. Für Teilchen, die sich fast mit Lichtgeschwindigkeit bewegen, erhält man

$$c\,p \approx E_{\text{kin}} + m_0\,c^2\,.$$

3. Für Teilchen ohne Ruhmasse (Photonen, Neutrinos) findet man

$$c\,p = E_{\text{kin}}\,.$$

Aufgabe 8.5.

Man berechne Impuls und Energie der Elektronen, die die Erde längs des Äquators umkreisen. Erdfeld: $H = 60\,\text{A/m}$. Radius der Kreisbahn $R = 6400\,\text{km}$.

Lösung:

$$\frac{m\,v^2}{r} = \mu_0\,e\,v\,H; \qquad p = \mu_0\,e\,H\,R = 7{,}72\cdot 10^{-17}\,\text{mkg/s}$$

$$E_{\text{kin}} = \sqrt{p^2\,c^2 + m_0^2\,c^4} - m_0\,c^2 .$$

Da $m_0\,c^2 = 0{,}511\cdot 10^6$ eV gegenüber $p^2\,c^2$ vernachlässigbar ist, gilt $E_{\text{kin}} \approx p\,c = 1{,}45\cdot 10^{11}$ eV.

Aufgabe 8.6.

Es ist zu zeigen, daß die Ruhmasse für ein Photon $m_0 = 0$ ist.

Lösung:

Die Beziehung $m = \dfrac{m_0}{\sqrt{1 - \dfrac{v^2}{c^2}}}$ kann nicht angewendet werden, da für $v = c$ die Größe m_0 durch 0 dividiert werden müßte. Die Ruhmasse m_0 eines beliebigen Teilchens erhält man aus (A.37)

$$m_0 = \frac{1}{c}\sqrt{\left(\frac{E}{c}\right)^2 - p^2} .$$

Substituiert man für Photonen $E = h\,\nu$ und $p = m\,c = h\,\nu/c$, so folgt

$$m_0 = \frac{h}{c}\sqrt{\left(\frac{\nu}{c}\right)^2 - \frac{1}{\lambda^2}} .$$

Man erkennt, daß der Radikand wegen $\dfrac{\nu}{c} = \dfrac{1}{\lambda}$ verschwindet. Mithin ist für Photonen $m_0 = 0$.

Aufgabe 8.7.

Es soll auf Kernreaktionen (zwischen zwei Teilchen) der relativistische Energie-Impuls-Ausdruck angewendet werden. Dieser Ausdruck soll dann für Reaktionen nichtrelativistischer Teilchen spezialisiert werden.

Lösung:

Es gelten die Erhaltungssätze für Energie und Impuls. Zwei Teilchen a, A besitzen vor dem Stoß die Energien E_a bzw. E_A und nach dem Stoß E_b bzw. E_B, so daß gilt:

$$E_a + E_A = E_b + E_B \qquad \text{(Energiesatz)}.$$

Geht der Kern B in einen angeregten Zustand über, so wird die Anregungs-
energie durch E_B^* symbolisiert. Gemäß der allgemeinen Relation (A.37)
erhält man

$$\sqrt{m_a^2 c^4 + p_a^2 c^2} + \sqrt{m_A^2 c^4 + p_A^2 c^2}$$
$$= \sqrt{m_b^2 c^4 + p_b^2 c^2} + \sqrt{(m_B c^2 + E_B^*)^2 + p_B^2 c^2} \ . \tag{A.38}$$

Weiterhin gilt

$$\boldsymbol{p}_a + \boldsymbol{p}_A = \boldsymbol{p}_b + \boldsymbol{\Gamma}_B \quad \text{(Impulssatz)}.$$

Diese Beziehung läßt sich als Impulsdreieck darstellen (Abb. A. 12).

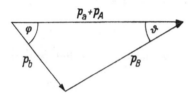

Abb. A. 12

Der Kosinussatz liefert

$$p_B^2 = p_b^2 + (\boldsymbol{p}_a + \boldsymbol{p}_A)^2 - 2 p_b |\boldsymbol{p}_a + \boldsymbol{p}_A| \cos \varphi \ . \tag{A.39}$$

Der Winkel ϑ ergibt sich mit dem Sinussatz: $p_b \sin \varphi = p_B \sin \vartheta$. Aus
(A.38) und (A.39) kann p_B eliminiert werden. Die resultierende Gleichung
verknüpft die Unbekannten p_b und φ mit den Bekannten $\boldsymbol{p}_a$, $\boldsymbol{p}_A$ und den
Massen.

Handelt es sich um Reaktionen nichtrelativistischer Teilchen,[1] so ist
$p\,c \ll m\,c^2$; man erhält aus (A.38)

$$Q = (m_a + m_A - m_b - m_B)\,c^2 \ . \tag{A.40}$$

Setzt man $E_B^* \ll m_B\,c^2$ voraus und führt als Abkürzung ε für die klassische
kinetische Energie

$$E_{\text{kin}} = \frac{p^2}{2\,m} \equiv \varepsilon$$

ein, so folgt

$$Q + \varepsilon_a = \varepsilon_b + \varepsilon_B + E_B^* \ . \tag{A.41}$$

Die Energietönung Q der Reaktion kommt — wenn die beteiligten Reak-
tionspartner im Grundzustand sind — durch etwaige Massendifferenzen

---

[1] In der Praxis kann man Kernreaktionen, die von Protonen oder Neutronen
mit Einfallsenergien bis etwa 100 MeV ausgelöst werden, als klassisch
(nichtrelativistisch) betrachten.

(Unterschiede der Bindungsenergie) zustande. Aus (A.39) erhält man

$$2\,m_B\,\varepsilon_B = 2\,m_a\,\varepsilon_a + 2\,m_b\,\varepsilon_b - 2\,\sqrt{2\,m_a\,\varepsilon_a}\,\sqrt{2\,m_b\,\varepsilon_b}\,\cos\varphi\;. \qquad \text{(A.42)}$$

Eliminiert man ε_B aus (A.41) und (A.42), so erhält man die sogenannte Q-Gleichung

$$Q - E_B^{\ast} = \varepsilon_b\left(1 + \frac{m_b}{m_B}\right) - \varepsilon_a\left(1 - \frac{m_a}{m_B}\right) - \frac{2}{m_B}\sqrt{m_a\,m_b\,\varepsilon_a\,\varepsilon_b}\,\cos\varphi\;.$$

Mit dieser Gleichung können die Werte $Q - E_B^{\ast}$ und damit die verschiedenen Anregungsstufen $E_B^{\ast}$ eines Atomkernes bestimmt werden.

Aufgabe 8.8.
Der relativistische Energie- und Impulssatz (Aufg. 8.5., Gl. (A.38) und (A.39)) soll — als Beispiel einer Reaktion relativistischer Teilchen — auf die Streuung von Lichtquanten an Elektronen (Compton-Effekt) angewendet werden.

Lösung:
Die Streuung zwischen Quanten γ und Elektronen e wird folgendermaßen symbolisiert, wobei die gestreuten Teilchen durch einen Strich gekennzeichnet sind: e(γ, γ') e'.
Die Energie des γ-Quantes ist sehr groß gegenüber der Bindungsenergie des Elektrons, so daß das Elektron als frei betrachtet werden kann. Diese Wechselwirkung kann als Stoßprozeß zwischen einem Quant und einem ruhenden Elektron aufgefaßt werden. (Auch der inverse Compton-Effekt[1]) ist möglich: γ(e, e') γ'.)
Mit der Symbolik und den in Aufg. 8.5. angegebenen Gleichungen wird

$$m_a = m_b = 0;\qquad m_A = m_B = m \quad \text{(Elektronenmasse)};$$

$$p_a = \frac{\hbar\,\omega_a}{c} = \frac{h\,\nu_a}{c},\quad \text{da}\quad \hbar = \frac{h}{2\,\pi};\qquad p_b = \frac{\hbar\,\omega_b}{c}\;.$$

Aus Gl. (A.38) erhält man mit $E_B^{\ast} = 0$ als Energiegleichung

$$\hbar\,\omega_a + m\,c^2 = \hbar\,\omega_b + \sqrt{p_B^2\,c^2 + m^2\,c^4}\;.$$

Als Impulsgleichung erhält man aus Gl. (A.39)

$$p_B^2 = \frac{\hbar^2}{c^2}\,(\omega_a^2 + \omega_b^2 - 2\,\omega_a\,\omega_b\,\cos\varphi)\;.$$

---

[1]) Beim inversen Compton-Effekt teilen die Lichtquanten den Elektronen wiederholt Energie mit, wodurch diese im Laufe ihres Daseins im Kosmos auf große Energien gebracht werden können.

Nach Substitution folgt

$$\left(\hbar\,(\omega_a - \omega_b) + m\,c^2\right)^2 = \hbar^2\,(\omega_b^2 + \omega_a^2)^2 - 2\,\hbar^2\,\omega_a\,\omega_b\,\cos\varphi + m^2\,c^4$$

und schließlich

$$\frac{\omega_a - \omega_b}{\omega_a\,\omega_b} = \frac{1}{\omega_a} - \frac{1}{\omega_b} = \frac{\hbar}{m\,c^2}(1 - \cos\varphi)\,.$$

Es ändert sich also die Wellenlänge des Quantes um

$$\Delta\lambda = \lambda_b - \lambda_a = 2\,\pi\,c\left(\frac{1}{\omega_b} - \frac{1}{\omega_a}\right),$$

$$\Delta\lambda = \frac{h}{m\,c}(1 - \cos\varphi) \quad \text{oder} \quad \Delta\lambda = \frac{h}{m\,c}\,2\sin^2\frac{\varphi}{2}\,; \quad m \equiv m_0$$

Aufgabe 8.9.

Mit dem relativistischen Energie- und Impulssatz soll die Streuung schneller Elektronen an Atomkernen behandelt werden. Folgende Aussagen sind herzuleiten:

a) bei elastischer Streuung (mit $E_B^* = 0$) ergibt sich für die Energie des gestreuten Elektrons

$$E_b = \frac{E_a}{1 + \dfrac{2\,E_a}{m_A\,c^2}\sin^2\dfrac{\varphi}{2}}\,,$$

b) die an den Rückstoßkern übertragene Energie ist:

$$E_a - E_b = \frac{E_a}{1 + \dfrac{m_A\,c^2}{2\,E_a\sin^2\dfrac{\varphi}{2}}} \ll E_a\,,$$

c) für die Impulsübertragung gilt:

$$p_B = 2\sqrt{p_a\,p_b}\,\sin\frac{\varphi}{2}\,\sqrt{1 + \frac{p_a\,p_b}{m_A^2\,c^2}\sin^2\frac{\varphi}{2}}$$

$$\left(\text{mit}\quad E_a \ll m_A\,c^2 \quad \text{bzw.}\quad p_a \ll m_A\,c \quad \text{ist}\quad p_B \approx 2\,p_a\sin\frac{\varphi}{2}\right),$$

d) bei unelastischer Streuung (Streuung mit Kernanregung) gilt:

$$E_b = \frac{E_a - E_B^* - \dfrac{E^{*2}}{2\,m_A\,c^2}}{1 + \dfrac{E_a}{m_A\,c^2}(1 - \cos\varphi)}$$

$$\left(\text{mit}\quad E_a, E_B^* \ll m_A\,c^2 \quad \text{folgt}\quad E_b \approx E_a - E_B^*\right).$$

Lösung:

Berechnung mit $m_a = m_b \approx 0$; $m_A = m_B$;

$$p_a = \frac{E_a}{c}; \qquad p_b = \frac{E_b}{c}; \qquad p_A = 0$$

nach den Beziehungen (A.38) und (A.39).

Aufgabe 8.10.

Es ist der Zusammenhang zwischen der Geschwindigkeit eines freien Teilchens und seinem Impuls anzugeben.

Lösung:

Aus

$$E = \sqrt{m_0^2 c^4 + p^2 c^2}$$

folgt

$$\frac{\partial E}{\partial p} = \frac{c^2 p}{\sqrt{m_0^2 c^4 + p^2 c^2}} = \frac{c^2 p}{E} = \frac{c^2 \cdot m v}{m c^2} = v.$$

Die Beziehung $v = \partial E / \partial p$ gilt allgemein, d. h. für relativistische Teilchen. Für kleine Geschwindigkeiten erhält man die Gleichung der klassischen Mechanik

$$v = \frac{p}{m_0}.$$

Aufgabe 8.11.

Wie bestimmt man die Ruhmasse eines Teilchens aus hochenergetischen Reaktionen? Es soll die Ruhmasse eines Teilchens berechnet werden, dessen kinetische Energie $E_{kin} = 50$ MeV und dessen Impuls $p = 128.5$ MeV/c ist.

Lösung:

Aus dem Energie-Impuls-Satz $E^2 = p^2 c^2 + m_0^2 c^4$ folgt mit $E = E_{kin} + m_0 c^2$

$$m_0 = \frac{p^2 c^2 - E_{kin}^2}{2 E_{kin} c^2}.$$

Mit den angegebenen Werten für E_{kin} und p erhält man

$$m_0 = 139,6 \text{ MeV}/c^2 = 273 \text{ Elektronenruhmassen},$$

also ein (geladenes) Pion.

9.   Compton-Effekt, Paarbildung, Photonenemission

Aufgabe 9.1.

Die beim Compton-Effekt auftretende Wellenlängenänderung $\Delta\lambda$ ist *a*) durch klassischen und *b*) durch relativistischen Ansatz herzuleiten.

Lösung:

a) klassisch:

$$h\,\nu_0 = h\,\nu + \frac{1}{2}\,m\,v^2 \quad \text{(Energiesatz)},$$

$$\frac{\overrightarrow{h\,\nu_0}}{c} - \frac{\overrightarrow{h\,\nu}}{c} = m\,v \quad \text{(Impulssatz)};$$

b) relativistisch:

$$h\,\nu_0 = h\,\nu + (m - m_0)\,c^2 \quad \text{(Energiesatz)}, \quad \nu_0 > \nu,$$

$$\frac{\overrightarrow{h\,\nu_0}}{c} = \frac{\overrightarrow{h\,\nu}}{c} + \frac{\overrightarrow{m_0\,c\,\beta}}{\sqrt{1 - \beta^2}} \quad \text{(Impulssatz)}.$$

Die Rechnungen unterscheiden sich im Ergebnis nur durch die genaue Angabe der Ruhmasse;

a) klassisch: $\Delta\lambda = \dfrac{h}{m\,c}(1 - \cos\varphi);$

b) relativistisch: $\Delta\lambda = \dfrac{h}{m_0\,c}(1 - \cos\varphi)\,.$ \hfill (A.43)

Komponentenzerlegung des Impulses (Abb. A. 13):

$$\frac{h\,\nu}{c} = \frac{h\,\nu_0}{c}\cos\varphi + m\,v\cos\vartheta\,,$$

$$0 = -\frac{h\,\nu_0}{c}\sin\varphi + m\,v\sin\vartheta\,.$$

Durch Quadrieren und Addieren eliminiert man ϑ und sodann mit Hilfe des Energiesatzes v.

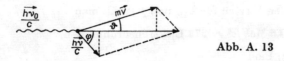

Abb. A. 13

Aufgabe 9.2.

Aus der Beziehung für die Wellenlängenänderung $\Delta\lambda$ (A.43) ist die Energie E für die gestreuten Photonen zu folgern, wenn die Primärenergie E_0 beträgt.

Lösung:

$$E = \frac{E_0}{1 + \dfrac{E_0}{m_0 c^2}(1 - \cos\varphi)}.$$

Aufgabe 9.3.

Wie groß ist die Energieänderung $\Delta E = E_0 - E$ und die Energie E der Streuquanten, wenn Gammastrahlung von $E_0 = 1{,}33$ MeV (^{60}Co) verwendet wird und die Streuquanten unter $\varphi = \pi/2$ beobachtet werden?

Lösung:

$$E = \frac{E_0}{1 + \dfrac{E_0}{m_0 c^2}(1 - \cos\varphi)} \quad \text{bzw.} \quad E = \frac{E_0}{1 + \dfrac{2 E_0}{m_0 c^2}\sin^2\dfrac{\varphi}{2}},$$

$$E = \frac{1{,}33 \text{ MeV}}{1 + \dfrac{1{,}33}{0{,}511}} = \frac{1{,}33 \text{ MeV}}{3{,}60} = 0{,}37 \text{ MeV}; \quad \Delta E = 0{,}96 \text{ MeV}.$$

Aufgabe 9.4.

Es ist die maximale Energie der Compton-Elektronen zu berechnen, wenn Gammastrahlung von $E_0 = 1{,}33$ MeV (^{60}Co) verwendet wird.

Lösung:

Die Energie

$$E_e = \frac{E_0}{1 + \dfrac{m_0 c^2}{2 E_0 \sin^2\dfrac{\vartheta}{2}}}$$

erreicht das Maximum, wenn $\sin^2\vartheta/2 = 1$, wenn also $\vartheta = \pi$ ist.

$$E_e = \frac{1{,}33 \text{ MeV}}{1 + \dfrac{0{,}511}{1{,}33}} = 0{,}96 \text{ MeV}.$$

Aus Aufgabe 9.3. folgt dann für die Aufteilung der Gesamtenergie $E_0 = 1,33$ MeV:

$$E_0 = E + E_e = 0,37\ \text{MeV} + 0,96\ \text{MeV}\,.$$

Aufgabe 9.5.

Ein Photon einer Energie von $E_\gamma = 1,33$ MeV erzeugt im Kernfeld ein Elektronenpaar $(\gamma \to e^- + e^+)$. Welche Geschwindigkeit besitzt jedes Teilchen, wenn angenommen wird, daß auf beide der gleiche Anteil der kinetischen Energie entfällt?

Lösung:

klassisch:

$$h\,\nu = 2\,m_0 c^2 + 2 \cdot \frac{1}{2}\,m\,v^2\,,$$

$$m\,v^2 = 1,33\ \text{MeV} - 1,02\ \text{MeV} = 0,31\ \text{MeV}\,.$$

Positron und Elektron besitzen je 155 keV, d. h.,

$$\frac{v_{\text{klass}}}{\text{cms}^{-1}} = 5,932 \cdot 10^7 \cdot \sqrt{15,5 \cdot 10^4}\,,$$

$$v_{\text{klass}} = 2,335 \cdot 10^8\ \text{ms}^{-1}\,;$$

relativistisch:

$$h\,\nu = 2\,m\,c^2 = \frac{2\,m_0\,c^2}{\sqrt{1 - \dfrac{v^2}{c^2}}}\,,$$

$$v = c\,\sqrt{1 - \left(\frac{2\,m_0\,c^2}{h\,\nu}\right)^2}\,,$$

$$v = 3 \cdot 10^8\ \text{ms}^{-1}\,\sqrt{1 - \left(\frac{1,02}{1,33}\right)^2}\,,$$

$$v = 3 \cdot 10^8 \cdot 0,642\ \text{ms}^{-1}\,,$$

$$v = 1,926 \cdot 10^8\ \text{ms}^{-1}\,.$$

Die Differenz zum klassischen Resultat zeigt, daß man relativistisch rechnen muß.

Aufgabe 9.6.

Es soll gezeigt werden, daß die häufig verwendete Beziehung $h\,\nu = \varDelta E$ für die Emission eines Photons durch ein angeregtes (ruhendes) Atom nur für den Grenzfall einer großen Atommasse M_0 gilt.

Lösung:

Beim Emissionsvorgang müssen die Erhaltungssätze für Energie und Impuls zugleich erfüllt sein.

Energiesatz: $M_0 c^2 = M' c^2 + h\nu$;

Impulssatz: $M' v - \dfrac{h\nu}{c} = 0$;

M_0 ist die Ruhmasse des Atoms vor der Emission, M'_0 ist die Atommasse nach der Emission:

$$M' = \frac{M'_0}{\sqrt{1 - \dfrac{v^2}{c^2}}};$$

v ist die Geschwindigkeit, mit der sich das Atom nach dem Rückstoß bewegt.
Aus den Erhaltungssätzen folgt ·

$$\left(M_0 c - \frac{h\nu}{c}\right)^2 - \left(\frac{h\nu}{c}\right)^2 = M'^2_0 c^2$$

und daraus

$$h\nu = \frac{M_0^2 c^2 - M'^2_0 c^2}{2 M_0}.$$

Da $\Delta E = (M_0 - M'_0) c^2$ ist, findet man durch Umformung

$$h\nu = \Delta E \left(1 - \frac{\Delta E}{2 M_0 c^2}\right).$$

Die übliche Beziehung $\Delta E = h\nu$ gilt also nur, wenn $\Delta E \ll 2 M_0 c^2$ ist.

Aufgabe 9.7.

Man berechne die Rückstoßenergie der ^{191}Ir-Kerne, die beim Zerfall von ^{191}Os entstehen. Zerfallsenergie: 129 keV.

Lösung:

$$E_R = \frac{(\Delta E)^2}{2 M c^2} = \frac{(129 \text{ keV})^2}{2 \cdot 191 \cdot 938 \text{ MeV}} \approx 0{,}046 \text{ eV}.$$

Diese geringe Energie, die das Gamma-Quant dem Tochterkern ^{191}Ir überträgt, verhindert bereits das Zustandekommen einer Resonanzabsorption. Die Kompensation dieser Rückstoßenergie bezeichnet man als Mößbauer-Effekt.

10.   Materiewellen; Phasen- und Gruppengeschwindigkeit

Aufgabe 10.1.

Es ist die de-Broglie-Wellenlänge für relativistische und nichtrelativistische Teilchen, die die kinetische Energie $e\,U$ haben, zu berechnen. Die allgemeine Gleichung ist in 1. und 2. Näherung als Zahlenwertgleichung für Elektronen zu vereinfachen.

Lösung:

Aus

$$\lambda = \frac{h}{m\,v} = \frac{h\,\sqrt{1 - \dfrac{v^2}{c^2}}}{m_0\,v}$$

folgt nach Substitution durch

$$\sqrt{1 - \frac{v^2}{c^2}} = \frac{1}{1 + \dfrac{E_{\text{kin}}}{E_0}}$$

für den Zähler und durch Einsetzen von

$$v = c\,\sqrt{1 - \frac{1}{\left(1 + \dfrac{E_{\text{kin}}}{E_0}\right)^2}}$$

für den Nenner

$$\lambda = \frac{h}{m_0\,c\,\sqrt{\left(1 + \dfrac{E_{\text{kin}}}{E_0}\right)^2 - 1}}.$$

Nach Zwischenrechnung erhält man die allgemeingültige Gleichung

$$\lambda = \frac{h}{\sqrt{2\,m_0\,q\,U\left(1 + \dfrac{q\,U}{2\,m_0\,c^2}\right)}}. \tag{A.44}$$

Durch Reihenentwicklung folgt in erster Näherung für kleine Energien (Spannungen)

$$\lambda = \frac{h}{\sqrt{2\,m_0\,q\,U}}\left(1 - \frac{q\,U}{4\,m_0\,c^2}\right). \tag{A.45}$$

Für Elektronen ist $q = e$, also

$$\frac{1}{4} \frac{e\,U}{m_0\,c^2} = 0{,}4894 \cdot 10^{-6} \frac{U}{\text{Volt}} \; ;$$

mithin gilt als Zahlenwertgleichung

$$\frac{\lambda_e}{\text{n m}} = \frac{1{,}225}{\sqrt{U/\text{Volt}}} (1 - 0{,}4894 \cdot 10^{-6} \, U/\text{Volt}) \; . \tag{A.46}$$

Eine weitere Näherung für kleine Spannungen (bzw. kleine Geschwindigkeiten) ist

$$\lambda = \frac{h}{\sqrt{2\,m_0\,q\,U}} \; . \tag{A.47}$$

Für Elektronen ergibt sich daraus als Zahlenwertgleichung

$$\frac{\lambda_e}{\text{n m}} = \frac{1{,}225}{\sqrt{U/\text{Volt}}} \; . \tag{A.48}$$

Eine weitere, gleichwertige Lösungsform für (A.44) ergibt sich mit $p = \dfrac{1}{c} \sqrt{E_{\text{kin}}^2 + 2\,E_{\text{kin}}\,E_0}$ aus (A.37):

$$\lambda = \frac{h}{p} = \frac{h\,c}{\sqrt{E_{\text{kin}}^2 + 2\,E_{\text{kin}}\,E_0}} \quad \text{oder} \quad \lambda = \frac{h\,c}{E_0\sqrt{\eta^2 + 2\,\eta}} \; .$$

Für extrem-relativistische Teilchen erhält man aus (A.44) wegen $1 \ll q\,U/2m_0c^2$

$$\lambda = \frac{h\,c}{q\,U} = \frac{h\,c}{E} \; .$$

Diese Beziehung gilt von vornherein für Luxonen, d. h. für Teilchen ohne Ruhmasse (Neutrinos, Photonen).

Aufgabe 10.2.

Wie groß ist die de-Broglie-Wellenlänge von Elektronen, die sich mit 80% der Vakuum-Lichtgeschwindigkeit bewegen?

Wie groß ist der Unterschied zwischen dem klassischen und dem relativistischen Ergebnis?

Lösung:

a) relativistisch:

$$\lambda = \frac{h}{m\,v} = \frac{h\,\sqrt{1 - \dfrac{v^2}{c^2}}}{m_0\,c\,\beta} \; ; \quad v = c\,\beta; \quad \beta = 0,8;$$

$$\lambda = \frac{6,625 \cdot 10^{-27}\ \text{erg s} \cdot 0,6}{9,1 \cdot 10^{-28}\ \text{g} \cdot 3 \cdot 10^{10}\ \text{cms}^{-1} \cdot 0,8} = 0,182\ \text{nm}\ ;$$

b) klassisch:

$$\lambda = \frac{0,182\ \text{nm}}{0,6} = 0,0306\ \text{nm}\ .$$

Aufgabe 10.3.

Es ist die Beschleunigungsspannung für Elektronen, Protonen und Alpha-teilchen zu berechnen, bei der die de-Broglie-Wellenlänge $\lambda = 1 \cdot 10^{-8}$ cm beträgt.

Lösung:

Die allgemeine Lösung $U = f(\lambda)$ ergibt sich aus (A.44) durch Auflösen nach U zu

$$U = \frac{m_0\,c^2}{q}\left(\sqrt{1 + \frac{h^2}{m_0^2\,c^2\,\lambda^2}} - 1\right).$$

Hieraus folgt durch Reihenentwicklung für $\dfrac{h^2}{m_0^2\,c^2\,\lambda^2} \ll 1$

$$U \approx \frac{h^2}{2\,m_0\,q\,\lambda^2}\,.$$

Für Elektronen und Protonen ist $q = e$, für Alphateilchen ist $q = 2\,e$.

$$U_e = 150\ \text{V};$$
$$U_p = U_e/1836\,, \quad \text{da} \quad m_p = 1836\,m_e;$$
$$U_a = U_p/4 \cdot 2\,, \quad \text{da} \quad m_a \approx 4\,m_p \quad \text{und} \quad q = 2\,e\,.$$

Aufgabe 10.4.

Es soll der Zusammenhang zwischen Phasen-, Teilchen- und Vakuum-Lichtgeschwindigkeit hergeleitet werden.

Lösung:

$$E = m\,c^2 \quad \text{(EINSTEIN)}; \qquad E = h\,\nu \quad \text{(PLANCK)};$$

$$\lambda = \frac{h}{m\,v} \quad \text{(DE BGOGLIE)}; \qquad m\,c^2 = h\,\nu, \quad \text{d. h.,} \quad \nu = \frac{m\,c^2}{h};$$

$$u = \lambda\,\nu.$$

Daraus folgt

$$u = \frac{h}{m\,v}\,\frac{m\,c^2}{h}, \qquad u = \frac{c^2}{v}.$$

Für die Teilchengeschwindigkeit gilt stets $v < c$, d. h., die Phasengeschwindigkeit u der Materiewelle ist stets größer als die Vakuum-Lichtgeschwindigkeit. Das ist kein Widerspruch zur speziellen Relativitätstheorie; denn die Phasengeschwindigkeit ist nicht mit der Ausbreitung von Energie verbunden.

Die Ausbreitungsgeschwindigkeit der Energie bei Materiewellen ist gleich der Teilchengeschwindigkeit v. Die Beziehung gilt auch für Photonen, dann ist aber $u = v = c$.

Aufgabe 10.5.

Man zeige, daß die Gruppengeschwindigkeit u_g der Materiewelle gleich der Teilchengeschwindigkeit v ist.

Es werden verschiedene Lösungswege angegeben.

Lösung: (1. Lösungsweg)

Teilchen und Materiewelle sind durch die Beziehungen $E = m\,c^2$, $E = h\,\nu$ und $p = m\,v$, $p = \dfrac{h}{\lambda}$ verknüpft. Gruppengeschwindigkeit und Phasengeschwindigkeit u sind durch die Gleichung

$$\frac{1}{u_g} = \frac{1}{u} - \frac{\nu}{u^2}\,\frac{du}{d\nu} \tag{A.49}$$

gegeben. Aus $m\,v = \dfrac{h}{\lambda}$ folgt $v = \dfrac{h\,\nu}{m\,\lambda\,\nu} = \dfrac{h\,\nu}{m\,u}$; also gilt

$$u = \frac{h\,\nu}{m\,v}. \tag{A.50}$$

Für v findet man aus $E = m\,c^2 = \sqrt{p^2\,c^2 + E_0^2}$

$$v = \frac{1}{m\,c}\sqrt{E^2 - E_0^2} = \frac{1}{m\,c}\sqrt{(h\,\nu)^2 - E_0^2}. \tag{A.51}$$

Substitution führt zu

$$u = \frac{h\,\nu\,c}{\sqrt{(h\,\nu^2) - E_0^2}}\,.$$

Man bildet (A.49) und findet $\dfrac{1}{u_g} = \dfrac{1}{v}$, also $u_g = v$.

Die Gruppengeschwindigkeit einer Materiewelle ist also die Teilchengeschwindigkeit.

(2. Lösungsweg)

Die Gesamtenergie eines Teilchens der Bahngeschwindigkeit v und der Ruhmasse m_0 ist

$$E = m_0\,c^2 + \frac{1}{2}\,m_0\,v^2 + E_{\text{pot}}\,. \qquad (A.52)$$

Weiterhin gilt $E = h\,\nu$, also $\nu = \dfrac{E}{h}$; $u = \nu\,\lambda$; $p = m_0\,v$.

Für u_g gilt

$$u_g = u - \lambda\,\frac{du}{d\lambda}\,, \qquad (A.53)$$

$$u = \frac{E}{h}\,\lambda = m_0\,c^2\,\frac{\lambda}{h} + \frac{h}{2\,m_0\,\lambda} + E_{\text{pot}}\,\frac{\lambda}{h}\,;$$

im zweiten Glied von (A.52) ist v^2 ersetzt worden:

$$v^2 = \frac{h^2}{m_0^2\,\lambda^2}\,.$$

Man bildet (A.53) und findet $u_g = v$.

(3. Lösungsweg)

$$\frac{1}{u_g} = \frac{d\left(\dfrac{1}{\lambda}\right)}{d\nu} = \frac{d\left(\dfrac{\nu}{u}\right)}{d\nu} = \frac{1}{u} - \frac{\nu}{u^2}\,\frac{du}{d\nu}\,. \qquad (A.54)$$

Man bildet

$$\frac{d\left(\dfrac{1}{\lambda}\right)}{d\beta} : \frac{d\nu}{d\beta} = \frac{d\left(\dfrac{1}{\lambda}\right)}{d\nu}\,; \qquad (A.55)$$

$$\frac{d\left(\frac{1}{\lambda}\right)}{d\beta} = \frac{d}{d\beta}\left(\frac{m_0\,c}{h}\,\frac{\beta}{\sqrt{1-\beta^2}}\right) = \frac{m_0\,c}{h}\,\frac{1}{\sqrt{(1-\beta^2)^3}}\,;$$

$$\frac{d\nu}{d\beta} = \frac{d}{d\beta}\left(\frac{1}{h}\,\frac{m_0\,c^2}{\sqrt{1-\beta^2}}\right) = \frac{m_0\,c^2}{h}\,\frac{\beta}{(\sqrt{1-\beta^2})^3}\,.$$

Mit (A.55) findet man

$$\frac{m_0\,c}{h}\,\frac{h}{m_0\,c^2\,\beta} = \frac{1}{c\,\beta} = \frac{1}{u_g}\,, \quad \text{also} \quad u_g = c\,\beta = v\,.$$

(4. Lösungsweg)

Man geht von der Gesamtenergie $E = h\,\nu = m\,c^2$ und der Phasengeschwindigkeit $u = \nu\,\lambda = \frac{E}{h}\,\lambda$ aus:

$$u = \frac{E}{h}\,\lambda = \frac{m_0\,c^2}{h\,\sqrt{1-\dfrac{v^2}{c^2}}}\,\lambda\,.$$

Substitution von

$$v^2 = \frac{h^2}{m^2\,\lambda^2}$$

und Bildung von

$$\frac{du}{d\lambda} \quad \text{sowie} \quad \lambda\,\frac{du}{d\lambda}$$

führt auf

$$u_g = u - \lambda\,\frac{du}{d\lambda} = \frac{h^4\,u^3}{m_0^4\,c^6\,\lambda^4}\,;$$

man substituiert

$$\frac{h^4}{\lambda^4} = m_0^4\,v^4$$

und erhält

$$u_g = \frac{v^4}{\left(\dfrac{c^2}{u}\right)^3} = \frac{v^4}{v^3} = v\,.$$

Eine andere Substitution

$$u^3 = \frac{h^3\, v^3}{m\, v^3}$$

führt ebenfalls zu

$$u_g = \frac{v^4\, h^3\, v^3}{m_0^3\, v^3\, c^6} = \frac{E^3\, v^4}{(m_0\, c^2)^3\, v^3} = v\,.$$

11.   Der freie Fall in relativistischer Form

Aufgabe 11.1.

Die Gleichungen für den freien Fall in einem homogenen Gravitationsfeld (g = const) sollen in relativistischer Form angegeben werden.[1]

Lösung:

Die mathematischen Beziehungen für den freien Fall lauten in der klassischen Mechanik

$$v = \sqrt{2\,g\,h}\,,\quad h = \frac{g}{2}\,t^2\,,\quad v = g\,t\,;$$

von diesen Beziehungen läßt sich jeweils eine aus den anderen ableiten.
Das Gesetz des freien Falles (im homogenen Gravitationsfeld g = const) ist eine Folgerung aus dem (mechanischen) Energiesatz, mit dem man die erste Formel aus der Gleichheit von potentieller und kinetischer Energie unmittelbar folgert:

$$m\,g\,h = \frac{1}{2}\,m\,v^2\,.$$

Gemäß der speziellen Relativitätstheorie ist eine Energiezunahme einer Massenzunahme äquivalent: $\Delta E = \Delta m\, c^2$. Für $\Delta m = m - m_0$ gilt

$$\Delta m = m_0 \left(\frac{1}{\sqrt{1 - \dfrac{v^2}{c^2}}} - 1 \right).$$

Wenn ΔE nur auf die Änderung der potentiellen Energie $m\,g\,x$ bezogen wird, gilt

$$m\,g\,\mathrm{d}x = c^2\,\mathrm{d}m\,.$$

---

[1] GREINACHER, H.: Helv. phys. Acta **12** (1939) 394.

Durch Integration dieser Gleichung in der Form $\dfrac{dm}{m} = \dfrac{g}{c^2}\, dx$ erhält man mit der Bedingung, daß für $x = 0$ die Beziehung $m = m_0$ gilt:

$$m = m_0\, e^{\frac{g}{c^2}x}.$$

Wird die Masse von $x = 0$ bis $x = h$ gehoben, so erhält man als Massenzuwachs

$$\Delta m = m_0 \left(e^{\frac{g}{c^2}h} - 1 \right).$$

Gleichsetzen dieses Ausdruckes mit der obigen Gleichung für Δm liefert:

$$v = c \sqrt{1 - e^{-\frac{2g h}{c^2}}}.$$

Das ist die relativistische Form der klassischen Beziehung $v = \sqrt{2\,g\,h}$, die sich als Spezialfall für $2\,g\,h \ll c^2$ ergibt: Durch Reihenentwicklung findet man

$$e^{-\frac{2g h}{c^2}} = 1 - \frac{2\,g\,h}{c^2} + \frac{(2\,g\,h)^2}{2!\,c^4} - + \cdots.$$

Mit der Bedingung $2\,g\,h \ll c^2$ bricht man die Reihe nach dem 2. Glied ab und erhält $v \approx \sqrt{2\,g\,h}$.

Selbst für große Fallstrecken h, also $2\,g\,h > c^2$, bleibt v stets kleiner als c.

Es soll nun die der Gleichung $h = g\,t^2/2$ entsprechende relativistische Beziehung hergeleitet werden. Aus der Gleichung für v folgt

$$v = \frac{dx}{dt} = c \sqrt{1 - e^{-\frac{2g}{c^2}x}},$$

d. h.,

$$c\,dt = \frac{dx}{\sqrt{1 - e^{-\frac{2g}{c^2}x}}}.$$

Durch Integration erhält man

$$h = \frac{c^2}{g} \ln\left(\frac{1}{2}\left(e^{\frac{g t}{c}} + e^{-\frac{g t}{c}} \right) \right),$$

d. h.,

$$h = \frac{c^2}{g} \ln \cosh \frac{g\,t}{c}.$$

Für $g\,t \ll c$ erhält man den Spezialfall $h = g\,t^2/2$.

Schließlich findet man die der klassischen Gleichung $v = g\,t$ entsprechende relativistische Beziehung, indem man $v = \mathrm{d}h/\mathrm{d}t$ bildet:

$$v = c \tanh \frac{g\,t}{c}.$$

Für $g\,t \ll c$ erhält man durch Reihenentwicklung die klassische Gleichung $v = g\,t$.
Für $g\,t \gg c$ folgt wiederum, daß v höchstens gleich c werden kann.

Aufgabe 11.2.
Die Gleichungen für den freien Fall in relativistischer Form sind aufzustellen für den Fall, daß sich die Schwere mit der Höhe ändert[1]).

Lösung:
Berücksichtigt man, daß die Schwere von der Höhe abhängig sein kann, so ist in den Gleichungen der vorhergehenden Aufgabe die Größe g wie folgt zu ersetzen:

$$g = g_0 \left(\frac{R}{R+h} \right)^2;$$

hierin ist R beispielsweise der Erdradius. Man erhält dann für die Fallgeschwindigkeit

$$v = c \sqrt{1 - \mathrm{e}^{-\frac{2\,g_0\,R\,h}{c^2(R+h)}}}.$$

Der Höchstwert v_∞ folgt hieraus für $h \to \infty$:

$$v_\infty = c \sqrt{1 - \mathrm{e}^{-\frac{2\,g_0\,R}{c^2}}};$$

für $2\,g_0\,R \ll c^2$ ergibt sich die klassische Form der Endgeschwindigkeit:

$$v_\infty = \sqrt{2\,g_0\,R}.$$

Eine weitere Durchrechnung erscheint nicht gerechtfertigt, da hier Gebrauch von dem Newtonschen Gravitationsgesetz gemacht wurde, dessen Anwendung gemäß der allgemeinen Relativitätstheorie nur in erster Näherung zulässig ist.

Aufgabe 11.3.
Es soll die klassische Beziehung $m\,g\,h = m\,v^2/2$ für die Mechanik (konservativer Systeme) in relativistischer Form dargestellt und nach v aufgelöst werden.

---

[1]) GREINACHER, H.: Helv. phys. Acta **12** (1939) 394.

Lösung:

Aus der klassischen Beziehung folgt durch die Gleichsetzung von potentieller Energie E_{pot} und kinetischer Energie E_{kin}

$$v = \sqrt{2\,g\,h}\,. \tag{A.56}$$

Für die potentielle Energie im Schwerefeld gilt relativistisch (s. Aufg.11.1.)

mit $m = m_0\,e^{\frac{g\,h}{c^2}}$

$$dE_{\text{pot}} = m_0\,e^{\frac{g\,x}{c^2}}\,g\,dx\,,$$

also mit $g = \text{const}$

$$E_{\text{pot}} = m_0\,g \int\limits_0^h e^{\frac{g\,x}{c^2}}\,dx$$

und nach Ausführung der Integration

$$E_{\text{pot}} = m_0\,c^2 \left(e^{\frac{g\,h}{c^2}} - 1\right). \tag{A.57}$$

Für die kinetische Energie gilt allgemein

$$E_{\text{kin}} = m_0\,c^2 \left(\frac{1}{\sqrt{1 - \dfrac{v^2}{c^2}}} - 1\right). \tag{A.58}$$

Aus der Gleichsetzung von (A.57) und (A.58) und durch Auflösung nach v folgt an Stelle von (A.56) nunmehr

$$v = c\,\sqrt{1 - e^{-\frac{2\,g\,h}{c^2}}}\,.$$

Dieser Ausdruck geht — durch Reihenentwicklung für $g\,h \ll c^2$ (Aufg. 11.1) — in die klassische Formel (A.56) über.

12.   Raketengleichung in relativistischer Form

Aufgabe 12.1.

Es soll gezeigt werden, daß sich die Ziolkowskische Raketengleichung

$$\frac{M_e}{M_a} = e^{-\frac{u_e}{w}} \quad \text{(im leeren Raum ohne Schwerkraft)}$$

als Grenzfall einer allgemeineren relativistischen Gleichung[1]) ergibt.

---

[1]) J. ACKERET, Helv. phys. Acta **19** (1946) 103.

Lösung:

Die klassische Gleichung ergibt sich aus

a) dem „Massenerhaltungs*gesetz*" $dm_2 = - dm_1$,
b) dem Impulserhaltungsgesetz $d(m_1 u_1) = dm_2 u_2$,
c) dem Galileischen Additionstheorem der Geschwindigkeiten

$$u_2 = w - u_1 \, .$$

Es bedeuten:

m_1, u_1 Masse und Geschwindigkeit der Rakete,
m_2, u_2 Masse und Geschwindigkeit der ausgestoßenen Gase,
w Relativgeschwindigkeit der ausgestoßenen Masse in bezug auf die Rakete.

Man eliminiert dm_2 und u_2:

$$m_1 \, du_1 = - dm_1 \, w$$

und erhält nach Integration

$$\ln m_1 = - \frac{u_1}{w} + \text{const.}$$

Die Konstante ergibt sich aus der Anfangsbedingung: Für $u_1 = 0$ ist $m_1 = M_a$. Nach Beendigung des Verbrennungsvorganges ist die Endmasse M_e und die Endgeschwindigkeit der Rakete u_e.
Damit ist

$$\frac{M_e}{M_a} = e^{-\frac{u_e}{w}} \quad \text{bzw.} \quad \frac{u_e}{w} = \ln \frac{M_a}{M_e} \, .$$

Bei der relativistischen Berechnung geht man nicht von der Massenerhaltung, sondern von der Energieerhaltung aus:

a) Energiesatz: $d \left\{ \dfrac{m_{01} c^2}{\sqrt{1 - \dfrac{u_1^2}{c^2}}} \right\} = - \dfrac{dm_{02} c^2}{\sqrt{1 - \dfrac{u_2^2}{c^2}}} \, ;$

b) Impulssatz: $d \left\{ \dfrac{m_{01} u_1}{\sqrt{1 - \dfrac{u_1^2}{c^2}}} \right\} = \dfrac{dm_{02} u_2}{\sqrt{1 - \dfrac{u_2^2}{c^2}}} \, ;$

c) Einsteinsches Additionstheorem: $u_2 = \dfrac{w - u_1}{1 - \dfrac{u_1 w}{c^2}} \, .$

Man eliminiert zunächst wie oben dm_{02} und u_2; danach berücksichtigt man das Additionstheorem der Geschwindigkeiten. Schließlich findet man

$$\frac{dm_{01}}{m_{01}} = - \frac{du_1}{w\left(1 - \dfrac{u_1^2}{c^2}\right)}.$$

Die Integration liefert

$$\ln m_{01} = - \frac{c^2}{w} \int \frac{du_1}{c^2 - u_1^2} + \text{const},$$

$$\ln m_{01} = - \frac{c^2}{w} \frac{1}{2\,c} \ln \frac{c + u_1}{c - u_1} + \text{const}.$$

Mit dem Anfangswert $m_{01} = M_a$ und den Endwerten M_e, u_e erhält man die relativistische Raketengleichung

$$\frac{M_e}{M_a} = \left(\frac{1 - \dfrac{u_e}{c}}{1 + \dfrac{u_e}{c}}\right)^{\frac{c}{2w}}.$$

Hieraus folgt durch Reihenentwicklung mit

$$\ln \frac{1 - x}{1 + x} = - 2\,x - \frac{2\,x^3}{3} - \frac{2\,x^5}{5} - \cdots$$

und $w \ll c$

$$\ln \frac{M_e}{M_a} = \frac{c}{2\,w}\left(- \frac{2\,u_e}{c} - \cdots\right),$$

also die klassische Beziehung

$$\ln \frac{M_a}{M_e} = \frac{u_e}{w}.$$

Während nach der klassischen Beziehung Raketengeschwindigkeiten „möglich" wären, die größer als die Vakuum-Lichtgeschwindigkeit sind, ist nach der relativistischen Gleichung die Vakuum-Lichtgeschwindigkeit wiederum die obere Grenzgeschwindigkeit:

$$u_e = c\, \frac{1 - \left(\dfrac{M_e}{M_a}\right)^{\frac{2w}{c}}}{1 + \left(\dfrac{M_e}{M_a}\right)^{\frac{2w}{c}}}.$$

Für die sogenannten Photonen-Raketen hat man in den obigen Beziehungen $w = c$ zu setzen. Damit erhält man

$$\frac{M_e}{M_a} = \sqrt{\frac{1 - u_e/c}{1 + u_e/c}} \quad \text{und} \quad u_e = c \, \frac{1 - \left(\dfrac{M_e}{M_a}\right)^2}{1 + \left(\dfrac{M_e}{M_a}\right)^2}.$$

Für $u_e/c = 0,995$ berechnet man mit der Abkürzung $\varepsilon = M_e/M_a$ als Massenverhältnis

$$\varepsilon = M_e/M_a = \sqrt{\frac{1 - 0,995}{1 + 0,995}} = 0,05 \, .$$

Es sind also bei der Endgeschwindigkeit u_e nur noch 5% der Anfangsmasse vorhanden. Bei größeren Geschwindigkeiten $u_e \approx c$ wird ε noch ungünstiger; es gilt $\varepsilon \approx \sqrt{\delta/2}$, wobei $\delta = 1 - u_e/c$ ist.

Im vorliegenden Fall der Photonenraketen ist bisher vorausgesetzt worden, daß der Wirkungsgrad für die Umwandlung der Masse in Rückstoßenergie (ohne Wärmeverluste!) gleich eins sei. Das würde für $\varepsilon = 0,05$ bedeuten, daß 95% der Anfangsmasse vollständig in ausgestoßene Strahlungsenergie umgewandelt werden müßten, was natürlich ausgeschlossen ist.

Bei der Endgeschwindigkeit $u_e = 0,995 \, c$ liegt etwa die zehnfache Zeitdehnung vor: Lorentz-Faktor $k = 10$ (Tabelle 1, S. 45). Ein Weltraumflug mit Rückkehr umfaßt 4 Phasen (S. 165), so daß sich das Massenverhältnis weiter verschlechtert: $(M_e/M_a)^4 = \varepsilon^4 = 0,625 \cdot 10^{-5} < 10^{-5}$. Die zurückgebrachte Masse ist also kleiner als der 10^5te Teil der Startmasse. Bei größeren k-Werten werden die ε-Werte noch wesentlich ungünstiger (S. 166).

Den obigen Zusammenhang $\varepsilon = f(u_e/c)$ kann man auch für $\varepsilon = f(k)$ umschreiben, wenn man $k = \dfrac{1}{\sqrt{1 - u_e^2/c^2}}$, also $u_e/c = \sqrt{1 - 1/k^2}$ substituiert: $\varepsilon = k - \sqrt{k^2 - 1}$. An Stelle dieser Gleichung verwendet man für $k \gg 1$ (Reihenentwicklung!) in guter Näherung $\varepsilon = \dfrac{1}{2 \, k}$.

ernachlässigt:

$$\frac{1}{1+x} = \frac{1-x}{(1+x)(1-x)} = \frac{1-x}{1-x^2} \approx \frac{1-x}{1} = 1-x,$$

$$\frac{1}{\sqrt{1-x}} = \frac{1}{\sqrt{1-\frac{2x}{2}+\frac{x^2}{4}}} = \frac{1}{1-\frac{x}{2}} \approx 1+\frac{x}{2}.$$

Weitere wichtige Näherungsbeziehungen

$$(1 \pm x_1)(1 \pm x_2) = 1 \pm x_1 \pm x_2 \qquad\qquad |x| \ll 1$$

$$\sin x = x - \frac{x^3}{3!} + \frac{x^5}{5!} - \cdots \qquad\qquad |x| < \infty$$

$$\cos x = 1 - \frac{x^2}{2!} + \frac{x^4}{4!} - \cdots \qquad\qquad |x| < \infty$$

$$\tan x = x + \frac{1}{3}x^3 + \frac{2}{15}x^5 + \cdots \qquad\qquad |x| < \frac{\pi}{2}$$

$$e^{\pm x} = 1 \pm \frac{x}{1!} + \frac{x^2}{2!} \pm \cdots \qquad\qquad |x| < \infty$$

$$\ln x = (x-1) - \frac{(x-1)^2}{2} + \frac{(x-1)^3}{3} - \cdots \qquad 0 < x \leqq 2$$

$$\ln(1+x) = x - \frac{x^2}{2} + \frac{x^3}{3} - \cdots \qquad\qquad -1 < x \leqq 1$$

$$\sinh x = x + \frac{x^3}{3!} + \frac{x^5}{5!} + \cdots \qquad\qquad |x| < \infty$$

$$\cosh x = 1 + \frac{x^2}{2!} + \frac{x^4}{4!} + \cdots \qquad\qquad |x| < \infty$$

$$\tanh x = x - \frac{1}{3}x^3 + \frac{2}{15}x^5 - \cdots \qquad\qquad |x| < \frac{\pi}{2}$$

$$\coth x = \frac{1}{x} + \frac{x}{3} - \frac{x^3}{45} + \cdots \qquad\qquad 0 < |x| < \pi$$

$$\text{arsinh } x = x - \frac{1}{2 \cdot 3}x^3 + \frac{1 \cdot 3}{2 \cdot 4 \cdot 5}x^5 - \cdots \qquad |x| < 1$$

$$\text{artanh } x = x + \frac{x^3}{3} + \frac{x^5}{5} + \cdots \qquad\qquad |x| < 1$$

Anhang

Näherungsbeziehungen

Die nachstehenden Näherungsbeziehungen, die für $|x| < 1$ gelter sich durch Reihenentwicklungen. Je nach der gewünschten Ge wird die Reihenentwicklung nach dem zweiten oder dritten Gl brochen. In den meisten Fällen genügt die Berücksichtigung Gliedern. Diese Reihenentwicklungen werden zur Vereinfach Rechnungen angewendet und speziell zu dem Zweck, um aus gemeingültigen relativistischen Gleichungen durch Näherungen di schen Formeln zu erhalten.

$$\frac{1}{1+x} \approx 1 - x, \qquad (1) \qquad\qquad \frac{1}{\sqrt{1-x}} \approx 1 + \frac{1}{2}x$$

$$\frac{1}{1-x} \approx 1 + x, \qquad (2) \qquad\qquad \sqrt{1+x} \approx 1 + \frac{1}{2}x,$$

$$\frac{1}{\sqrt{1+x}} \approx 1 - \frac{1}{2}x, \qquad (3) \qquad\qquad \sqrt{1-x} \approx 1 - \frac{1}{2}x.$$

Allgemein gilt — an Stelle von (1) bis (6) —

$$(1 \pm x)^n = 1 \pm \binom{n}{1}x + \binom{n}{2}x^2 \pm \binom{n}{3}x^3 + \pm \cdots$$

$$= 1 \pm \frac{n}{1}x + \frac{n(n-1)}{1 \cdot 2}x^2 \pm \frac{n(n-1)(n-2)}{1 \cdot 2 \cdot 3}x^3 + \pm \cdots$$

Hierin kann n auch eine positive oder negative gebrochene Zahl bedeut Der Ausdruck $(a + x)^n$ kann auf (7) zurückgeführt werden, wenn $|x| <$ Es ist $(a + x)^n = a^n (1 + x/a)^n$.
Die Gleichungen (1) bis (6) erhält man in elementarer Weise — oh Reihenentwicklung — dadurch, daß man z. B. eine Erweiterung vo nimmt und auftretende Quadrate kleiner Größen als klein von 2. Ordnur

Literatur

1. Lehrbücher und Monographien

[1] ADLER, R., M. BAZIN and M. SCHIFFER: Introduction to General Theory. New York 1965.

[2] ARZELIÉS, H.: La cinématique relativiste. Paris 1955.

[3] ARZELIÉS, H.: La dynamique relativiste et ses applications, Bd. 1, 1957; Bd. 2, 1959. Paris.

[4] BECK, G.: Allgemeine Relativitätstheorie, in: H. GEIGER und K. SCHEEL (Herausgeber): Handbuch der Physik, Bd. 4. Berlin 1929.

[5] BERGMANN, P. G.: Introduction to the Theory of Relativity. New Jersey 1942 und 1958.

[6] BERGMANN, P. G., in: S. FLÜGGE (Herausgeber): Handbuch der Physik, Bd. 4. Berlin–Göttingen–Heidelberg 1962.

[7] BOHM, D.: The Special Theory of Relativity. New York–Amsterdam 1965.

[8] BONDI, H.: Lectures on General Relativity. New York 1965.

[9] BORN, M.: Die Relativitätstheorie Einsteins, 4. Aufl. Heidelberg 1964.

[10] CORINALDESI, E., and F. STROCCHI: Relativistic Wave Mechanics. Amsterdam 1963.

[11] CULLWICK, E. G.: Electromagnetism and Relativity. London–New York 1957.

[12] DICKE, R. H.: The Theoretical Significance of Experimental Relativity. New York 1964.

[13] DURELL, C. V.: Readable Relativity. New York 1960; Moskau 1969.

[14] DUSCHEK, A., und A. HOCHRAINER: Grundzüge der Tensorrechnung in analytischer Darstellung, 3 Teile. Berlin 1967.

[15] EDDINGTON, A. S.: Relativitätstheorie in mathematischer Behandlung. Berlin 1925.

[16] EDELEN, D. G. B.: The Structure of Field Theory. Los Angeles 1962.

[17] EINSTEIN, A.: Grundzüge der Relativitätstheorie, 4. Aufl., zugleich 6., erweiterte Auflage der „Vier Vorlesungen über Relativitätstheorie". Braunschweig 1965; Berlin 1969.

[18] EINSTEIN, A.: The Meaning of Relativity, 4. Aufl. Princeton 1953.

[19] EISENHART, L. P.: Riemannian Geometry. Princeton 1949.

332   Literatur

[20] Fock, V. A.: Theorie von Raum, Zeit und Gravitation. Berlin 1960.

[21] French, A. P.: Special Relativity. London 1968.

[22] Ginsburg, W. L.: Experimentelle Prüfung der allgemeinen Relativitätstheorie. Fortschr. Physik 5 (1957) 16—50.

[23] Hagedorn, R.: Relativistic Kinematics — A Guide to the Kinematic
Problems of High Energy Physics. New York–Amsterdam 1964.

[24] Harrison, B. K., K. S. Thorne, M. Wakaneo and J. A. Wheeler:
Gravitation Theory and Gravitation Collapse. Chicago 1965.

[25] Herausgeber-Kollektiv: Recent Developments in General Relativity.
Oxford–London 1962.

[26] Hlavaty, V.: Geometry of Einstein's Unified Field Theory. Groningen
1957.

[27] Infeld, L., and J. Plebanski: Motion and Relativity. Oxford, War-
schau 1960.

[28] Infeld, L. (Herausgeber): Relativistic Theories of Gravitation. Oxford
1964.

[29] Iwanenko, D. (Herausgeber): Die neuesten Probleme der Gravitation.
Moskau 1961 (russ.).

[30] Jordan, P.: Schwerkraft und Weltall. Braunschweig 1955.

[31] Jordan, P.: Atom und Weltall. Braunschweig 1956.

[32] Kaczer, C.: Einführung in die Spezielle Relativitätstheorie. Stuttgart
1970.

[33] Kalitzin, N.: Dynamik der relativistischen Raketen und einiger astrono-
mischer Objekte. Sofia 1963.

[34] Kollath, R.: Teilchenbeschleuniger. Berlin 1957.

[35] Krbek, F. v.: Grundzüge der Mechanik — Lehren von Newton, Einstein,
Schrödinger. Leipzig 1954.

[36] Lanczos, C.: Albert Einstein und der Aufbau des Weltalls. 6. Vorlesung
an der Universität Michigan 1962. Moskau 1967.

[37] Landau, L. D., und E. M. Lifschitz: Lehrbuch der theroetischen Physik, Bd. 2, Klassische Feldtheorie. Berlin 1964.

[38] Laue, M. v.: Die Relativitätstheorie, Bd. 1, Die spezielle Relativitätstheorie, 6. Aufl. 1955; Bd. 2, Die allgemeine Relativitätstheorie, 4. Aufl.
1956. Braunschweig.

[39] Lorentz, H. A., A. Einstein, H. Minkowski und H. Weyl: Das Relativitätsprinzip. Leipzig 1922.

[48] Ludwig, G.: Fortschritte der projektiven Relativitätstheorie. Braunschweig 1951.

[41] Macke, W.: Quanten und Relativität. Ein Lehrbuch der theoretischen
Physik. Leipzig 1963.

[42] Matwejew, A. H.: Elektrodynamik und Relativitätstheorie. Moskau
1964 (russ.).

[43] McConell, A. J.: Application of Tensor Analysis. New York 1957.

[44] McCrea, W. H.: Relativity Physics. London 1949; New York 1954.

[45] McVittie, G. C.: General Relativity and Cosmology. London 1965.

[46] MERCIER, A., und M. KERVAIRE (Herausgeber): 50 Jahre Relativitätstheorie. Helv. physica Acta Suppl. IV. Basel 1956.
[47] MERMIN, N. D.: Space and Time in Special Relativity. New York und
London 1968.
[48] MILNE, E. A.: Kinematic Relativity. Oxford 1951.
[49] MØLLER, C.: The Theory of Relativity. Oxford 1955.
[50] NEY, E. P.: Electromagnetism and Relativity. New York 1962.
[51] PAPAPETROU, A.: Spezielle Relativitätstheorie, 4. Aufl. Berlin 1972.
[52] PAULI, W.: Relativitätstheorie. Leipzig–Berlin 1921; Oxford 1958.
[53] PETROW, A. S.: Einstein-Räume. Berlin 1964.
[54] PETROW, A. S.: Neue Methoden in der allgemeinen Relativitätstheorie.
Moskau 1966 (russ.).
[55] RAINICH, G. Y.: Mathematics of Relativity. New York und London.
[56] RINDLER, W.: Special Relativity. Edinburgh–London 1960.
[57] ROBB, A. A.: Geometry of Time and Space. Cambridge 1956.
[58] ROSE, M. E.: Relativistic Electron Theory. New York–London 1961.
[59] ROSSER, W. G. V.: Introductory Relativity. London 1967.
[60] ROSSER, W. G., and R. K. McCULLOCH: Relativity and High Energy
Physics. London 1970.
[61] SCHMUTZER, E.: Relativistische Physik. Leipzig 1968.
[62] SCHOUTEN, J. A.: Tensor Analysis for Physicists, 2. ed. Oxford 1954.
SCHRÖDINGER, E.: Space-time Structure. Cambridge 1960.
[63] SEARS, F. W., and R. W. BREHME: Introduction to the Theory of Relativity. Massachusetts 1968.
[64] SEGAL, I. E.: Mathematical Problems of Relativistic Physics. American
Mathematical Society. Providence, Rhode Island 1963.
[65] SHADOWITZ, A.: Special Relativity. Philadelphia and London 1968.
[66] SMITH, J. H.: Introduction to Special Relativity. New York 1965.
[67] STANJUKOWITSCH, K. P.: Gravitationsfeld und Elementarteilchen. Moskau 1965 (russ.).
[68] STEINMAN, R. JA.: Raum und Zeit. Moskau 1962 (russ.).
[69] STEPHENSON, G., and C. W. KILMISTER: Special Relativity for Physicists.
London–New York 1958.
[70] STRAUSS, M.: Grundlagen der modernen Physik, in: Mikrokosmos –
Makrokosmos, Bd. 2, S. 55–92. Berlin 1967.
[71] SYNGE, J. L.: Relativity: The Special Theory. Amsterdam 1956.
[72] SYNGE, J. L.: Relativity: The General Theory. Amsterdam 1960.
[73] SYNGE, J. L.: The Relativistic Gas. Amsterdam 1957.
[74] TAYLOR, E. F., and J. A. WHEELER: Spacetime Physics. San Fransisco
1966.
[75] THIRRING, H.: Elektrodynamik bewegter Körper und spezielle Relativitätstheorie, in: H. GEIGER und K. SCHEEL (Herausgeber): Handbuch
der Physik, Bd. 12. Berlin 1927.
[76] TOLMAN, R. C.: Relativity, Thermodynamics and Cosmology. Oxford
1958.
[77] TREDER, H.-J.: Gravitative Stoßwellen. Berlin 1962.

[78] TREDER, H.-J. (Herausgeber): Entstehung, Entwicklung und Perspekti-
ven der Einsteinschen Gravitationstheorie. Berlin 1966.
[79] TREDER, H.-J.: Relativität und Kosmos. Berlin–Oxford–Braunschweig
1968.
[80] TREDER, H.-J.: Die Relativität der Trägheit. Berlin 1972.
[81] UGAROW, W. A.: Spezielle Relativitätstheorie. Moskau 1969 (russ.).
[82] WEBER, J.: Allgemeine Relativitätstheorie und Gravitationswellen.
New York 1961 (engl.); Moskau 1962 (russ.).
[83] WEYL, H.: Raum, Zeit, Materie, 3. Aufl. Berlin 1920.
[84] WHEELER, J. A.: Gravitation, Neutrino und Weltall. Moskau 1962
(russ.).
[85] WHEELER, J. A.: Geometrodynamics. New York–London 1962.
[86] WITTEN, L.: Gravitation. New York 1962.

2.   Kosmologie

[1] ALFVÉN, H.: Kosmologie und Antimaterie. Frankfurt/Main 1967.
[2] AMBARZUMJAN, V. A.: Das Weltall. Leipzig 1953.
[3] BONDI, H.: Cosmology, 2. Aufl. Cambridge 1960.
[4] BONDI, H., W. B. BONNOR, R. A. LYTTLETON and G. J. WHITTROW: Rival
Theories of Cosmology. London 1960.
[5] BONNOR, W. B.: The Mystery of the Expanding Universe. London 1965.
[6] EDDINGTON, A. S.: The Expanding Universe. Cambridge 1933.
[7] HECKMANN, O.: Theorien der Kosmologie. Berlin 1942.
[8] HECKMANN, O.: Weltmodelle. Studium generale 18 (1965), 183–193.
[9] HOYLE, F.: Das grenzenlose All. Berlin–Köln 1957.
[10] HOYLE, F.: The Nature of the Universe. Oxford 1960.
[11] HOYLE, F.: Galaxies, Nuclei and Quasars. New York 1965.
[12] INFELD, L.: Über die Struktur des Weltalls, in: P. A. SCHILPP: Albert
Einstein als Philosoph und Naturforscher. Stuttgart 1951.
[13] JORDAN, P.: Die Herkunft der Sterne. Stuttgart 1947.
[14] JORDAN, P.: Die Expansion der Erde. Braunschweig 1967.
[15] MILNE, E. A.: Relativity, Gravitation and World Structure. Oxford
1935.
[16] SCHRÖDINGER, E.: Expanding Universes. Cambridge 1956.
[17] SCIAMA, D. W.: The Unity of the Universe.
[18] UNSÖLD, A.: Der neue Kosmos. Heidelberg 1967.
[19] VOGT, H.: Außergalaktische Sternsysteme und die Struktur der Welt im
Großen. Leipzig 1960.
[20] WHITTROW, O. J.: The Structure of the Universe. Hutchinson 1950.

3.   Allgemeinverständliches über Relativitätstheorie

[1] BARNETT, L.: Einstein und das Universum. Frankfurt/Main 1951.
[2] BERGMANN, P. G.: The Riddle of Gravitation. New York 1968.
[3] BONDI, H.: Relativity and Common Sense — A new Approach to Einstein. London 1965.

[4] CUMME, H.: Die spezielle Relativitätstheorie und ihre Behandlung an den Oberschulen. Habilitationsschrift. Greifswald 1953.

[5] EINSTEIN, A.: Über die spezielle und allgemeine Relativitätstheorie (gemeinverständlich), 19. Aufl. Braunschweig 1963; Berlin 1969.

[6] EINSTEIN, A.: Ideas and Opinions. New York 1954.

[7] EINSTEIN, A., und L. INFELD: Die Evolution der Physik. Wien 1951; Hamburg 1956.

[8] GAMOW, G.: Mr. Tompkins in Wonderland. New York 1947.

[9] GAMOW, G.: Eins, zwei, drei... Unendlichkeit. München 1958.

[10] GAMOW, G.: Die Geburt des Alls. München 1959.

[11] GAMOW, G.: Matter, Earth and Sky. London 1959.

[12] HOPF, L.: Die Relativitätstheorie. Berlin 1931.

[13] KAHRA, J.: Die spezielle Relativitätstheorie, 3. Aufl. Köln 1973.

[14] LANDAU, L. D., und JU. B. RUMER: Was ist die Relativitätstheorie? Moskau 1960 (russ.); Leipzig 1962.

[15] NEVANLINNA, R.: Raum, Zeit und Relativität. Basel–Stuttgart 1964.

[16] RUSSELL, B.: Das A B C der Relativitätstheorie. München 1970.

[17] THIRRING, H.: Die Idee der Relativitätstheorie, 3. Aufl. Wien 1948.

[18] WESTPHAL, W.: Die Relativitätstheorie. Stuttgart 1955.

4.   Biographisches über Albert Einstein

[1] BORN, M.: Erinnerungen an Einstein; in: Physik im Wandel meiner Zeit (S. 232–246). Braunschweig–Berlin 1957.

[2] BORN, M.: Albert Einstein, Hedwig und Max Born Briefwechsel 1916 bis 1955. München–New York–London 1969.

[3] CAHN, W.: Einstein. A pictorial biography. New York 1955.

[4] EINSTEIN, A.: Briefe an Maurice Solovine. Berlin 1961.

[5] FRANK, P.: Einstein – Sein Leben und seine Zeit. München–Leipzig 1949.

[6] HERNECK, F.: ALBERT EINSTEIN – Ein Leben für Wahrheit, Menschlichkeit und Frieden. Berlin 1963.

[7] INFELD, L.: Albert Einstein – Sein Leben und sein Einfluß auf unsere Welt. Wien 1953.

[8] INFELD, L.: Leben mit Einstein. Wien 1969.

[9] LANCZOS, C.: Albert Einstein and the Cosmic World Order. New York 1965.

[10] LWOW, W. J.: Albert Einstein – Leben und Werk. Leipzig 1957.

[11] NATHAN, O., und H. NORDEN (Herausgeber): Einstein on Peace. New York 1960.

[12] PEARE, C. O.: Albert Einstein. Hamburg 1951.

[13] SCHILPP, P. A.: Albert Einstein als Philosoph und Naturforscher. Stuttgart 1951.

[14] SEELIG, C. (Herausgeber): Helle Zeit – dunkle Zeit. In memoriam Albert Einstein. Zürich–Stuttgart–Wien 1956.

[15] SEELIG, C.: Albert Einstein — Leben und Werk eines Genies unserer Zeit. Zürich 1960.
[16] VALLENTIN, A.: Das Drama Albert Einstein. Eine Biographie. Stuttgart 1955.

5.   Philosophisches und Historisches

[1] Autorenkollektiv: Philosophische Probleme der modernen Kosmologie (aus dem Russ.). Berlin 1965.
[2] EINSTEIN, A.: Aus meinen späten Jahren. Stuttgart 1952.
[3] EINSTEIN, A.: Mein Weltbild. Frankfurt/Main 1965.
[4] GRIESE, A., S. GRUNDMANN und H. STEINBERG: Relativitätstheorie und Weltanschauung. Zur philosophischen und wissenschaftspolitischen Wirkung Albert Einsteins. Berlin 1967.
[5] HARIG, G., und J. SCHLEIFSTEIN (Herausgeber): Naturwissenschaft und Philosophie. Berlin 1960.
[6] HÖRZ, H.: Physik und Weltanschauung. Leipzig 1968.
[7] INFELD, L.: Die Geschichte der Relativitätstheorie. Die Naturwissenschaften 42 (1955) 431—436.
[8] KNAK, F. M., und J. B. MOLTSCHANOW: Symposium über philosophische Probleme der allgemeinen Relativitätstheorie und der relativistischen Kosmologie. Sowjetwissenschaft, Gesellschaftswiss. Beiträge, S. 533 bis 541. Berlin 1967.
[9] KANNEGIESSER, K.: Raum–Zeit–Unendlichkeit, 2. Aufl. Berlin 1966.
[10] REICHENBACH, H.: Philosophie der Raum–Zeit–Lehre. Berlin 1928.
[11] REICHENBACH, H.: The Direction of Time. Berkeley 1956.
[12] STRAUSS, M.: Einstein's Theories and the Critics of Newton, in: Synthese 18 (1968), 120—153.
[13] WEYL, H.: Philosophy of Mathematics and Natural Science. Princeton 1949.
[14] WHITTAKER, E.: History of the Theories of Ether and Electricity. New York 1951.

Nachtrag

BERNSTEIN, J.: Albert Einstein. München 1975.
CLARK, R. W.: Albert Einstein Leben und Werk. Esslingen 1974.
DAUTCOURT, G.: Relativistische Astrophysik. Berlin 1974.
EINSTEIN, A., und M. BESSO: Correspondance 1903—1955. Paris 1972.
EINSTEIN, A., und A. SOMMERFELD: Briefwechsel. Basel—Stuttgart 1968.
HERNECK, F.: Albert Einstein. Leipzig 1974.
HOFFMANN, B., und H. DUKAS: Albert Einstein — Creator and Rebel. London 1973.
SEXL, R., und H. SEXL, Weiße Zwerge — schwarze Löcher. Braunschweig 1975.
SOKOLOWSKI, JU. I.: Grundlagen der Relativitätstheorie. Moskau 1970 (russ.).
SOKOLOWSKI, JU. I.: Relativitätstheorie in elementarer Darstellung. Moskau 1969 (russ.).
TREDER, H.-J.: Philosophische Probleme des physikalischen Raumes. Berlin 1974.

Sachverzeichnis